普通高等教育材料类系列教材

模具制造技术

主　编　宋建丽
副主编　刘　汀
参　编　李辉平　王　刚　李　刚
主　审　阮　锋

机 械 工 业 出 版 社

本书较全面地讲述了传统模具制造技术的基本原理、特点和加工工艺，如模具的一般机械加工、仿形加工、成形磨削等；还讲述了数控加工基础、CAD/CAM、电火花成形加工、电火花线切割加工、电化学加工、超声波加工和快速制模等先进的模具制造技术，以及典型模具零件（冲模、锻模和塑料模）的制造工艺；同时，对模具的装配、维修与管理和常用模具材料及热处理进行了简要介绍。本书图文并茂，介绍基本工艺、原理、结构和设备等内容时大多附有图示说明，以利于学生学习和理解。

本书可作为高等院校材料成形及控制工程专业和模具设计与制造专业的课程教材，也可作为相关机械类专业的选修课教材，还可供从事塑性成形与模具设计、制造的工程技术人员参考。

图书在版编目（CIP）数据

模具制造技术/宋建丽主编．—北京：机械工业出版社，2012.9
（2025.1 重印）
普通高等教育材料类系列教材
ISBN 978-7-111-39429-7

Ⅰ.①模… Ⅱ.①宋… Ⅲ.①模具-制造-高等学校-教材 Ⅳ.①TG76

中国版本图书馆 CIP 数据核字（2012）第 187355 号

机械工业出版社（北京市百万庄大街 22 号 邮政编码 100037）
策划编辑：冯春生 责任编辑：冯春生 韩旭东
版式设计：霍永明 责任校对：张晓蓉
封面设计：张 静 责任印制：李 昂
北京捷迅佳彩印刷有限公司印刷
2025 年 1 月第 1 版第 9 次印刷
184mm×260mm · 17.5 印张 · 434 千字
标准书号：ISBN 978-7-111-39429-7
定价：39.80 元

电话服务	网络服务
客服电话：010-88361066	机 工 官 网：www.cmpbook.com
010-88379833	机 工 官 博：weibo.com/cmp1952
010-68326294	金 书 网：www.golden-book.com
封底无防伪标均为盗版	机工教育服务网：www.cmpedu.com

前　言

本书对模具制造技术进行了较为全面、系统的讲述，主要包括绪论，模具制造工艺基础，模具的传统机械加工，模具的数控加工，模具的特种加工，模具先进制造技术，典型模具零件制造工艺，模具的装配、维修与管理和模具材料及热处理等内容。本书将模具制造的传统方法和现代制造技术相结合，既讲述了各种传统模具制造方法的基本原理、特点和加工工艺，如模具的一般机械加工、仿形加工、成形磨削等，又介绍了数控加工基础、CAD/CAM、电火花成形加工、电火花线切割加工、电化学加工、超声波加工及快速制模等先进的模具制造技术。同时，还讲述了典型模具零件（冲模、锻模和塑料模）的制造工艺以及模具的装配、维修与管理，并对常用模具材料及热处理进行了简要介绍。

本书较多采用三维立体图形及实例进行讲述，注重理论与实用相结合，以便于学生学习和理解。本书可作为高等院校材料成形及控制工程专业和模具设计与制造专业的课程教材，也可作为相关机械类专业的选修课教材，还可供从事塑性成形与模具设计、制造的工程技术人员参考。

全书共分9章。第1、2、3章由太原科技大学宋建丽教授编写，第4章由山东大学李辉平教授编写，第5章和第7章由河南科技大学刘汀副教授编写，第6章和第8章由华北水利水电学院李刚讲师编写，第9章由哈尔滨工业大学（威海）王刚副教授编写。全书由宋建丽教授任主编并统稿，刘汀副教授任副主编，华南理工大学阮锋教授担任本书的主审。

本书还从网络资源中获得了许多参考资料，在此一并对众作者表示感谢。

由于编者水平有限，疏漏和错误之处在所难免，敬请广大读者批评指正。

编　者

目 录

第 1 章 绪 论

1.1 模具工业在国民经济中的作用和地位

模具是工业生产中极其重要而又不可或缺的特殊基础工艺装备，它以特定的结构形式通过一定的方式使金属或非金属材料成形（或成型）而获得所需形状的零件或制品。由于模具生产过程集精密制造、计算机技术、智能控制和绿色制造为一体，因此模具既是高新技术载体，又是高新技术产品。由于使用模具进行制件的大批量生产具有生产效率高、产品一致性高、耗能耗材低，以及精度和复杂程度高等特点，因此，模具受到国民经济各工业生产部门越来越多的重视，被广泛应用于机械、电子、汽车、信息、航空航天、轻工、军工、交通、建材、医疗、生物、能源等领域，对我国经济发展、国防现代化和高端技术服务具有十分重要的支撑作用，也为我国经济运行中的节能降耗做出了重要贡献。工业要发展，模具须先行。模具工业是重要的基础工业，没有高水平的模具就没有高水平的工业产品。模具工业的发展水平已经成为衡量一个国家制造业水平高低的重要标志，也是一个国家的工业产品保持国际竞争力的重要保证之一。

模具工业作为国民经济的基础行业，获得了世界各国的普遍重视。汽车、电子信息、家电、办公设备、机械、建材、航空航天和电动工具等行业都是模具需求大户。众所周知，汽车零部件中约有85%的零件需使用模具成形。一个车型的轿车共需4000多套模具，价值2亿~3亿元人民币。在各种类型的汽车中，平均一个车型需要冲模2000套，其中仅大、中型覆盖件模具就约有300套。一台电冰箱需用模具生产的零件约有150个，共需模具约350套；一台空调器，仅塑料模就需20多套，价值约150万元；每个型号的计算机约需模具30多套，与其配套的打印机，单台需模具20多副。模具产业有着广阔的市场发展空间，已成为国民经济支柱产业的重要支撑行业。

模具工业在世界经济发展的各个阶段都是不可或缺的，机械、电子、汽车等支柱产业和相关企业的发展，都会给模具工业带来强劲的需求，因此模具工业可以说是“百业之母”。美国工业界把模具工业称为“美国工业的基石”，模具在日本被誉为“进入富裕社会的原动力”，在德国被冠之以“金属加工业中的帝王”，在罗马尼亚被视为“黄金”，其他一些欧美发达国家则称模具工业为“磁力工业”。可以说模具工业是“不衰的工业”。根据国际生产技术协会预测，21世纪机械制造所生产的零件中，75%的粗加工和50%的精加工都将依赖模具完成。随着工业生产的迅速发展，模具工业将在国民经济发展过程中发挥越来越重要的作用。

1.2 模具技术的现状及发展

世界各国都视模具工业为国民经济发展的关键行业，致力于模具制造水平的提高，并已取得了显著的经济效益。早在20世纪80年代末，美国模具行业就有约12万个企业，从业人员17万多人，模具总产值达到6447亿美元。日本的模具产能约占全球的40%，居世界第一位。日本模具工业协会1957年成立时，模具总产值为106亿日元，1998年产值达到1.87万亿日元的高峰，在短短的40余年内增加了170多倍，这也是日本经济飞速发展并在国际市场上占有一席之地的重要原因之一。20世纪90年代初，日本全国就有13115家模具企业，分别从事冲模、塑料模、压铸模、锻模等模具的生产。目前，世界模具市场仍是供不应求。近几年，世界模具市场总量一直为600多亿美元左右，其中，美国、日本、法国、瑞士等国每年出口的模具约占本国模具总产量的1/3。模具工业的快速发展，对模具制造技术提出了更高的要求，也推动着模具制造技术的进步和发展。

1.2.1 我国模具技术的现状及发展

我国虽然很早就开始制造和使用模具，但模具工业起步晚、底子薄，与工业发达国家相比还存在较大的差距。改革开放以来，国家出台了一系列产业政策和经济政策指导模具工业的发展，大大提高了模具的商品化程度，推动了模具技术和模具工业的快速发展。20世纪80年代后期，我国的模具工业才驶入发展的快车道。近年来，不仅国有模具企业有了很大发展，三资模具企业、乡镇（个体）模具企业的发展也相当迅速。目前，我国的模具工业已初具规模，全国共有模具生产企业（厂、点）约3万个，从业人员近100万人。1984年10月在成都成立了中国模具协会，现有团体会员1500多个。从20世纪80年代以来，我国模具工业以每年15%以上的增速快速发展。1984年我国模具工业的总产值不到20亿元，到2006年已达720亿元，2007年达870亿元。其中，模具出口以43%的年增长速度高速发展，2007年达14.13亿美元。据统计，2008年上半年，我国出口模具总量为8.68亿美元，年出口模具突破10亿美元的关口，并继续保持良好的增长势头。我国模具产量仅次于日本、美国，位居世界第三，已步入模具生产大国的行列。

近年来，我国在模具材料、模具结构、模具制造技术及模具加工设备等方面都取得了可喜的进步，培养了一批高级模具技术人才。我国模具技术的发展主要表现在以下几个方面：

1）在模具材料方面，研究开发了几十种新品种模具钢及硬质合金等新材料，并采用了一些新的热处理工艺。如开发了低合金冷作模具钢GD（6CrMnNiMoVSi）、CH（7CrSiMnMoV）、DS和基体钢65Nb（65Cr4W3Mo2VNb）、LM1（65W8Cr4VTi）、LM2（65Cr5Mo3W2VSiTi）等。研究开发的大截面热锻模具钢5Cr2NiMoVSi和45Cr2NiMoVSi，已获得了较广泛的应用。研制了许多强韧性好、热稳定性高的热挤压用热作模具钢，如HM1（3Cr3Mo3W2V）、TM（4Cr3Mo2WMnVNb）、Y4（4Cr3Mo2MnVB）、Y10（4Cr5Mo2SiV1）、HD2（4Cr3Mo2VNiNbB）、012Al（5Cr4Mo3SiMnVAl）等。这些钢在保持较好强韧性的条件下，具有高的热稳定性，分别用于制作热挤压模、精锻模、有色金属压铸模等，获得了良好的使用效果。我国还研制了含硫易切削预硬塑料模具钢，如8Cr2S（8Cr2MnWMoVS）和S-Ca复合易切削塑料模具钢5NiSCa（5CrNiMnMoVSCa）等。一些研究单位和硬质合金厂还研制出了多种牌号的微晶硬质合金、超细晶粒硬质合金和钢结硬质合金，用于制作冷镦模、挤压模、拉深模、冲裁模、拉丝模和热镦模等。

模具新材料的应用，以及热处理技术和表面处理技术的开发和应用，大大提高了模具的使用寿命。模具钢的年产值也从1995年的145亿元上升到2007年的870亿元，增长了500%多，取得了突飞猛进的发展。

2）我国模具的品种、精度和产业规模有了很大的发展。近几年，我国的模具工业发展较快，模具制造水平也在逐步提高，从过去只能制造简单的模具发展到可以制造大型、精密、复杂、长寿命的模具。在冲模方面，我国能生产50多工位的硬质合金多工位自动级进模，凹模镶件的重复定位精度小于0.005mm，步距精度小于0.005mm，模具成形表面粗糙度 *Ra* 达到0.1～0.4mm，模具寿命突破了1亿次。在塑料模方面，能设计和制造汽车保险杠及整体仪表盘大型注射模，大型彩色电视机、洗衣机和电冰箱等各种精密、大型注射模。重达10余t的汽车后保险杠模具，其尺寸精度可达10μm，模具寿命达到30万次以上，达到了国际同类模具产品的技术水平。

我国模具行业发展迅猛，规模已居世界前列，主要体现在专业模具生产厂家数量及其生产能力增加，“三资”及私营企业发展迅速，股份制改造步伐加快等方面。从地区分布来看，以珠江三角洲和长江三角洲为中心的东南沿海地区发展快于中西部地区，南方地区的发展快于北方地区。目前发展最快、模具生产最为集中的省份是广东和浙江，江苏、上海、安徽和山东等地近几年也有较大发展。模具生产集聚地主要有深圳、宁波、台州、苏锡常地区、青岛和胶东地区、珠江下游地区、成渝地区、京津冀（泊头、黄骅）地区、合肥和芜湖地区以及大连、十堰等地。各地相继涌现出来的模具城、模具园区等，则是模具集聚生产最为突出的地方，具有一定规模的模具园区（模具城）全国已约有20个。

3）模具制造设备获得了较大发展。我国已能自行设计制造一些先进、精密和高自动化程度的模具加工和检测设备，如数控仿形铣床、数控加工中心、精密坐标磨床、连续轨迹数控坐标磨床、高精度低损耗数控电火花成形加工机床、慢走丝精密电火花线切割机床、精密电解加工机床、三坐标测量仪、挤压研磨机等，使模具加工工艺提高到一个新的水平，大大提高了加工效率，也为先进加工工艺的推广奠定了物质基础。

4）现代模具设计与制造技术得到了广泛应用和提高。随着计算机技术的发展和应用，计算机辅助模具设计与制造（CAD/CAM）技术逐渐成熟，不少研究单位和公司都开发了面向模具企业的CAD/CAE/CAM系统集成方案，表现出较高的实用水平，实现了模具设计与制造一体化。模具智能制造、并行工程、虚拟制造、敏捷制造和快速制造等先进制造技术正受到越来越多的关注，并被广泛应用于模具生产。

5）模具的标准化和商品化程度进一步提高。到目前为止，已经制定了冲压模具、塑料模具、压铸模具和模具基础技术等50多项国家标准，300多个标准号，基本满足了国内模具生产技术发展的需要。随着标准的颁布实施，模具的商品化程度也大大提高，从而缩短了模具制造周期，降低了制造成本，提高了标准件的内外部质量。

从总体上看，虽然我国模具工业已得到较大的发展，但与国际平均水平，尤其是与发达国家相比，仍有较大差距。综合我国各类模具情况，与国外先进水平的差距主要表现为：模具使用寿命低30%～50%（精密冲裁模使用寿命一般只有国外先进水平的1/3左右），生产周期长30%～50%，质量可靠性与稳定性较差，制造精度和标准化程度较低等。同时，我国在研发能力、人员素质、对模具设计制造的基础理论与技术的研究等方面也存在较大差距，在模具新领域的开拓和新产品的开发上较为落后，高技术含量模具的比例比国外要低得多（国外约为60%左右，国内不足40%），劳动生产率也要低许多。存在的问题主要有：

1）总量供不应求。国内模具自给率只有70%左右。其中低档模具供过于求，中高档模具自配率只有60%左右。模具品种少、精度差、寿命短、生产周期长，技术含量和附加值偏低。特别是精密、大型、复杂、长寿命型模具，还须花费大量资金从国外进口。目前，就整个模具市场来看，进口模具约占市场总量的20%左右，其中，中高档模具进口比例占到40%以上，不能完全满足国内经济高速发展的需要。

2）企业组织结构、产品结构、技术结构和进出口结构不尽合理。我国模具工业一直没有形成产业规模，主要以有经验和技术的钳工为主导，借助一些机床进行简单的模具生产和制造。模具生产厂（点）多数是自产自配的模具车间或分厂，自产自配的比例高达60%，而在国外70%以上是商品模具。国内专业模具厂大多是“大而全”、“小而全”的组织形式，而国外大多是“小而专”、“小而精”。国内中低档模具已供过于求，而以大型、精密、复杂、长寿命模具为主要代表的高技术含量模具自给率还较低，只有60%左右，有很大一部分依靠进口。2009年我国共进口模具19.64亿美元，出口18.43亿美元。出口模具约占模具总销售额的12.8%。在汽车工业比较发达的国家，模具用于汽车生产的占50%~60%，而我国不足30%，在模具使用合理性方面还有待提高。

3）模具开发能力差，经济效益欠佳，管理落后。我国模具企业技术人员比例低、水平较低，且不重视产品开发，在市场中经常处于被动地位。我国每个模具职工平均年创造产值约合1万美元，而国外模具工业发达国家大多是20万~30万美元。我国相当一部分模具企业还沿用过去作坊式的管理，真正实现现代化企业管理的企业较少。

4）模具产品水平和生产工艺水平低，生产周期长。产品水平低主要表现在模具的精度、型腔表面粗糙度、寿命及结构等方面；工艺水平低主要表现在设计、加工、工艺装备等方面。

5）工艺装备水平低，且配套性不好，利用率低。近年来我国机床行业进步较快，已能提供比较成套的高精度加工设备，但与国外装备相比，仍有较大差距。虽然国内许多企业已引进许多国外先进设备，但总体装备水平还是要比国外许多企业低很多。由于体制和资金等方面的原因，引进设备不配套、设备与附件不配套现象十分普遍，设备利用率低的问题长期得不到妥善解决。装备水平低造成我国模具企业钳工比例过高等问题较为突出。

6）专业化、标准化、商品化程度低，协作能力差。由于长期以来受“大而全”、“小而全”的影响，我国模具专业化水平低，专业分工不细致，商品化程度低。而国外先进国家模具标准件使用覆盖率达70%以上，而国内模具标准件使用覆盖率只有45%左右。目前国内每年生产的模具，商品模具只占40%左右，其余皆为自产自用。模具企业之间协作不畅，难以完成较大规模的成套模具任务。模具标准化水平低和模具标准件使用覆盖率低也对模具质量、成本有较大影响，特别是对模具制造周期有很大影响。

7）模具材料及相关技术落后。模具材料性能、质量和品种等往往会影响模具质量、寿命及成本，国产模具钢与国外进口钢材相比有较大差距。塑料、板材、设备等性能差，也直接影响着模具水平的提高。

8）人才严重不足，科研开发及技术攻关投入太少。模具行业是技术、资金、劳动密集产业，掌握且熟练运用新技术的人才异常短缺，高级模具钳工及企业管理人才也非常紧张。模具企业效益欠佳，对科研开发和技术攻关重视不够，加上国家对模具行业的产业配套政策少，模具行业在科研开发和技术攻关方面投入太少，致使模具技术发展缓慢。

1.2.2 模具制造技术的发展趋势

模具技术集成了机械、电子、化学、光学、材料、计算机、精密检测和信息网络等诸多学科，是一个综合性多学科的系统工程。模具行业需要在模具信息化、数字化技术和精密、超精密、高速、高效制造技术等方面取得突破。模具技术的发展趋势主要是模具产品向着更大型、更精密、更复杂及更经济的方向发展；模具产品的技术含量不断提高，模具制造周期不断缩短，模具生产朝着信息化、无图化、精细化、自动化的方向发展；模具企业向着技术集成化、设备精良化、产品品牌化、管理信息化、经营国际化的方向发展。模具行业和模具制造技术的发展趋势主要有：

1）模具制造技术向高速、高效、高精、复合化方向发展。现代工业的发展对模具的生产效率和制造品质提出了越来越高的要求，高速切削技术已经成为当前模具加工的主流。经过高速加工的工件表面大多数都非常光洁，无需钳工的进一步加工。在美国，采用高速加工技术以减少或省去钳工工序是一种效益相当可观的措施，这种技术在欧洲和日本也颇受欢迎。另外，用充分硬化的材料加工模具的型腔是模具加工业发展的另一个重要趋势。高主轴转速及小的刀具半径所进行的轻度切削形成了足够的转矩，可以用来加工硬度高达64HRC的金属材料，由于不需要再进行热处理，常规热处理后的回火以及因抵消由热处理引起的几何变形所进行的磨削加工也都不需要了，该技术在日本备受青睐，如今在美国也受到了广泛的关注并正向欧洲传播。以高速铣削为代表的高速切削加工技术，代表了模具零件外形表面加工发展的方向。高速铣削可以大大改善模具表面的质量状况，并大大提高加工效率、降低加工成本。

近年来我国模具制造业的一些骨干重点企业，先后引进了高速铣床和高速加工中心，它们在模具加工中发挥了重要的作用。国内进口的高速加工机床主轴最高转速在短期内仍将以10000～20000r/min为主，少数会达到40000r/min左右。虽然向更高转速发展是必然方向，但目前最主要的还是推广应用。超高速加工中心的切削进给速度可达80m/min，主轴转速可达50000r/min，可在一个机床上完成对软、硬甚至超硬材料的超声波铣削和高速铣削，使模具型腔曲面加工精度可达0.01mm，大大提高生产效率和加工精度，减少抛光工作量。毛坯下料设备出现了高速锯床、阳极切割和激光切割等高速、高效率的加工设备，以及高速磨削和强力磨削设备。高效、高精、多功能复合刀具，超精冲压模具制造技术，精密塑料和压铸模具制造技术等应用日益广泛。加工精度超过1μm的超精加工技术和集电、化学、超声波、激光等技术于一体的复合加工在今后的模具制造中将具有广阔的前景。

高速加工是切削加工工艺的革命性变革，从技术发展角度看，高速铣削正与超精密加工、硬切削加工相结合，开辟了以铣代磨的领域，并大大地减轻了模具的研抛工作量，缩短了模具制造周期，在国内模具企业的应用将会越来越多。并联机床（又称虚拟轴机床）和3D激光六轴铣床的诞生，及开放式数控系统的应用更推动了高速加工的发展。

2）开发精密、复杂、大型、长寿命模具。应重点发展的模具产品主要有：汽车覆盖件模具，尤其是中高档轿车覆盖件模具；精密冲压模具，如精度和寿命要求极高的多工位级进模和精密冲裁模，代表了冲压模具的发展方向，主要为电子工业、汽车、仪器仪表、电机电器等配套；大型精密塑料模具，塑料模具中为汽车和家电配套的大型注射模，为集成电路配套的塑封模，为电子信息产业和机械及包装配套的多层、多腔、多材质、多色精密注射模，为新型建材及节水农业配套的塑料异型材挤出模及管路和喷头模具等，总量供不应求，应大力发展；主要模具标准件，应继续大力发展模架、导向件、推杆推管、弹性元件等；氮气缸和热流道元件主要依靠进口，应在现有基础上提高水平，形成标准并组织规模化生产；其他高技术含量的模具，如大型薄壁精密压铸模具、镁合金压铸模具、子午线橡胶轮胎模具等。

3）全面推广 CAD/CAE/CAM 等先进的模具设计、分析与制造技术，使其向集成化、智能化和网络化发展。模具 CAD/CAM 技术在模具设计与制造中的优势越来越明显，可实现信息的综合管理与共享，可支持模具设计、制造、装配、检验、测试及生产管理的全过程。系列化软件包括了曲面/实体几何造型、复杂形体工程制图、工业设计高级渲染、模具设计专家系统、复杂形体 CAM、艺术造型及雕刻自动编程系统、逆向工程系统及复杂形体在线测量系统等；模具设计、分析、制造的三维化与无纸化使新一代模具软件以立体和直观的感觉来设计模具，所采用的三维数字化模型能方便地用于产品结构的 CAE 分析、模具可制造性评价和数控加工、成形过程模拟及信息的管理与共享；同时，随着竞争、合作、生产和管理等方面的全球化、国际化，以及计算机软硬件技术的迅速发展，模具行业可借助网络进行虚拟设计、敏捷制造等。先进模具设计技术、数字化分析技术和先进的模具制造技术相结合，获得完善的 CAD/CAE/CAM 解决方案，提高模具加工的自动化水平与生产效率，是现代模具企业发展的重要方向。

4）优质模具材料及先进表面处理技术将进一步受到重视。因选材和用材不当，致使模具过早失效，大约占失效模具总量的45%以上。因此，选用优质钢材和应用相应的表面处理技术来提高模具的使用寿命十分重要，提高钢的纯净度、等向性、致密度和均匀性及研制更高性能或具有特殊性能的模具钢，开发模具钢品种规格，扩大其他优质模具材料如硬质合金、陶瓷材料、复合材料等的应用范围是主要的研究热点。用铝合金作模具材料以缩短制模周期、降低模具成本，将在快速经济模具中得到较快发展。

模具表面处理的主要趋势是：由渗入单一元素向多元素共渗、复合渗发展，由一般扩散向 CVD、PVD、PCVD、离子渗入、离子注入等方向发展，可采用的镀膜有 TiC、TiN、TiCN、TiAlN、CrN、Cr7C3、W2C 等，同时热处理手段由大气热处理向真空热处理发展。目前，激光强化、辉光离子氮化及电镀（刷镀）防腐强化等技术也日益受到重视。

5）加强模具生产企业的信息化和现代化管理。加快 PDM（产品数据管理）、ERP（企业资源管理）、MIS（模具制造管理信息系统）及 Internet 平台等信息网络技术的应用和模具生产企业的现代化管理技术的推广及发展。

6）快速经济制模技术前景广阔。快速经济制模技术主要包括快速原型制造技术、表面成形制模技术、浇注成形制模技术、冷挤压及超塑成形制模技术、无模多点成形技术、KEVRON 钢带冲裁落料制模技术、模具毛坯快速制造技术等。采用快速经济模具制造技术，模具制造周期比同类钢模具缩短70%~90%，而制模成本降低60%~80%，大大缩短了模具生产周期，提高了新产品开发速度，降低了成本，具有广阔的应用前景。预计21世纪，用各种超塑性材料来制作模具，用环氧、聚酯或在其中填充金属、玻璃等增强物制作简易模具等生产方式在工业生产中的比例将达到75%以上。

7）开发先进的模具加工和专有设备，使成形表面的加工和光整加工向精密、自动化方向发展。随着各种新技术的迅速发展，国外已出现了模具自动加工系统，该系统由多台机床合理组合而成，配有随行定位夹具或定位盘，有完整的机具、刀具数控库和数控柔性同步系统，具有实时质量监测控制系统。大力开发和推广使用先进数控加工中心、数控电火花成形加工设备、计算机控制连续轨迹坐标磨床和配有CNC修整装配与精密测量装置的成形磨削加工设备等，使成形表面的加工和模具的抛光、研磨等光整加工技术向计算机控制和高精度加工方向发展，提高模具制造技术水平。日本的模具制造企业已普遍采用CNC机床、加工中心（MC）或CNC电火花加工设备。名古屋金型公司由于采用CNC机床、加工中心等先进加工设备，大大缩短了模具的交货期限，降低了生产成本。公司生产汽车前后尾灯灯罩注射模的交货期限为三个月，其中用于CAD和CAM的时间分别约为100h，机械加工时间为100h左右，其余时间为抛光和装配时间。这个以生产汽车前后尾灯灯罩注射模为主的小型模具厂，在20多台机加工设备中，电火花成形加工设备约占1/3，CNC铣床和加工中心约占2/3，只有1台加工深孔的枪钻为半自动设备。

8）提高模具及模具标准件、重要辅件的标准化及模具生产企业专业化程度。模具标准件的种类、数量、水平、生产集中度等对整个模具行业的发展有重大影响。必须不断提高我国模具标准化水平，以提高模具质量、缩短模具生产周期、降低成本。强调模具企业技术的专业化发展，提升模具企业的专有技术和社会化能力是我国模具技术发展的必由之路。

1.3 模具制造的特点及基本要求

1.3.1 模具制造的特点

模具制造属于机械制造的范畴，但是，由于模具是一种专用的、高技术附加值的精密成形工艺装备，和普通的机械制造技术相比，模具制造具有以下特殊性：

（1）单件、小批量生产 模具是进行大批量生产用的高寿命专用工艺装备，通常每套模具只能生产某一特定形状、尺寸和精度的制件，且使用寿命可达上千万次，因此，模具生产属于单件、多品种生产。模具的设计制造周期较长，需要几个月甚至更长的时间。

（2）精度和表面质量要求高 为保证制品的精度，模具的制作精度和表面质量要求较高，模具各相关结构件之间的相对位置精度要求也较高。模具工作部分的制造公差应控制在±0.01mm之间，表面粗糙度 Ra 应小于0.8μm，多数可达0.1~0.4μm。多工位级进精密冲模中凹模镶件的重复定位精度和步距精度可达0.002~0.005mm。

（3）形状复杂 模具的工作部分多为二维或三维复杂曲面，如汽车覆盖件、飞机零件、玩具、家用电器等模具的表面，常由多种曲面组合而成，因此模具型腔（面）就很复杂，加工难度大。

（4）材料硬度高 模具主要成形件多采用淬火合金工具钢或硬质合金制造，这类钢材从毛坯锻造、加工到热处理均有严格要求。模具材料硬度高，采用传统的机械加工方法较难加工，故常采用电加工等特种加工方法。

1.3.2 模具制造的基本要求

在应用模具进行生产时，为保证产品质量、提高生产率、降低成本，就必须正确进行模具设计，采用合理的模具结构，并以先进的模具制造技术作保证。模具制造应满足以下几个基本要求：

（1）制造精度高　制件的精度在很大程度上取决于模具的精度和表面质量，因此，为了生产出合格的产品，设计、制造的模具必须具有较高的精度。模具工作部分的精度通常要比制件的精度高出2～4级。组成模具的零部件必须有足够高的制造精度，模具的上、下模的配合，镶块与型腔的组合，模块之间的拼合均要求有较高的精度，这样才能生产出合格的制品，延长模具使用寿命。

（2）制造周期短　模具的生产周期是指从模具订货到试模、交货所需的时间。新产品更新换代的加快和市场竞争的日趋激烈，要求模具的制造周期越来越短。模具制造的周期一般由模具制造的技术水平和生产管理水平来决定。在保证质量的前提下，应尽量缩短模具制造周期，满足生产要求，提高产品竞争力。

（3）使用寿命长　模具是比较昂贵的工艺装备，造价约为产品成本的10%～30%，其使用寿命的长短直接影响产品成本的高低。因此，除新产品试制和小批量生产等特殊情况外，一般要求模具有较长的使用寿命。精密冲模的使用寿命可达10000万～20000万次，我国无锡国盛精密模具有限公司生产的空调器翅片级进模使用寿命可达5亿冲次。非淬火钢注射模具使用寿命，国内可达10万～30万次，国外可达10万～60万次；淬火钢模具使用寿命，国内可达50万～100万次，国外可达160万～300万次。

（4）模具成本低　模具的成本与模具结构的复杂程度、模具材料、制造精度要求及制造方法等因素有关。必须根据制件要求合理设计和制订模具制造工艺，降低成本。

模具制造所要求的上述四个指标是相互关联、相互影响的。片面追求模具制造精度和使用寿命必然导致制造成本的增加。当然，为了降低成本和缩短制造周期而忽视模具精度和使用寿命也是不可取的。在设计和制造模具时，应根据实际情况作全面考虑，在保证制件质量的前提下，选择与产品生产批量相适应的模具结构和制造方法，最大限度降低模具成本。

1.4 本课程的性质、任务和要求

本课程是材料成形及控制工程专业（塑性成形及模具方向）和模具设计与制造专业的核心专业课程之一。在学习本课程之前，学生应该已修完“金属工艺学”，并已开始学习“冲压工艺与模具设计”、“锻造工艺与模具设计”、“塑料成型工艺与模具设计”等课程，对模具设计已有初步的了解。模具设计与制造之间的关系非常密切，作为一个模具设计人员，还应该熟悉和掌握模具制造工艺和技术方面的相关知识，这样才能保证自己所设计的模具能够顺利加工出来，并具有良好的工艺性和经济性。如果所设计的模具不知用什么方法制造，甚至无法加工，那么无论其功能再全、精度再高，其设计的合理性都无从谈起。本课程的任务是使学生掌握模具制造所必备的工艺知识和技术，提高合理设计模具的能力，成为一名优秀的模具设计师。

工业生产的发展和材料成形新技术的应用，对模具制造技术提出了越来越高的要求。模具的制造方法已不再是传统意义上的手工作业和一般的机械加工，而是趋于复杂化和多样化，是先进制造技术和管理与一般机械加工方法的有机结合。模具制造广泛采用电火花成形、数控线切割、电化学加工、超声波加工、激光加工及成形磨削、数控仿形和快速成形等现代加工技术。因此，通过本课程的学习，要求学生掌握各种模具加工方法的基本原理、特点及加工工艺，掌握各种加工方法对模具结构的要求，模具加工的工艺规程、加工、装配和生产管理等，提高学生分析模具结构工艺性的能力。

本课程综合性和实践性很强，涉及的知识面较广。因此，学生除了要重视课堂上工艺知识、技术原理和特点的理论学习外，还应该特别注意实践环节，尽可能多参加现场教学和实验，注重生产实习和参观，不断丰富自己的实践知识，提高本课程的学习效果。

思考与练习

1. 简述模具工业在国民经济中的重要地位。
2. 简述我国模具技术的现状及发展趋势。
3. 模具制造的基本要求和特点是什么？

第2章 模具制造工艺基础

2.1 模具的生产过程和工艺过程

2.1.1 模具的生产过程

模具的生产过程是指对用户提供的制件信息进行分析，通过一定的加工工艺和工艺管理，对原材料进行加工、装配、试模，使其成为合格模具产品的全过程，如图 2-1 所示。它主要包括以下几个方面：

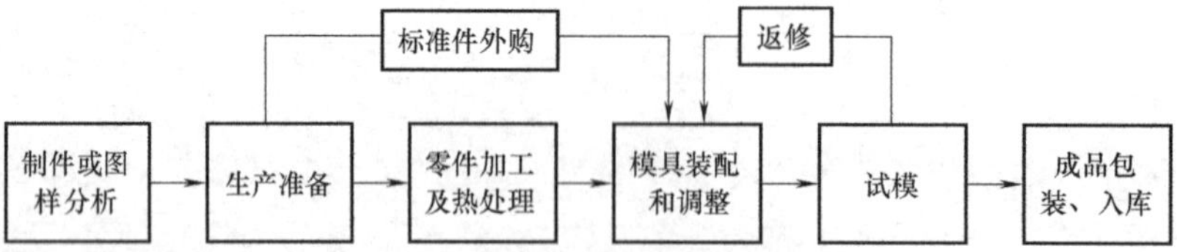

图 2-1 模具的生产过程示意图

1）零件分析及模具结构方案设计。通过对制件原型或零件图样、制件尺寸精度、技术要求和成形工艺等的分析，确定模具的类型和总体结构。

2）生产准备。包括工艺规程的编制、专用工装的设计和制造、模具毛坯材料的选择和加工、标准零部件的选购、加工程序编制及刀具和生产组织等方面的准备等。

3）模具零部件的加工及热处理。如零件的机械加工、特种加工、焊接、热处理及表面处理等。

4）模具的装配和调整。将尺寸精度、位置精度和表面质量等都符合设计要求的模具标准零部件和成形零件进行组装和总装。

5）试模与验收。进行试模，并对试制产品、模具性能、参数等进行检查、试用，合格后对模具进行验收、包装、入库。

模具的生产过程中所用的标准零部件，如导柱、导套、销钉、顶杆和模架等都是由标准件厂生产的，模具零件的毛坯也可由专业的毛坯生产厂提供。模具的标准化有利于提高模具生产的自动化和专业化水平，提高模具的生产效率，缩短制造周期，降低成本。

2.1.2 模具制造的工艺过程

模具制造的工艺过程是模具生产过程的主要组成部分。在模具产品的生产过程中，通过改变原材料形状、尺寸、相互位置及性能，将其转变为成品或半成品的过程，即从生产准备、毛坯制造、零件加工、热处理到装配等过程，称为工艺过程。

模具制造的工艺过程由一系列顺序排列的工序组成，工序又包括安装、工位、工步和走刀等。

1. 工序

工序是指一个或一组工人，在一个工作地点或一台设备上对同一个或同时对几个工件进行加工，所连续完成的那一部分工艺过程。它是组成工艺过程的基本单元。划分工序的依据是工作地点（或设备）或加工对象（工件）是否变动以及加工是否连续完成。如果其中之一有所改变或者加工不是连续完成的，则应划分为另外一个工序。

以一批工件上某孔的钻、铰加工为例来说明工序的划分。如果每一个工件在同一台机床上钻孔后接着铰孔，则该孔的连续钻、铰加工过程应作为一个工序。若在该机床上将这批工件都钻完孔后再逐个铰孔，则对一个工件的钻、铰加工过程不连续，应划分成两个工序。

2. 安装

工件在机床或夹具中定位并夹紧的过程称为安装，即工件经一次装夹后所完成的那一部分工艺内容称为安装。在一道工序中，有时工件需要进行多次安装。多一次装夹，不仅增加了装卸工件的辅助时间，还会产生装夹误差。因此，在工序中应尽量减少安装次数。

3. 工位

一次装夹后，工件与夹具或设备的可动部分一起相对于刀具或设备的固定部分所占据的每一个加工位置称为一个工位。为了减少工件的安装次数，常采用各种回转工作台、回转夹具或移位夹具等多工位夹具或多轴（多工位）机床。如图2-2所示，利用回转台，使一个工件分别位于装卸工件（工位Ⅰ）、钻孔（工位Ⅱ）、扩孔（工位Ⅲ）和铰孔（工位Ⅳ）四个工位进行加工。

4. 工步

当加工表面、加工工具和切削用量（仅指主轴转速和进给量）都不改变时所连续完成的那部分工序称为工步。一个工序可包含一个或多个工步。当工件在一次装夹后连续进行若干个相同的工步时，工艺文件中常将其写成一个工步。如图2-3所示的零件，对4个$\phi 12$mm的孔连续进行钻削加工，在工序中可以写成一个工步——钻$4\times\phi 12$mm孔。

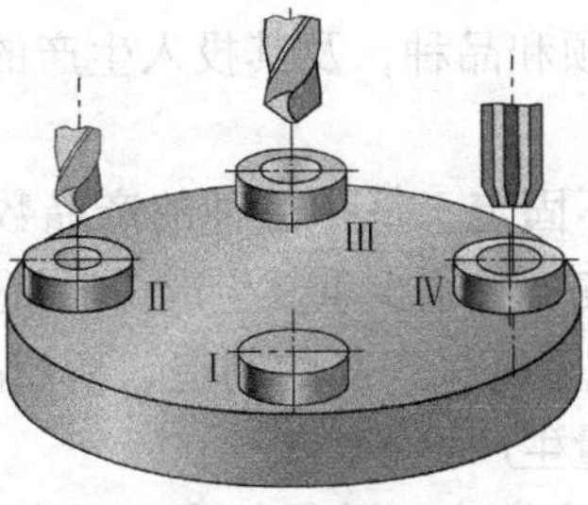

图2-2 回转多工位加工

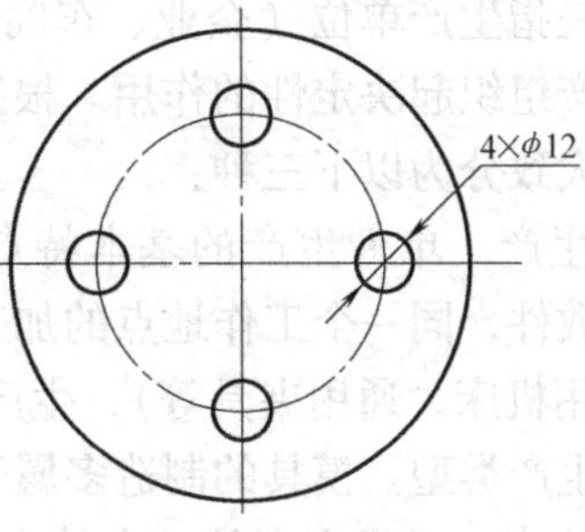

图2-3 孔径相同的多孔工件加工

为了提高生产率，常采用几把刀具或者复合刀具同时加工同一工件上的几个表面，称为复合工步。在工艺文件上，复合工步也视为一个工步。如图2-4所示，在转塔车床上用前刀架进行横向运动来车端面2、4，用转塔上安装的刀具车外圆1、3和车孔5，均为复合工步。

5. 走刀（进给）

在一个工步内，由于某些表面加工余量太大或其他原因，需用同一把刀具以及同一切削用量对其进行多次切削。刀具在工件被加工表面上的每一次切削就称为一次走刀（或进给)。如图 2-5 所示的零件加工，车削阶梯轴外圆时应划分为两个工步，第一工步车 ϕ85mm 外圆仅一次走刀，第二工步车 ϕ65mm 外圆为两次走刀。

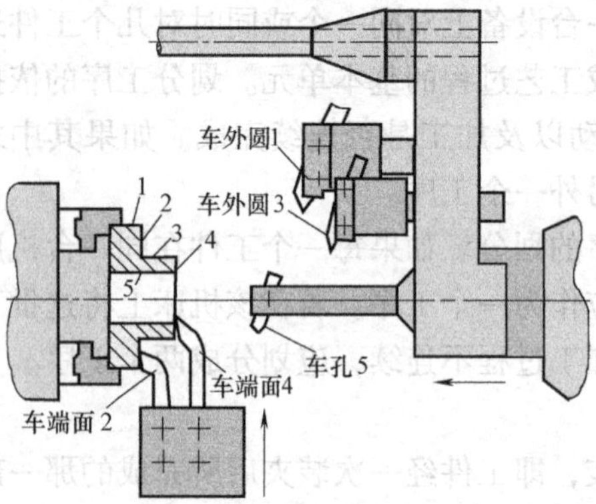

图 2-4 复合工步加工

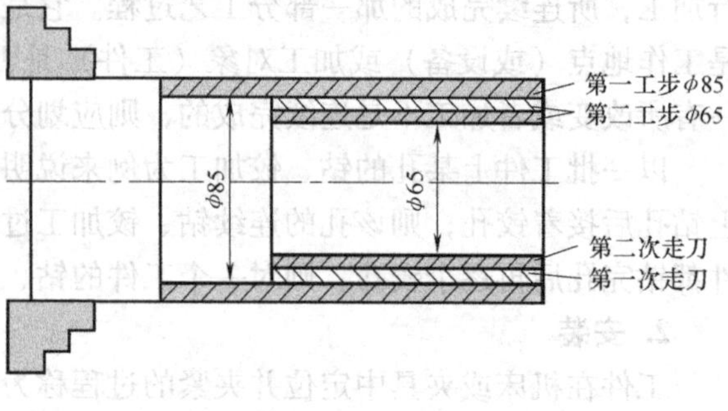

图 2-5 车削不同直径外圆

2.1.3 生产纲领和生产类型

1. 生产纲领

企业在计划期内应生产的产品产量和进度计划称为生产纲领，通常指产品的年产量。

某种零件的年生产纲领可按式（2-1）计算

$$N = Qn(1+a)(1+b) \tag{2-1}$$

式中 N——零件的生产纲领（件/年）；

Q——产品的年产量（台/年）；

n——每台产品中所含该零件的数量（件/台）；

a——零件的备品百分率；

b——零件平均的废品百分率。

2. 生产类型

生产类型是指生产单位（企业、车间等）生产专业化程度的分类，生产类型对工厂的生产过程和生产组织起决定性的作用。根据产品生产纲领和品种，及其投入生产的连续性，可将生产类型大致分为以下三种：

（1）单件生产　单件生产的基本特点是产品品种不固定，每一品种的产品数量很少，仅生产一件或数件，同一个工作地点的加工对象经常改变，且很少重复生产。通常采用通用工艺装备（通用机床、通用夹具等），生产效率较低。重型机械产品的制造、新产品的试制等多属于这种生产类型。模具的制造多属于单件或小批量生产。

（2）成批生产　成批生产的基本特点是产品品种基本固定，数量较多。通常采用高效的专用工艺装备（专用机床、专用夹具等）组织生产。生产效率高，工作地点的加工对象周期性地更换。模具中常用的标准模板、模座、导柱、导套等多属于成批生产。

一次投入生产的零件数量称为生产批量。根据产品特征和批量的大小，成批生产又分为小批生产、中批生产和大批生产。小批生产在工艺方面接近单件生产，中批生产介于单件生产和大量生产之间，大批生产在工艺方面接近大量生产。

（3）大量生产　大量生产的基本特点是产品品种单一固定，每种产品数量很大。大多数工作地点长期进行一个零件某道工序的加工，通常采用自动化程度和生产效率较高的自动加工机床和自动加工生产线，如汽车、轴承的生产等。

表2-1为按生产纲领划分的生产类型。

表2-1　年产量与生产类型的关系

生产类型		同类零件的年产量/件		
		轻型零件（质量<100kg）	中型零件（<100kg<质量<2000kg）	重型零件（质量>2000kg）
单件生产		<100	<10	<5
成批生产	小批	100~500	10~200	5~100
	中批	500~5000	200~500	100~300
	大批	5000~50000	500~5000	300~1000
大量生产		>50000	>5000	>1000

模具生产属单件、小批生产，其工艺特征见表2-2。

表2-2　不同生产类型的工艺特征

特　点	单件生产	成批生产	大量生产
加工对象	经常改变	周期性改变	固定不变
机床设备及布置形式	多采用通用设备，按机床用途排列布置	部分采用通用机床及高效专用机床，按加工零件类别分“工段”排列布置	广泛采用高效专用机床及自动机床，按流水线形式排列布置
毛坯的制造方法及加工余量	木型、手工造型或自由锻，毛坯精度低，加工余量大	金属型铸造或模锻，毛坯精度中等，加工余量中等	金属模机器铸造、模锻或其他高效毛坯制造方法。毛坯精度高，加工余量小
工艺装备	多用标准夹具，靠划线及试切法保证尺寸精度；采用通用刀具与万能量具	广泛采用专用夹具，部分靠划线进行加工；较多采用专用刀具和专用量具	广泛采用高效夹具，靠夹具及调整法达到加工要求，广泛采用高生产率刀具及量具
对操作工人的要求	要求技术熟练的操作工人	要求具有中等技术熟练程度的操作工人	操作工人技术要求较低、调整工人技术要求较高
工艺文件	有简单的工艺过程卡	有较详细的工艺规程，重要零件需编制工艺卡	有详细编制的工艺文件
零件的互换性	配对制造，广泛采用钳工修配	零件大部分有互换性，少数用钳工修配	零件全部有互换性，配合要求很高的零件分组互换
生产率	低	中等	高
制造成本	高	中等	低

2.2　模具制造工艺规程的制订

2.2.1　工艺规程的作用

将模具零件的全部加工工艺过程按一定格式表达，所形成的工艺文件叫做工艺规程。工艺规程中简要概括了各工序的排列顺序、加工尺寸、公差及技术要求、工艺装备及工艺措施、切削用量及工时定额、工人等级等。模具制造工艺规程是模具制造厂或加工车间用来组织、指导和管理模具制造必不可少的技术文件。工艺规程的主要作用有：

1）工艺规程是指导生产的主要技术文件，是新产品投产前进行生产准备和技术准备的依据，包括刀、夹、量具的设计、制造或采购，原材料、半成品及外购件的供应及设备、人员等的配备。

2）工艺规程是组织和管理生产的依据，即生产计划、调度、操作和质量检验等的依据。

3）工艺规程是新建或扩建工厂或车间的主要技术资料，是决定设备、人员、车间、面积和投资预算等的原始资料。

模具的工艺规程可分为零件的机械加工工艺、检验工艺和装配工艺等规程，但主要以零件的机械加工工艺规程为主，生产中常以工艺过程卡和工序卡来指导、规范生产。模具零件属单件、小批生产，加工时常用工艺过程卡来指导生产。

2.2.2 模具零件工艺规程制订的原则与依据

模具制造工艺规程制订的基本原则是在保证质量的前提下，尽可能提高生产效率，降低成本，主要包括以下四个方面：

1）工艺规程制订时应保证达到模具设计图样所要求的尺寸、形状、位置精度和表面质量等技术要求。

2）在保证达到技术要求和完成生产任务的条件下，选择能源、物资消耗最低、最易于加工的方案，使生产成本最低。

3）在现有生产条件的基础上，采用先进加工工艺与技术，缩短模具制造周期。

4）为工人创造一个安全、良好的工作环境，使工人具有良好的劳动条件和安全保障。

2.2.3 模具工艺规程制订的步骤

模具工艺规程制订的一般步骤为：

1）对模具装配图和零件图进行分析研究，了解模具的设计意图和整体结构、各零部件的相互关系和功能以及配合要求等。熟悉产品性能、用途、工作条件，以及模具零件的装配关系、结构工艺性等。

2）确定毛坯的种类、尺寸及其制造方法。根据生产纲领，综合考虑毛坯制造和机械加工费用等因素，以取得最好的经济效益。

3）拟定模具零件的加工工艺路线。

4）选择定位基准，确定各表面的加工方法，划分加工阶段，安排加工顺序和决定工序内容等。

5）确定各工序的加工余量，计算工序尺寸及其公差。

6）选择机床、工艺装备、切削用量及工时定额。

7）确定各工序的技术要求及检验方法。

8）填写工艺文件，经审批后下达实施。

2.3 模具零件的工艺分析

模具零件的结构特点和工艺性对于保证模具制造过程的顺利进行及模具零件的加工质量具有重要的意义。因此，在模具加工前，必须对模具的零件图进行认真分析，对零件的结构工艺性及技术要求等进行审查，并在此基础上制订合理的工艺路线。

2.3.1 零件图样分析

制订零件的加工工艺规程及进行零件工艺性分析时，首先要对模具装配图和零件图进行分析，了解各零件之间的装配关系和技术要求，分析零件加工的可行性及关键技术问题。其主要内容应包括：

1）通过模具的零件图，了解零件结构、形状的合理性，为确定加工方法做准备。零件的表面一般由规则表面（如平面、圆柱面、球面及圆锥面等）、异形表面（如螺旋面、抛物面、椭球面等复杂曲面）或由这些表面组合而成。根据零件结构和表面形状，又可将各种零件大致分为轴类零件、盘套类零件及箱体类零件等不同的类型，并采用不同的加工方法。如模具零件中的模柄、导柱等零件为轴类零件，导套则是一个典型的套类零件。由外圆柱面组成的轴类零件一般采用车削、磨削等加工方法，而由内圆柱面组成的套类零件则多采用钻、扩、铰、镗和内圆磨削等加工方法。模具零件要比一般机械零件的加工更为复杂。

2）零件图技术要求的检查，如零件加工表面的尺寸精度、形状和位置精度及表面粗糙度等。分析技术要求是否完整、合理，在现有生产条件下需采用的加工方法和工艺路线。

3）检查零件所用材料及热处理工艺等。结合零件结构性质和热处理要求，确定材料选择的合理性。如硬度高、需用电火花或线切割加工的型腔类零件，应采用淬透性好的Cr12、Cr4W2MoV等材料。

2.3.2 零件的结构工艺性分析

模具零件的结构工艺性是指在能满足使用要求的前提下，模具零件制造的可行性和经济性，它与生产类型、工艺过程、生产条件和技术水平等因素有关。零件的结构工艺性好是指在相同生产条件下，能够用较经济的方法、较高的效率把零件加工出来，并能保证零件的使用要求及加工质量；零件的结构工艺性差会导致零件加工困难，甚至无法加工。

分析零件的结构工艺性时主要应从以下几个方面着手：

1）各表面形状、结构应便于加工，零件结构应标准化、规格化；保证零件能用通用的刀具和标准量具比较容易地加工出来，降低加工成本，并达到规定的质量要求。加工表面形状应与所使用的刀具形状相一致，以便于加工，且要易于刀具的切入切出。某些结构必须设置退刀槽，同一零件上退刀槽的尺寸尽量保持一致，以减少换刀次数，如图2-6所示。

2）零件加工表面形状的分布应合理。加工表面应尽可能安排在同一平面上或具有同一轴线，有相互位置要求的加工表面，最好在一次装夹中完成加工，以减少多次装夹引起的加工误差，并缩短辅助时间。

3）零件应具有足够的刚度，便于安装、定位和夹紧，提高加工效率。

4）合理制订零件的精度和表面粗糙度。零件设计时应尽量减少精加工表面的数量，减

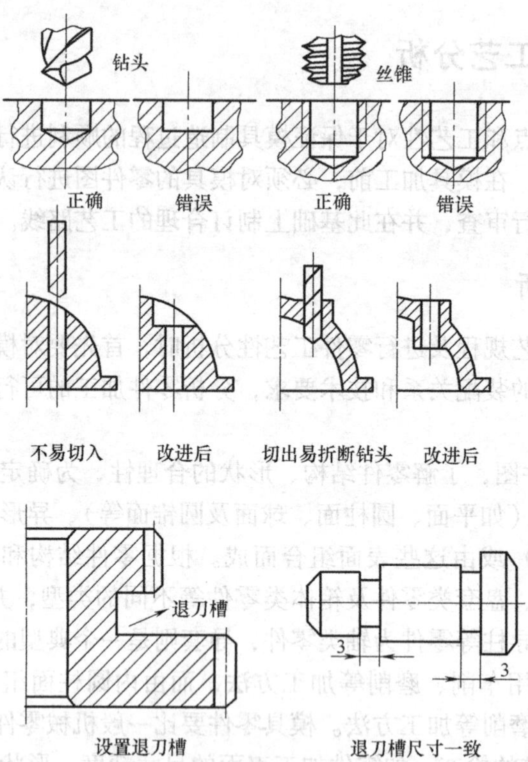

图 2-6　零件加工工艺性比较

少工作量和刀具、电极、材料的消耗。如图 2-7 所示，销孔和螺纹孔不必太长，以减少铰孔和攻螺纹的工作量。

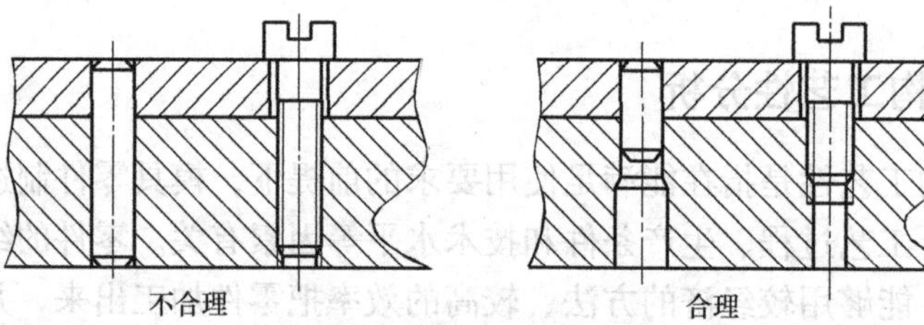

图 2-7　零件结构设计分析

2.4　模具零件毛坯选择

模具零件的加工从毛坯开始，毛坯的设计和选择对模具零件的加工工艺性及模具的质量和寿命都具有很大影响。对模具零件毛坯进行选择时，首先要考虑毛坯的制造方法和类型。

常用模具毛坯的制造方法有铸造、锻压、焊接等，因此，毛坯的类型主要有铸造毛坯、锻造毛坯和型材等。工作时承载能力要求高、形状结构不太复杂的模具关键零件，一般采用锻造毛坯；次要的和结构形状简单的零件，采用热轧圆钢、钢板或型材作为毛坯；而结构复杂且不便于拆装或批量较大的模具，则采用铸造毛坯较为合理。毛坯的形式和模具零件选择的依据主要有模具零件的材料及力学性能、几何特征、类别及作用、生产类型和具体生产条件等。

1. 铸造毛坯

铸造毛坯适用于形状复杂的模具零件。薄壁零件不可用砂型铸造；尺寸大的铸件宜用砂型铸造；中、小型零件可用其他较先进的铸造方法。

在模具零件中常见的铸件有冲压模具的上模座和下模座、大型塑料模的框架等，如精密冲裁模的上、下模座多为ZG270-500铸钢件，大型覆盖件拉深模的凸凹模和压边圈零件多为灰铸铁HT200和HT250合金铸铁件，大、中型冲压成形模的工作零件多为球墨铸铁和合金铸铁件。吹塑模具和注射模具零件中铸造铝合金使用较多，如铝硅合金ZL102等。

对于铸件的质量要求主要有：

1）铸件的化学成分和力学性能应符合图样规定的材料牌号标准。

2）铸件的形状和尺寸要求应符合铸件图样的规定。

3）铸件的表面应进行清砂处理，去除砂子和其他杂物，应去除结疤，去除飞边毛刺，其残留高度应≤3mm。

4）铸件内部，特别是靠近工作面处不得有气孔、砂眼、裂纹等缺陷，非工作面不得有严重的疏松和较大的缩孔。

5）铸件应及时进行热处理。铸钢件依据牌号确定热处理工艺，一般以完全退火为主，退火后硬度≤229HBW；铸铁件应进行时效处理，以消除内应力和改善加工性能，铸铁件热处理后的硬度≤269HBW。

2. 锻造毛坯

模具零件毛坯中，原型材下料后通过锻造的方法获得合理的几何形状和尺寸的坯料，称为锻造毛坯。锻造毛坯适用于强度较高、形状较简单的零件。尺寸大的零件一般用自由锻，中、小型零件选用模锻方法制造，形状复杂的钢质零件则不宜采用自由锻。

模具中的工作零件，大量使用高碳高合金工具钢的锻造毛坯，如精密冲裁模和重载冲模的工作零件等。凸缘式模柄零件，为了节省原材料和减少机械加工工作量，也选择锻造毛坯。模具零件锻件的几何形状多为圆柱形、圆板形、矩形，也有少数为T形、L形和Π形等。

锻造毛坯应保证合理的机械加工余量，既不浪费材料，不使机械加工工作量过大，又能保证去除锻造过程中产生的锻造夹层、表层裂纹、氧化层、脱碳层和锻造不平等缺陷，保证模具零件质量。

模具钢原则上采用锯床切割下料，采用热切法下料时应将毛刺除尽，避免生成折叠而造成锻件废品。

3. 型材毛坯和半成品件

热轧型材的尺寸较大，精度低，多用作一般零件的毛坯；冷轧型材尺寸较小，精度较高，多用于毛坯精度要求较高的中、小零件，适用于自动机床加工。

模具结构中的一般结构件，多选择原型材毛坯形式。如非标准模架的上、下模座材料多为45钢，毛坯形式为厚钢板的原型材。

随着模具专业化及模具标准化水平的提高，冲模模架、矩形凹模板、矩形模板、矩形垫板、塑料注射模标准模架等零件的使用量不断增加。这些半成品件的使用，可大大降低模具成本和缩短模具制造周期。

采用锻造、铸造毛坯时，因锻造时的欠压量与允许错模量不同，铸造时因砂型误差、收缩量及金属液体的流动性差不能充满型腔等都会造成加工余量不同。此外，锻造、铸造后，毛坯的挠曲与扭曲变形量不同也会造成加工余量不充分、不稳定。因此，除板料外，不论是锻件、铸件还是型材，其加工表面均应有较充分的加工余量。

2.5 定位基准的选择

定位基准的选择，不仅影响零件加工和产品的精度，对零件各表面加工顺序的设计和工艺路线的制订也有很大的影响。为保证模具零件的加工精度，应按照对定位的要求选择定位基准。

2.5.1 基准的概念

零件由若干表面组成，各表面之间都有一定的尺寸和相互位置要求。用以确定零件上点、线、面间的相互位置关系所依据的点、线、面称为基准。模具零件表面间的相对位置要求包括尺寸精度和相对位置精度（如同轴度、平行度、垂直度和圆跳动等）要求。基准按其作用不同，可分为设计基准和工艺基准两大类。

1. 设计基准

设计基准是指设计图样上所采用的基准，即零件图上确定某些点、线、面的位置时所依据的那些点、线、面。如图 2-8 所示的导套零件，轴心线 $O—O$ 是外圆和内孔的设计基准。端面 A 是端面 B、C 的设计基准，内孔的轴心线是外圆柱面径向圆跳动的设计基准。

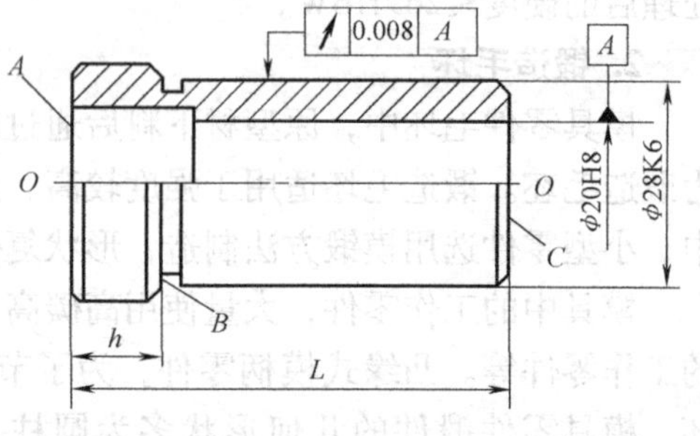

图 2-8　设计基准

2. 工艺基准

工艺基准是指零件在加工和装配过程中所使用的基准。在选择工艺基准时应尽量使工艺基准与设计基准一致，但工艺基准须随不同的加工方法而变更。按用途不同，工艺基准分为定位基准、测量基准和装配基准。定位基准是指加工时使工件在机床或夹具中占据正确位置所用的基准。零件检测时，用以测量已加工表面的尺寸及位置所使用的基准，称为测量基准。装配时用以确定零件在部件或产品中位置的基准称为装配基准。零件的主要设计基准常作为装配基准。

2.5.2 工件的安装定位方法

在各种不同的机床上加工零件时，安装定位方法可以归纳为直接找正法、划线找正法和夹具安装法三种。

1. 直接找正法

采用该方法时，工件在机床上的正确位置，是通过目测的方法不断找正获得的。将工件直接装在机床上，用百分表或划针盘上的划针，一边校验一边找正，直至符合安装要求，如

图2-9所示。

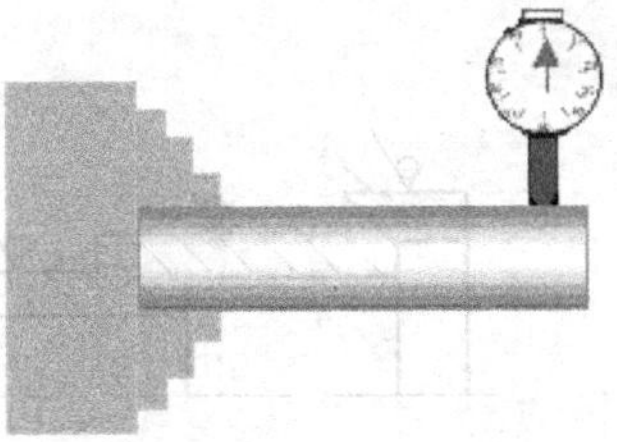
a)

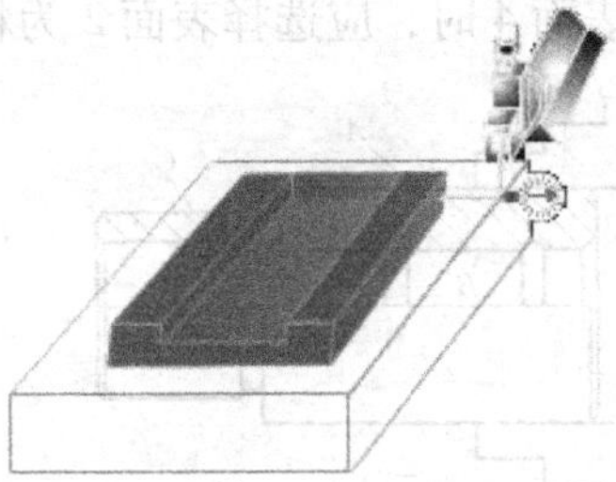
b)

图2-9 直接找正法

a）在内圆磨床上找正工件 b）在刨床上找正工件

直接找正法的定位精度和找正速度取决于找正精度、方法、工具和工人的技术水平。该方法生产效率低，对工人技术水平要求高，仅用于单件、小批量生产中。当对工件的定位精度要求较高时，必须由具有较高技术水平的工人使用精密量具用直接找正法来定位。

2. 划线找正法

该方法是在机床上用划针按毛坯或半成品上所划的线来找正工件，使其在机床上正确定位。由于所划线本身的宽度、划线误差和找正工件位置时的观察误差，使得该法多用于生产批量较小、毛坯精度较低，以及不宜使用夹具的大型工件的粗加工中，如图2-10所示。

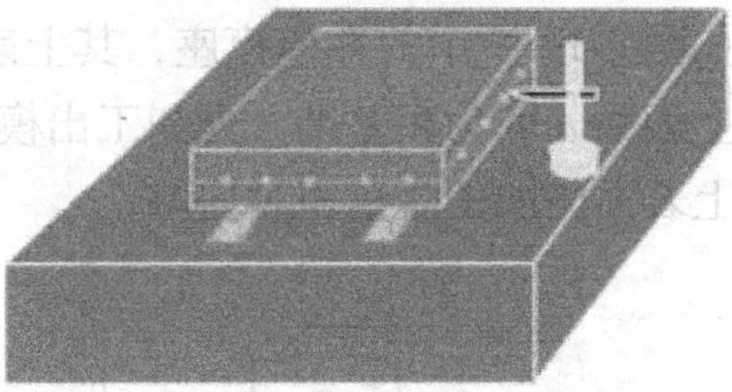

图2-10 划线找正法

3. 夹具安装法

在工件未安装前预先调整好夹具在机床上相对刀具的位置，工件加工时不必再逐个找正定位，可保证加工的技术要求，是一种高效的定位方法，在成批和大量生产中广泛应用。

2.5.3 定位基准的选择

定位基准在很大程度上影响着工件的加工精度，且同一个被加工表面所选用的定位基准不同，其工艺路线就可能发生改变。因此，定位基准的选择十分重要。在起始工序中，只能选择工件毛坯上未经加工的表面作定位基准，这种定位基准称为粗基准（毛基准）。用已加工表面作定位基准则称为精基准（光基准）。工件上没有适合作为定位基准用的表面时，必须在工件上专门设置或加工出定位的基准面，称为辅助基准。

1. 粗基准的选择

粗基准的选择对各加工表面加工余量的分配及加工表面和非加工表面间的相对位置关系有很大的影响。选择粗基准时应保证各加工表面有足够的加工余量，使非加工表面的尺寸、位置符合图样要求。粗基准选择时应遵循以下原则：

（1）非加工表面原则 为了保证加工面与非加工面之间的位置要求，应选择不加工面为粗基准。如图2-11所示的模具导套零件，其外圆柱面 A 为非加工表面，加工时需保证与加工表面 B、C 之间的位置要求，所以应选择不加工表面 A 作为粗基准。

如果零件上同时存在多个非加工表面时，应选择与加工表面位置精度要求较高的表面作为粗基准。如图 2-12 所示，零件上有三个非加工表面 1、2、3，若表面 4 和 2 壁厚均匀度要求较高，在加工表面 4 时，应选择表面 2 为粗基准。

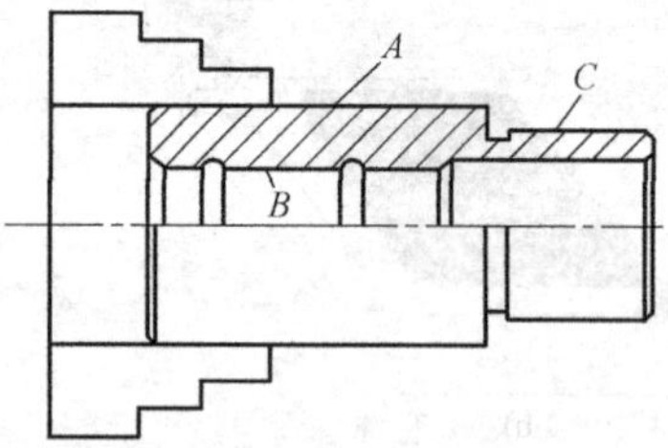

图 2-11　导套粗基准的选择

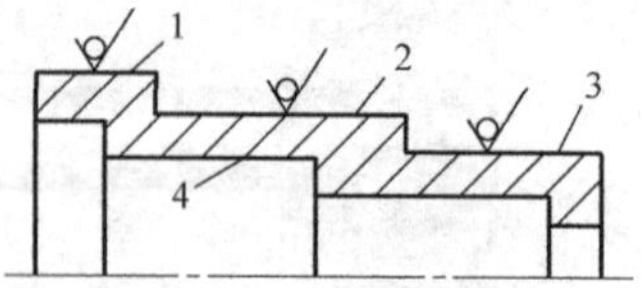

图 2-12　粗基准选择

（2）加工余量最小原则　选择粗基准时应以加工余量最小的表面作为粗基准。如图 2-13所示的阶梯轴，表面 *B* 加工余量最小，应选表面 *B* 作为粗基准。如果以表面 *A* 或表面 *C* 为粗基准来加工其他表面，则可能因这些表面间存在较大位置误差而导致表面 *B* 的加工余量不足。

（3）重要表面原则　为保证重要表面的加工余量均匀，应选择重要加工面为粗基准。如图 2-14 所示的冲模模座，其上表面 *A* 是安装其他模板的基准面，要求加工余量均匀。将上表面 *A* 作为粗基准，先加工出模座的下表面 *B*，再以下表面 *B* 作为精基准加工上表面，则上表面的加工余量相对均匀。

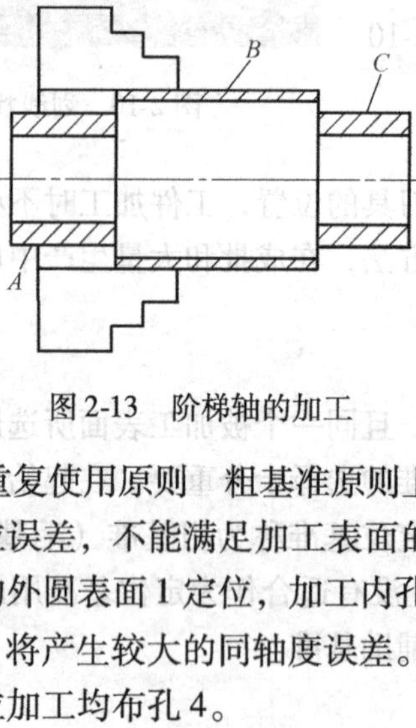

图 2-13　阶梯轴的加工

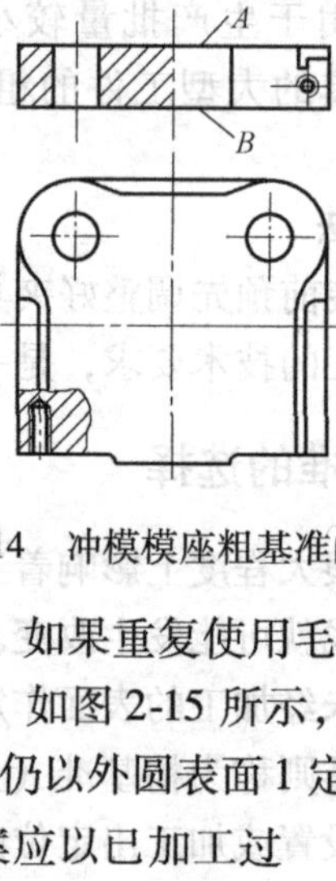

图 2-14　冲模模座粗基准的选择

（4）不重复使用原则　粗基准原则上只能使用一次。如果重复使用毛坯表面作粗基准，必然加大定位误差，不能满足加工表面的位置精度要求。如图 2-15 所示，如果第一道工序是以不加工的外圆表面 1 定位，加工内孔 2，第二道工序仍以外圆表面 1 定位加工均布孔 4，则孔 4 与孔 2 将产生较大的同轴度误差。正确的工艺方案应以已加工过的内孔 2 定位加工均布孔 4。

（5）便于工件装夹原则　作为粗基准的表面，应尽量平整光滑，没有飞边、冒口、浇口或其他缺陷，以便使工件定位准确、夹紧可靠。

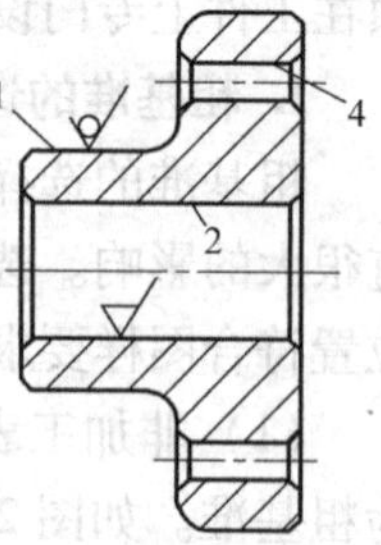

图 2-15　基准不重复使用原则示例

2. 精基准的选择

精基准选择时应尽量减少定位误差，保证加工精度，同时使工件装夹方便、可靠，夹具结构简单。精基准的选择一般应遵循以下原则：

（1）基准重合原则　选择被加工表面的设计基准为定位基准，以减少基准不重合误差，保证加工精度。如图 2-16 所示，表面 *A*、*B* 及底面D已经加工完成，现加工表面C，设计基准与定位基准重合（2-16a）。当加工表面C的设计基准为表面B（图2-16b）时，如果仍以表面A为定位基准，就违背了基准重合原则，会产生基准不重合误差。加工表面C相对设计基准B的位置精度不仅受到本工序加工误差的影响，而且还会受到由于基准不重合所带来的设计基准（B面）相对定位基准（A面）之间的位置误差的影响。

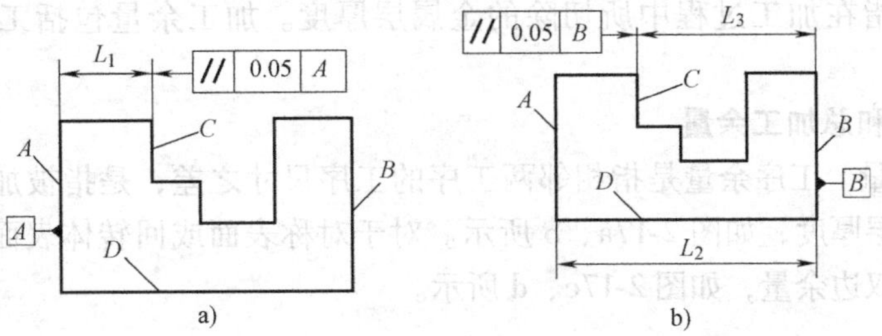

图2-16　基准重合原则示例

（2）基准统一原则　当工件以某一组精基准定位，可以比较方便地对其余多个表面进行加工时，应尽可能在多道工序中采用同一组精基准定位，这就是基准统一原则。采用基准统一原则可避免基准转换所带来的误差，有利于保证这些表面间的位置精度，不仅减少了多次装夹所带来的装夹误差和装卸工件的辅助时间，也为采用高效率的专用设备和工艺装备创造了条件。模具导柱、复位杆、拉杆等轴类零件的大多数工序都采用顶尖孔为定位基准。

（3）自为基准原则　选择加工表面本身作为定位基准时，称为自为基准原则。有些精加工或光整加工工序要求加工余量小而均匀时，常采用加工表面本身作为精基准。按自为基准原则加工时，只能提高加工表面本身的尺寸精度和形状精度，而不能提高其位置精度。加工表面与其他表面之间的位置精度，要由先行或后续工序予以保证。

（4）互为基准、反复加工原则　两个表面之间互为基准。如果这些表面本身的加工精度及其相互位置精度都有很高的要求，且均适宜作为定位基准时，则可采用互为定位基准的办法来进行反复加工。即先以其中一个表面为基准加工另一个表面，然后再以加工过的表面为定位基准加工其基准面，反复加工，可获得很高的相互位置精度。

（5）便于装夹原则　所选精基准应保证定位准确、稳定，装夹方便可靠，夹具结构简单适用，操作方便灵活，精基准要有足够大的接触面积，以承受较大的切削力。

因此，精基准应选择尺寸精度、形状精度较高而表面粗糙度值较小、面积较大的表面。

3. 辅助基准的使用

当零件上的重要工作表面不适宜选作定位基准时，为了装夹或定位的需要，将一些本来不需加工的表面或加工精度要求较低的表面（如非配合表面），按较高的精度加工出来，用作定位基准，称为辅助基准。例如轴类零件上的顶尖孔和零件上的工艺凸台，就是专为工艺需要而加工出来的辅助基准或工艺基准。

上述基准选择原则，在实际应用时应全面考虑，灵活应用。定位基准选择不仅要考虑本工序定位、夹紧，还要结合整个工艺路线进行统一考虑，使各工序都有合适的定位基准和夹紧方式。

2.6 加工余量及工序尺寸确定

2.6.1 加工余量的概念

加工余量是指在加工过程中所切除的金属层厚度。加工余量包括工序余量和总加工余量。

1. 工序余量和总加工余量

（1）工序余量　工序余量是指相邻两工序的工序尺寸之差，是指被加工表面在一道工序中切除的金属层厚度，如图2-17a、b所示。对于对称表面或回转体表面，其加工余量是对称分布的，为双边余量，如图2-17c、d所示。

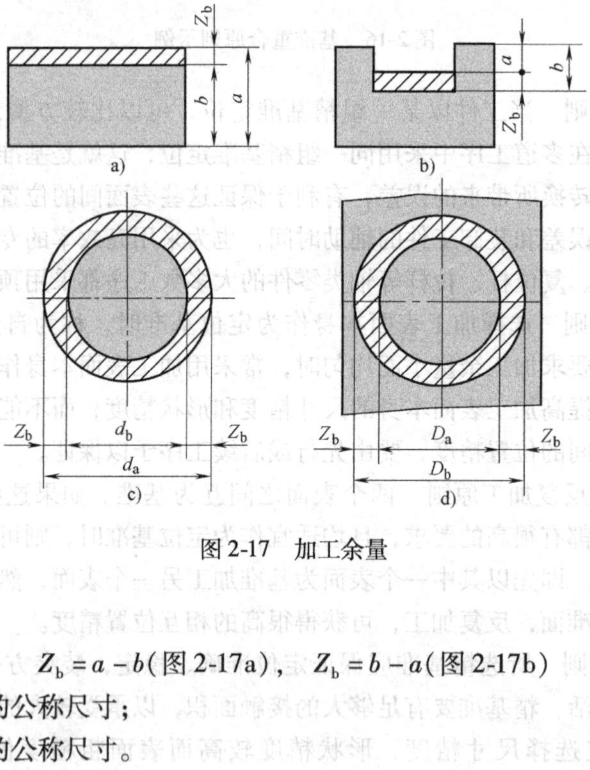

图2-17　加工余量

对于单边余量

$$Z_b = a - b(\text{图 2-17a}),\quad Z_b = b - a(\text{图 2-17b})$$

式中　a——前工序的公称尺寸；

b——本工序的公称尺寸。

对于轴和孔

$$2Z_b = d_a - d_b(\text{图 2-17c}),\quad 2Z_b = D_b - D_a(\text{图 2-17d})$$

式中　$2Z_b$——直径上的加工余量；

d_a、D_a——前工序直径；

d_b、D_b——本工序直径。

（2）总加工余量　总加工余量是毛坯尺寸与零件图的设计尺寸之差，也称毛坯余量。总加工余量等于同一加工表面各工序余量之和，即

$$Z_{总} = Z_1 + Z_2 + \cdots + Z_n = \sum_{i=1}^{n} Z_i \tag{2-2}$$

式中　$Z_{总}$——总加工余量；

Z_i——第 i 道工序余量；

n——工序数目。

工序尺寸的公差一般规定在零件的入体方向。对于被包容面（轴），公称尺寸为最大工序尺寸；对于包容面（孔），公称尺寸为最小工序尺寸。毛坯尺寸的公差一般采用双向标注。

2. 基本加工余量、最小加工余量和最大加工余量

在加工过程中，实际加工余量根据工序尺寸公差确定，加工余量又分为基本加工余量（公称加工余量）、最小加工余量和最大加工余量，如图2-18所示。

基本加工余量 = 前工序尺寸 − 本工序尺寸

最小加工余量 = 前工序尺寸的最小值 − 本工序尺寸的最大值

最大加工余量 = 前工序尺寸的最大值 − 本工序尺寸的最小值

工序尺寸一般按“入体原则”标注极限偏差。被包容面（轴的外径，实体的长、宽、高）的工序尺寸取上极限偏差为零；包容面（孔径、槽宽）的工序尺寸取下偏差为零；毛坯尺寸则按双向对称布置上、下极限偏差。以轴加工为例，工序余量和工序尺寸及其公差的计算公式为

$$Z = Z_{min} + T_a \tag{2-3}$$

$$Z_{max} = Z + T_b = Z_{min} + T_a + T_b \tag{2-4}$$

式中　Z——本工序公称尺寸；

Z_{min}——最小工序余量；

Z_{max}——最大工序余量；

T_a——前工序尺寸公差；

T_b——本工序尺寸公差。

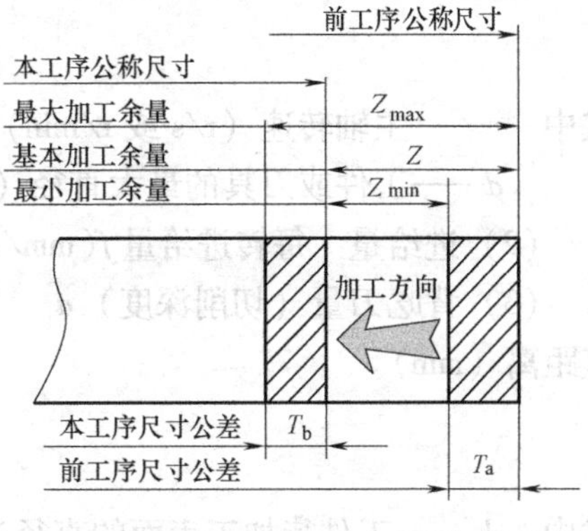

图2-18　基本加工余量、最大加工余量和最小加工余量

工序加工余量的变动范围（最大加工余量与最小加工余量之差）= 前工序尺寸公差 + 本工序尺寸公差。

2.6.2　加工余量的确定

加工余量的确定方法有查表法、经验法和计算法三种。

1. 查表法

将工厂的生产实践和试验研究积累的数据制成各种表格，并汇集成手册。确定加工余量时，通过查阅手册并结合工厂的实际情况对数据进行适当修正后确定。该方法使用方便，目前应用最广。

2. 经验法

由工程技术人员或工人，根据实际经验确定加工余量。为防止因加工余量过小而产生废品，经验估计的数值总是偏大。这种方法在单件、小批生产量的模具生产中广泛采用。

3. 计算法

当加工余量的影响因素比较明确时，采用计算法确定加工余量较为准确。采用该方法时

需根据加工余量计算公式和相关试验资料，对影响加工余量的各因素进行分析，通过计算最终确定加工余量。目前应用较少。

2.7 切削用量的确定

2.7.1 切削用量三要素

在模具制造中切削加工方法使用较多，切削加工三要素包括：被加工材料、切削刀具和切削用量。切削用量的正确选择对于保证加工质量具有重要的影响。

切削用量三要素为：

（1）主运动速度 v_c　主运动速度表示主运动的速度大小和方向，单位为 m/min。当主运动为旋转运动时，可按式（2-5）计算

$$v_c = \frac{\pi dn}{1000} \tag{2-5}$$

式中　n——主轴转速（r/s 或 r/min）；

d——工件或刀具的最大直径（mm）。

（2）进给量　每转进给量 f(mm/r)、每齿进给量 f_z(mm/z) 或进给速度（mm/min）。

（3）背吃刀量（切削深度）a_p　背吃刀量是车削时已加工表面与待加工表面之间的垂直距离（mm）。

$$a_p = \frac{d_w - d_m}{2} \tag{2-6}$$

式中　d_w——工件待加工表面的直径；

d_m——工件已加工表面的直径。

2.7.2 切削用量的确定原则

切削用量要根据被加工工件材料、硬度、切削状态、刀具寿命来确定。在工艺系统刚度允许时，应首先选择一个尽可能大的 a_p，其次选择一个较大的 f，最后在刀具寿命和机床功率允许的条件下选择一个合理的 v_c。

（1）背吃刀量 a_p 的选择　主要根据加工余量和工艺系统的刚度确定。

1）粗加工时，在留下精加工、半精加工的加工余量后，尽可能一次走刀将剩下的加工余量切除。

2）当冲击载荷较大（如断续表面）或工艺系统刚度较差（如细长轴、镗刀杆、机床陈旧）时，可适当降低，使切削力减小。

3）精加工时，应根据粗加工留下的加工余量确定，采用逐渐降低的方法，逐步提高加工精度和表面质量。

4）一般精加工时，a_p 取 0.05～0.8mm；半精加工时，a_p 取 1.0～3.0mm。

（2）进给量 f 的选择

1）粗加工时，f 主要受刀杆、刀片、机床和工件等强度、刚度所承受的切削力限制，所以一般应根据刚度来选。工艺系统刚度好时，可用大些的 f；反之，则适当降低 f。

2）精加工、半精加工时，f应根据工件的Ra要求选。Ra要求小的，取较小的f，但又不能过小，因为f过小，切削厚度过薄，Ra反而增大，且刀具磨损加剧。若刀具的刀尖圆弧半径较大，则f可选较大值。

3）粗车时，f一般取0.3～0.8mm/r；精车时，f一般取0.1～0.3mm/r。

(3) 主运动速度v_c的选择　主要根据工件材料、刀具材料和机床功率来选。

1）刀具材料好，可选得高些。

2）加工表面的Ra值要求小时，要避开产生积屑瘤、鳞刺的v_c，高速钢刀取小v_c（$<$5m/min），硬质合金刀取较高的v_c（130～160m/min）。

3）表面有硬皮或断续切削时，应适当降低。

4）工艺系统刚度差时，应减小v_c。

2.8 机床与工艺装备的选择

制订机械加工工艺规程时，正确选择设备与工艺装备是保证零件加工质量要求、提高生产率及经济性的重要措施。

1. 机床的选择

在选择机床设备时，应注意以下几点：

1）机床精度应与工件加工精度要求相适应。机床精度过低，不能保证加工精度；机床精度过高，又会增加工件的制造成本。因此应根据工件的精度要求合理选择。在缺乏精密设备时，可通过设备改造“以粗干精”。

2）机床规格应与工件的外形尺寸相适应，即大件用大机床、小件用小机床。

3）机床的生产效率应与工件的生产类型相适应。单件小批生产用通用设备或数控机床，大批大量生产应选高效专用设备。

4）机床设备选择还应与现有条件相适应。要根据现有设备类型、规格、精度状况及设备负荷状况、外协条件等确定。

2. 夹具的选择

在大批大量生产的情况下，应广泛使用专用夹具，在工艺规程中应提出设计专用夹具的要求。单件小批生产应尽量选择通用夹具（或组合夹具），如标准卡盘、平口钳、转台等。工、模具制造车间，产品大都属于单件小批生产，但对于结构复杂、精度很高的工、模具零件非专用工装难以保证其加工质量时，也应使用必要的二类工装，以保证其技术要求。在批量大时也可选择适当数量的专用夹具以提高生产效率。

3. 刀具的选择

刀具的选择主要取决于所确定的加工方法、工件材料、所要求的加工精度、生产率和经济性、机床类型等。原则上应尽量采用标准刀具，必要时可采用各种高生产率的复合刀具和专用刀具。刀具的类型、规格以及精度等级应与加工要求相适应。

4. 量具的选择

量具的选择主要根据检验要求的准确度和生产类型来决定。所选用量具能达到的准确度应与零件的精度要求相适应。单件小批生产广泛采用通用量具，大批量生产则采用极限量规及高生产率的检验仪器。

2.9 模具制造工艺路线制订

模具制造工艺路线是工艺规程设计的总体布局，通过工艺路线的制订，确定模具零件各表面的加工方法，安排加工顺序，完成工序的划分。根据工艺路线，选择各工序工艺基准、加工设备及工艺装备，确定工序尺寸、切削用量及工时定额等。

制订模具的加工工艺规程时，应在充分调研的基础上，根据生产单位的设备情况，同时考虑新技术、新工艺的应用，对多种方案进行分析比较，以确定一个在加工质量和生产效率、工人劳动强度、设备投资、车间面积和生产成本等方面都较为合理的最佳工艺路线。

2.9.1 模具表面加工工艺及方法的选择

模具零件的表面一般都比较复杂，通常要通过多种工艺方法和多道加工工序才能达到设计要求。因此，应根据被加工表面的质量要求、生产类型、材料性能及设备情况等选择构成零件各表面的加工方法，并确定相应的工艺路线。

模具主要零件凸凹模的加工工艺方法较多，常用方法见表2-3。

表2-3 常用模具凸凹模的制造方法

序号	工艺类型		加工工艺方法	备注
1	机械加工	传统切削加工	车削加工，铣削加工，仿形铣削，镗削（坐标镗等）加工，刨削加工，钻、铰、攻螺纹加工，雕刻加工，平面磨削，内、外圆磨削	机械加工生产率高，加工精度高。复杂外形工件加工速度慢，硬材料难加工，材料利用率不高 凸凹模切削加工或成形铣削加工，一般属于粗加工和半精加工，若采用数控加工或采用加工中心机床加工，则工序内容集中
		数控加工	数控车、铣、钻、磨、加工中心加工，数控压力机加工，弯管机加工，数控电火花，线切割加工，数控激光加工等	
		精密磨削 成形磨削	坐标磨削，成形磨削	
		传统光整加工	手工研抛，挤压研磨，风、电动工具研抛	精加工后在工件上不切除或只切除极薄的材料层，以降低表面粗糙度，增加表面光泽和强化表面而进行的研抛加工
2	特种加工		电火花成形加工，电火花线切割加工，电解加工，电化学抛光，磁力研抛，电铸，化学刻蚀，超声波加工，激光加工等	特种加工与工件的硬度无关，可实现“以柔克刚”，并可加工各种复杂形状的零件，在模具制造中得到越来越广泛的应用 电火花成形和线切割加工均为NC、CNC机床加工，一般在热处理后进行
			电火花强化，喷沙强化，超声强化，等离子渗钛强化，镀铬工艺	强化工艺

（续）

序 号	工艺类型	加工工艺方法	备 注
3	塑性加工	冷挤成形工艺：将淬过火的成形模强力压入未进行硬化处理的模坯中，使成形模的形状复印在被压的模坯上，制成所需要的模具	不需要型面精加工，制模速度快，可以制成各种复杂型面的模具。用于中小型模具型腔加工、大型模具凸凹模加工、超硬材料加工等
4	铸造加工	铸造法快速成形	精度和使用寿命要求不高的模具，如锌基合金模具快速制模法。制模速度快，容易制成形状复杂的模具。但模具材质较软，耐热性差，模具寿命短，多用于试制和小批量生产的场合
5	焊接加工	将加工好的模块焊接在一起，形成所需的模具	与整体加工相比，加工简单、尺寸大小不受限制，但精度难以保证，易残留热应变及内部应力，主要用于精度要求不高的大型模具的制造
6	热处理工艺	回火、调质、淬火，氮化处理，渗碳处理，冷处理等	冷处理宜在精加工后进行

选择零件表面加工方法时，应着重考虑以下几个问题：

1）保证被加工表面的加工精度和表面质量要求。在加工过程中影响加工精度的因素很多，即使同一种加工方法在不同工作条件下所能达到的精度也不同。由于加工精度和生产效率、加工误差和加工成本是互相矛盾的，因此，所选加工方法一般应根据工件的精度要求与被加工表面的经济精度和经济表面粗糙度相适应。加工经济精度是指在正常的加工条件下，采用符合质量标准的设备、工艺装备、标准技术等级的工人和不延长加工时间所能保证的加工精度。加工经济精度应理解为一个范围，在这个范围内加工都是经济的。常见工艺方法能达到的经济加工精度及经济表面粗糙度可查阅相关工艺手册。表2-4～表2-7为外圆柱表面、内孔、平面和成形表面等的不同加工方法所能达到的经济精度和经济表面粗糙度，在选择加工方法时可作参考。

表2-4 外圆柱表面的加工精度

序 号	加 工 方 法	经 济 精 度	经济表面粗糙度 $Ra/\mu m$	适 用 范 围
1	粗车	IT11～13	12.5～50	适用于淬火钢以外的各种金属
2	粗车→半精车	IT8～10	3.2～6.3	
3	粗车→半精车→精车	IT7～8	0.8～1.6	
4	粗车→半精车→精车→滚压（或抛光）	IT7～8	0.025～0.2	
5	粗车→半精车→磨削	IT7～8	0.4～0.8	主要用于淬火钢，也可用于未淬火钢，但不宜加工有色金属
6	粗车→半精车→粗磨→精磨	IT6～7	0.1～0.4	
7	粗车→半精车→粗磨→精磨→超精加工	IT5	0.012～0.1	
8	粗车→半精车→精车→精细车（金刚石车）	IT6～7	0.025～0.4	主要用于要求较高的有色金属加工

（续）

序号	加工方法	经济精度	经济表面粗糙度 $Ra/\mu m$	适用范围
9	粗车→半精车→粗磨→精磨→超精磨（或镜面磨）	IT5 以上	0.012～0.025	要求精度极高的外圆加工
10	粗车→半精车→粗磨→精磨→研磨	IT5 以上	0.006～0.1	

表 2-5 孔的加工方法及加工精度

序号	加工方法	经济精度	经济表面粗糙度 $Ra/\mu m$	适用范围
1	钻	IT11～13	12.5	加工未淬火钢及铸铁的实心毛坯，也可用于加工有色金属（孔径小于15～20mm）
2	钻→铰	IT8～10	1.6～6.3	
3	钻→粗铰→精铰	IT7～8	0.8～1.6	
4	钻→扩	IT10～11	6.3～12.5	加工未淬火钢及铸铁的实心毛坯，也可用于加工有色金属（孔径大于15～20mm）
5	钻→扩→铰	IT8～9	1.6～3.2	
6	钻→扩→粗铰→精铰	IT7	0.8～1.6	
7	钻→扩→机铰→手铰	IT6～7	0.2～0.4	
8	钻→扩→拉	IT7～9	0.1～1.6	大批大量生产（精度由拉刀的精度而定）
9	粗镗（或扩孔）	IT11～13	6.3～12.5	除淬火钢外各种材料，毛坯有铸孔或锻造孔
10	粗镗（粗扩）→半精镗（精扩）	IT9～10	1.6～3.2	
11	粗镗（粗扩）→半精镗（精扩）→精镗（铰）	IT7～8	0.8～1.6	
12	粗镗（粗扩）→半精镗（精扩）→精镗→浮动镗刀精镗	IT6～7	0.4～0.8	
13	粗镗（扩）→半精镗→磨孔	IT7～8	0.2～0.8	主要用于淬火钢，也可用于未淬火钢，但不宜用于有色金属
14	粗镗（扩）→半精镗→粗磨→精磨	IT6～7	0.1～0.2	
15	粗镗→半精镗→精镗→精细镗（金刚镗）	IT6～7	0.05～0.4	主要用于精度要求高的有色金属加工
16	钻→(扩)→粗铰→精铰→珩磨；钻→(扩)→拉→珩磨；粗镗→半精镗→精镗→珩磨	IT6～7	0.025～0.2	精度要求很高的孔
17	钻→(扩)→粗铰→精铰→研磨；钻→(扩)→拉→研磨；粗镗→半精镗→精镗→研磨	IT5～6	0.006～0.1	

表 2-6 平面的加工方法及加工精度

序号	加工方法	经济精度	经济表面粗糙度 $Ra/\mu m$	适用范围
1	粗车	IT11～13	12.5～50	端面
2	粗车→半精车	IT8～10	3.2～6.3	
3	粗车→半精车→精车	IT7～8	0.8～1.6	
4	粗车→半精车→磨削	IT6～8	0.2～0.8	

（续）

序　号	加 工 方 法	经 济 精 度	经济表面粗糙度 $Ra/\mu m$	适 用 范 围
5	粗刨（或粗铣）	IT11～13	6.3～25	一般不淬硬平面（端铣表面粗糙度 Ra 值较小）
6	粗刨（或粗铣）→精刨（或精铣）	IT8～10	1.6～6.3	
7	粗刨（或粗铣）→精刨（或精铣）→刮研	IT6～7	0.1～0.8	精度要求较高的不淬硬平面，批量较大时宜采用宽刃精刨方案
8	以宽刃精刨代替上述刮研	IT7	0.2～0.8	
9	粗刨（或粗铣）→精刨（或精铣）→磨削	IT7	0.2～0.8	精度要求高的淬硬平面或不淬硬平面
10	粗刨（或粗铣）→精刨（或精铣）→粗磨→精磨	IT6～7	0.025～0.4	
11	粗铣→拉	IT7～9	0.2～0.8	大量生产，较小的平面（精度视拉刀精度而定）
12	粗铣→精铣→磨削→研磨	IT5以上	0.006～0.1	精度要求高的平面

表2-7　成形表面的加工方法及加工精度

序　号	加 工 方 法	经 济 精 度	经济表面粗糙度 $Ra/\mu m$	适 用 范 围
1	仿形铣削	0.05mm	1.6～3.2	端面
2	成形磨削	IT6	3.2～6.3	精加工凸模、拼块凹模及电极
3	光学曲面磨削	±0.01mm	0.2～0.4	磨削平面、圆弧和非圆弧组成的复杂曲面
4	坐标磨削	±0.005mm	0.1～0.2	淬火后孔距精度要求高的工件内孔
5	电火花成形	0.01～0.05mm	0.8～1.6	淬火后复杂模具型腔
6	快走丝线切割	±0.01mm	0.4～1.6	由直线、圆弧组成的直通式表面

获得同一加工精度和表面粗糙度的加工方法可以有多种，选择加工方法时还需与零件的结构形状、尺寸大小、材料和热处理等要求相结合。如对于IT7级精度的孔，采用镗削、铰削、拉削和磨削均可达到要求，但型腔体上的孔一般不宜选择拉削或磨孔，而常选择镗孔或铰孔。孔径较大时选择镗孔，孔径较小时选择铰孔，对位置精度要求较高的孔采用坐标镗或坐标磨削加工。

2）工件材料的性质和热处理要求对加工方法的选择也有影响。如淬火钢应采用磨削加工，对于有色金属零件，为避免磨削时砂轮堵塞，一般都采用高速镗、精铣或高速精车进行精加工。

3）为了能够正确地选择加工方法，还要考虑本单位现有的设备情况及技术条件，充分利用现有设备，发挥工人及技术人员的积极性和创造性。同时也应考虑不断改进现有的加工方法和设备，推广新技术，提高工艺水平。

2.9.2　加工阶段的划分

当加工质量要求较高时，应划分加工阶段。机械加工工艺过程一般可分为粗加工、半精加工和精加工三个阶段。当加工精度和表面质量要求特别高时（如IT6级及IT7级以上的精度，表面粗糙度 Ra 值小于或等于 $0.4\mu m$），可增设光整加工和超精密加工。

1. 粗加工阶段

粗加工阶段主要是切除毛坯各加工表面的大部分加工余量，使其尽量接近成品的形状和尺寸。因此，在此阶段中应采取措施尽可能提高生产率。

2. 半精加工阶段

半精加工阶段主要是消除粗加工表面误差，留下精加工余量并达到一定的精度，完成一些次要表面（如钻孔、铣槽、攻螺纹等）的加工。

3. 精加工阶段

精加工阶段主要是去除半精加工所留加工余量，使工件各主要表面达到图样要求的尺寸精度和表面粗糙度。

4. 光整加工阶段

光整加工主要是获得很高的尺寸精度、降低表面粗糙度或使其表面得到强化，一般不用于纠正几何形状和相互位置误差。

加工过程划分阶段的主要原因有如下几点：

（1）保证加工质量　工件粗加工时切除金属加工余量较多，夹紧力较大，加工过程中产生较大的切削力和切削热，毛坯原有内应力和切削加工产生的内应力加工后重新分布。在这些因素作用下，工件会产生较大的变形。将加工过程划分为不同阶段后，可通过“渐精加工”来避免上述原因引起的加工误差。粗加工造成的加工误差，通过半精加工和精加工即可得到纠正，以逐步提高零件的加工精度，降低零件的表面粗糙度。精加工、光整加工安排在最后，可避免精加工和光整加工后的表面在零件周转过程中可能出现的磕碰、划伤现象，达到保证零件加工质量的目的。

（2）有利于合理使用设备　加工过程划分阶段，可在不同加工阶段选用适宜的加工设备，充分发挥设备的特点。如粗加工可采用功率大、刚度高、精度低的高效率加工机床，以提高生产效率；精加工则可采用高精度机床，保证零件的精度要求。

（3）便于安排热处理工序　对于精度要求高的零件，粗加工后可安排去应力的时效处理以减少内应力变形对加工精度的影响。而半精加工后安排淬火不仅容易满足零件的性能要求，而且淬火引起的变形也可通过精加工工序予以消除。

（4）便于及时发现毛坯缺陷和保护已加工表面　加工过程划分阶段，粗、精加工分开后，毛坯表面的缺陷如气孔、砂眼和加工余量不足等，可在粗加工后及时发现，进行修补或作报废处理，以免造成工时浪费、增加制造费用。

加工阶段的划分不是绝对的，必须根据工件的加工精度要求和工件的刚度来决定。一般来说，工件精度要求越高、刚度越差，划分阶段应越细；当工件批量小、精度要求不太高、工件刚度较好时也可以不分或少分阶段；工件刚度好，配合精度——尤其是位置精度要求高的零件，如塑料模中常用的导柱，不宜进行分段加工而宜于一次找正定位后完成所有加工面的粗、精加工。重型零件由于输送及装夹困难，一般在一次装夹下完成粗、精加工。对于精度要求高的重型零件，仍要划分加工阶段，并进行消除内应力处理。

与大批量定型产品的零件机械加工相比较，由于模具凸凹模制造工艺过程长，采用的工艺方法（或专业工艺）较多，因此不能单纯以粗加工、半精加工、精加工来划分工艺阶段。凸凹模的粗加工和半精加工一般在热处理前进行，精密成形磨削加工、电火花加工、光整加工及表面强化处理，一般在热处理后进行。而且，一般成形模具板坯在使用高效、精密机床（CNC 加工中心）进行加工时，其型腔的粗加工、半精加工或精加工可在一道工序中完成。

2.9.3　工序的集中与分散

对同一工件的同样加工内容，在安排工艺规程时可选择工序集中或工序分散。所谓工序集中，就是将工件的加工集中在少数几道工序内完成，每道工序的加工内容较多，夹具的数目和工件的安装次数相应减少。所谓工序分散，就是将工件的加工分散在较多的工序内进行，每道工序的加工内容很少，工艺路线长。

工序集中和工序分散各具特点。工序集中有利于保证各加工面间的相互位置精度要求，有利于采用高生产率的机床，节省装夹工件的时间。加工中心是进行工序集中、高效自动化生产的典型实例。工序分散可使每个工序使用的设备和工装比较简单，调整、对刀比较容易，对操作工人的技术水平要求较低。

通常，单件小批生产多采用工序集中的方法，大批、大量自动流水线生产则采用工序集中和分散相结合的方法。

2.9.4　加工顺序的安排

1. 机械加工顺序的安排

模具零件加工表面有自身精度和相互位置精度要求，安排机械加工顺序时，应遵循以下几个原则：

（1）基面先行　在加工初始阶段总是应该先安排基准面加工工序，并使之具有足够的精度和表面粗糙度要求，再以它定位来加工其他表面。如果精基准面不止一个，则应按照基准面转换的次序和逐步提高精度的原则安排加工，如精密轴套类零件，将外圆和内孔互为基准，反复加工。

（2）先粗后精　零件分阶段加工时，先安排各表面的粗加工，再进行半精加工、精加工和光整加工。对于与主要表面相对位置关系密切的表面，可在主要表面精加工之后进行加工。

（3）先主后次　零件上的主要工作表面和装配基准面等先安排加工，而键槽、紧固用的光孔和螺孔等和主要表面有相互位置要求的表面，一般安排在主要表面半精加工之后、精加工之前加工。

（4）先面后孔　对于模座、凸凹模固定板、型腔固定板等模具零件，因平面所占轮廓尺寸较大，定位稳定可靠，所以在加工过程中选择平面作为定位精基准，先加工平面再加工内孔。

2. 热处理工序的安排

模具零件常采用的热处理工艺有退火、正火、调质、时效、淬火、回火、渗碳和氮化等。按照热处理的目的，上述热处理工艺可大致分为预备热处理、最终热处理和去除内应力处理。

1）预备热处理包括退火、正火和调质等。这类热处理的目的是改善加工性能，消除内应力，为最终热处理做组织准备，其工序位置多在粗加工前。

退火的作用是消除内应力，提高强度和韧度，降低硬度，改善切削加工性。高碳钢、合金钢等常采用退火，以降低硬度，一般放在粗加工前、毛坯制造出来后。正火的目的是提高钢的强度和硬度，使工件具有合适的硬度，改善切削加工性。低碳钢采用正火，以提高硬度，一般放在粗加工前、毛坯制造出来后。调质常安排在粗加工后、半精加工前，多用于中碳钢和合金钢，是为了获得细致均匀的组织，提高零件的综合力学性能。

2）最终热处理包括各种淬火、回火、渗碳和氮化处理、表面装饰性镀层和发蓝处理等。这类热处理的目的主要是提高零件材料的硬度和耐磨性，常安排在半精加工后、精加工前。

淬火的目的是提高零件的硬度，一般安排在磨削前，或电火花、线切割工序之前。回火的作用是稳定组织、消除内应力、降低脆性。渗碳和氮化处理等是为了提高工件表面的硬度和耐磨性，可安排在半精加工之前或之后进行，可在粗磨后、精磨和光整加工前进行。淬火或渗碳淬火应在半精加工后进行，引起的变形可在精加工中去除。渗氮或碳氮共渗处理的温度低，变形小，深度浅，安排在半精加工后进行，只能用精加工去除其变形。

3）消除内应力处理。一般分为自然时效和人工时效。时效处理一般安排在毛坯制造出来粗加工前、后，半精加工后、精加工前。目的是消除毛坯制造和机械加工中产生的内应力，防止变形和开裂。

3. 辅助工序的安排

辅助工序包括工件的检验、去毛刺、清洗和涂防锈油等。其中检验工序是主要的辅助工序，它对保证零件质量的作用至关重要。检验工序应安排在：

1）粗加工、半精加工之后，精加工之前进行检验。不合格的工件不得进入下一工序。

2）零件从一个车间转向另一个车间前后。

3）重要工序加工前后。

4）特种性能检验（磁力探伤、密封性检验等）前。

5）零件加工完毕，进入装配和成品库时。

6）钳工去毛刺等常安排在易产生毛刺的工序之后、检验及热处理之前。

2.10 模具制造工艺文件

模具制造工艺文件主要包括模具制造工艺过程卡、模具制造工艺卡和模具制造工序卡。

1. 模具制造工艺过程卡

模具制造工艺过程卡是以工序为单元，以表格的形式简要说明模具及其零件（主要是凸凹模）加工或装配过程的工艺文件，以便了解并明确制造工艺流程和加工方案。其内容与格式见表2-8。

表2-8 模具制造工艺过程卡

工艺过程卡								
零件名称			模具编号		零件编号			
材料名称			毛坯尺寸		件数			
工序	机号	工种	施工简要说明	定额工时	实做工时	制造人	检验	等级
工艺员		年 月 日		零件质量等级				

2. 模具制造工艺卡

模具制造工艺卡是按照模具及其零件的某一工艺阶段的内容而编制的工艺文件。它仍以工序为单元，详细说明某一工艺阶段中的工序内容、工艺参数（切削用量等）、操作要求和采用的机床与工装等。其内容与格式见表2-9。

表2-9 模具制造工艺卡

		工 艺 卡		产品型号		零件图号		
				产品名称		零件名称	共 页	第 页
材料牌号	毛坯种类	毛坯尺寸	每毛坯件数	零件毛重/kg	零件净重/kg	材料消耗定额/kg	台产品零件数	每批数量

工序	安装	工步	工序内容	机床设备		工艺设备名称及编号			工时	
				名称及型号	编号	夹具	刀具	量具、辅具	准、终	基本工时

3. 模具制造工序卡

对于特别重要的、关键的工序，根据模具制造工艺过程卡或模具制造工艺卡的内容，按工序及其内容编制成表格形式的工艺文件，称模具制造工序卡。其内容见表2-10，包括工序简图，该工序的工艺参数（如工序尺寸与公差，每工步的切削用量等），定额工时，操作要求，以及所用的机床与工装等的说明与规定等内容。

表2-10 模具制造工序卡

模 具			模具编号	工 序 号		工序简图
零 件			零件编号			
坯料材料			坯料尺寸	坯料件数		
序 号	机 号	工 种	工序内容及工艺要求说明	工 时		
				工艺参数（机加工切削用量、电加工工艺规准）		工 装
工艺员			年 月 日	制造者	年 月 日	
检验员			年 月 日	检验备注		

表2-11为图2-19所示模具导套零件车削加工的制造工序卡。

表 2-11　模具导套制造工序卡

模　具	冲　模	模具编号		工序号	车
零　件	导　套	零件编号			
坯料材料	20 钢热轧圆钢	坯料尺寸	$\phi52\times115$	坯料件数	1
				工时	

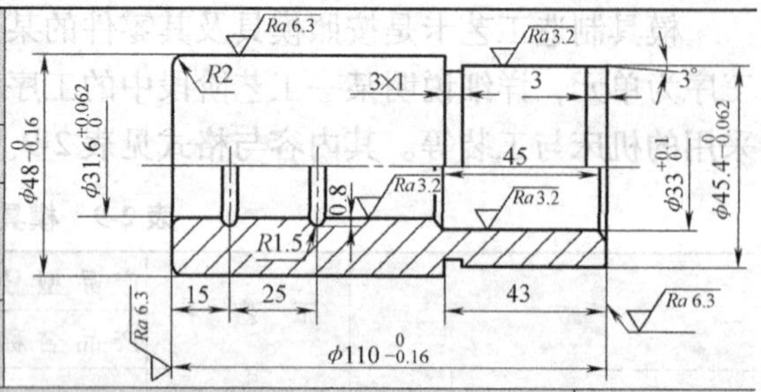

序号	机号	工种	工序内容及工艺要求说明	工艺参数（机加工切削用量、电加工工艺规准）	工　装
1		车	夹外圆，车端面见光	CA6140 车床，主轴转速 760r/min，进给量 0.15 ~ 0.4mm/r，背吃刀量 0.5 ~ 1mm	自定心卡盘
2		车	初钻通孔 $\phi15$、扩孔至 $\phi30$	主轴转速 400r/min，手动进给	麻花钻
3		车	镗 $\phi33$ 孔，倒孔口角	主轴转速 400r/min，进给量 0.15 ~ 0.3mm/r，背吃刀量 0.3 ~ 1.5mm	镗孔刀、游标卡尺
4		车	车 $\phi45r6$ 外圆至 $\phi45.4$（留磨量 0.4），倒 3°角	主轴转速 760 r/min，进给量 0.18 ~ 0.4mm/r，背吃刀量 0.3 ~ 1.5mm	外圆车刀、游标卡尺
5		车	切槽 3 × 1	主轴转速 400 r/min，手动进给	切槽刀、游标卡尺
6		车	调头夹外圆，车另一端面，保证总长 110	主轴转速 760r/min，进给量 0.15 ~ 0.4mm/r，背吃刀量 0.5 ~ 1mm	端面车刀、游标卡尺
7		车	粗、半精镗内孔至 $\phi31.6$（留磨余量），孔口倒圆角	主轴转速 400r/min，进给量 0.15 ~ 0.3mm/r，背吃刀量 0.3 ~ 1.5mm	镗孔刀、游标卡尺
8		车	挖 2 × $R1.5$ 油槽	主轴转速 400r/min，手动进给	挖槽刀
9		车	车 $\phi48$ 外圆，倒 $R2$ 圆弧	主轴转速 760 r/min，进给量 0.3 ~ 0.7mm/r，背吃刀量 0.3 ~ 1.5mm	外圆车刀、游标卡尺
10		检验	按图样要求检验		
工艺员			年　月　日	制造者	年　月　日
检验员			年　月　日	检验备注	

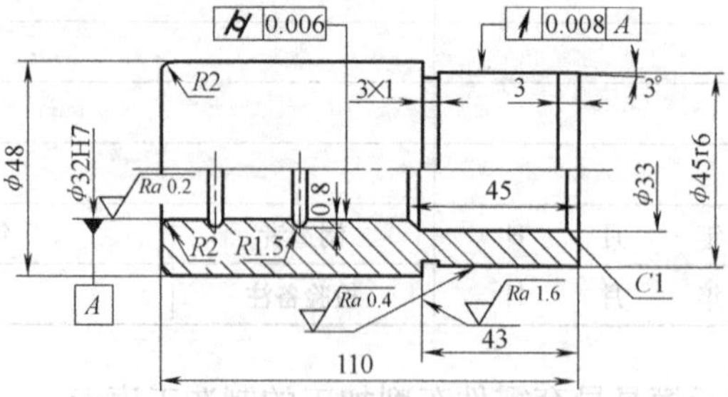

图 2-19　模具导套零件图

思考与练习

1. 什么是工序、安装、工步、工位和走刀？
2. 模具制造的生产类型一般有哪几类？各有什么工艺特征？
3. 模具零件的毛坯主要有哪些类型？
4. 模具零件的工艺分析主要有哪些方面的内容？
5. 什么是加工余量、工序余量和总余量？
6. 什么是基准？基准一般分成哪几类？
7. 粗、精定位基准的选择原则有哪些？
8. 编制工艺规程时，划分加工阶段的原因和原则是什么？
9. 工序集中和工序分散的特点是什么？
10. 机械加工工序顺序如何安排？
11. 热处理工序的安排主要考虑哪些方面的问题？
12. 模具制造的工艺文件主要有哪几类？

第 3 章　模具的传统机械加工

3.1　模具零件的传统机械加工方法

模具零件的精度要求较高，形状复杂多样，因此，在加工中除了使用先进的加工设备和技术（如数控加工、电火花加工等特种加工）外，传统的机械加工方法（如车削、铣削、刨削、插削、磨削、仿形加工等）仍是模具制造中必不可少的基本手段。各类模具的工作零件如凸模、凹模、型芯和型腔等，定位、卸料零件如定位销、挡料销、推杆、导柱、模柄等，套孔类零件如导套、模板套、压边圈等，以及板块类支承零件如模板、导向板、固定板、滑块等的加工都离不开传统的机械加工方法。

3.1.1　车削加工

1. 车削加工的工艺范围

车削是利用工件的旋转运动和刀具的直线运动来改变毛坯的尺寸、形状，使之成为合格工件的一种金属切削方法。工件的旋转运动为主运动，刀具的移动为进给运动。车削加工工艺范围广，适应性强，加工生产率高；车削刀具简单，制造、刃磨和安装方便，在机械制造和切削加工中占有重要的地位。

车削加工主要用来加工内外圆柱面、圆锥面、端面、成形回转表面、螺旋面、沟槽等。车床上还可完成钻孔、扩孔、铰孔、攻螺纹及滚花等操作，如图 3-1 所示。车削加工可分为粗车、半精车和精车等工序。粗车的尺寸精度为 IT11 ~ 13，表面粗糙度 Ra 值为 12.5 ~ 30μm；半精车的尺寸精度为 IT8 ~ 10，表面粗糙度 Ra 为 3.2 ~ 6.3μm。精车后工件尺寸精度可达 IT6 ~ 8，表面粗糙度 Ra 为 0.8 ~ 1.6μm。在模具制造中，车削主要用来加工凸模、凹模、导柱、导套、顶杆、型芯和模柄等零件，对于形状复杂的回转体模具零件，通常采用成形车削。车削可作为模具零件外旋转表面的中间加工工序，也可作为最终工序。

2. 车床

车床的种类很多，按结构和用途可分为卧式车床、立式车床、仿形车床、多刀车床、自动和半自动车床、仪表车床和数控车床等。其中卧式车床应用最广，通用性最强。常用的卧式车床有 C6132A、C6136、C6140 等。以 CA6140 为例（图 3-2），其主要部件的功能为：

（1）主轴箱　将电动机输出的回转运动传递给主轴，通过主轴带动工件回转实现主运动。主轴箱内的变速机构可改变主轴转速，满足不同工件的车削需求。

（2）刀架　用于装夹车刀，并使车刀作纵向、横向和斜向的运动。

（3）床鞍　实现纵向进给运动。

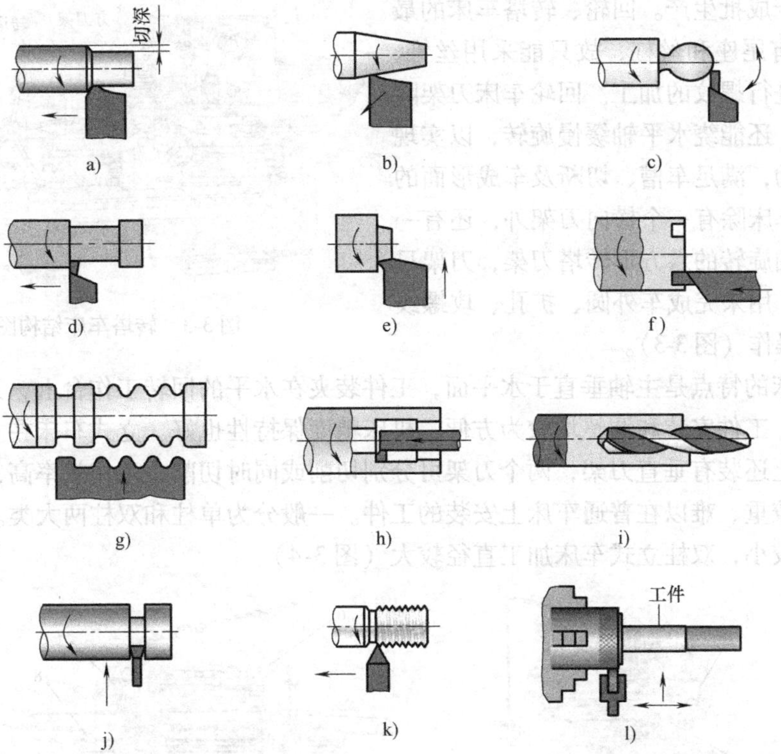

图3-1　车削加工工艺范围

a）车外圆　b）车外圆锥面　c）车轮廓面　d）车槽　e）车端面　f）车端面孔　g）车成形面　h）镗孔及车槽　i）钻孔　j）切断　k）车螺纹　l）滚花

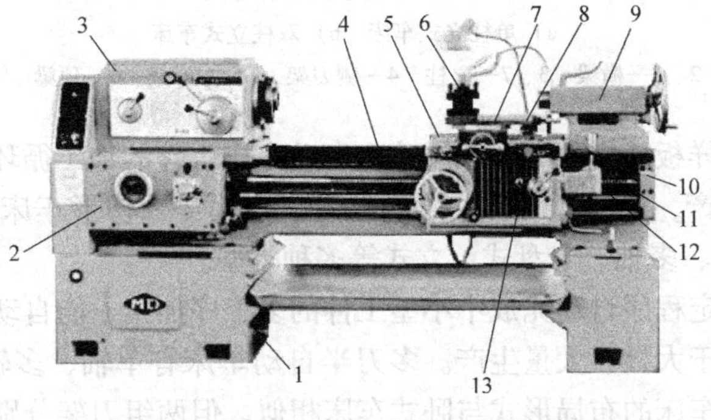

图3-2　普通卧式车床CA6140结构图

1—床腿　2—进给箱　3—主轴箱　4—床鞍　5—中滑板　6—刀架　7—回转盘　8—小滑板　9—尾座　10—床身　11—丝杠　12—光杠　13—溜板箱

（4）滑板　由上、下两层组成。下层为中滑板，车削时控制背吃刀量及实现横向进给运动。小滑板可相对中滑板转动一定角度，用来手动加工圆锥面。

（5）尾座　可沿主轴轴线方向移动。其上套筒锥孔可安装顶尖、铰刀、钻头、丝锥等工件，实现工件的安装及铰削、钻削和攻螺纹等加工。

转塔车床和回轮车床具有能装多把刀具的转塔刀架或回轮刀架，工件一次装夹可完成多种工序，适用于成批生产。回轮、转塔车床的最大特点是没有尾座和丝杠，故只能采用丝锥、板牙等刀具进行螺纹的加工。回轮车床刀架除能纵向移动，还能绕水平轴缓慢旋转，以实现横向进给运动，满足车槽、切断及车成形面的要求。转塔车床除有一个横向刀架外，还有一个可绕竖直轴旋转的六方形转塔刀架，刀架只能纵向移动，用来完成车外圆、扩孔、攻螺纹和套螺纹等操作（图3-3）。

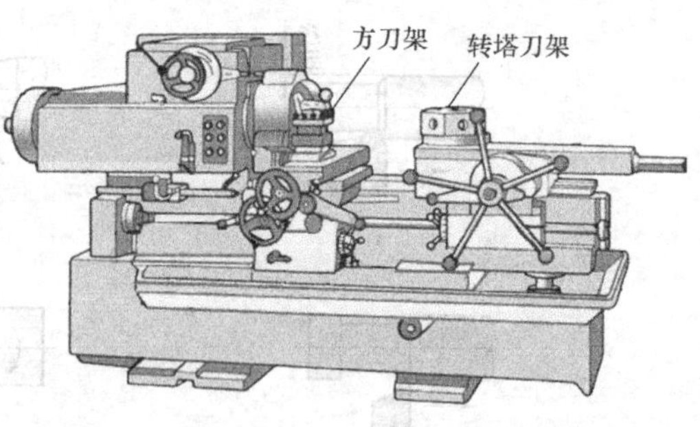

图3-3　转塔车床结构图

立式车床的特点是主轴垂直于水平面，工件装夹在水平的回转工作台上，刀架在横梁或立柱上移动，工件安装和调整均较为方便，机床精度保持性也好。立式车床在立柱上装有侧刀架，横梁上还装有垂直刀架，两个刀架可分别切削或同时切削，工作效率高，适用于加工直径较大、较重、难以在普通车床上安装的工件。一般分为单柱和双柱两大类。单柱立式车床加工直径较小，双柱立式车床加工直径较大（图3-4）。

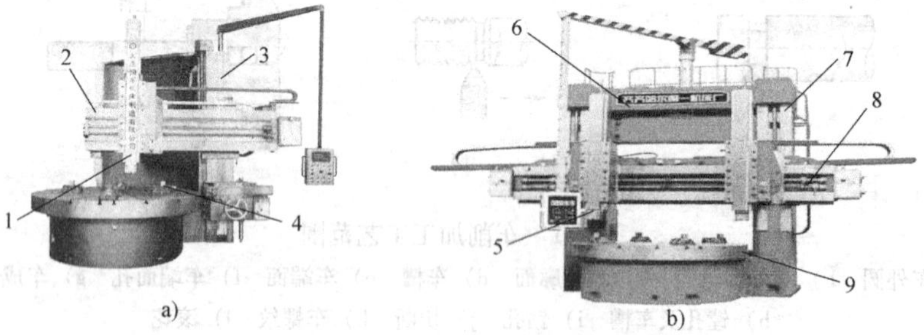

图3-4　立式车床结构图

a）单柱立式车床　b）双柱立式车床

1—垂直刀架　2、8—横梁　3、7—立柱　4—侧刀架　5—方刀架　6—顶梁　9—回转工作台

仿形车床能仿照样板或样件的形状尺寸，自动完成工件的加工循环，适用于形状较复杂工件的小批和成批生产，如锥形工件、阶梯轴及成形面等。仿形车床生产率比普通车床高10~15倍，有多刀架、多轴、卡盘式、立式等多种类型。

自动车床能按一定程序自动完成中小型工件的多工序加工，能自动上下料，重复加工一批同样的工件，适用于大批、大量生产。多刀半自动车床有单轴、多轴、卧式和立式之分。单轴卧式多刀半自动车床的布局形式与卧式车床相似，但两组刀架分别装在主轴的前后或上下，用于加工盘、环和轴类工件，其生产率要比卧式车床高3~5倍。

3. 车削刀具

车刀是金属切削加工中应用最广的一种刀具。车刀由刀头和刀杆两部分组成，可在各种类型的车床上加工外圆、端面、内孔、倒角、切槽与切断、车螺纹以及其他的成形面等。

1）按用途，车刀可分为外圆车刀、螺纹车刀、镗孔刀、端面车刀、切断刀等，如图3-5所示。

2）按结构形式，车刀可分为整体式、焊接式、机夹式和可转位式车刀等，如图3-6所示。其结构特点及适用场合见表3-1。

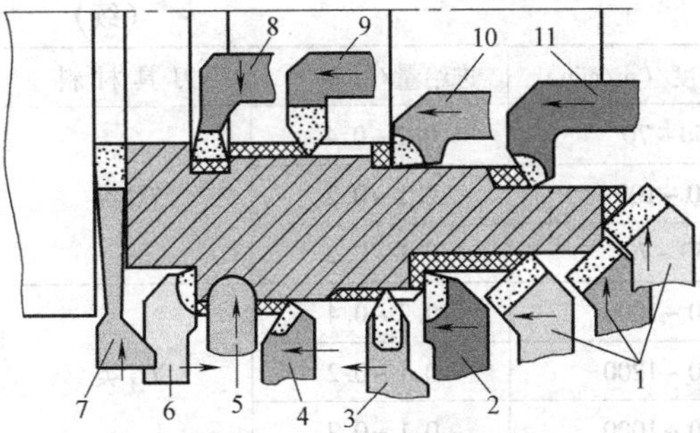

图 3-5 车刀的种类示意图

1—弯头外圆车刀 2—90°偏刀 3—外螺纹车刀
4—左刃直头外圆车刀 5—成形车刀 6—右刃偏刀
7—切断刀 8—切槽镗刀 9—内螺纹车刀
10—盲孔镗刀 11—通孔镗刀

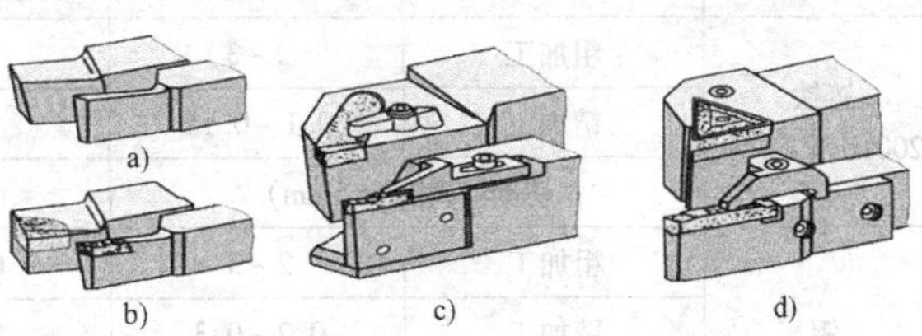

图 3-6 车刀的结构形式

a) 整体式 b) 焊接式 c) 机夹式 d) 可转位式

表 3-1 车刀结构类型特点及应用

名 称	特 点	适用场合
整体式	用整体高速钢制造，刃口可磨得较锋利	小型车床或加工非铁金属
焊接式	焊接硬质合金或高速钢刀片，结构紧凑，使用灵活	各类车刀，特别是小刀具
机夹式	避免了焊接产生的应力、裂纹等缺陷，刀杆利用率高。刀片可集中刃磨获得所需参数，使用灵活方便	外圆、端面、镗孔、切断、螺纹车刀等
可转位式	避免了焊接刀的缺点，刀片可快换转位，生产率高，断屑稳定，可使用涂层刀片	大中型车床加工外圆、端面、镗孔，特别适用于自动线和数控机床

4. 车削加工常用车削用量

不同材料的常用车削加工用量见表 3-2。模具的车削加工一般为单件小批量生产，多数情况下一次装夹即可完成粗、半精和精加工。因此，应尽可能选取较小的背吃刀量 a_p 和进给量 f，及较高的切削速度，以减小切削力和切削热引起的工艺系统变形，减小加工误差。对于精度要求较高及较硬的工件，可采用车削加工完成粗加工和半精加工，最终精加工由后续工序来保证。

表 3-2 车削用量的选择

工件材料	加工方式	背吃刀量/mm	切削速度/(m/min)	进给量/(mm/r)	刀具材料
碳素钢 R_m > 600MPa	粗加工	5~7	60~80	0.2~0.4	YT 类
	粗加工	2~3	80~120	0.2~0.4	
	精加工	0.2~0.3	120~150	0.1~0.2	
	车螺纹		70~100	导程	
	钻中心孔		500~800r/min		W18Cr4V
	钻孔		20~30	0.1~0.2	
	切断（宽度 <5mm）		70~110	0.1~0.2	YT 类
合金钢 R_m = 1470MPa	粗加工	2~3	50~80	0.2~0.4	YT 类
	精加工	0.1~0.15	60~100	0.1~0.2	
	切断（宽度 <5mm）		40~70	0.1~0.2	

（续）

工件材料	加工方式	背吃刀量/mm	切削速度/(m/min)	进给量/(mm/r)	刀具材料
铸铁 200HBW 以下	粗加工	2～3	50～70	0.2～0.4	YG 类
	精加工	0.1～0.15	70～100	0.1～0.2	
	切断（宽度＜5mm）		50～70	0.1～0.2	
铝	粗加工	2～3	600～1000	0.2～0.4	YG 类
	精加工	0.2～0.3	800～1200	0.1～0.2	
	切断（宽度＜5mm）		600～1000	0.1～0.2	
黄铜	粗加工	2～4	400～500	0.2～0.4	YG 类
	精加工	0.1～0.15	450～600	0.1～0.2	
	切断（宽度＜5mm）		400～500	0.1～0.2	

5. 模具车削加工常用工具

（1）车锥度工具　模具零件中带锥度的内外表面较多，如导柱、导套、注射模的浇口、套筒等。因此，在车削加工中，车削锥度的工具使用较多。常用车削锥度的方法有宽刀法、转动小刀架法、尾座偏移法、靠模法等几种。

1）宽刀法。车削较短的圆锥时，可以用宽刃刀直接车出，如图 3-7 所示。其实质上为成形法，要求切削刃必须平直，切削刃与主轴轴线的夹角应等于工件圆锥半角 $\alpha/2$。加工时车床要有较好的刚性，否则易引起振动。当工件的圆锥斜面长度大于切削刃长度时，可多次接刀加工，但接刀处必须平整。

2）转动小刀架法。当加工圆锥面不长的工件时，可用转动小刀架法车削。车削时，将小滑板下面转盘上的螺母松开，将转盘转至所需要的圆锥半角 $\alpha/2$ 的刻线上，与基准零线对齐，然后固定转盘上的螺母，摇动小刀架手柄使车刀沿着圆锥面母线移动，即可车出所需要的圆锥面，如图 3-8 所示。此法操作简单，可加工任意锥角的内外圆锥面。但它只能手动进给，由于受小刀架行程限制，只能加工圆锥面不长的工件。

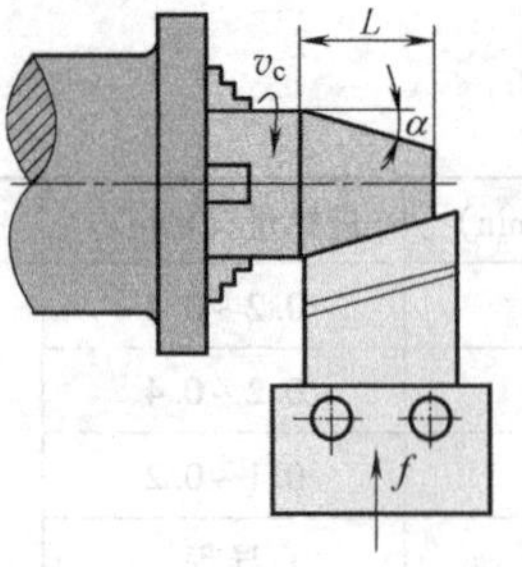

图 3-7　用宽刃刀车削圆锥

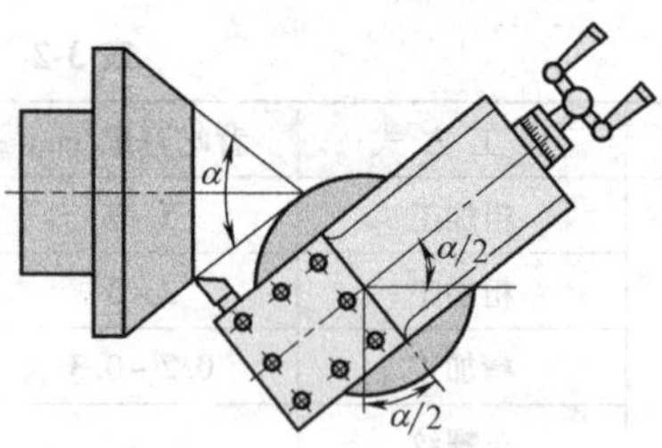

图 3-8　转动小刀架车圆锥面

3）尾座偏移法。当车削锥度小、锥形部分较长、精度要求不高的圆锥面时，可以采用尾座偏移法。此方法可以自动走刀，缺点是不能车削整圆锥和内锥体，以及锥度较大的工件，只能加工轴类工件或者安装在心轴上的盘套类工件的圆锥面。将工件或心轴装夹在前、后顶尖之间，把后顶尖向前或向后偏移一定距离 S，使工件回转轴线与车床主轴轴线的夹角等于圆锥半角 $\alpha/2$，即可自动走刀车削圆锥面，如图 3-9 所示。尾座的偏移方向，由工件的

锥体方向决定。当工件的小端靠近床尾处，床尾应向里移动，反之，床尾应向外移动。尾座偏移量可用式（3-1）计算

$$S = \frac{D - d}{2L} L_0 \tag{3-1}$$

式中　S——尾座偏移量；

L——工件锥体部分长度；

L_0——工件总长度；

D、d——锥体大头直径和锥体小头直径。

4）靠模法。如图3-10所示，将靠模体上的靠模板绕中心转到与工件成一定角度，用螺钉固定，当床鞍作纵向进给时，通过靠模装置使中滑板横向进给，可车削出锥体。

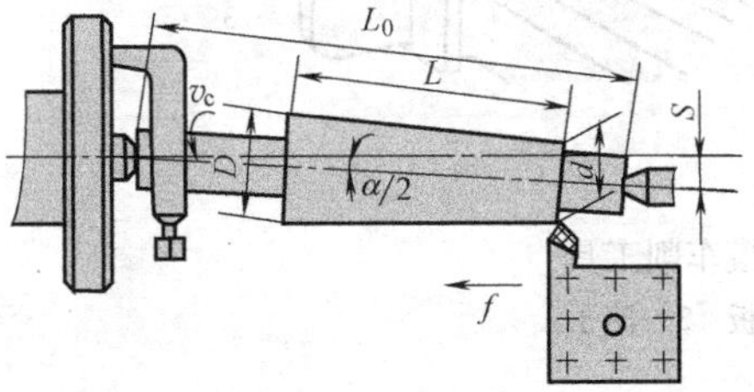

图3-9　尾座偏移法车削圆锥

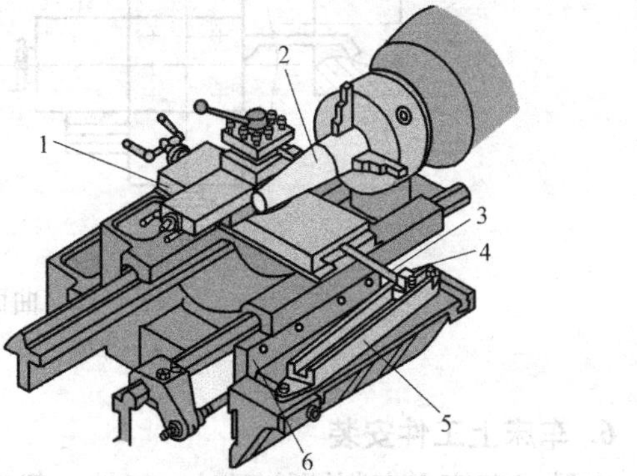

图3-10　靠模法车锥体

1—中滑板　2—工件　3—丝杠　4—滑块

5—靠模板　6—底座

（2）车削型腔专用工具　在型腔车削加工中，除应用成形样板车刀对回转曲面进行车削加工外，对数量较多的型腔常采用专用车削工具进行加工，以保证加工质量、提高生产效率。

1）圆弧面车削工具。采用图3-11a、b所示的工具可分别对凸、凹圆弧面进行车削。基准板2固定在机床导轨上，调节板3用螺钉固定于中滑板上，长度通过连杆1进行调节，其两端分别用轴销与基准板和调节板铰接。当中滑板横向自动进给时，由于连杆的作用，床鞍作相应的纵向移动，连杆也绕基准板上的销轴旋转使刀尖走出圆弧轨迹。

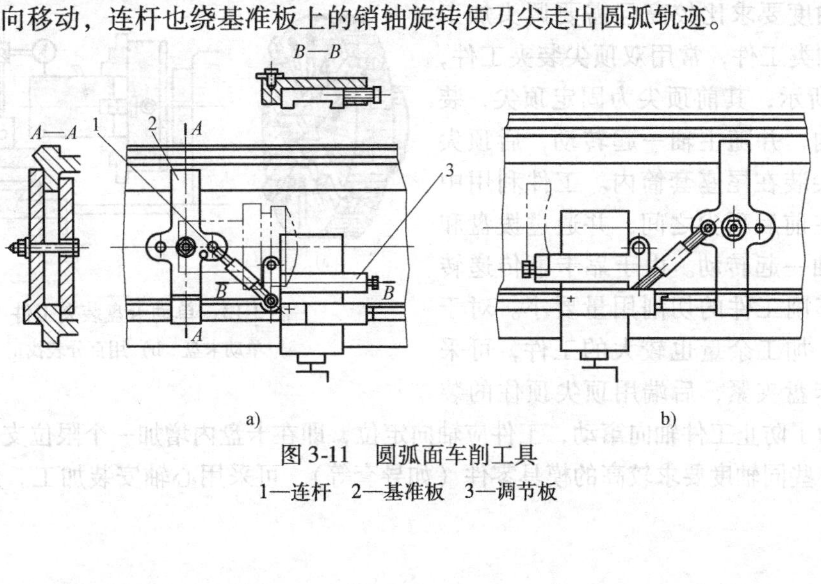

图3-11　圆弧面车削工具

1—连杆　2—基准板　3—调节板

2）曲面靠模车削工具。对特殊的型腔表面，可采用靠模装置进行车削加工。靠模的种类较多，图 3-12a 所示为安装在机床导轨后面的靠模。靠模 1 上有曲线沟槽，槽的形状、尺寸与型腔的型面曲线形状、尺寸相同。在机床中滑板上安装连接板 2，滚子 3 安装在连接板端部，并正确地与靠模沟槽配合。车削时将中滑板丝杠抽掉，床鞍纵向移动时中滑板和车刀随靠模作横向移动，可车出和曲线沟槽完全相同的型腔表面。模具外成形曲面的靠模车削方式与图 3-10 所示的圆锥面的靠模车削方式相似，如图 3-12b 所示。

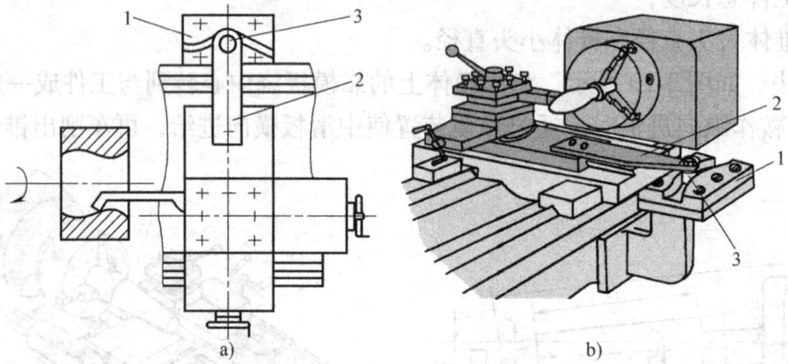

图 3-12　曲面靠模车削工具

1—靠模　2—连接板　3—滚子

6. 车床上工件安装

在卧式车床上车削圆柱面时，工件一般安装在自定心卡盘中。自定心卡盘的特点是可以自动定心，装夹方便而且迅速。

当工件尺寸较大或形状比较复杂时，常采用四爪卡盘或花盘来安装工件。四爪卡盘有自定心卡盘和单动卡盘两种。单动卡盘结构如图 3-13a 所示，它的四个爪通过 4 个螺杆独立移动，夹紧力大，适用于夹持偏心零件和不规则形状零件。四爪自定心卡盘的四爪同步移动，适用于夹持方形、长方形零件，也适用于轴类、盘类零件。由于大多数四爪卡盘装夹后不能自动定心，所以装夹效率较低，装夹时必须用划线盘或百分表找正，使工件回转中心与车床主轴中心对齐，图 13-3b 所示为用百分表找正外圆的示意图。

对同轴度要求比较高且需要调头加工的较长的轴类工件，常用双顶尖装夹工件，如图 3-14 所示，其前顶尖为固定顶尖，装在主轴孔内，并随主轴一起转动，后顶尖为回转顶尖装在尾座套筒内。工件利用中心孔被顶在前后顶尖之间，并通过拨盘和卡箍随主轴一起转动。由于靠卡箍传递转矩，所以车削工件的切削用量要小。对于质量较大、加工余量也较大的工件，可采取前端用卡盘夹紧，后端用顶尖顶住的装夹方法。为了防止工件轴向窜动，工件应轴向定位，即在卡盘内增加一个限位支撑。

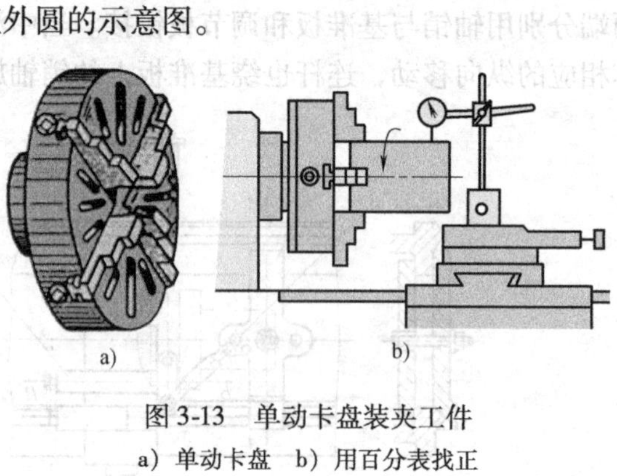

图 3-13　单动卡盘装夹工件

a）单动卡盘　b）用百分表找正

对于有些同轴度要求较高的模具零件（如导套等），可采用心轴安装加工。用心轴安装工件时，应先将工件的孔进行精加工（IT7～9），然后以孔定位将工件安装在心轴上，再把心轴安装在前后顶尖之间。当工件的厚度尺寸小于孔径尺寸时，一般采用圆柱体心轴安装工件，工件安装在带台阶的心轴上并用螺母压紧，工件与心轴的配合采用 H7/h6，如图 3-15 所示。当工件的厚度尺寸大于孔径尺寸时，可采用带有锥度为 1/5000～1/1000 的小锥度的心轴安装工件。工件孔与心轴配合时，靠接触面间过盈产生的弹性变形来夹紧工件，故切削力不能太大，以防工件在心轴上滑动而影响正常切削。小锥度心轴的定心精度较高，可达 0.005～0.01mm，多用于精车。

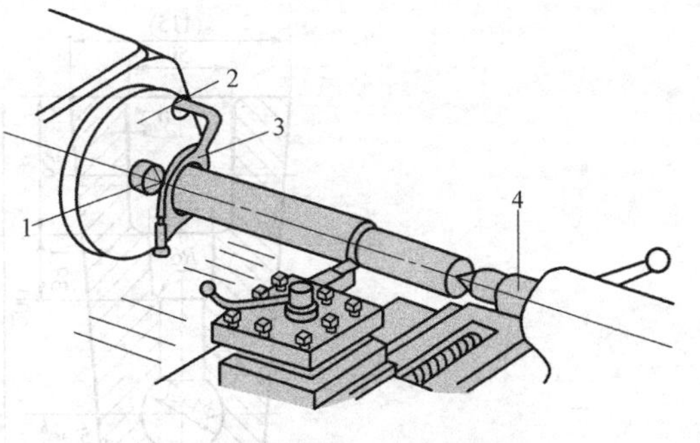

图 3-14　用双顶尖安装工件

1—前顶尖　2—卡箍　3—拨盘　4—后顶尖

当工件长度与直径之比大于 25 时，工件刚性变差，在车削时，受切削力、自重和旋转时离心力的作用，会产生弯曲、振动，严重影响其圆柱度和表面粗糙度，且在切削过程中，工件产生热弯曲变形，甚至使车削难以进行，这时通常采用中心架或跟刀架来支承工件，增加工件的刚性，如图 3-16 所示。为提高工件精度，车削前应将工件轴线调整到与机床主轴的回转中心同轴。

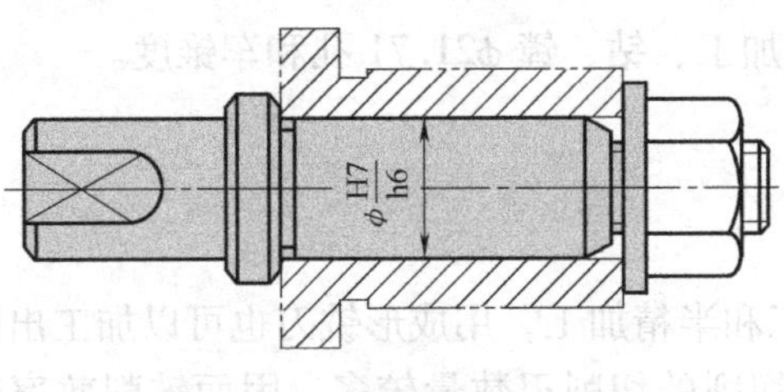

图 3-15　采用圆柱心轴定位

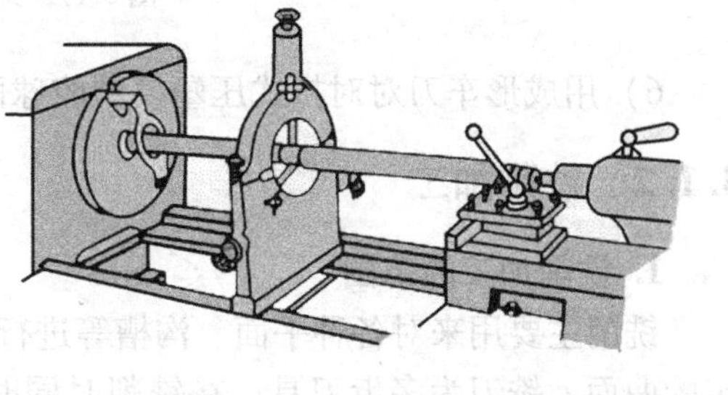
图 3-16　用中心架支承车削细长轴

7. 对拼式型腔车削加工

回转曲面的型腔或型腔的回转曲面部分均可用车削方法加工。注射模、压铸模和胀形模等模具设计中，为取件方便，常采用对拼式模具型腔，即模具型腔由两半或多个镶件组成，如图 3-17 所示的对拼式压塑模型腔，ϕ44.7mm 的圆球面和 ϕ21.71mm 的圆锥面可用车削方法加工。

这类模具加工时，要保证使对拼式模具上拼块的型腔相互对准。在车削前应对坯料进行预加工，并为车削加工准备可靠的工艺基准。

1）坯料外形加工，斜面暂不加工。

2）拼块上销钉孔和工艺螺孔加工，用来进行车削时的定位及装夹。

3）磨平分型面，销钉孔研磨及销钉安装。

4）两拼块拼合后四侧面及一端面磨平，保证垂直度（用 90°角尺检查），两拼块厚度要保持一致。

5）在分型面上以球心为圆心，以 44.7mm 为直径划线。

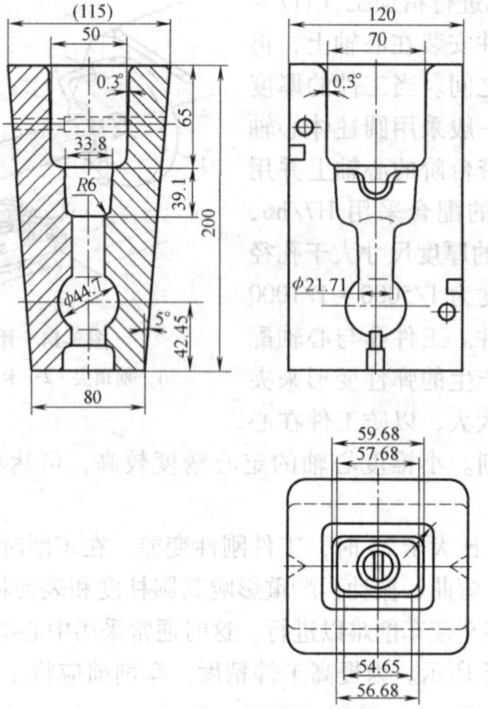

图 3-17　对拼式压塑模型腔

6）用成形车刀对对拼式压塑模型腔球面车削加工、钻、镗 ϕ21.71 孔和车锥度。

3.1.2　铣削加工

1. 铣削加工的范围

铣削主要用来对各种平面、沟槽等进行粗加工和半精加工，用成形铣刀也可以加工出固定的曲面。铣刀为多齿刀具，在铣削时同时参加切削的切削刃数量较多，因而铣削效率较高；由于铣刀刀齿的切入和切出，切削力产生较大的波动，容易使切削过程产生冲击和振动，限制了加工表面质量的提高，加速了刀具的磨损，使刀具寿命降低。由于铣削方式、铣刀类型和形状的多样性，再配以分度头、回转工作台等附件，可扩大铣削的加工范围，使应用更加广泛，可以铣削平面、台阶面、成形曲面、螺旋面、键槽、T 形槽、燕尾槽、螺纹、齿形等。其加工精度一般可达 IT7 ~9，表面粗糙度为 Ra1.6 ~6.3μm。铣削加工工艺范围如图 3-18 所示。

在模具零件的铣削加工中，应用最广的是立式铣床和万能工具铣床的立铣加工，其主要加工对象是各种模具的型腔和型面，加工精度可达 IT10，表面粗糙度为 Ra1.6μm。若选用高速、小切削用量的铣削方法，则工件精度可达 IT8，表面粗糙度为 Ra0.8μm。对模具成形零件，采用铣削时应留 0.05mm 的修光余量，用于钳工的修光加工。当型面精度要求较高时，铣削仅作为中间工序，铣削后需用成形磨削或电火花加工等方法进行精加工。

2. 铣床

铣床种类很多，其中常用的有卧式铣床、立式铣床、万能工具铣床和龙门铣床等。

（1）卧式铣床　卧式铣床的主轴是水平的，与工作台台面平行，为了适应铣螺旋槽等

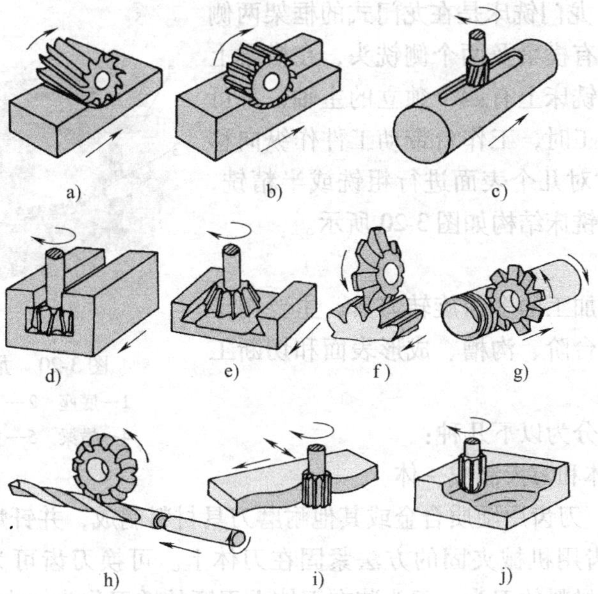

图 3-18　铣削加工工艺范围

a）铣平面　b）铣台阶　c）铣键槽　d）铣 T 形槽　e）铣燕尾槽　f）铣齿　g）铣螺纹
h）铣螺旋槽　i）铣外成形面　j）铣内成形面

工作，有的卧式铣床的工作台还可在水平面内旋转一定的角度，成为万能卧式铣床。卧铣时，工件的平面是由铣刀外圆柱面上的刀刃形成的（称为周铣法）。卧式铣床结构如图 3-19a所示。

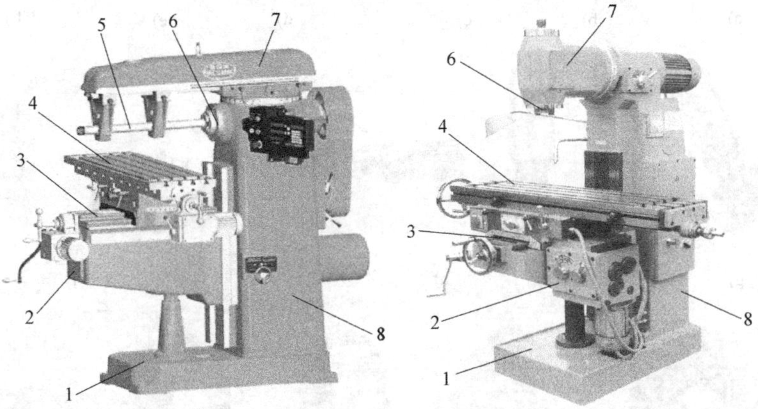

图 3-19　卧式铣床及立式铣床结构示意图

a）卧式铣床　b）立式铣床

1—底座　2—升降台　3—横向工作台　4—纵向工作台　5—刀轴　6—主轴　7—横梁　8—床身

（2）立式铣床　立式铣床的主轴与工作台台面垂直。为了扩大加工范围，有的立式铣床的主轴还能在垂直面内旋转一定的角度。立铣时，工件的平面是由铣刀的端面刀刃形成的（称为端铣法）。其结构与卧式铣床相似，如图 3-19b）所示。

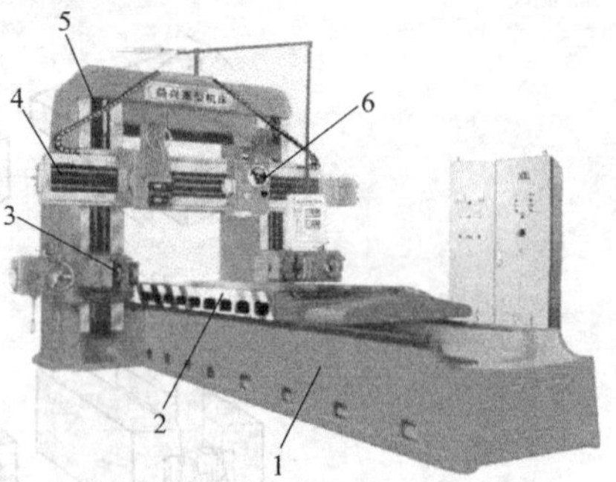

图 3-20　龙门铣床结构图

1—底座　2—工作台　3—侧刀架

4—横梁　5—立柱　6—垂直刀架

（3）龙门铣床　龙门铣床是在龙门式的框架两侧装有立柱，其上安装有横梁及两个侧铣头，在横梁上又安装有两个铣头。铣床上有四个独立的主轴，都可以安装一把刀具。加工时，工作台带动工件作纵向移动，几把刀具可同时对几个表面进行粗铣或半精铣，生产效率较高。龙门铣床结构如图 3-20 所示。

3. 铣削刀具

铣刀是用于铣削加工的多齿旋转刀具，主要用于在铣床上加工平面、台阶、沟槽、成形表面和切断工件等。

铣刀按结构形式分为以下几种：

1）整体式。刀体和刀齿制成一体。

2）整体焊齿式。刀齿用硬质合金或其他耐磨刀具材料制成，并钎焊在刀体上。

3）镶齿式。刀齿用机械夹固的方法紧固在刀体上。可换刀齿可为整体刀具材料的刀头，也可为焊接刀具材料的刀头。刀头装在刀体上刃磨的铣刀称为体内刃磨式，刀头在夹具上单独刃磨的称为体外刃磨式。

4）可转位式。广泛用于面铣刀、立铣刀和三面刃铣刀等。

铣刀按用途分可分为多种常用形式，如图 3-21 所示。

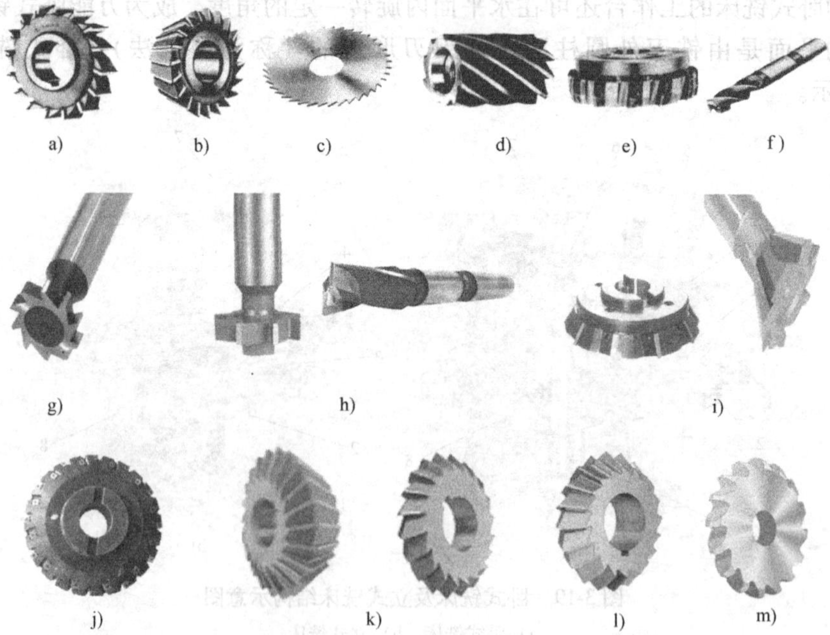

图 3-21　铣削刀具种类

a）三面刃铣刀　b）角度铣刀　c）锯片铣刀　d）圆柱铣刀　e）面铣刀　f）立铣刀　g）T 形槽铣刀　h）键槽铣刀　i）燕尾槽铣刀　j）模数齿轮铣刀　k）不对称、对称双角铣刀　l）凸半圆铣刀　m）凹半圆铣刀

1）圆柱铣刀。用于卧式铣床上加工平面。刀齿分布在铣刀的圆周上，按齿形分为直齿

和螺旋齿两种。螺旋齿粗齿铣刀齿数少，刀齿强度高，容屑空间大，适用于粗加工，细齿铣刀适用于精加工。

2）面铣刀。用于立式铣床或龙门铣床上加工平面，端面和圆周上均有刀齿，其结构有整体式、镶齿式和可转位式三种。

3）立铣刀。用于加工端面、斜面、沟槽和台阶面等，刀齿在圆周和端面上，工作时不能沿轴向进给。当立铣刀上有通过中心的端齿时，可轴向进给。立铣刀多为带柄铣刀。

4）三面刃铣刀。用于加工台阶面和较窄的侧面、直角槽，其两侧面和圆周上均有刀齿，多用于卧式升降台铣床。

5）角度铣刀。用于铣削成一定角度的沟槽，有单角和双角铣刀两种。不对称角度铣刀用于加工斜面，对称角度铣刀可加工斜面、V形槽等。

6）锯片铣刀。用于加工深槽和切断工件，其圆周上有较多的刀齿。为了减少铣切时的摩擦，刀齿两侧有15′~1°的副偏角。

7）模数齿轮铣刀。可加工齿轮齿条。

8）凸半圆和凹半圆铣刀。可加工凹半圆和凸半圆槽。

此外，还有键槽铣刀、燕尾槽铣刀、T形槽铣刀和各种成形铣刀等。

4. 铣削方式

用圆柱铣刀的圆周齿进行铣削的方式，称为周铣（图3-22a）。用端铣刀的端面齿进行铣削的方式，称为端铣（图3-22b）。根据铣削时铣刀相对于工件的运动和位置关系，周铣可分为逆铣和顺铣。

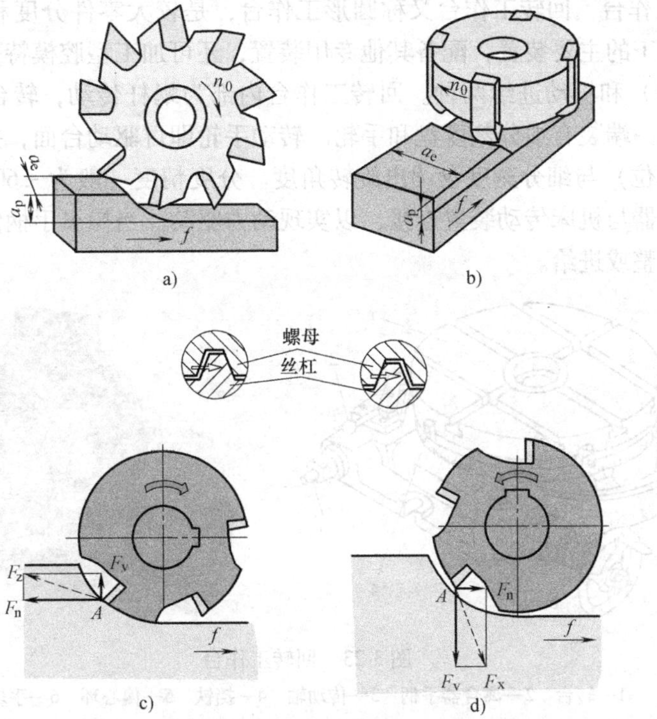

图3-22 铣削方式

a）周铣 b）端铣 c）逆铣 d）顺铣

（1）逆铣　是指在铣刀与工件已加工面的切点处，铣刀旋转切削刃的运动方向与工件进给方向相反的铣削，如图3-22c所示。逆铣的优点是切削厚度从零逐渐增大，铣削过程较平稳；缺点是工件已加工表面加工硬化严重，后续刀齿都从加工硬化层上切入，刀具磨损严重。逆铣时铣削垂直分力将工件上抬，刀齿与已加工面滑行使摩擦加大。但铣削水平分力有助于使丝杠和螺母贴紧，使工作台运动比较平稳，铣削铸、锻件引起的刀齿磨损也较小。因此一般铣削多采用逆铣。

（2）顺铣　是指在铣刀与工件已加工面的切点处，铣刀旋转切削刃的运动方向与工件进给方向相同的铣削，如图3-22d所示。顺铣克服了逆铣的某些缺点，切削厚度从最大逐渐变为零，刀齿切入时避开了加工硬化层，刀具寿命比逆铣提高2～3倍。顺铣时假如工作台向右移动，丝杠和螺母在左侧贴紧，间隙留在右侧，而这时水平铣削分力也向右，因此当水平铣削分力大到一定程度时会推动工作台和丝杠一起向右窜动，把间隙留在左侧；随着丝杠继续转动，间隙又恢复到右侧，在这一瞬间工作台停止运动；当水平铣削分力又大到一定程度时又会推动工作台和丝杠再次向右窜动。这种周期性的窜动使得工作台运动很不平稳，容易造成刀齿损坏。此外，在铣削铸、锻件时，刀齿首先接触黑皮，加剧刀具磨损；但顺铣的垂直铣削分力将工件压向工作台，刀齿与已加工面滑行，摩擦现象小，对减小刀齿磨损、减少加工硬化现象和减小表面粗糙度均有利。因此，当工作台丝杠和螺母的间隙调整到小于0.03mm时或铣削薄而长的工件时宜采用顺铣。

5. 常用铣床附件及其应用

常用铣床附件有万能分度头、万能铣头、平口钳、回转工作台等。

（1）回转工作台　回转工作台又称圆形工作台，是较大零件分度和模具非整周圆弧面和不规则曲面加工的主要装置，配备其他专用装置，还可加工型腔模特殊曲面。回转工作台分手动（图3-23）和机动进给两种。回转工作台内部为蜗杆传动，转台安装在蜗轮上，蜗杆从底座伸出的一端装有细分刻度盘和手轮。转动手轮即可驱动台面，并由台面外圆周上的刻度（以度为单位）与细分刻度盘读出旋转角度。分度精度一般为±60″。水平转台的蜗杆伸出端可用联轴器与机床传动装置连接，以实现动力驱动。当操纵手柄使机动蜗轮蜗杆脱开时，也可手动调整或进给。

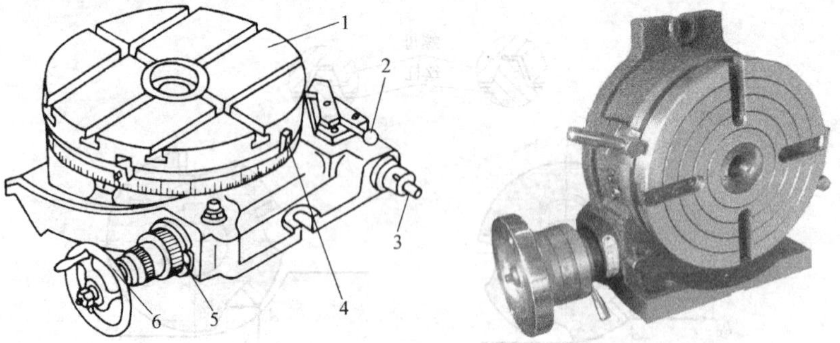

图3-23　回转工作台

1—转台　2—离合器手柄　3—传动轴　4—挡铁　5—偏心环　6—手轮

利用回转工作台进行模具加工时，工件安装时转台中心必须与圆弧中心重合，并根据工件形状确定立铣床主轴中心是否与回转工作台中心重合，利用回转工作台进行圆弧面立铣加工的方式见表3-3。

表3-3　利用回转工作台进行圆弧面立铣加工的方式

方　式	简　图	铣削说明
主轴中心不需与回转工作台中心重合	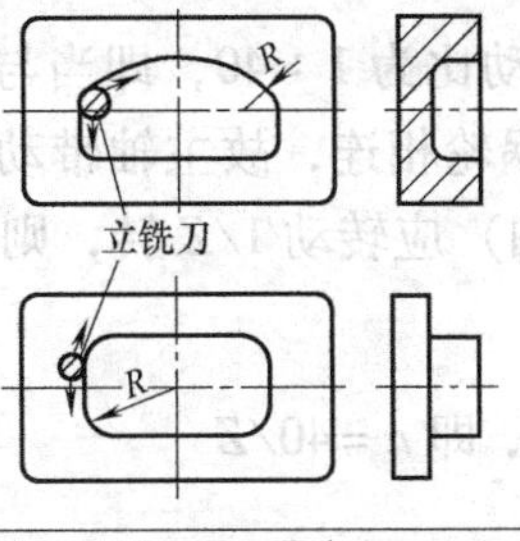	将工件的 R 圆弧中心与回转工作台中心重合。转动转台，由立铣刀加工 R 圆弧侧面。由于任意转动回转工作台都不会使铣刀切入非加工部位，故主轴中心不需与转台中心重合
主轴中心与回转工作台轴线重合	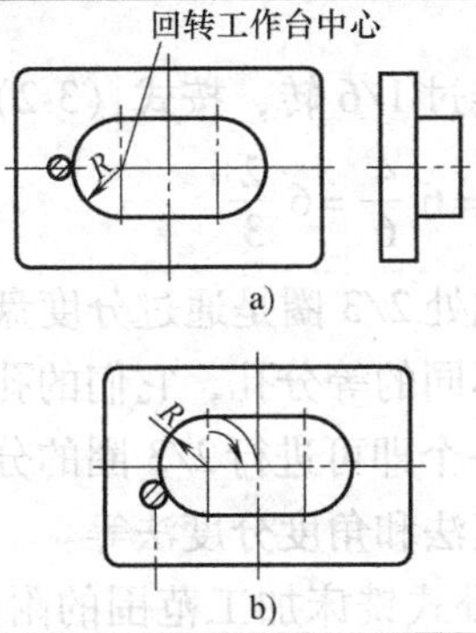	使工件的 R 圆弧中心与回转工作台中心重合，并使主轴中心对准回转工作台中心轴线之一，如图a所示 如主轴中心不对准回转工作台中心轴线，则按回转工作台刻度转动90°时，立铣刀将切入工件非加工部位，如图b所示
主轴中心与回转工作台中心重合	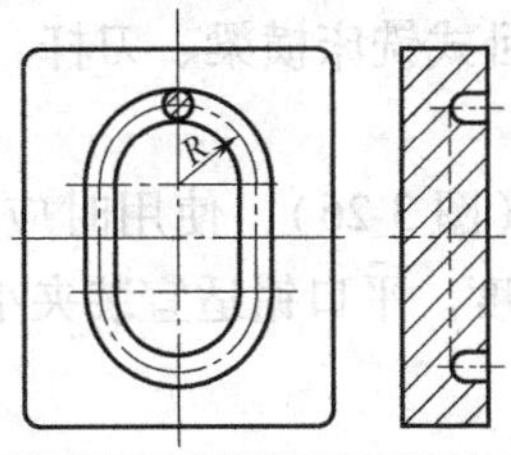	先使主轴中心对准回转工作台中心，然后安装工件，使 R 圆弧中心与回转工作台中心重合 移动工作台（移距 R），转动回转工作台进行加工，控制回转角度

（2）万能分度头

1）万能分度头的作用。万能分度头是铣床的重要附件。它由底座、转动体、分度盘、主轴及顶尖等组成（图3-24）。万能分度头可对工件进行任意圆周等分或不等分分度或直线移距分度。分度时摇动手柄，通过蜗杆、蜗轮带动分度头主轴，再通过主轴带动安装在主轴上的工件旋转，可加工六方、齿轮、花键等分的零件；能调整工件相对铣床工作台台面的角

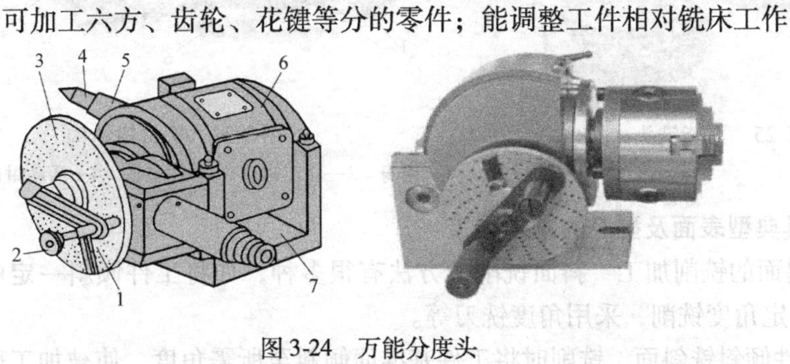

图3-24　万能分度头

1—扇形叉　2—手柄　3—分度盘　4—顶尖　5—主轴　6—转动体　7—底座

度，主轴装在转动体内，并可随转动体在垂直平面内扳动成水平、垂直或倾斜位置，以加工不同角度的斜面。还能配合工作台移动使工件连续旋转，以铣削螺旋面和凸轮等复杂曲面。万能分度头在使用时，其主轴轴线应与工作台台面平行，与刀杆轴线垂直；分度头主轴与后顶尖等高。

2）简单分度法。分度头蜗杆蜗轮的传动比为 1∶40，即当与蜗杆同轴的手柄连续转动 40 圈后蜗轮正好转过一整转。由于主轴与蜗轮相连，故主轴带动工件也转过一整转。如使工件 Z 等分分度，每分度一次，工件（主轴）应转动 $1/Z$ 转，则分度头手柄转数 n 与 Z 的关系为

$$\frac{1}{40}n=\frac{1}{Z}，即\ n=40/Z \tag{3-2}$$

这种分度方法称为简单分度。

如铣六面体时，每铣完一面后工件应转过 1/6 转，按式（3-2）知手柄转动转数应为

$$n=\frac{40}{6}=6\frac{4}{6}=6\frac{2}{3} \tag{3-3}$$

即手柄要转动 6 整圈再加上 2/3 圈，此处 2/3 圈是通过分度盘来控制的。分度头一般备有两块分度盘，分度盘两面上有许多数目不同的等分孔，它们的孔距是相等的，只要在上面找到 3 的倍数孔，例如 30、33、36…任选一个即可进行 2/3 圈的分度。当然，这是最普通的分度法；此外，还有直接分度法、差动分度法和角度分度法等。

（3）万能铣头　万能铣头是一种扩大卧式铣床加工范围的附件，利用它可以在卧式铣床上进行立铣工作（图 3-25）。使用时卸下卧式铣床横梁、刀杆，装上万能铣头，根据加工需要，其主轴在空间内可以转至任意方向。

（4）平口钳　平口钳是一种通用夹具（图 3-26），使用时应先找正其在工作台上的位置，保证钳口与工作台台面的垂直度与平行度。平口钳适宜装夹小型的六面体零件，也可以装夹轴类零件进行键槽铣削等。

图 3-25　万能铣头

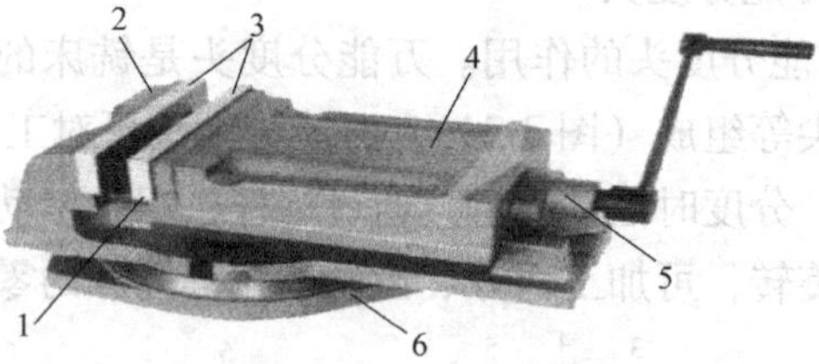

图 3-26　平口钳结构

1—钳身　2—固定钳口　3—钳口铁　4—活动钳口　5—螺杆　6—底座

6. 模具典型表面及型腔的铣削加工

（1）斜面的铣削加工　斜面铣削的方法有很多种，如将工件倾斜一定的角度装夹，将铣刀旋转一定角度铣削，采用角度铣刀等。

1）工件倾斜铣斜面　铣削时将工件基准面倾斜至所需角度，使被加工面与铣床工作台面平行或垂直，采用平面铣削的方式加工。可将工件安装于分度头、可倾工作台上转动一定

的角度进行加工，或采用铣斜面专用夹具，这些装置多采用斜垫铁对工件定位夹紧，加工效率和质量较高，如图3-27所示。

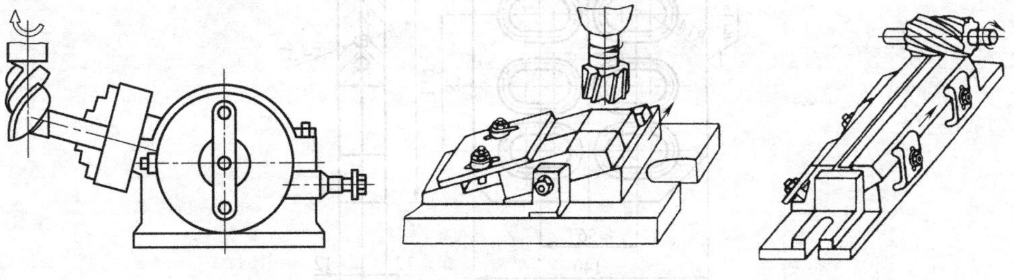

图3-27　工件倾斜铣斜面

2）铣刀倾斜铣斜面。铣削时，可将端铣刀和立铣刀安装于立式铣床的主轴上，并将主轴倾斜一定角度，从而使铣刀相对于工件倾斜所需角度进行加工，如图3-28所示。

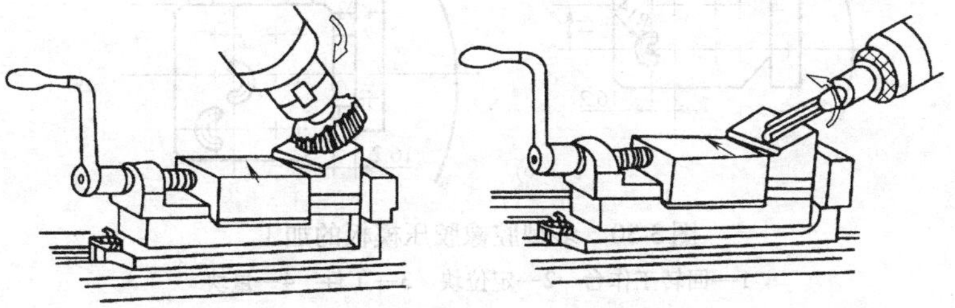

图3-28　铣刀倾斜铣斜面

（2）复杂型腔或型面的加工

1）不规则型腔或型面的坐标加工。不规则的型腔或型面，可采用坐标法加工，即根据被加工点的位置，控制工作台横向和纵向（X、Y）移动及主轴头升降（Z）进行立铣加工。如图3-29所示的不规则型面，其轮廓按极坐标设计，在加工前需要按照工件极坐标半径、夹角和加工所用的铣刀直径计算出铣刀中心在各位置的纵横向坐标尺寸，再逐点铣削。当立铣加工对象为复杂空间曲面时，需同时控制X、Y、Z三轴的移动。但坐标法加工表面精度较低，加工后需增加钳修工序。

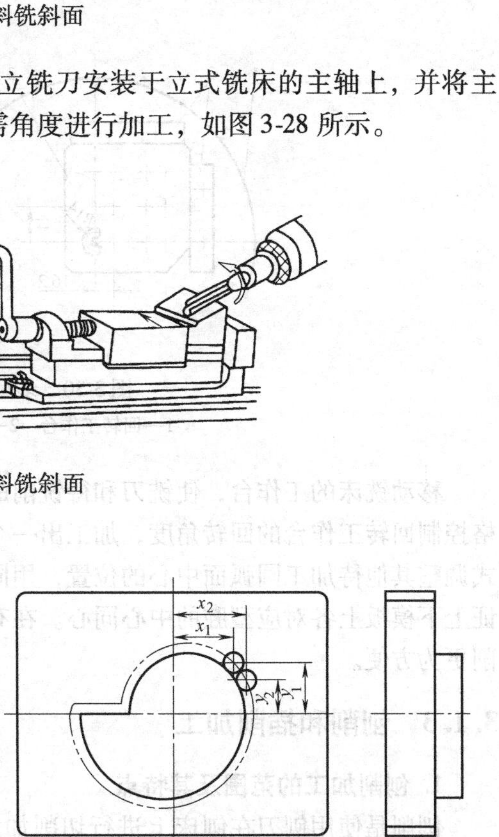

图3-29　不规则型面的坐标立铣加工

2）多型腔模板的加工。图3-30a所示为多型腔橡胶压模，在模板加工时要保证各型腔的加工精度和上下模板各型腔的位置度。该模板在立式铣床上利用回转工作台和圆头立铣刀进行铣削加工，用量块精确控制各型腔间的位置尺寸。图3-30b所示为模板的加工过程，铣削时，先使机床主轴回转轴线与回转工作台的回转中心对准，将工件安放在回转工作台上，按划线找正，使一个$R14$mm圆弧中心对准回转工作台的圆转中心，再用两个定位块靠在工件的基准面上（模坯上相互垂直的两个侧面），分别将定位块和工件压紧。

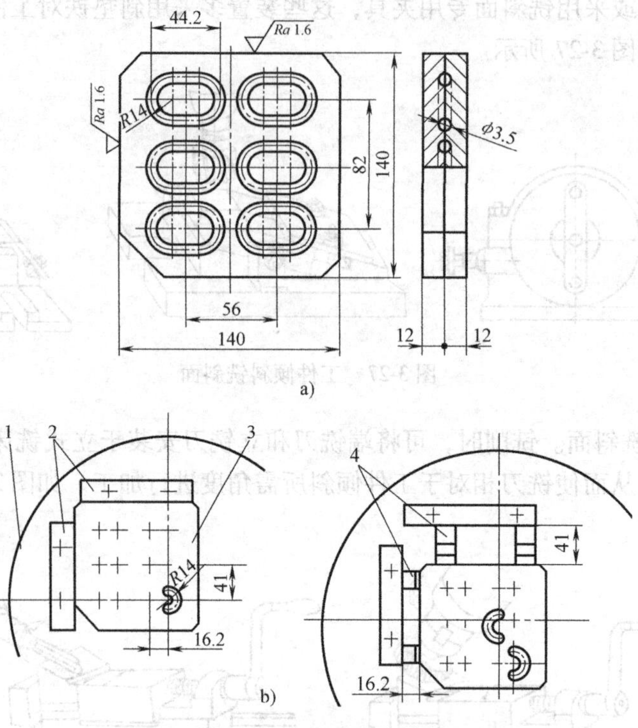

图 3-30　多型腔橡胶压模板的加工

1—回转工作台　2—定位块　3—工件　4—量块

移动铣床的工作台，使铣刀和待铣削的圆弧槽对正，转动回转工作台进行加工，同时严格控制回转工作台的回转角度，加工出一个 $R14$mm 的圆弧槽。加工完毕后，用垫量块的方式调整其他待加工圆弧面中心的位置，用同样的方法将所有的圆弧槽加工出来，可较好地保证上下模板上各对应型腔的中心同心。在有数控设备的情况下，该橡胶压模型腔采用数控铣削更为方便。

3.1.3　刨削和插削加工

1. 刨削加工的范围及其特点

刨削是使用刨刀在刨床上进行切削加工的方法，主要用来加工各种平面、沟槽（T 形槽、燕尾槽及 V 形槽）和素线为直线的成形面，刨削加工工艺范围如图 3-31 所示。刨削比铣削平稳，但加工精度较低，其加工精度一般为 IT8 ~ 9，表面粗糙度为 Ra3.2 ~ 12.5μm，刨削的直线度较高，可达 0.04 ~ 0.08mm/m。

刨削主要用于模具零件的外形、燕尾槽等沟槽及简单曲面的加工。模具上的平面一般采用牛头刨床、龙门刨床和立铣进行刨削和铣削加工，去除毛坯的大部分加工余量，然后再通过磨削或其他方法达到设计要求。大型平面多采用龙门刨床加工，中、小型平面多采用牛头刨床刨削加工，也可采用立铣床铣削加工。

刨刀的形状与车刀相似，但由于刨削过程不连续，且冲击力较大，因而刨刀截面通常要比车刀大。刨刀刀杆常做成弯头的，平面刨刀用来刨削平面，偏刀用来刨垂直面或斜面，角度偏刀用来刨燕尾槽和角度，弯切刀用来刨 T 形槽及侧面槽，切刀及割槽刀用来切断工件

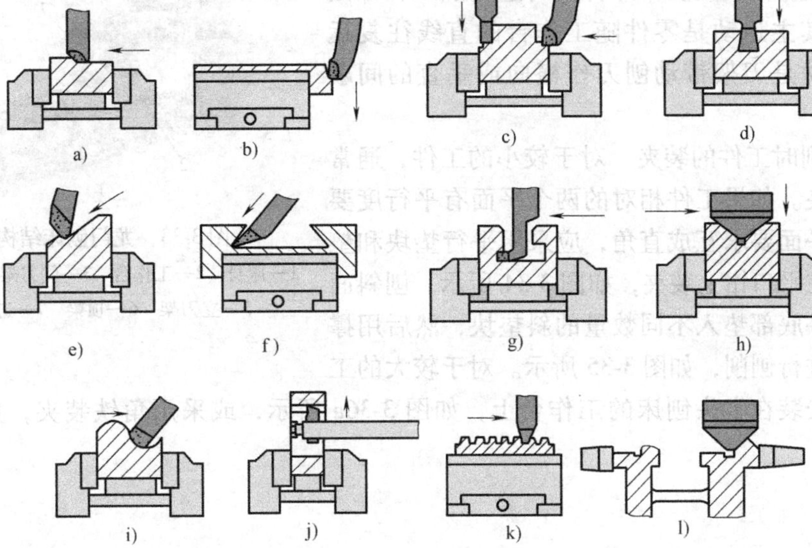

图3-31 刨削加工工艺范围

a）刨平面 b）刨垂直面 c）刨台阶面 d）刨直角沟槽 e）刨斜面 f）刨燕尾面 g）刨T形槽 h）刨V形槽 i）刨曲面 j）孔内加工 k）刨齿条 l）刨复合表面

或刨沟槽。特殊形状的表面用成形刀来刨削。

刨削加工的特点是：刨削加工时，主运动是刀具（或工件）的往复直线运动，换向时要克服较大的惯性力，从而限制了主运动速度的提高；回程不进行切削，且刨刀为单刃刀具，一个表面往往要经过多次行程才能加工出来，所以生产率较低；刨削为间断切削，刀具切入和切出工件时受到冲击和振动，容易损坏。因此，刨削在大批量生产中应用较少，常被生产率较高的铣削加工代替，即生产中常说的“以铣代刨”。

2. 刨床

(1) 牛头刨床 牛头刨床因其滑枕刀架形似“牛头”而得名。一般由床身、滑枕、底座、横梁、工作台和刀架等部件组成，如图3-32所示。

刨床的主运动是滑枕的往复运动，进给运动是工作台在横梁导轨上的间歇直线移动。横梁可连同工作台沿床身竖直导轨作升降调整运动。刀架可作一定量的上下移动，并可以偏转一定的角度，以适应背吃刀量的调整和角度的刨削。

牛头刨床主要刨削中、小型零件的各种平面及沟槽，适用于单件、小批生产的工厂及维修车间。

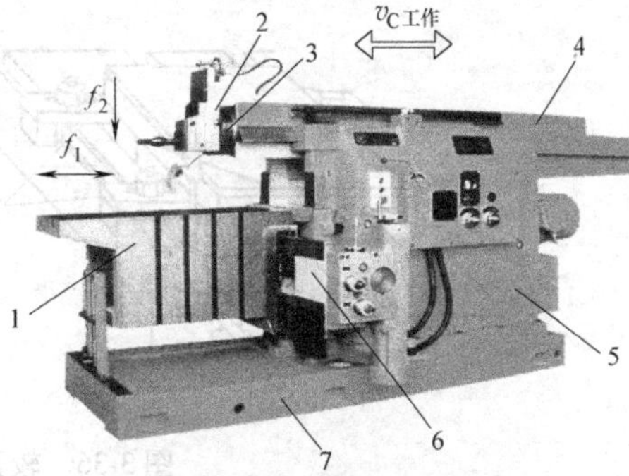

图3-32 牛头刨床结构图

1—工作台 2—刀架 3—转盘 4—滑枕 5—床身 6—横梁 7—底座

（2）龙门刨床　龙门刨床主要用于加工大型工件或重型零件上的各种平面、沟槽以及各种导轨面，也可在工作台上一次装夹多个零件同时进行加工，如图3-33所示。其主运动是零件随工作台的直线往复运动，进给运动是刀架带动刨刀作横向或垂直的间歇运动。

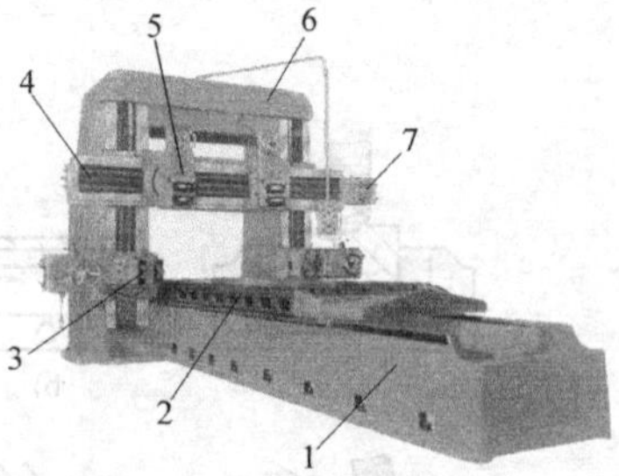

图3-33　龙门刨床结构图

1—床身　2—工作台　3—侧刀架　4—横梁　5—立刀架　6—顶梁　7—进给箱

（3）刨削时工件的装夹　对于较小的工件，通常用平口钳装夹。如果工件相对的两个平面有平行度要求，相邻两平面要求互成直角，应采用平行垫块和垫圆棒的方法在平口钳上装夹，如图3-34所示。刨斜面时，可在工件底部垫入不同数量的斜垫块，然后用撑板夹紧工件进行刨削，如图3-35所示。对于较大的工件，可直接安装在牛头刨床的工作台上，如图3-36a所示，或采用角铁装夹，如图3-36b所示。

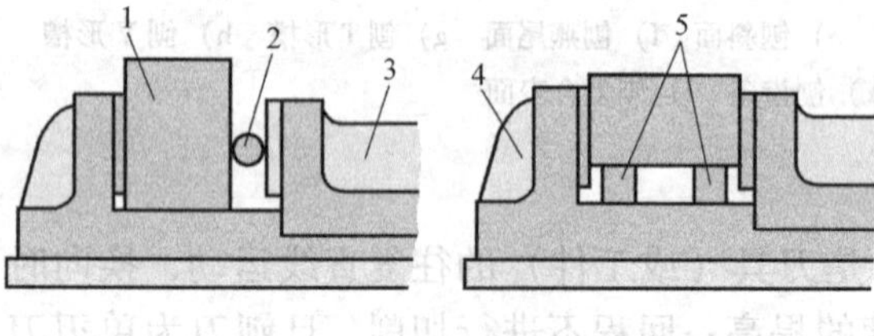

图3-34　用平口钳装夹工件

1—工件　2—圆棒　3—活动钳口　4—固定钳口　5—平行垫块

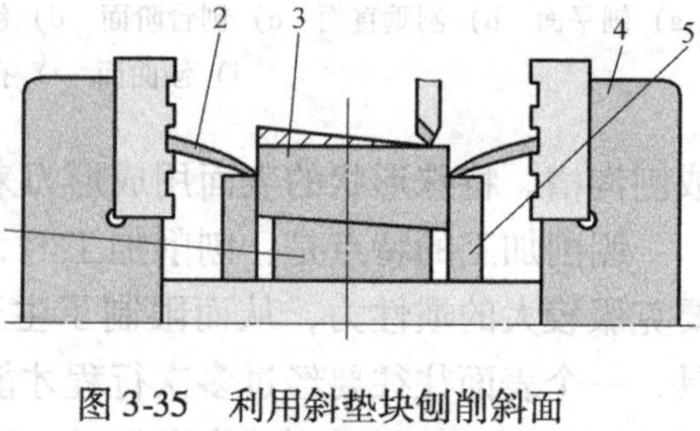

图3-35　利用斜垫块刨削斜面

1—斜垫块　2—撑板　3—工件　4—台虎钳　5—垫板

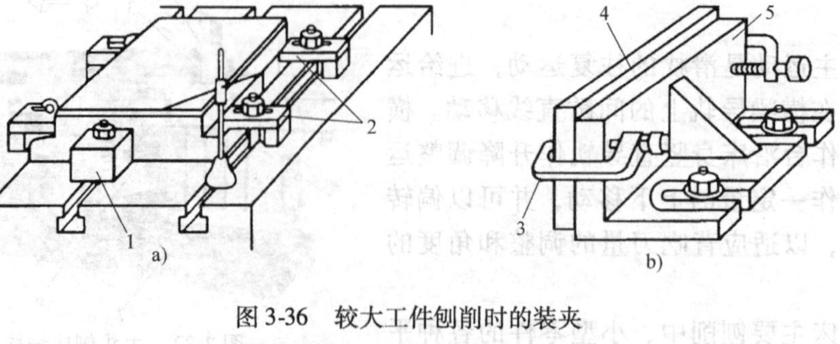

图3-36　较大工件刨削时的装夹

a）直接装在工作台上　b）采用角铁装夹

1—挡铁　2—压板　3—C形夹　4—工件　5—角铁

3. 插削加工

插床又称立式牛头刨床（图3-37），插床滑枕沿垂直方向作往复运动。插削主要用来加工工件的内表面，如键槽、花键槽等；也可用于加工多边形孔，如四方孔、六方孔等，特别适于加工盲孔或有障碍台阶的内表面。插削加工效率和精度都不高，加工精度可达IT10，表面粗糙度可达 $Ra1.6\mu m$。

在模具制造中插削主要用于成形内孔的粗加工及有些大型工件的外形加工。可根据划线的形状，利用插床的纵、横滑板和回转工作台，插削出工件成形孔或外形，所加工的孔留有一定的精加工余量。还可利用滑枕的倾斜，加工有斜度的内孔，如图3-38a所示；或在排钻去型孔废料后用插床粗加工成形，如图3-38b所示；铣削加工后成形孔的圆角部分还可用插床进行清角加工，如图3-38c所示。

图3-37　插床结构外形图

1—床身　2—横滑板　3—纵滑板

4—回转工作台　5—滑枕　6—立柱

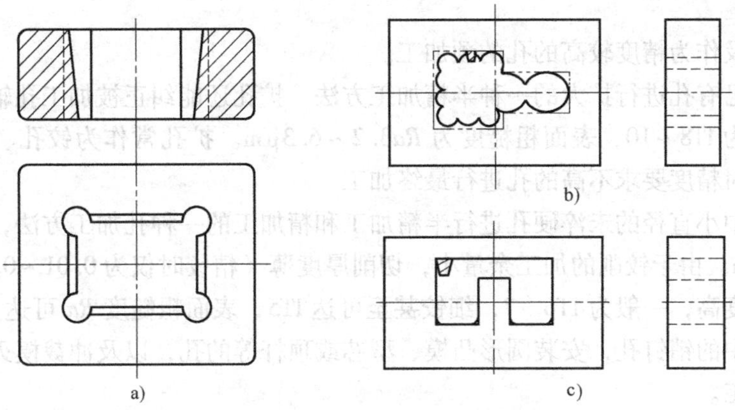

图3-38　用插床加工内孔及清角

3.1.4　钻削和镗削加工

钻削和镗削都是加工孔的方法。钻削是用钻头在实体工件上加工孔的方法，镗削是利用镗刀在镗床上对工件上的已有孔进行后续加工的一种切削加工方法。

1. 钻削

（1）钻削加工工艺范围及特点　钻削是模具零件中圆孔的主要加工方法，如模具零件上的螺钉过孔、螺纹底孔、定位销孔等的粗加工都采用钻削加工，其加工精度较低，表面粗糙度大。在模具制造中常采用钻削对孔进行粗加工，去除大部分加工余量，然后经扩孔、铰孔，对未淬硬孔进行半精加工和精加工，以达到设计要求，俗称“钻—扩—铰”，如图3-39所示。

钻削是一种半封闭式切削，排屑困难，又难以冷却润滑，而且钻削力较大。所以，钻削时温度易升高，刀具易磨损。用麻花钻加工的孔精度较低，表面较粗糙，其加工精度一般为IT12～13，表面粗糙度为 $Ra6.3\sim12.5\mu m$，生产效率较高。因此，钻削主要用于加工精度要

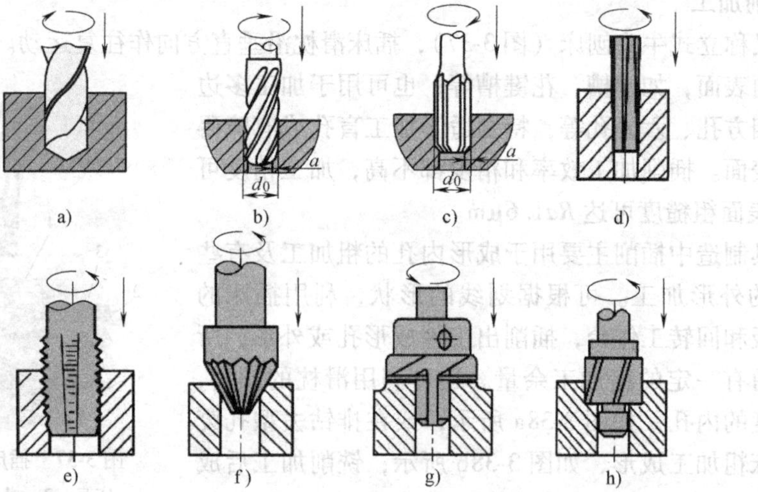

图3-39　钻削加工

a）钻孔　b）扩孔　c）铰孔　d）铰锥孔　e）攻螺纹　f）锪锥孔　g）锪平面　h）锪柱孔

求不高的孔以及作为精度较高的孔的预加工。

扩孔是对已有孔进行扩大的一种半精加工方法。扩孔还能纠正被加工孔轴线的歪斜，其加工精度一般为IT8～10，表面粗糙度为 Ra3.2～6.3μm。扩孔常作为铰孔、镗孔、磨孔前的预加工，也对精度要求不高的孔进行最终加工。

铰孔是对中小直径的未淬硬孔进行半精加工和精加工的一种孔加工方法，铰孔的孔径一般为3～100mm。由于铰削的加工余量小，切削厚度薄（精铰时仅为0.01～0.03mm），所以铰削后的孔精度高，一般为IT6～7，细铰甚至可达IT5，表面粗糙度 Ra 可达0.4～1.6μm。

模具制造中的销钉孔，安装圆形凸模、型芯或顶杆等的孔，以及冲裁模刃口锥孔等常用铰孔的方法加工。

锪孔是指在已加工孔上加工圆锥形沉头孔、圆柱形沉头孔和端面凸台的方法。锪孔用的刀具统称为锪钻。锪钻大多用高速钢制造，只有在加工大直径的端面凸台时用硬质合金制造，采用装配式结构。

（2）钻削刀具　钻削所用刀具是钻头、铰刀等，分别用于钻孔、扩孔、铰孔等。钻头有麻花钻、扁钻、扩孔钻、群钻等，其中麻花钻（图3-40）应用最为广泛，它一般用高速钢制成。麻花钻主要由柄部、颈部和工作部分组成，工作部分包括切削部分和导向部分。导向部分有两条对称的棱边和螺旋槽，其中较窄的棱边起导向和修光孔壁的作用，较深的螺旋槽用来进行排屑和输送切削液。切削部分担任主要的切削工作。钻头直径由工件尺寸决定，

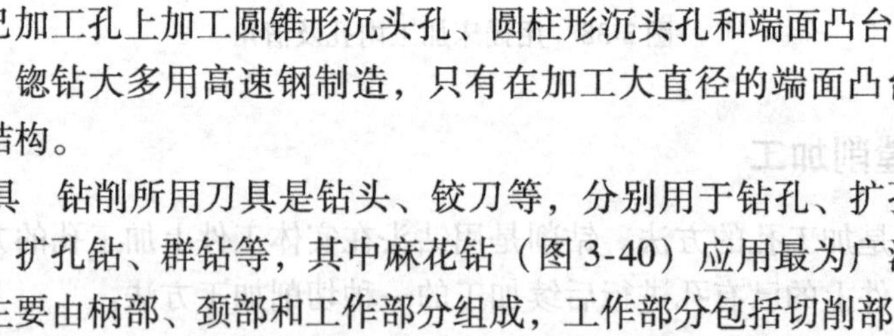

图3-40　麻花钻结构图

应尽可能一次钻出所需要的孔径。当孔径超过35mm时，常采用“先钻后扩”工艺，第一次钻孔直径取工件孔径的0.5～0.7倍。

扩孔钻的切削刃比一般钻头多，有三四个，无横刃，其顶端是平的，螺旋槽较浅，所以刚性好，不易变形，导向性能好，切削较平稳，因而扩出孔的精度和表面质量较好，如图3-41a所示。

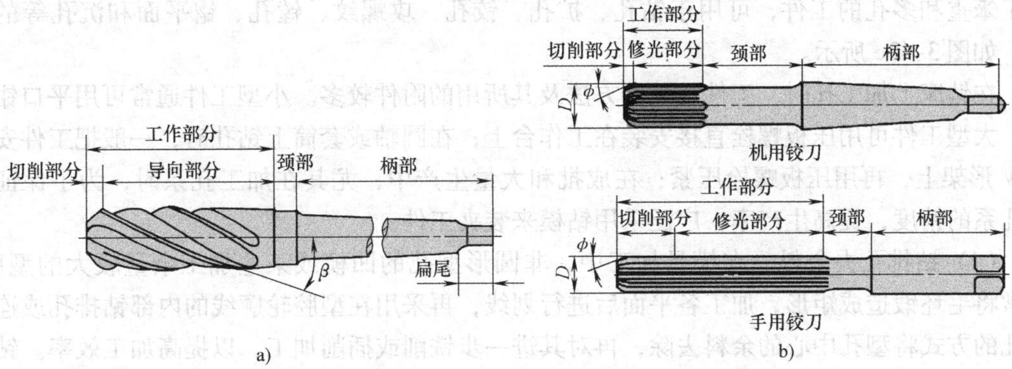

图3-41 扩孔钻和铰刀

a）扩孔钻 b）铰刀

铰刀是多刃切削刀具，有6～12个切削刃，铰孔时导向性好。铰刀刀齿的齿槽很浅，铰刀的横截面大，刚性好，加工精度高。铰刀有手用铰刀和机用铰刀两种，手用铰刀工作部分较长，机用铰刀工作部分较短，如图3-41b所示。

（3）钻床 常用的钻床有台式钻床、立式钻床和摇臂钻床。

台式钻床简称台钻，是一种加工小孔的小型钻床。台钻主轴的进给运动用手动操作，结构简单，操作方便，适于加工小型零件上直径≤15mm的孔，如图3-42a所示。

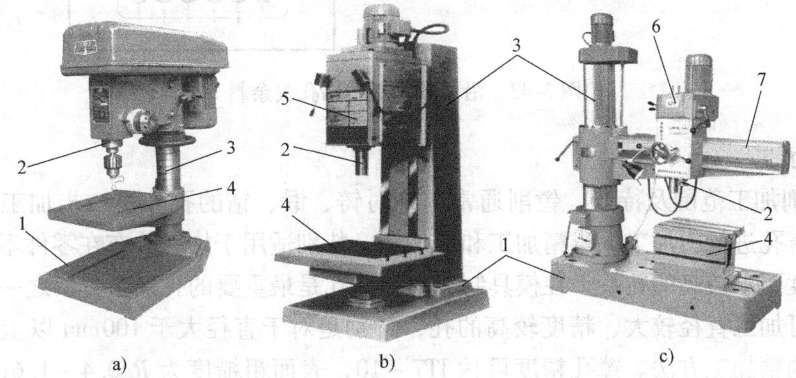

图3-42 钻削加工机床

a）台式钻床 b）立式钻床 c）摇臂钻床

1—底座 2—主轴 3—立柱 4—工作台 5—进给箱 6—主轴箱 7—摇臂

立式钻床简称立钻，如图3-42b所示。立钻的主轴轴线垂直布置，且位置固定。其规格用最大钻孔直径表示，常用的有25mm、35mm、40mm、50mm等几种。立钻刚性好、功率大，允许选用较大的切削用量，因而生产率高。主轴的转速和进给量可调范围大，可得到较高的加工精度。立式钻床的主轴位置不能调整，只能通过移动工件位置来使被加工孔的中心与主轴中心对准，因此，常用于加工单件、小批生产中的中、小型工件。

摇臂钻床的摇臂能绕立柱旋转和上、下升降，主轴箱可沿摇臂上的导轨横向移动。因此，工作时，不需移动工件，就可方便地调整主轴相对于工件的位置。摇臂钻床上还设有立柱、摇臂和主轴箱的锁紧机构。当主轴位置调整好后，可将它们快速锁紧。摇臂钻床适用于加工笨重和多孔的工件，可用于钻孔、扩孔、铰孔、攻螺纹、镗孔、锪平面和沉孔等的加工，如图 3-42c 所示。

在钻床上加工孔时，工件的装夹方法及其所用的附件较多。小型工件通常可用平口钳装夹；大型工件可用压板螺栓直接安装在工作台上；在圆轴或套筒上钻孔时，一般把工件安装在 V 形架上，再用压板螺栓压紧；在成批和大量生产中，尤其在加工孔系时，为了保证孔及孔系的精度，提高生产率，广泛采用钻模来装夹工件。

（4）钻排孔去余料　在模具加工中，非圆形型孔的凹模或某些加工余量较大的型腔，通常将毛坯锻造成矩形，加工各平面后进行划线，再采用在型腔轮廓线的内部钻排孔或连续钻孔的方式将型孔中心的余料去除，再对其进一步铣削或插削加工，以提高加工效率。钻孔的深度和型腔的深度接近，如图 3-43 所示。或先在型孔转折处钻孔，用带锯机沿型孔轮廓线将余料切除，并按后续工序要求留出加工余量，加工效率也较高。

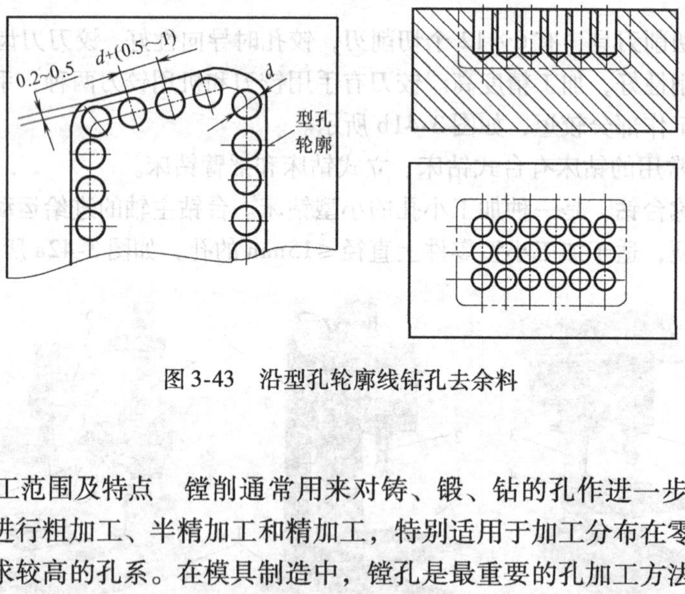

图 3-43　沿型孔轮廓线钻孔去余料

2. 镗削加工

（1）镗削加工范围及特点　镗削通常用来对铸、锻、钻的孔作进一步加工，可对工件上的通孔和盲孔进行粗加工、半精加工和精加工，特别适用于加工分布在零件不同位置上的相互位置精度要求较高的孔系。在模具制造中，镗孔是最重要的孔加工方法之一。与钻削相比较，镗孔可加工直径较大、精度较高的孔，特别是对于直径大于 100mm 以上的孔，镗孔几乎是唯一的精加工方法。镗孔精度可达 IT7 ~ 10，表面粗糙度为 Ra0. 4 ~ 1. 6μm。各孔轴线间的同轴度、平行度、垂直度等位置精度和尺寸精度都较高。镗削加工工艺范围如图 3-44所示。

在镗床上镗孔和在车床上车孔类似，镗刀与车孔刀基本相同，镗削刀具结构简单、种类多样，具有较好的通用性，但镗削加工（特别是单刃镗刀加工）生产效率较低。镗削加工的主运动是镗刀的旋转运动，进给运动为主轴的轴向或径向移动，或工作台的纵向或横向移动。

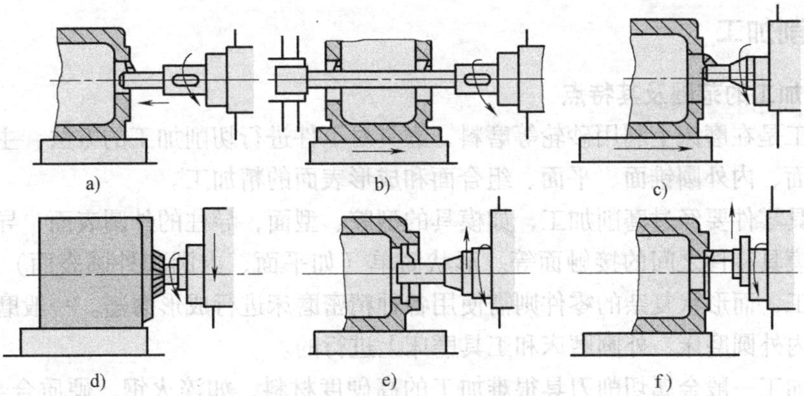

图3-44　镗削加工工艺范围

a）镗刀镗孔　b）双镗刀镗同轴孔　c）悬伸镗刀镗大直径孔　d）镗轴装面铣刀铣平面
e）平旋盘上装车刀车内沟槽　f）平旋盘上装车刀车端面

（2）镗床　镗床有卧式镗床、立式镗床、深孔镗床和坐标镗床之分，应用最广的是卧式镗床，其结构如图3-45所示。

（3）深孔的加工　塑料模中的加热、冷却水道孔及部分顶杆孔等都属于深孔。中小型模具的孔，常用普通钻头或加长钻头在立钻、摇臂钻床上加工，加工时应注意及时排屑并进行冷却，进刀量要小，防止孔偏斜。

中大型模具的孔一般在摇臂钻床及深孔钻床上加工，较先进的方法是在加工中心上与其他孔一起加工。

对于直径小于20mm、长径比达100：1（甚至更大）的孔，多采用枪钻加工。它可以一次加工全部孔深，且加工精度较高。枪钻的结构如图3-46所示。枪钻的工作部分由高速钢或硬质合金与无缝钢管压制成形的钻杆对焊而成。工作时工件旋转，钻头进给，同时高压切削液由钻杆尾部注入，冷却切屑后沿钻杆凹槽将切屑冲刷出来。

图3-45　卧式镗床

1—床身　2—尾座　3—后立柱　4—工作台　5—前立柱
6—导轨　7—镗头架　8—上溜板　9—下溜板

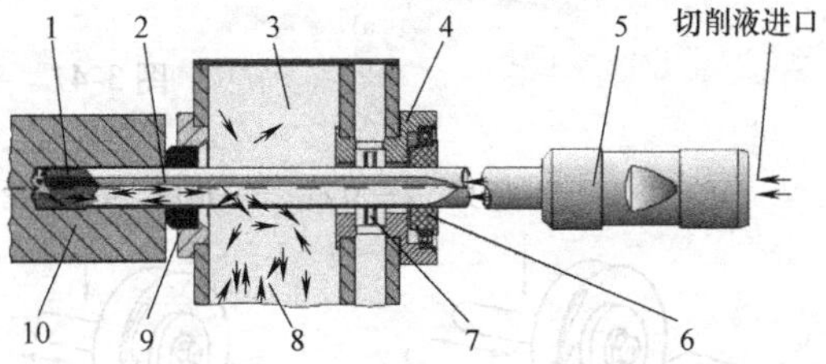

图3-46　枪钻结构及原理图

1—硬质合金头　2—刀身　3—排屑槽　4、7—密封件
5—驱动柄　6—导向套　8—切削液及切屑
9—钻套　10—工件

3.1.5 磨削加工

1. 磨削加工的范围及其特点

磨削加工是在磨床上利用砂轮等磨料、磨具对工件进行切削加工的方法，主要用于零件的内外圆柱面、内外圆锥面、平面、组合面和成形表面的精加工。

很多模具零件要经过磨削加工，如模具的型腔、型面，导柱的外圆表面，导套的内、外圆表面以及模具零件之间的接触面等。形状简单（如平面、内圆和外圆表面）的零件可用一般磨削加工，而形状复杂的零件则需使用各种精密磨床进行成形磨削。一般磨削加工是在平面磨床、内外圆磨床、外圆磨床和工具磨床上进行的。

磨削可加工一般金属切削刀具很难加工的高硬度材料，如淬火钢、硬质合金、陶瓷等，精度一般可达 IT4 ~6，表面粗糙度为 *Ra*0.2 ~0.8μm，当采用高精度磨床时，粗糙度可达 *Ra*0.025 ~0.1μm。

2. 平面磨削

（1）平面磨削工艺范围及特点　平面磨削是在平面磨床上进行的，常作为刨削或铣削后的精加工。平面磨床有卧轴和立轴两种（图 3-47），分别用砂轮的圆周面和端面对工件进行磨削（图 3-48）。周磨平面时砂轮与工件的接触面积很小，排屑和冷却条件好，工件不易产生热变形，加工精度高。因此，模具零件通常装夹在电磁吸盘上，用砂轮周面进行磨削。平面磨床加工零件时，要求分型面与模具上下表面平行，保证分型面各相关平面的垂直度。不允许被磨削表面产生划痕、波纹等缺陷。平面磨削的加工精度可达 IT5 ~6，表面粗糙度为 *Ra*0.2 ~0.4μm，两平面的平行度小于 0.01∶100。

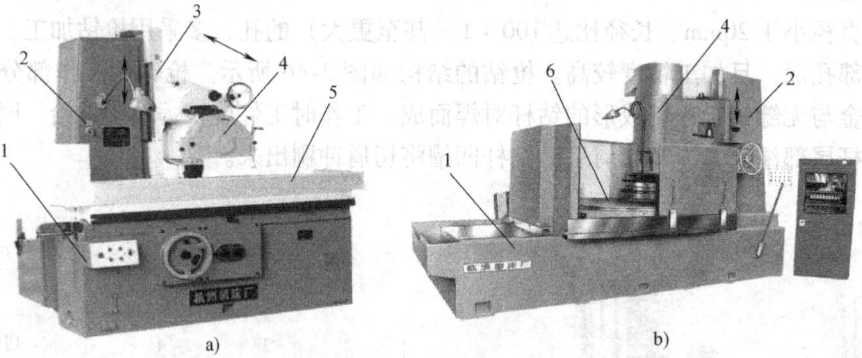

图 3-47　平面磨床

a）卧轴矩台　b）立轴圆台

1—床身　2—立柱　3—滑座　4—砂轮架　5—矩形工作台　6—圆形工作台

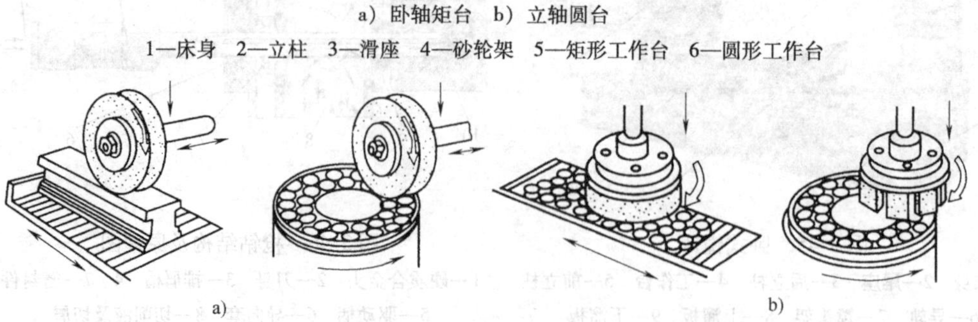

图 3-48　平面磨削方式

a）周磨　b）端磨

（2）平面磨削工艺要点

1）平面磨削时的主要工艺参数

① 砂轮的圆周速度，钢工件22～25m/s，精磨25～30m/s。

② 纵向进给量1～12m/min。

③ 砂轮垂直进给量，粗磨0.015～0.05mm，精磨0.005～0.01mm。

④ 精磨前修整砂轮，精磨后继续光磨1～2次。

2）平行平面磨削

① 一般工件磨削顺序为：粗磨去2/3加工余量→修整砂轮→精磨→光磨1或2次→翻转工件粗、精磨第二面。

② 若工件前、后或左、右方向有平行度误差，应在磨第二面时前、后或左、右翻转工件磨削。

③ 为提高两平面平行度，两平面应互相交替、反复磨削。

④ 薄工件磨削时，应在工件和磁力台间垫一层约0.5mm厚的橡胶垫或海绵垫，工件吸紧后，两面交替反复磨削，最后直接吸在磁力台上磨平。

3）垂直平面磨削

① 用精密平口钳装夹工件，磨垂直面，如图3-49a所示。磨削时，用平行平面磨削的方法磨好上下大平面，用精密平口钳装夹工件磨相邻两垂直面，再以相邻两垂直侧面为基面，磨削其余两相邻垂直面。

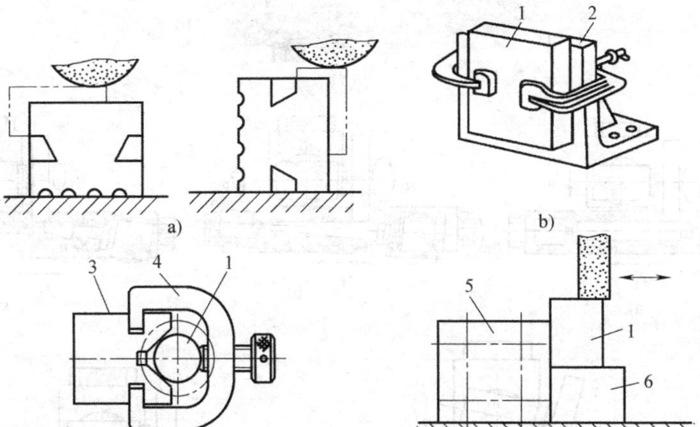

图3-49 垂直平面磨削

1—工件 2—精密角铁 3—V形铁 4—夹紧爪 5—导磁角铁 6—垫铁

② 用精密角尺圆柱或精密角尺找正，磨垂直面。该法采用光隙法找正，用垫纸调整位置后，在磁力台上磨出垂直面，可获得比精密平口钳装夹更高的垂直度。

③ 用精密角铁和平行夹头装夹工件，磨削较大尺寸工件的侧垂直面，如图3-49b所示。先磨好两大平面，工件在精密角铁上装夹后，用百分表找正，磨出垂直面，再以其为基面在磁力台上磨对称平面。需要六面对角尺的工件，其余两垂直面磨削采用精密角尺找正法磨出。

④ 圆柱形工件用精密 V 形铁和夹紧爪装夹，磨削端面，如图 3-49c 所示。工件圆柱面处垫入铜皮，可磨削带台肩和不带台肩的圆柱形工件。

⑤ 用导磁角铁和垫铁装夹工件，磨削狭长工件的垂直面，如图 3-49d 所示。装夹时以较大平面为定位面，使其紧贴导磁角铁面。先磨出一平面，用导磁角铁定位后磨出垂直面，再以这两个互相垂直的面作为基准面，磨出对称平行面。

3. 外圆磨削

外圆磨削主要用于轴、套类零件的外圆柱、外圆锥面，台阶轴外圆面及端面的磨削。在模具制造中，主要对圆形凸模、导柱、导套、顶杆等零件的外圆面进行磨削。外圆磨削的尺寸精度可达 IT5 ~ 6，表面粗糙度为 $Ra0.2 \sim 0.8\mu m$，高光洁度磨削时，表面粗糙度可达 $Ra0.025\mu m$。

外圆磨削用高速旋转的砂轮对低速旋转的工件进行磨削，工件相对于砂轮作纵向往复运动。万能外圆磨床的结构及磨削方式如图 3-50 所示。

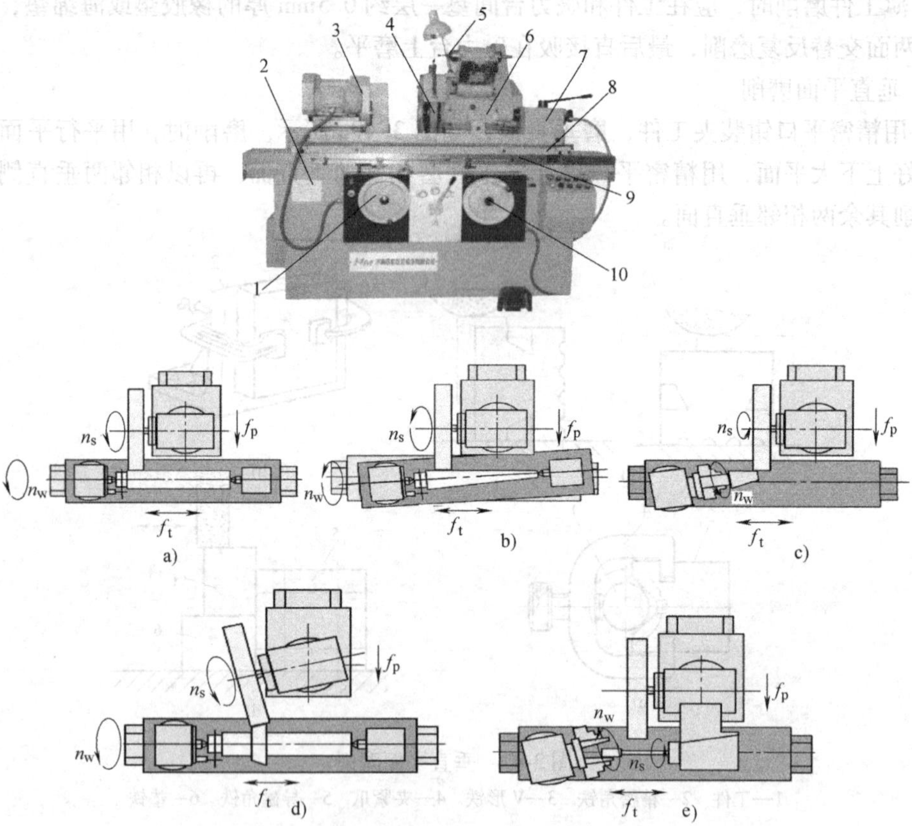

图 3-50　万能外圆磨床及其典型加工方式

a）纵磨法磨外圆柱面　b）转动工作台用纵磨长圆锥面　c）转动头架磨外圆锥面
d）转动砂轮架横磨短圆锥面　e）用内圆磨装置转动头架磨圆锥面
1—纵向进给手轮　2—床身　3—头架　4—砂轮　5—内圆磨具　6—砂轮架
7—尾座　8—上工作台　9—下工作台　10—横向进给手轮

（1）外圆磨削工艺参数　当被磨削工件刚性较差时，应选用较低的工件转速，以减小工艺系统振动，提高磨削质量；若工件表面粗糙度值要求小、精度要求高时，精磨后应光磨数次。磨削用量如下：

1）工件圆周速度13~20m/min，磨淬硬钢≥26m/min。

2）砂轮圆周速度，陶瓷结合剂砂轮脆性大，磨削速度≤35m/s；树脂结合剂砂轮弹性较好，磨削速度>50m/s。

3）磨削深度，粗磨取0.02~0.05mm，精磨取0.005~0.015mm。

4）纵向进给量，粗磨取0.5~0.8倍砂轮宽度，精磨取0.2~0.3倍砂轮宽度。

（2）一般外圆面磨削方法　一般外圆磨削主要有纵向磨削法、横向磨削法（切入法）及复合磨削法三种，如图3-51所示。

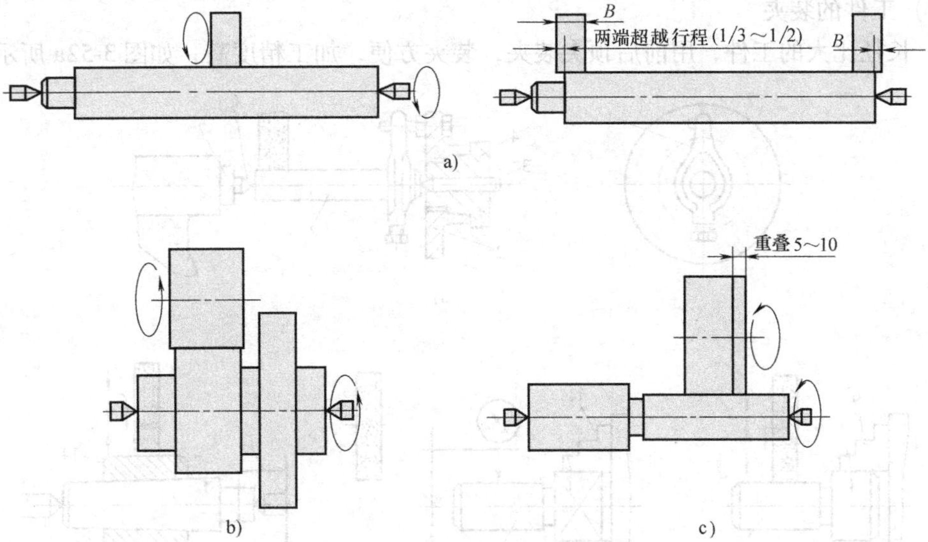

图3-51　外圆磨削方法
a）纵磨法　b）横磨法　c）复合磨削法

1）纵向磨削法。工件与砂轮同向转动，工件相对砂轮作纵向运动，每一纵向行程后砂轮横向进给一次磨削深度。该法磨削深度和切削力小，易保证加工精度，适合磨削细长工件。

台阶轴（如凸模）磨削时，为提高各段外圆面同轴度，精磨采用较小磨削深度，并增加光磨次数；磨台阶轴时，可先用横磨法沿台阶切入，留0.03~0.04mm的加工余量，再用纵磨法精磨。

2）横向磨削法（切入法）。工件与砂轮同向转动，并作横向进给连续切除余量。该法磨削效率高，但磨削热大，工件易烧伤，适合磨削较短的外圆柱面和短台阶轴，如凸模、圆型芯等。终磨前手动进给，对工件进行短距离纵向往复磨削。

3）复合磨削法。是横磨法和纵磨法的综合运用，该法在磨削余量大时，效率较高。先用横磨法去除大部分余量，留0.01~0.03mm的纵磨余量，适合磨削余量大、刚度高的工件。

（3）台阶端面磨削

1）轴上带退刀槽的台阶端面磨削时，先用纵向磨法磨外圆面，再将工件靠向砂轮端面。

砂轮应修成内凹形，磨至无火花后，再光磨一段时间。

2）轴上带圆角的台阶端面磨削时，先用横磨法磨外圆面，留纵磨余量小于0.05mm，再纵向移动工件（工作台），磨削端面，砂轮应修成圆弧形。

（4）内、外圆锥面磨削

1）在万能外圆磨床上，可利用内磨装置，用纵磨法磨内锥孔。

2）转动工作台，可磨削圆锥角小于14°的长圆锥面，装夹方便，加工质量好。

3）将工件直接装在头架卡盘上并找正，转动头架可磨削大锥度的短工件。

4）转动砂轮架可磨削长且锥度大的工件。磨削时工件用前后顶尖装夹，砂轮作横向连续进给。若圆锥素线大于砂轮宽度，则采用分段接磨。

（5）工件的装夹

1）长径比大的工件，用前后顶尖装夹，装夹方便，加工精度高，如图3-52a所示。

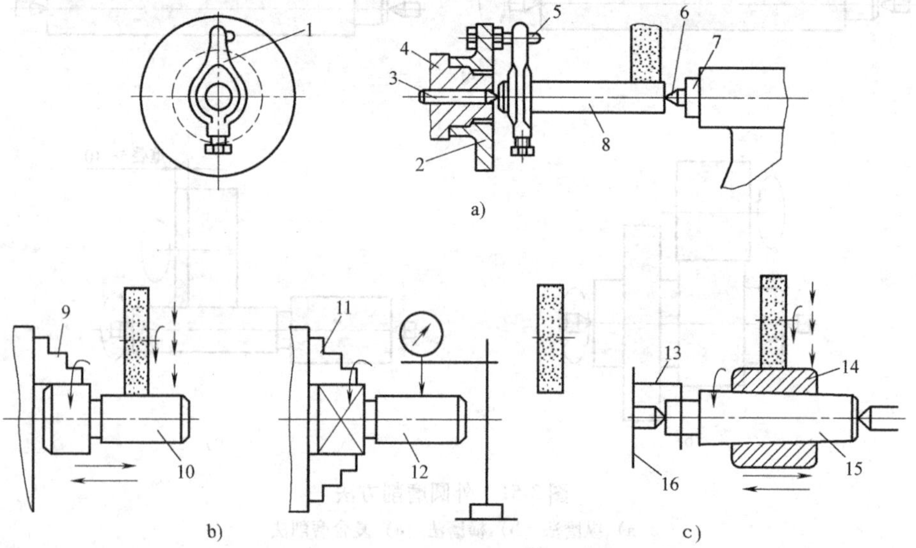

图3-52　外圆磨削工件装夹方法

1、13—卡箍　2、16—拨盘　3—前顶尖　4—头架主轴　5—拨杆　6—后顶尖　7—尾座套筒　8、10、12、14—工件　9—自定心卡盘　11—单动卡盘　15—心轴

2）长径比小的工件，如凸模、顶块、型芯等，用自定心卡盘或单动卡盘装夹，如图3-52b所示。较长的工件，也可用卡盘和顶尖装夹。

3）有内外圆同轴度要求的薄壁套类工件，如凹模镶件、凸凹模等，配用心轴装夹。心轴通常带工艺夹头，并按工件孔径配磨，定位面锥度一般为1：7000～1：5000，如图3-52c所示。

4. 内圆磨削

内圆磨削是指用直径较小的砂轮加工圆柱孔、圆锥孔、孔端面和特殊形状内孔表面的方法。对于淬硬零件中的孔加工，磨孔是主要的加工方法。内孔为断续圆周表面、阶梯孔及盲孔时，常采用磨孔作为精加工。模具零件中精度要求高的孔，如型孔、导向孔等，一般采用内圆磨削进行精加工。内圆磨削可在内圆磨床或万能外圆磨床上进行，磨孔的尺寸精度可达IT6～7级，表面粗糙度为$Ra0.2 \sim 0.8\mu m$。若采用高精度磨削，尺寸精度可控制在0.005mm

之内，表面粗糙度为 $Ra0.025 \sim 0.1\mu m$。

（1）内圆磨削用量

1）磨孔用砂轮直径约为孔径的0.5～0.9倍，工件孔径小时取较大值。砂轮宽度取0.8倍的孔深。

2）砂轮圆周速度一般为20～25m/s，工件圆周速度为15～25m/min，粗磨时取较高值。

3）磨削深度（即横向进给量），粗磨淬火钢时取0.005～0.02mm，精磨淬火钢时取0.002～0.01mm。精磨时应光磨多次，以消除由于砂轮接长轴刚性差所引起的弹性变形，提高孔的加工精度，减小表面粗糙度。

4）纵向进给速度，粗磨时取1.5～2.5m/min，精磨时取0.5～1.5m/min。

（2）工件的装夹

1）较短的套筒类工件，如凹模、凹模套等，采用自定心卡盘装夹。

2）矩形凹模孔和动、定模板型孔用单动卡盘装夹。

3）较长轴的孔采用卡盘和中心架装夹。

4）大型模板上的型孔、导柱、导套孔等，以工件端面定位，在法兰盘上用压板装夹。

5）找正方法按照先端面后内孔的原则，对于薄壁工件，夹紧力不宜过大，必要时可采用弹性圈在卡盘上装夹。

（3）内圆磨削方法及工艺要点　内圆磨削一般在内圆磨床和万能外圆磨床上进行，普通内圆磨床及内圆磨削方法如图3-53所示。

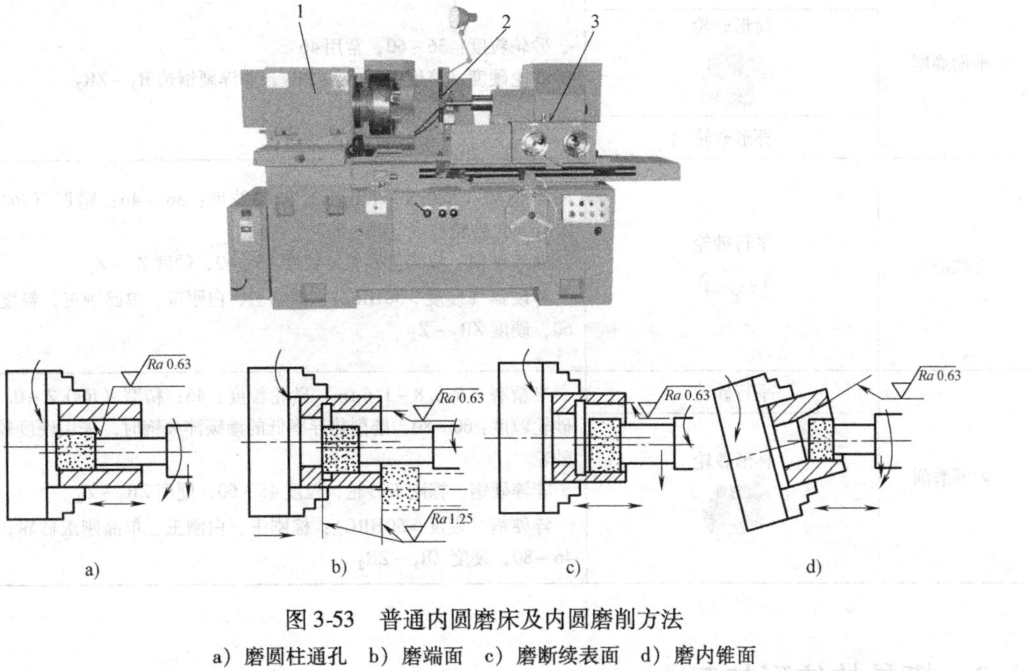

图3-53　普通内圆磨床及内圆磨削方法

a）磨圆柱通孔　b）磨端面　c）磨断续表面　d）磨内锥面

1—头架　2—砂轮　3—砂轮架

1）通孔磨削。采用纵磨法，砂轮超越孔口长度一般为1/3～1/2砂轮宽度。超越长度过大或过小孔易产生中凹或在孔口形成喇叭形。

2）间断表面孔磨削。对非光滑型孔的磨削，一般采用纵磨法，尽可能增大砂轮直径和砂轮接长轴的刚度，减小砂轮宽度。当加工精度要求高、表面粗糙度值要求小时，可在型腔凹槽中嵌入硬木等，变为连续内表面磨削。选择较低硬度砂轮及较小的磨削深度和纵向进给量。

3）台阶孔磨削。先用纵磨法磨内孔表面，留余量0.01～0.02mm。磨好台阶端面后再磨内孔。磨台阶孔时砂轮应修成凹形，并清角；浅台阶孔或平底孔，在采用纵磨法时应选用较小宽度的砂轮，防止造成喇叭口。采用横向切入法时，接长轴要有良好的刚度。

4）小直径深孔磨削。对长径比≥8～10的小直径深孔，一般采用CrWMn或W18Cr4V材料的淬硬接长轴，以提高其刚度。磨削时采用金刚石砂轮和较小的纵向进给量，严格控制磨削余量。磨削前用标准样棒校正头架轴线和工作台纵向行程方向的平行度。孔中间部位要多纵磨几次，以消除砂轮让刀产生的孔中凸。

5）内锥面磨削。大锥度的内锥孔，可转动头架磨内锥面；锥度较小的内锥孔，可转动工作台磨削。磨削内锥孔时，试磨从余量较大的一端开始，一般要经数次调整才能获得准确的锥度。

5. 磨削加工砂轮选择

常用磨削砂轮形式及选择原则见表3-4。

表3-4　砂轮形式及选择原则

磨削方法	砂轮形式	选择原则
平面磨削	平行砂轮 筒形砂轮  杯形砂轮	砂轮粒度：36～60，常用46 砂轮硬度：淬硬钢选 R_3～ZR_1，非淬硬钢选 R_3～ZR_2
外圆磨削	平行砂轮 	半精磨（*Ra*0.8～1.6μm）砂轮粒度：36～46；精磨（*Ra*0.2～0.4μm）砂轮粒度：46～60 非淬硬钢：棕刚玉砂轮，粒度46～60，硬度 Z_1～Z_2 淬硬钢（硬度>50HRC）：棕刚玉、白刚玉、单晶刚玉，粒度46～60，硬度 ZR_2～Z_2
内圆磨削	平行砂轮 杯形砂轮 	半精磨（*Ra*0.8～1.6μm）砂轮粒度：46；精磨（*Ra*0.2～0.4μm）砂轮粒度：60～80，磨削热导率低的渗碳淬火钢时，采用硬度较低的砂轮 非淬硬钢：棕刚玉砂轮，粒度46～60，硬度 ZR_2～Z_2 淬硬钢（硬度>50HRC）：棕刚玉、白刚玉、单晶刚玉砂轮，粒度46～80，硬度 ZR_1～ZR_2

3.2　模具的仿形加工

仿形加工是模具型腔或型面机械加工的主要方法之一，尤其在大、中型锻模型腔加工中使用较多。在一些发达国家，仿形铣削有逐步被数控高速铣削所取代的趋势。仿形加工是按照样板或靠模控制刀具或工件的运动轨迹，从而进行切削加工的方法。常用的仿形加工有仿形车削、仿形刨削、仿形铣削和仿形磨削。

3.2.1　仿形加工的工作原理

根据触头传递信息的形式和机床进给传动控制方式的不同，仿形加工可分为直接作用式（如机械式）和随动作用式（如液压式、电控式、电液式和光电式等）。

1. 直接作用式仿形原理

如机械式仿形，将仿形触头与刀具刚性相连，或通过缩放仪及杠杆等连接，以实现同步仿形加工。如图3-54所示的机械式立体仿形铣工作原理图，仿形触头5始终与靠模4的工作表面相接触，并作相对运动，通过中间装置3将运动信息传递给铣刀1并对工件2进行加工。仿形时需要三个方向的运动相配合，S_1、S_3为主进给运动，S_2为随动进给运动。

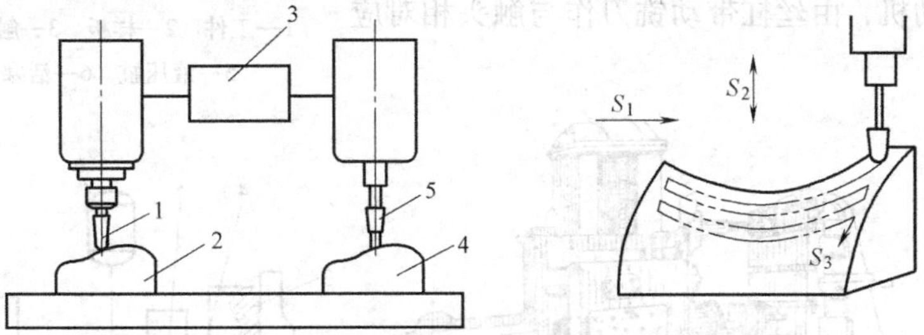

图3-54　机械式立体仿形铣工作原理

1—铣刀　2—工件　3—中间装置　4—靠模　5—仿形触头

机械仿形靠模与触头之间压力较大（5～10N），工作面易磨损，加工过程中刚性装置传递的力较大，易产生弹性变形，加工精度较低（误差大于0.1mm）。

2. 随动作用式仿形

随动作用式仿形将靠模或样板给仿形触头的位移信号转换成电信号（电压）或液压信号（压力差），经功率放大后驱动机床执行部件。驱动元件可以是直流电动机、液压缸或液压马达等。

电液式仿形以传感器传递信息，利用液压作为动力进行仿形加工。加工时，电传感器得到的电信号经电-液转换机构（电液伺服阀）转换后，使液压执行机构驱动工作台作相应伺服运动。该系统仿形触头压力约1～6N。

光电式仿形利用光电传感器传递信息，加工时不需靠模，只需图样，由光电跟踪接受图样反射的光信号，经光敏元件转换成电信号送控制部分处理、放大，分别用来控制伺服电动机带动工作台在X、Y两个方向作仿形运动。该方法仿形铣削时只能按1∶1进行，对图样的绘制精度要求高，一般只用于平面轮廓仿形，如冲裁模、凸轮、样板、靠模板等的加工。

液压式仿形利用油液传递信息和动力，结构简单、体积小且输出功率大、工作适应性强。由于液压仿形装置没有传动间隙存在，仿形精度高于机械仿形，一般为0.02～0.1mm。触头压力约6～10N。图3-55所示为车床的液压随动作用式仿形装置。伺服阀接受样板和触头的位移信号后，通过液压油路作用于液压缸活塞，使车刀执行仿形运动。

电控式仿形以电信号传递信息，利用伺服电动机带动刀具作仿形运动。电控式仿形铣刀与触头之间采用电伺服联动，结构紧凑、信号传递快，易实现远程控制，仿形触头压力为

1～6N，仿形精度可达0.01～0.03mm。图3-56所示为XB4450型电气立体仿形铣床及其随动系统工作原理，其工作台可沿床身作横向进给运动，工作台上装有上下支架，分别固定靠模和工件。主轴箱可沿横架上的水平导轨作纵向进给运动，并可沿立柱作垂直进给运动。铣刀及靠模销（触头）安装于主轴箱上，三个方向的进给运动配合，可加工工件的立体成形表面。

加工过程中，仿形触头沿靠模相对运动且始终压向靠模表面并与其保持接触，触头进行轴向运动发出的信号经传感器转变为电信号，经随动系统放大后，可控制随动电动机，由丝杠带动铣刀作与触头相对应的仿形运动。

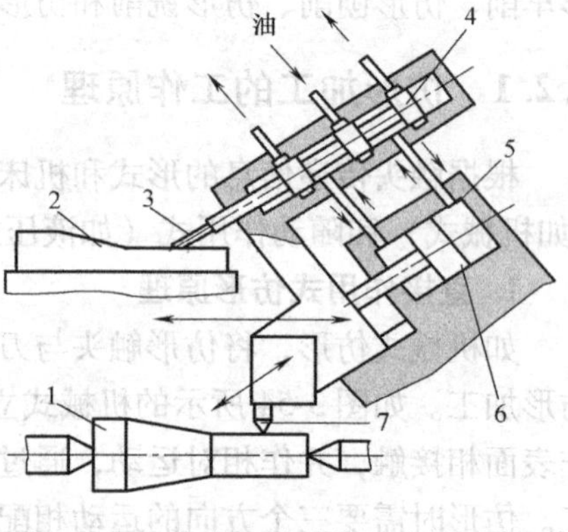

图3-55　车床液压随动作用式仿形装置
1—工件　2—样板　3—触头　4—伺服阀　5—液压缸　6—活塞　7—车刀

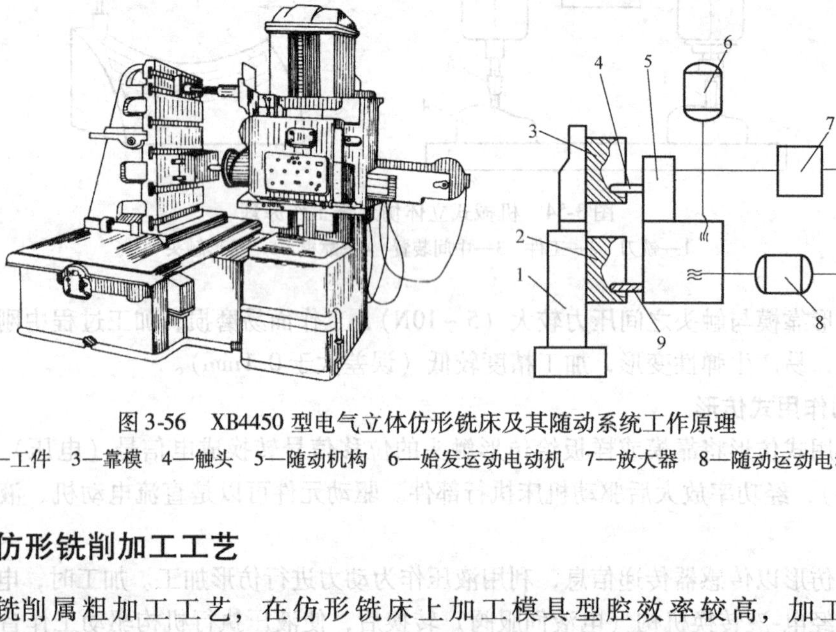

图3-56　XB4450型电气立体仿形铣床及其随动系统工作原理
1—支架　2—工件　3—靠模　4—触头　5—随动机构　6—始发运动电动机　7—放大器　8—随动运动电动机　9—铣刀

3.2.2　仿形铣削加工工艺

仿形铣削属粗加工工艺，在仿形铣床上加工模具型腔效率较高，加工精度可达0.05mm，加工表面粗糙度可达 $Ra3.2\sim6.3\mu m$。由于刀具强度的限制，仿形铣削不能加工较深的窄槽及进行内清角，所以仿形加工后，一般留1～2mm的加工余量，再用电火花进行精加工或钳工修整成形。

1. 仿形触头、靠模及铣刀

（1）仿形触头　仿形铣削时，触头头部要与靠模表面形状相适应，才能运动顺畅，触头倾斜角 α 应小于靠模工作面最小斜角 β，头部半径 R 要小于靠模工作面最小半径 r，铣削时才不会使工件与触头产生干涉，如图3-57所示。

常用触头有三种形式：

1）圆柱形。用于平面轮廓和型腔底部清根仿形。

2）球头形。用于三维型腔表面加工，在任何方向可与靠模曲面法向接触。

3）锥形球头。用于曲率半径较小的深型腔复杂型面立体仿形。

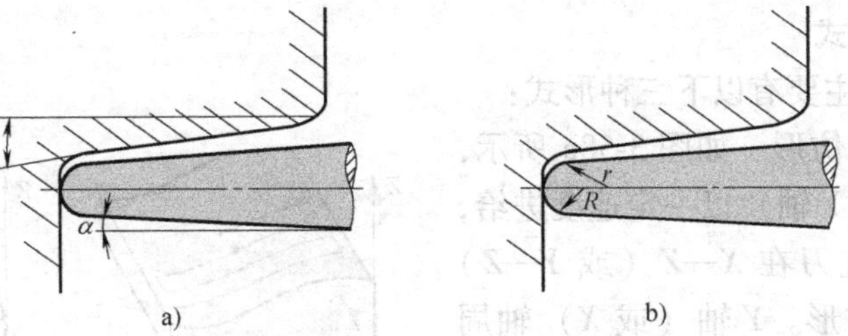

图 3-57　仿形触头选择示意图

a）$\alpha<\beta$　b）$R<r$

由于加工中机构的惯性，仿形触头尺寸一般稍大于铣刀尺寸，其直径为

$$D=d+2(Z+e)$$

且触头半径小于铣刀半径。

式中　d——铣刀直径；

Z——仿形后的钳修余量；

e——触头偏移修整量，一般 $e=0.06\sim0.1\text{mm}$，需实测并修正。

仿形触头用钢、硬铝、铜或塑料等制成，其工作表面具有一定的硬度，并经抛光。

（2）靠模　靠模分为平面靠模和立体靠模两类，要有一定的尺寸精度和耐磨性。平面轮廓仿形用的样板通常用 0.5 ~1mm 厚的钢板或塑料板制造；模具型腔加工主要使用立体靠模，常用材料有木材、树脂混合石膏、合成树脂、钢、铸铁及有色金属如铝合金、铜合金、锌基合金和低熔点合金等。

（3）铣刀　常用仿形铣刀的种类和用途见表 3-5。

表 3-5　常用仿形铣刀的种类和用途

名　　称	简　　图	用　　途
圆柱立铣刀		各种凸凹型面的去余量粗加工；要求型腔底面清角的仿形加工；凸轮类工件仿形加工
圆柱球头铣刀		各种凸凹型面的半精和精仿形加工；型腔底面和侧壁间有圆弧过渡的侧壁仿形加工
锥形球头铣刀	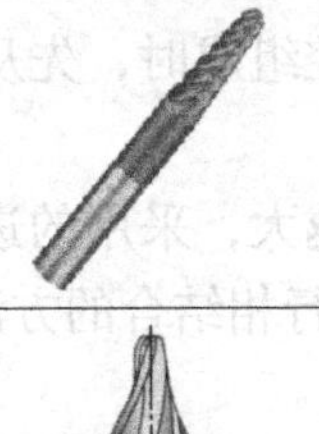	形状较复杂的凸凹型面，具有一定深度和较小凹圆弧的工件
小型锥指铣刀		加工特别细小的花纹
双刃硬质合金铣刀	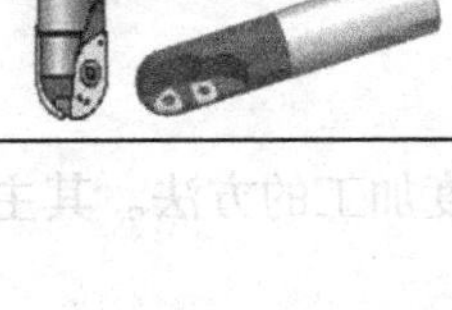	铸铁工件的粗、精仿形加工

2. 仿形铣削方式

仿形铣削运动主要有以下三种形式：

（1）垂直二维仿形　如图3-58a所示，工作台沿 X 轴（或 Y 轴）以一定速度进给，通过靠模装置使铣刀在 $X—Z$（或 $Y—Z$）断面作 Z 轴方向仿形。Y 轴（或 X）轴周期进给，实现水平分行或垂直分行，在型面上往复仿形。

（2）平面轮廓仿形　如图3-58b所示，同时控制 X、Y 两个仿形的进给运动，立体曲面轮廓仿形时，Z 轴方向作周期进给运动。

（3）立体轮廓仿形　如图3-58c所示，同时控制 X、Y 和 Z 三个方向的运动。机床控制系统中采用轮廓仿形加行切的方法实现。

生产中，常根据工件形状特点将三种仿形加工方式结合使用，以提高加工效率和表面质量。

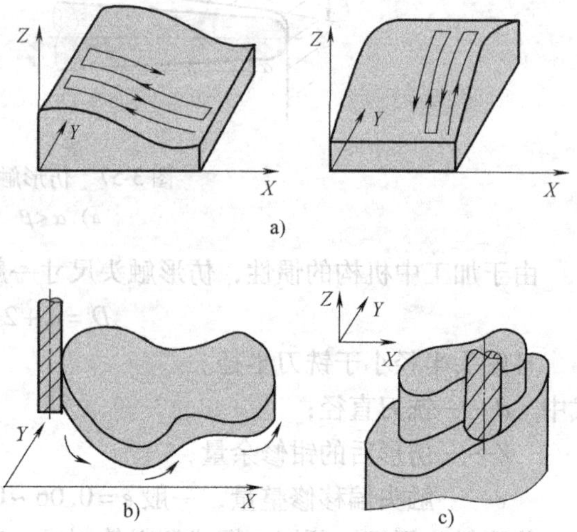

图3-58　仿形铣削方式

a）垂直二维仿形　b）平面轮廓仿形　c）立体轮廓仿形

3. 仿形铣削工艺要点

1）对于加工部位为长条形的工件，采用立体轮廓仿形和水平分行的方式。若被加工部分圆角半径较大，则先采用大直径铣刀加工整个形状，半径较小处再采用小直径铣刀。

2）外轮廓仿形时，铣刀直径应小于凹入部分圆角半径。若工件圆角半径小、切削余量大，则可采用直径较大的铣刀进行粗加工，再采用直径较小的铣刀进行半精加工和精加工。

3）对于深度较大的型腔，底部采用行切加工，侧壁可用轮廓仿形或立体轮廓仿形与行切相结合的方式加工。

4）工件毛坯余量较大的深型腔，可在深度方向采用分层行切加工，沿轮廓周期进给行切进行粗仿。

5）工件加工部位由几个深度不同的型腔组成时，先从最大的型腔开始采用大直径铣刀粗加工，再采用小直径铣刀精加工。

6）当型腔侧壁为倾斜面时，倾斜程度越大，采用的进给量应越小。形状变化较大的型腔，为减少空刀，可采用垂直分行和水平分行相结合的方法加工。

3.3　模具零件孔型的精密加工

现代工业的发展对模具质量和精度的要求越来越高，要提高模具制造的精度，就要从模具的设计和结构，加工机床的刚度及精度，加工刀具、模具材料等多方面综合考虑，制订最优的加工路线。本节主要介绍模具零件孔型的精加工方法——坐标镗削和坐标磨削。

3.3.1　坐标镗削加工

坐标镗削是利用坐标镗床进行孔高精度加工的方法。其主要用于加工零件各面上孔距精度要求较高的孔，如冲裁模中连续模和复合模模板上的孔及孔系等，所加工的孔同时具有很高的尺寸精度和几何精度；还可进行钻孔、扩孔、铰孔、样板划线、刻线、微量铣削、中心距测量及成品检验等。该加工方法孔的尺寸精度可达 IT6 ~7，表面粗糙度则取决于加工方法，一般可达到 Ra0.8μm，孔距精度可达 0.005 ~0.01μm。

对于直径大于3mm 的孔，采用打中心眼→钻中心孔→钻孔→扩孔→镗刀精镗加工的方法，精镗余量 0.08 ~0.14mm。直径大于 20mm 的孔，为提高效率，一般采用钻中心孔→(钻床、铣床、车床) 孔预加工→坐标镗等工序。对于直径小于 20mm 的孔，可在坐标镗床上采用钻中心孔→钻孔→(扩孔)→(半精镗)→精铰等工序，提高孔的几何形状精度，减小表面粗糙度。孔的尺寸精度可达 IT7，表面粗糙度 Ra0.2 ~0.8μm，但不能纠正孔的位置偏差，适用于孔距精度要求不太高（0.03 ~0.05mm）的孔，否则须采用镗孔加工。

1. 坐标镗床

坐标镗床是一种加工高精度孔的精密加工机床，安装于恒温、恒湿环境中，具有很好的刚性和抗振性。坐标镗床的工作台、主轴箱等运动部件都装有精密坐标测量装置，能实现工件和刀具的精密定位，精度可达 0.002 ~0.01mm。

按照主轴布置形式的不同可分为立式单柱、立式双柱和卧式等主要类型，如图 3-59 所示。在模具制造中常用的坐标镗床为立式坐标镗床。

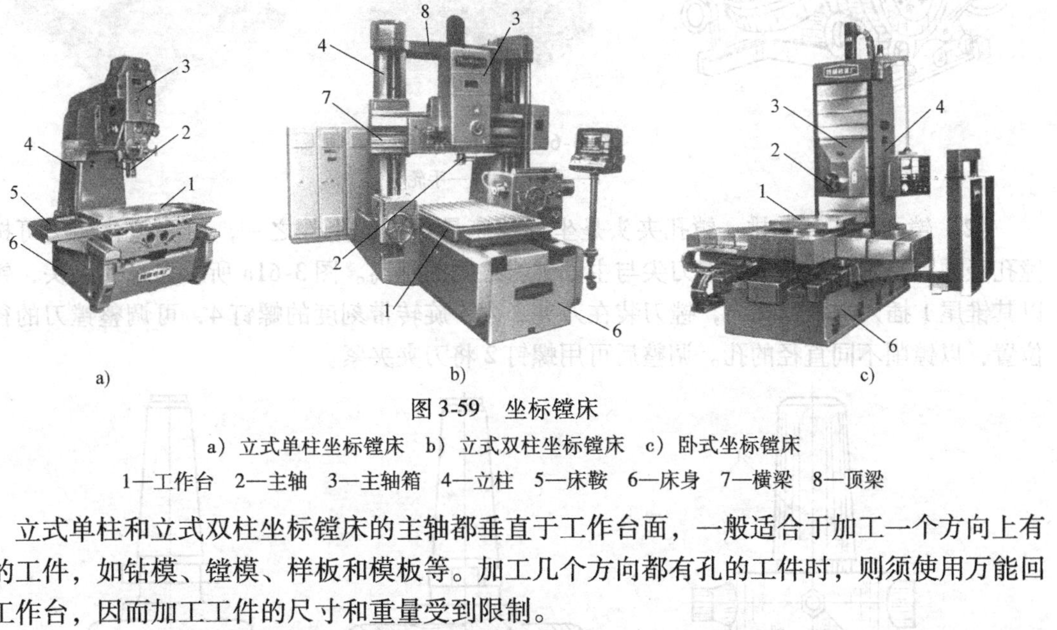

图 3-59　坐标镗床

a）立式单柱坐标镗床　b）立式双柱坐标镗床　c）卧式坐标镗床

1—工作台　2—主轴　3—主轴箱　4—立柱　5—床鞍　6—床身　7—横梁　8—顶梁

立式单柱和立式双柱坐标镗床的主轴都垂直于工作台面，一般适合于加工一个方向上有孔的工件，如钻模、镗模、样板和模板等。加工几个方向都有孔的工件时，则须使用万能回转工作台，因而加工工件的尺寸和重量受到限制。

立式单柱坐标镗床主轴垂直布置，由主轴套筒带动作上下移动以实现垂直进给，如图 3-59a 所示。有的主轴箱可沿立柱导轨上下移动以适应不同高度的工件。工作台沿滑座作纵向移动，滑座沿床身导轨作横向移动，以配合坐标定位。工作台三面敞开，操作方便。中小型坐标镗床大多采用这种布局形式，坐标定位精度为 2 ~4μm。

立式双柱坐标镗床两立柱上部通过顶梁连接，横梁可沿立柱导轨上下调整位置，如图 3-59b 所示。主轴箱沿横梁导轨作横向移动，工作台沿床身导轨作纵向移动，以配合坐标定位。大型的立式双柱坐标镗床在立柱上还配有水平主轴箱。采用双柱框架式结构，刚度很大，大中型坐标镗床多为这种形式，坐标定位精度为 3 ~10μm。

坐标镗床工作台和主轴箱的位移方向上有粗读数标尺，工作台移动值可采用光学式或数字显示的方法读取。通过带校正尺的精密丝杠坐标测量装置来控制位移，表示整毫米位移尺寸。毫米以下的读数通过精密刻度尺，在光屏读数器坐标测量装置的光屏上读出。

2. 坐标镗床附件

为扩大坐标镗床的工艺范围，提高机床使用性能，坐标镗床配有较多附件，如可倾工作台、百分表中心校准器、光学中心测定器、校准校正棒、端面定位工具等供安装、找正工件用附件及弹簧中心冲、精密夹头、镗杆及万能镗排等供装夹刀具用工具。

（1）可倾工作台　可倾工作台有手动和数控两种。可倾工作台安装在镗床工作台上，工件通过圆盘1的T形槽夹紧，如图3-60所示。转动手轮2，可使圆盘绕水平轴作0°~90°任意调整并锁紧；转动手轮3，圆盘可带动工件绕垂直轴回转任意角度（0°~360°），旋转的读数精度为1″。因此，利用可倾工作台可加工和检验相互垂直的孔、径向分布的孔和与工件轴线呈一定角度的斜孔及倾斜面上的孔等。

图3-60　可倾工作台

1—圆盘　2、3—手轮

（2）镗孔夹头和镗排　镗孔夹头是坐标镗床最重要的附件之一，使用镗孔夹头可按被镗孔径的大小精确地调节镗刀刀尖与主轴轴线之间的距离。图3-61a所示为镗孔夹头，镗头以其锥尾1插入主轴锥孔内，镗刀装在刀夹3内。旋转带刻度的螺钉4，可调整镗刀的径向位置，以镗削不同直径的孔。调整后可用螺钉2将刀夹夹紧。

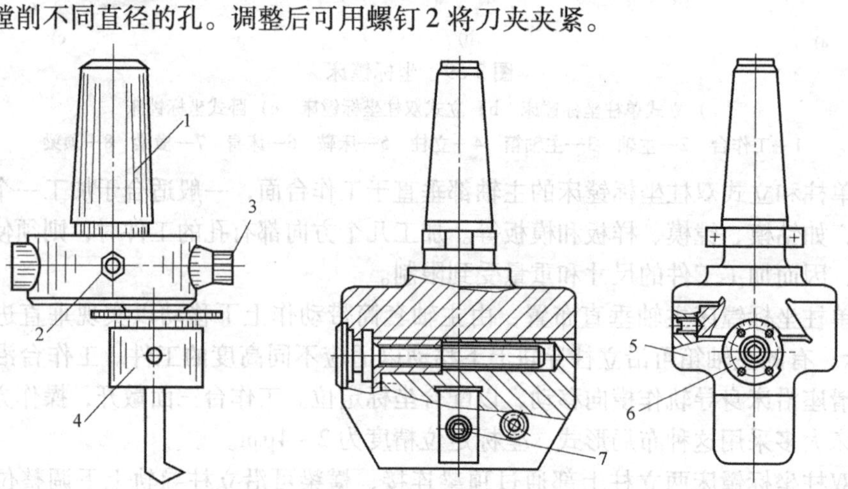

图3-61　镗孔夹头和镗排

a）镗孔夹头　b）镗排

1—锥尾　2、4、7—螺钉　3—刀夹　5—下滑块　6—刻度盘

图3-61b所示为坐标镗床用的一种镗排，其锥柄装在镗床主轴锥孔内，镗刀插入下滑块5的孔中，由螺钉7紧固，旋转刻度盘6可使下滑块移动调整进刀。

(3) 光学中心测定器　在工件的安装调整过程中，为使工件边缘与主轴中心线重合，常使用定位角铁和光学中心测定器进行找正。如图3-62a所示，要使工件上的基准 a 或 b 对准主轴的轴线，采用定位角铁和光学中心测定器进行找正。中心测定器2以其锥柄定位，安装在镗床主轴的锥孔内，在目镜3的视场内有两对十字线。定位角铁1的两个工作表面相互垂直，其平面上固定着一个直径约7mm的镀铬钮，钮上有一条与角铁垂直工作面重合的刻线。找正时，将角铁的垂直工作面紧靠工件4的基准面（a 面或 b 面），移动工作台从目镜观察，使镀铬钮上的刻线恰好落在目镜视场内的两对十字线之间，如图3-62b所示。此时，工件的基准面已对准机床主轴的轴线。

(4) 弹簧中心冲　弹簧中心冲用于划线和钻中心孔，结构如图3-63所示。钻中心孔时转动手轮3使手轮上的斜面向上推柱销，从而使顶尖4被提升并压缩弹簧1。当柱销2达到斜面最高位置时继续转动手轮3，则弹簧1将顶尖4弹下，从而打出中心点。

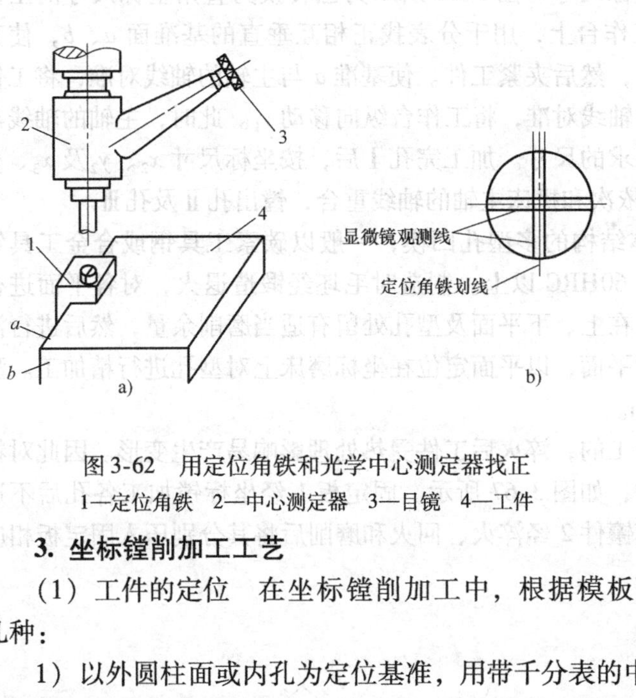

图3-62　用定位角铁和光学中心测定器找正

1—定位角铁　2—中心测定器　3—目镜　4—工件

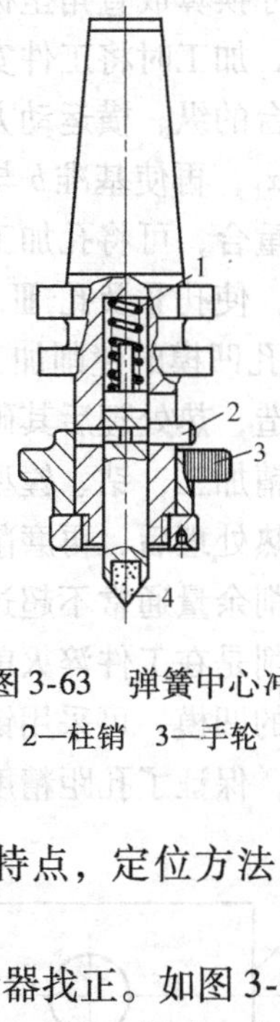

图3-63　弹簧中心冲

1—弹簧　2—柱销　3—手轮　4—顶尖

3. 坐标镗削加工工艺

(1) 工件的定位　在坐标镗削加工中，根据模板的形状特点，定位方法主要有以下几种：

1) 以外圆柱面或内孔为定位基准，用带千分表的中心指示器找正。如图3-64所示，工件上有已加工好的外圆或内孔时，利用装在主轴上的千分表找正，使工件中心与机床主轴中心重合。

2) 以划线为定位基准。利用弹簧中心冲在工件各孔中心画出相互垂直的线（即打样冲眼），移动工作台利用光学中心测定器找正，使机床主轴中心对准被加工孔中心。

3) 以互相垂直的两侧面为定位基准。该法较为常用，可采用光学中心测定器和定位角铁找正，如图3-62所示，或用千分表和专用工具找正（图3-65）等。该方法是先装夹工件并校正基准面的平行度，然后将专用工具压在工件基准面上，用装在主轴上的千分表测量专用工具的内槽两侧面，移动工作台使两侧面的千分表读数相同，则表明主轴中心已对准基准面。

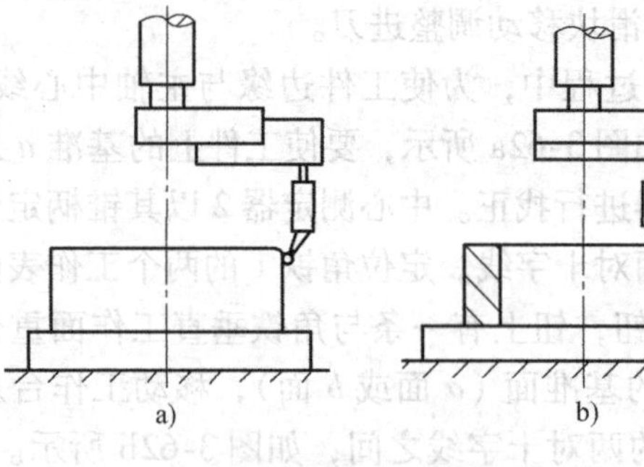

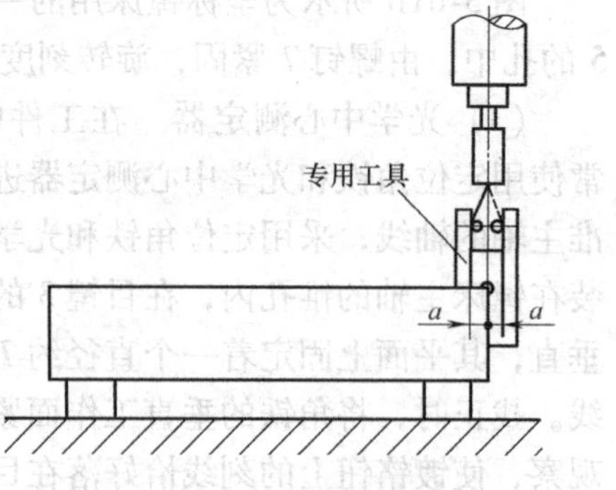

图 3-64　工件外圆或内孔定位

a）以外圆为基准　b）以内孔为基准

图 3-65　用千分表和专用工具找正

（2）坐标尺寸的换算　坐标镗床加工时，装夹在工作台上的工件是以直角坐标或极坐标定位的。然而，零件图上的孔位尺寸是按照设计要求标注的，因此，为方便加工，要将零件图上的尺寸换算成直角坐标或极坐标尺寸。图 3-66 所示为已转换为直角坐标尺寸的工件坐标工作图，加工时将工件安装于工作台上，用千分表找正相互垂直的基准面 a、b，使其分别和工作台的纵、横运动方向平行，然后夹紧工件。使基准 a 与主轴的轴线对准，将工作台横向移动 x_1，再使基准 b 与主轴的轴线对准，将工作台纵向移动 y_1。此时，主轴的轴线与孔Ⅰ的轴线重合，可将孔加工到所要求的尺寸。加工完孔Ⅰ后，按坐标尺寸 x_2、y_2 及 x_3、y_3 调整工作台，使孔Ⅱ及孔Ⅲ的轴线依次和机床主轴的轴线重合，镗出孔Ⅱ及孔Ⅲ。

（3）多孔凹模的镗削加工　整体结构的多型孔凹模，一般以碳素工具钢或合金工具钢为原材料制造，热处理后其硬度常在 60HRC 以上。制造时毛坯经锻造退火，对各平面进行粗加工和半精加工，钻、镗型孔等。在上、下平面及型孔处留有适当磨削余量，然后进行淬火、回火。热处理后，再磨削上、下平面，以平面定位在坐标磨床上对型孔进行精加工。型孔的单边磨削余量通常不超过 0.2mm。

坐标镗削是在工件淬火前进行加工的，淬火后工件受热处理影响易产生变形。因此对精度要求较高的凹模，可采用镶拼结构，如图 3-67 所示。固定板 1 经坐标镗加工各孔后不进行淬火处理，保证了孔距精度，凹模镶件 2 经淬火、回火和磨削后将其分别压入固定板相应的孔内。

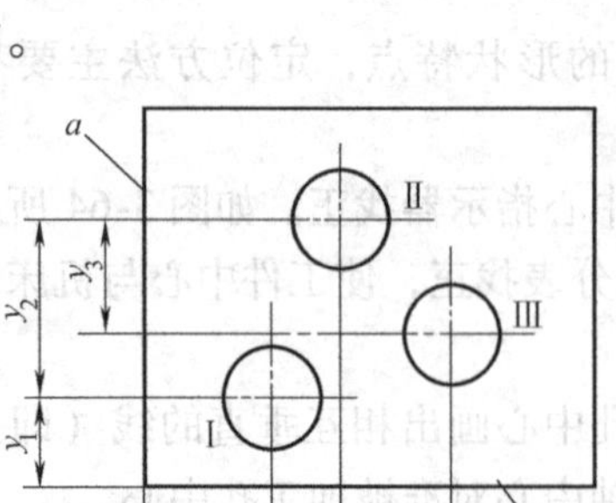

图 3-66　孔系的直角坐标尺寸

图 3-67　镶入式凹模

1—固定板　2—凹模镶件

（4）精孔钻加工　在坐标镗床上可以利用铰刀或镗刀对模具零件上的小孔进行精加工，但当没有合适的铰刀或镗孔较困难时，可采用如图 3-68 所示的精孔钻进行精加工。精孔钻是由麻花钻修磨而成的，60°的切削刃两边磨出顶角为8°～10°的修光刃。加工时先用普通钻头钻孔，并留有扩孔量0.1～0.3mm 。精钻时切削速度很低，一般为2～8m/min，进给量f=0.1～0.2mm/r。以菜籽油作润滑剂，钻头尺寸要选择在孔径尺寸公差范围内。只要钻头装夹正确，刃口角度对称，钻出的孔径与钻头尺寸基本相同，精度可达到IT4～6，表面粗糙度为Ra0.4～3.2μm。

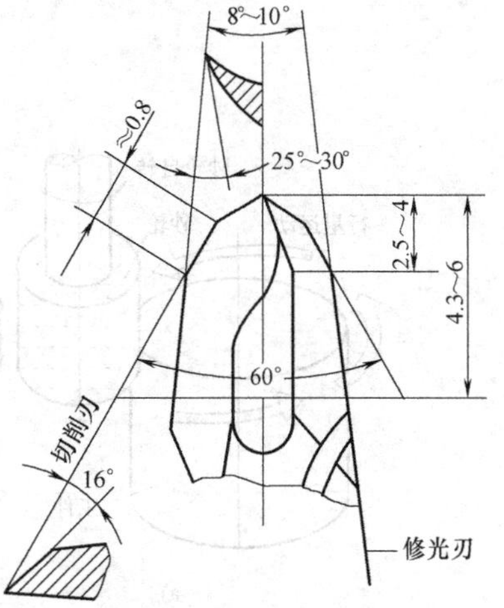

图3-68　精孔钻几何形状

3.3.2　坐标磨削加工

坐标磨削利用准确的坐标定位，通过高速旋转的砂轮对已淬火工件的内孔进行磨削加工。坐标磨削加工精度极高，可达5μm左右，表面粗糙度在Ra0.2μm以上，可磨削的孔径为0.8～200mm。对于精密模具，常把坐标镗床的加工作为孔加工的预备工序，最后用坐标磨床进行精加工。

坐标磨削主要用于磨削孔距精度要求很高的精密孔和成形表面。在模具制造中主要用于磨削精密级进模、冲模、塑料模、压模模板和凸模等。坐标磨床加工工艺范围如图3-69所示。

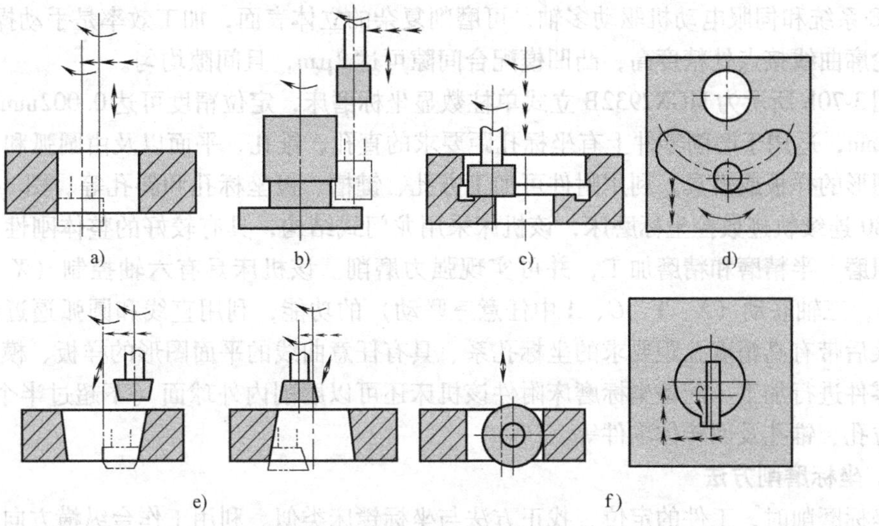

图3-69　坐标磨床加工工艺范围

a）磨柱孔　b）磨外圆　c）磨沉孔　d）磨内圆弧面　e）磨锥孔　f）磨凹槽

1. 坐标磨床

坐标磨床具有精密坐标定位装置，与坐标镗床具有相同的结构和布局，不同的是镗刀主轴换成了高速磨头。磨削时，工件固定在能按坐标定位移动的工作台上，砂轮除高速自转外还通过行星传动机构进行慢速的公转，并能作垂直进给运动，如图3-70a所示。改变磨头行星运动的半径，可实现径向进给。坐标磨床除能磨削圆柱孔外，还可磨削圆弧内外表面和圆锥孔等。随着数控技术的应用，坐标磨床已能磨削各种成形表面。

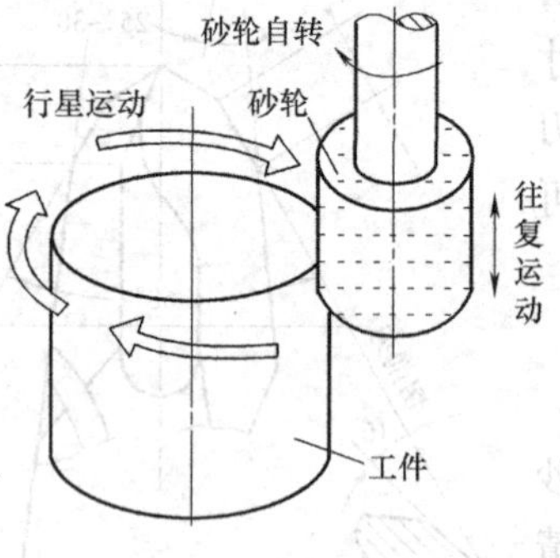

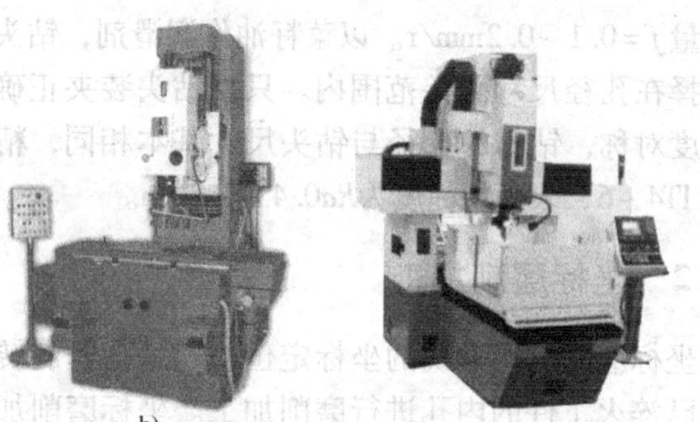

图 3-70　坐标磨削运动及坐标磨床

a）坐标磨削基本运动　b）立式单柱数显坐标磨床　c）连续轨迹数控坐标磨床

坐标磨床磨削有手动和数控连续轨迹两种。前者用手动方法将工作台移动或转动到正确的坐标位置，然后由主轴带动高速磨头旋转，进行磨削；数控连续轨迹坐标磨削是由计算机控制坐标磨床，使工作台根据数控系统的加工指令进行移动或转动。数控坐标磨床由于设置了 CNC 系统和伺服电动机驱动多轴，可磨削复杂的立体表面，加工效率是手动操作的 2 ~ 10 倍，轮廓曲线接点处精度高，凸凹模配合间隙可达 2μm，且间隙均匀。

图 3-70b 所示为 MGX2932B 立式单柱数显坐标磨床，定位精度可达 0.002mm，孔距精度 0.004mm，适用于磨削零件上有坐标孔距要求的直孔、锥孔、平面以及由圆弧和直线组成的平面图形的样板或模具。利用附件可加工方孔、键槽、极坐标孔和斜孔等。图 3-70c 所示为 MK4280 连续轨迹数控坐标磨床，该机床采用龙门式结构，具有较好的整体刚性，可进行工件的粗磨、半精磨和精磨加工，并可实现强力磨削。该机床具有六轴控制（X、Y、Z、U、A、C），三轴联动（X、Y、C、A 中任意三联动）的功能，利用直线和圆弧逼近的方法，可对淬火后带有高精度孔距要求的坐标孔系、具有任意曲线的平面图形的样板、模具型腔和冲头等零件进行加工。配备坐标磨床附件该机床还可以磨削内外球面（不超过半个球面）、键槽、方孔、锥孔及回转体零件等。

2. 坐标磨削方法

坐标磨削时，工件的定位、找正方法与坐标镗床类似。利用工作台纵横方向的移动使机床主轴中心与工件圆弧中心重合，工件的基准侧面与机床主轴中心重合，然后才可进行磨削加工。磨削硬质合金常采用金刚石砂轮，磨削高合金钢时，采用耐磨性好的立方氮化硼砂轮。磨削单边余量为 0.05 ~ 0.2mm。

坐标磨削的方法主要有以下几种：

（1）内孔磨削　进行内孔磨削时，一般可取砂轮直径为孔径的 0.8 ~ 0.9 倍；磨小孔时，砂轮直径取孔径的 0.75 倍。砂轮高速回转，主轴以行星运动进行磨削，通过扩大行星运动直径实现进给，如图 3-71a 所示。粗磨时，砂轮的轴向往复运动速度取 0.5 ~ 0.8mm/min；精磨时，往复运动速度取 0.05 ~ 0.25mm/min，精加工结束时，要用很低的行程速度。

磨削锥孔时由机床上的专门机构使砂轮在轴向进给的同时连续改变行星运动的半径。磨

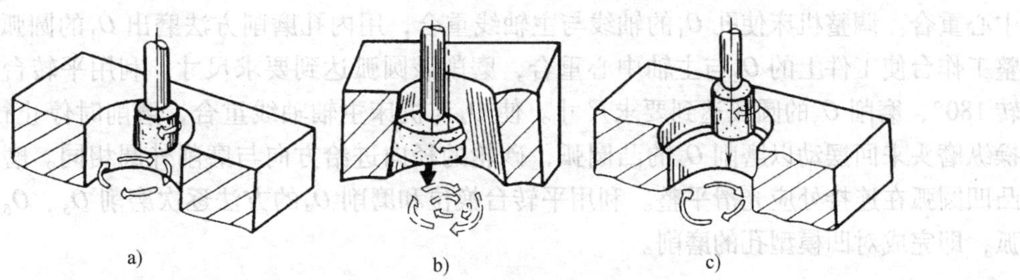

图3-71　内孔磨削
a）内孔磨削　b）锥孔磨削　c）沉孔磨削

削锥孔的砂轮应当修正出相应的锥角，一般磨削锥孔的最大锥顶角为12°，如图3-71b所示。

磨削沉孔时，固定行星运动的直径为孔径大小，砂轮主轴向下进给，用砂轮底部棱边进行磨削，如图3-71c所示。

（2）外圆磨削　外圆磨削也是利用砂轮的高速自转、行星运动和轴向往复运动实现的，如图3-72所示。利用行星运动直径的缩小，实现径向进给。

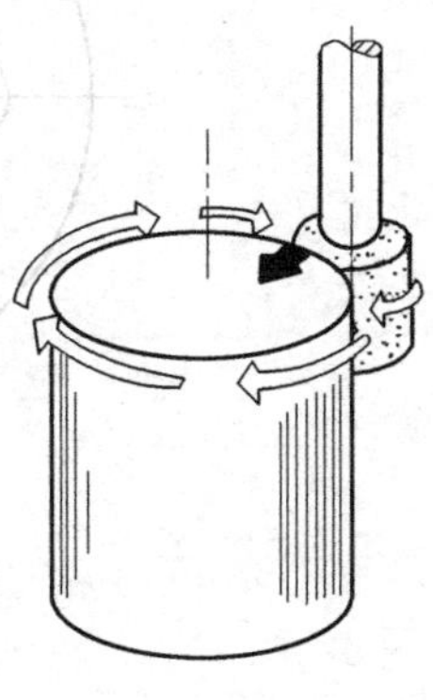

图3-72　外圆磨削

（3）平面和底部磨削　平面磨削时，砂轮仅自转而不作行星运动，工作台进给，如图3-73a所示。平面磨削适用于平面轮廓的精密加工。

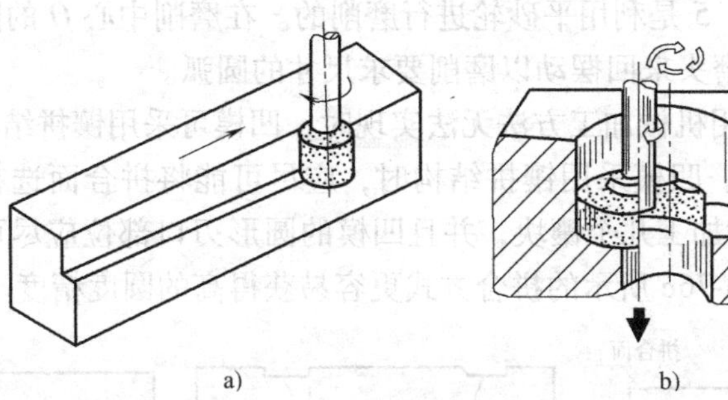

图3-73　平面和底部磨削
a）平面磨削　b）底部磨削

底部磨削时，将砂轮修成凹面，以提高效率和便于出屑，砂轮直径与孔径相当，否则易形成凸面，如图3-73b所示。

（4）铡磨　该方法是使用专门的磨槽附件进行的。砂轮在磨槽附件上的装夹和运动情况如图3-74所示。该方法可以对槽及带清角的内表面进行加工。

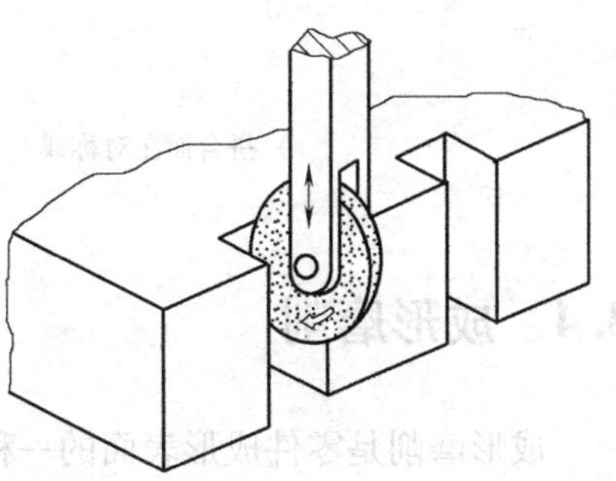

图3-74　铡磨

（5）复杂型孔磨削　如图3-75a所示的凹模型孔，磨削时，可先将平转台固定在机床工作台上，用平转台装夹工件，经找正使工件的对称中心与平转台回转中心重合。调整机床使孔 O_1 的轴线与主轴线重合，用内孔磨削方法磨出 O_1 的圆弧段。再调整工作台使工件上的 O_2 与主轴中心重合，磨削该圆弧达到要求尺寸。利用平转台将工件回转 180°，磨削 O_3 的圆弧达到要求尺寸。使 O_4 与机床主轴轴线重合，磨削时停止行星运动，操纵磨头来回摆动以磨削 O_4 的凸圆弧，砂轮的径向进给方向与磨削外圆相同。磨削时注意凸凹圆弧在连接处应光滑平整。利用平转台换位和磨削 O_4 的方法逐次磨削 O_5、O_6、O_7 的圆弧，即完成对凹模型孔的磨削。

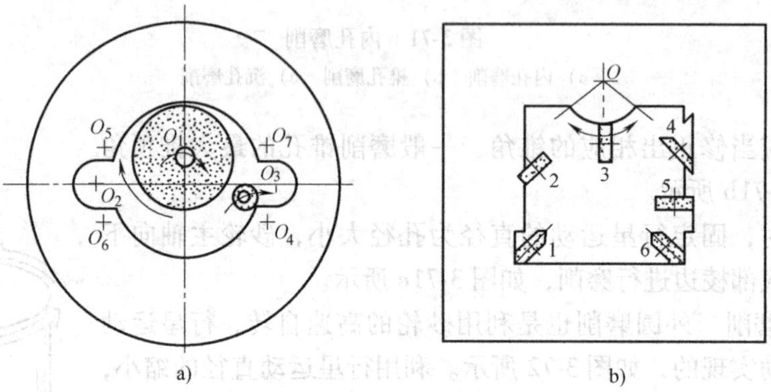

图 3-75　磨削异型孔

a）凹模型孔磨削　b）清角型孔磨削

图 3-75b 所示为利用磨槽附件对清角型孔轮廓进行磨削加工。磨削中 1、4、6 是采用成形砂轮进行磨削的，2、3、5 是利用平砂轮进行磨削的。在磨削中心 O 的圆弧时，要使中心 O 与主轴轴线重合，操纵磨头来回摆动以磨削要求尺寸的圆弧。

当型孔形状复杂，使用机械加工方法无法实现时，凹模可采用镶拼结构，这时可将内表面加工转变成外表面加工。凹模采用镶拼结构时，应尽可能将拼合面选在对称线上，如图 3-76a 所示，以便一次同时加工几个镶块，并且凹模的圆形刃口部位应尽可能保持完整的圆形。例如，图 3-76b 比图 3-76c 所示的拼合方式更容易获得高的圆度精度。

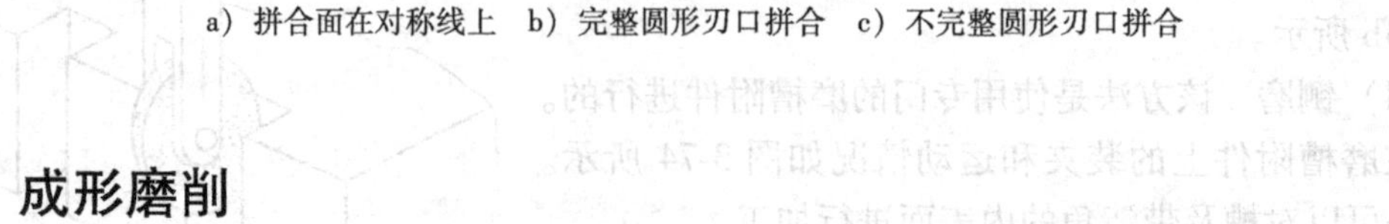

图 3-76　镶拼凹模加工

a）拼合面在对称线上　b）完整圆形刃口拼合　c）不完整圆形刃口拼合

3.4　成形磨削

成形磨削是零件成形表面的一种精加工方法，具有高精度、高效率的优点。在模具制造中，成形磨削主要用于精加工直通式、等断面零件，如异形等断面凸模、拼块凸凹模及电火花加工用的电极等零件。成形磨削加工精度可达 IT5，表面粗糙度值 Ra 可达 0.1μm。

成形磨削通常在成形磨床、平面磨床、万能工具磨床和工具曲线磨床上进行，平面磨床上增加夹具等附件，是应用范围较广的一种成形磨削方法。生产中也常采用数控成形磨床、光学曲线磨床等精密磨削专用设备进行成形磨削。图3-77所示为模具零件专用成形磨床示意图。砂轮6由装在磨头架4上的电动机5带动高速旋转；磨头架装在纵向精密导轨3上，纵向往复运动实现纵向进给；磨头架可手动沿垂直导轨2上下移动实现垂直进给，采用机动方式，还能实现磨头架的快进快退，使砂轮快速接近或离开工件；夹具工作台9上有纵横溜板，横溜板上可固定万能夹具8，转动手轮10可作横向进给运动；纵溜板可沿床身13右端精密纵向导轨纵向机动进给，调整位置；手把11用来锁紧万能夹具。测量平台7上用来放置测量工具及找正工件位置、测量工件尺寸，也可放置成形砂轮修整夹具。

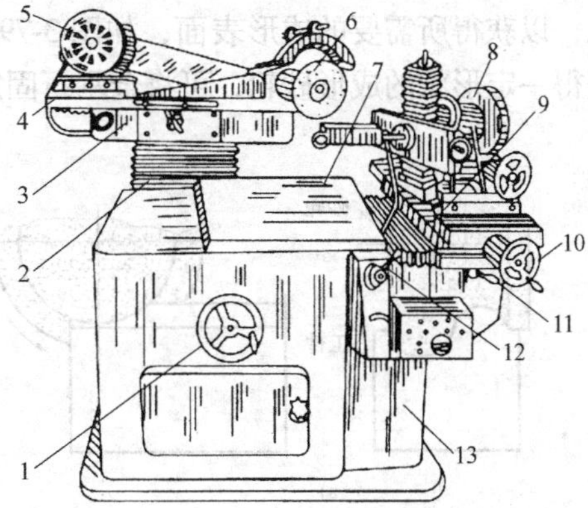

图3-77　成形磨床

1、10—手轮　2—垂直导轨　3—纵向精密导轨　4—磨头架　5—电动机　6—砂轮　7—测量平台　8—万能夹具　9—夹具工作台　11、12—手把　13—床身

3.4.1　成形磨削的基本原理

形状复杂的模具零件一般由若干平面、斜面和圆柱面等构成，其轮廓线为若干直线和圆弧，如图3-78所示。成形磨削的原理就是把模具零件复杂的几何形线，分解为若干简单的直线和圆弧，然后按一定顺序进行分段磨削，使其轮廓互相连接圆滑、光整，达到图样的技术要求。

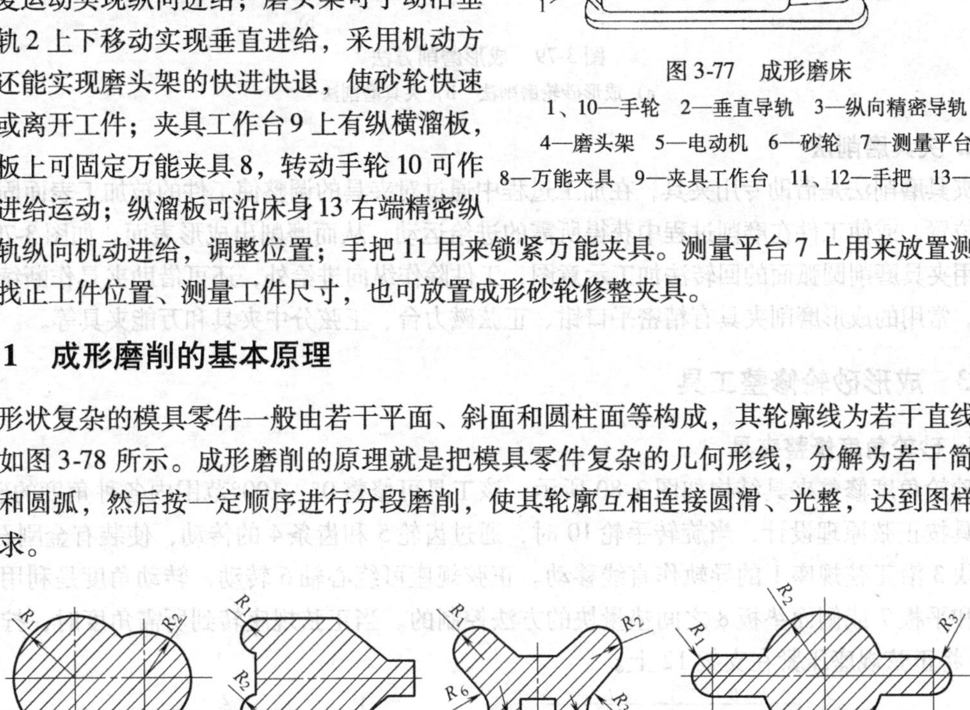

图3-78　成形磨削模具零件刃口形状

3.4.2　成形磨削方法

利用成形磨床磨削时，安装工件的万能夹具可通过倾斜和回转调节不同的位置，以加工平面、斜面和圆柱面。万能夹具和成形砂轮配合使用，可加工出较为复杂的曲面。在平面磨床上利用夹具和成形砂轮可对刃口为直线和圆弧的模具凸模和拼块凹模进行成形磨削，加工精度高，甚至可保证零件的互换性。

成形磨削的方法有两种：成形砂轮磨削法和夹具磨削法。在模具加工时，这两种方法经常联合使用来提高磨削效率，以达到零件所需的表面质量要求。

1. 成形砂轮磨削法

该方法利用砂轮修整工具，将砂轮修整成与工件被磨削表面完全吻合的相反型面进行磨削加工，以获得所需要的成形表面，如图 3-79a 所示。此法一次所能磨削的表面宽度不能太大。为获得一定形状的成形砂轮，可将金刚石固定在专门设计的修整夹具上对砂轮进行修整。

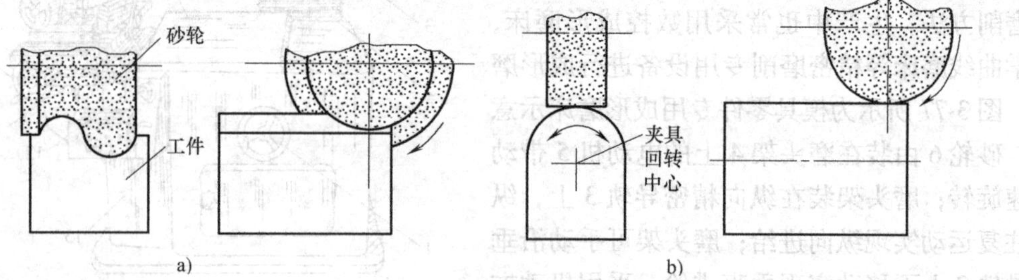

图 3-79　成形磨削方法

a）成形砂轮磨削法　b）夹具磨削法

2. 夹具磨削法

夹具磨削法是借助专用夹具，在加工过程中通过对夹具的调整使工件的被加工表面固定在所需位置，或使工件在磨削过程中获得所需的进给运动，从而磨削出成形表面。如图 3-79b 所示的用夹具磨削圆弧面的回转法加工示意图，工件除作纵向进给外，还可借助夹具作断续圆周进给。常用的成形磨削夹具有精密平口钳、正弦磁力台、正弦分中夹具和万能夹具等。

3.4.3　成形砂轮修整工具

1. 砂轮角度修整夹具

砂轮角度修整夹具结构如图 3-80 所示，该工具可修整 0°～100°范围内各种角度的砂轮。该夹具按正弦原理设计，当旋转手轮 10 时，通过齿轮 5 和齿条 4 的传动，使装有金刚石刀 2 的滑块 3 沿正弦规座 1 的导轨作直线移动。正弦规座可绕心轴 6 转动，转动角度是利用在圆柱 9 和平板 7 或侧面垫板 8 之间垫量块的方法控制的。当正弦规座转到所需角度时，拧紧螺母 11 将正弦规座压紧在支架 12 上。

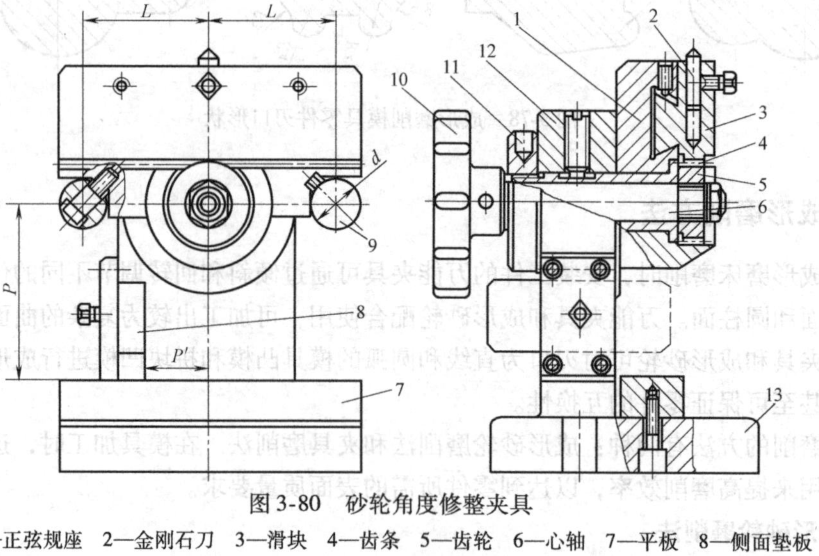

图 3-80　砂轮角度修整夹具

1—正弦规座　2—金刚石刀　3—滑块　4—齿条　5—齿轮　6—心轴　7—平板　8—侧面垫板　9—圆柱　10—手轮　11—螺母　12—支架　13—底座

使用该夹具时，先根据所要修正的砂轮角度 α，计算出应垫量块的厚度值 H，如图 3-81 所示。

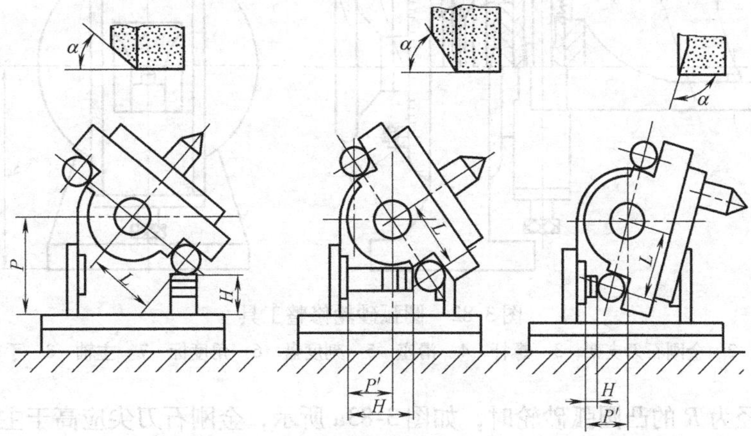

图 3-81　量块厚度计算简图

当 $0° \leqslant \alpha \leqslant 45°$时（图 3-81a），$H = P - L\sin\alpha - d/2$；当修整砂轮外圆平面时，$\alpha = 0°$，则 $H = P - d/2$。

当 $45° \leqslant \alpha \leqslant 90°$时（图 3-81b），$H = P' + L\cos\alpha - d/2$；当修整砂轮垂直侧面时，$\alpha = 90°$，$H = P' - d/2$。

当 $90° \leqslant \alpha \leqslant 100°$时（图 3-81c），$H = P' - L\cos\alpha - d/2$。

式中　P——心轴回转中心至平板表面的距离（mm）；

P'——心轴回转中心至侧面垫板表面的距离（mm）；

L——圆柱中心至心轴回转中心的距离（mm）；

d——圆柱直径（mm）；

H——应垫量块值（mm）。

由上述计算可知，当 $\alpha < 45°$时，适合在圆柱 9 与平板之间垫量块；当 $\alpha > 45°$时，适合在圆柱 9 与侧面垫板 8 之间垫量块；当 $\alpha < 45°$，不需使用侧面垫板 8 时，可将其推进去，以方便在平板 7 上垫量块和正弦规座的转动。

2. 圆弧砂轮修整夹具

圆弧砂轮修整工具结构形式较多，但原理基本相同，以卧式修圆弧砂轮工具为例来说明其工作原理。图 3-82 所示为卧式圆弧砂轮修整夹具，可用来修整各种不同半径的凹、凸圆弧，或由圆弧与圆弧相连的型面。主轴 7 左端装有滑座 4，金刚石刀 1 固定在金刚石刀支架 2 上。通过螺杆 3 可使金刚石刀支架沿滑座上、下移动，以调整金刚石刀尖至夹具回转中心的距离，获得不同的修整砂轮圆弧半径。转动手轮 8，主轴 7 及固定在其上的滑座等均绕主轴中心回转，回转角度可由固定在支架上的刻度盘 5、挡块 9 和角度标来控制。

金刚石刀尖到主轴回转中心的距离就是所修整圆弧半径的大小，此值通过在金刚石刀尖与基准面之间垫量块的方法来调整。

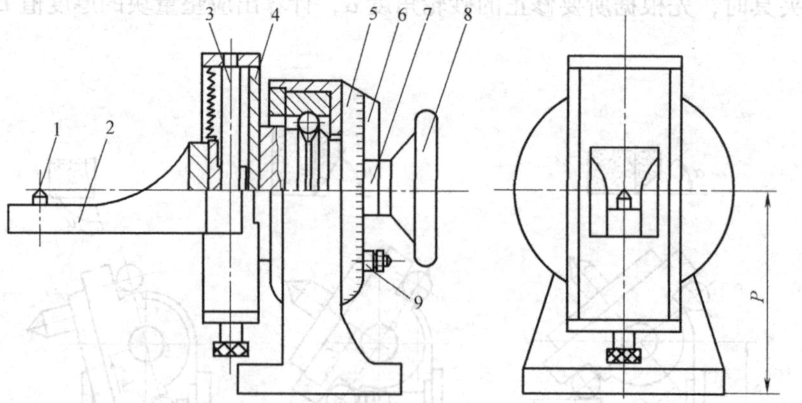

图 3-82　圆弧砂轮修整工具

1—金刚石刀　2—金刚石刀支架　3—螺杆　4—滑座　5—刻度盘　6—角度标　7—主轴　8—手轮　9—挡块

当修整半径为 R 的凸圆弧砂轮时，如图 3-83a 所示，金刚石刀尖应高于主轴中心，其垫量块值 H 为

$$H = P + R$$

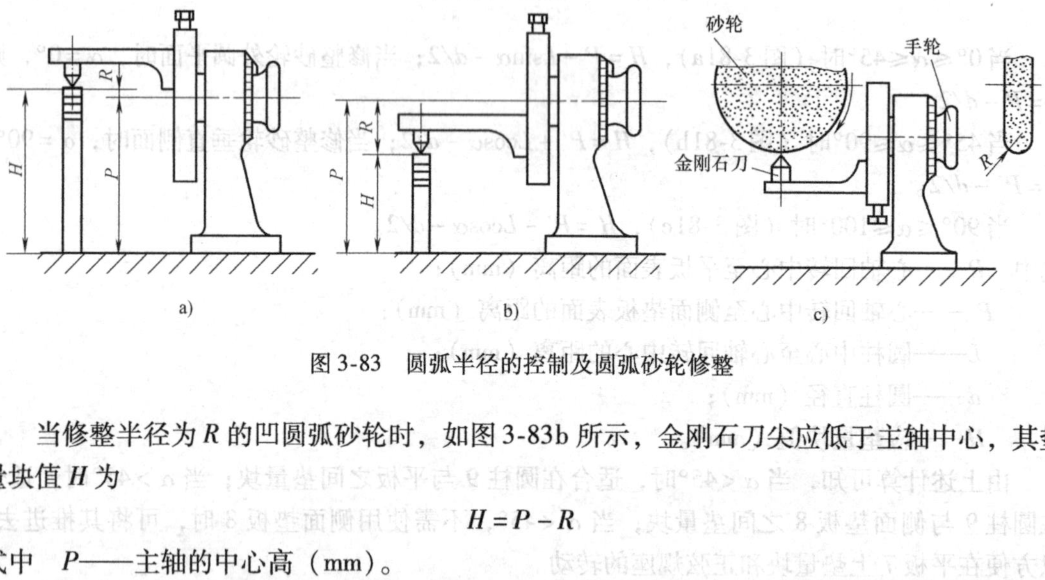

图 3-83　圆弧半径的控制及圆弧砂轮修整

当修整半径为 R 的凹圆弧砂轮时，如图 3-83b 所示，金刚石刀尖应低于主轴中心，其垫量块值 H 为

$$H = P - R$$

式中　P——主轴的中心高（mm）。

圆弧半径的调整如图 3-83c 所示。砂轮修整时，应先根据所修砂轮情况（凸形或凹形）及半径大小计算量块值，调整金刚石刀尖的位置。转动手轮使刀尖处于砂轮下面，根据砂轮圆弧修整角度调好图 3-82 中挡块 9 的位置。在砂轮高速旋转的情况下，旋转手轮使金刚石刀绕主轴中心来回摆动，即可完成圆弧砂轮的修整，如图 3-83c 所示。

3.4.4　夹具磨削法

1. 正弦精密平口钳

正弦精密平口钳是用来磨削平面及斜面的夹具，也可作为万能夹具的二次夹具。正弦精密平口钳按正弦原理设计，主要由带精密平口钳的正弦尺和底座组成（图 3-84）。旋转螺杆

5 使活动钳口 4 沿精密平口钳体 2 上的导轨移动来装夹被磨削工件 3。在正弦圆柱 6 和底座 1 之间垫入量块，可使工件倾斜一定的角度，最大倾斜角度为 45°。

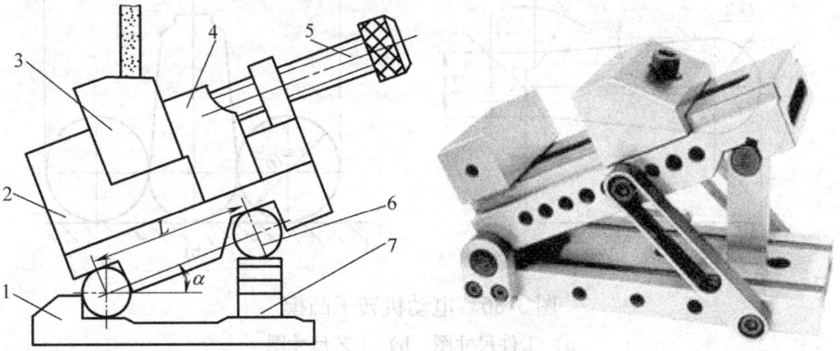

图 3-84　正弦精密平口钳

1—底座　2—精密平口钳体　3—工件　4—活动钳口　5—螺杆　6—正弦圆柱　7—量块

应垫入量块的厚度按下式计算

$$H = L\sin\alpha$$

式中　H——垫入的量块的厚度（mm）；

L——两正弦圆柱的中心距（mm）；

α——工件所需倾斜角度（°）。

2. 正弦磁力台

正弦磁力台使用电磁吸盘装夹工件，用来磨削不易装夹的小型扁平工件的斜面。正弦磁力台主要由电磁吸盘和正弦尺组成（图 3-85），电磁吸盘侧面装有挡板 7，用来使被磨削工件在吸盘上准确定位。在正弦圆柱 2 和底座 4 间垫入量块，可使工件倾斜一定的角度，最大倾斜角度同样为 45°。

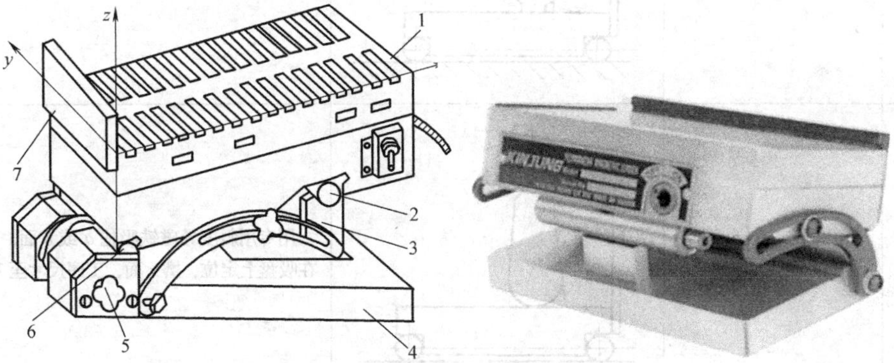

图 3-85　正弦磁力台

1—电磁吸盘　2、6—正弦圆柱　3—量块　4—底座　5—偏心锁紧器　7—挡板

以上磨削夹具如果和成形砂轮配合使用，也可磨削由平面与圆弧面组成的形状复杂的成形表面。

例 3-1　图 3-86 所示为电动机转子凸模，可采用正弦磁力台和成形砂轮相结合的方法进行磨削，磨削工艺及夹具使用方法见表 3-6。

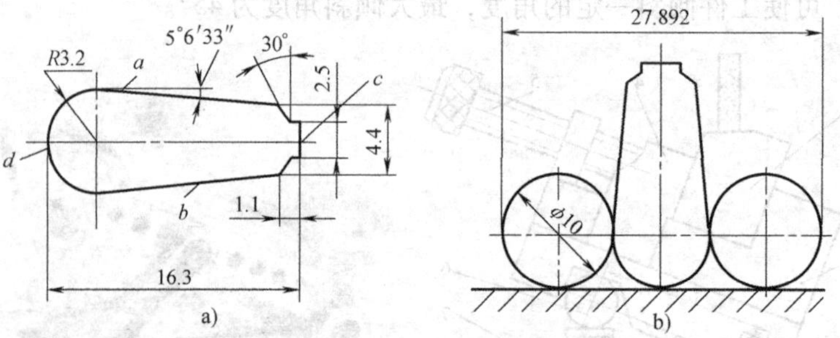

图 3-86　电动机转子凸模

a）工件尺寸图　b）工艺尺寸图

表 3-6　电动机转子凸模磨削工艺及夹具

工　序	内　容	操作示意图	备　注
1	粗磨 *a*、*b* 斜面并留余量	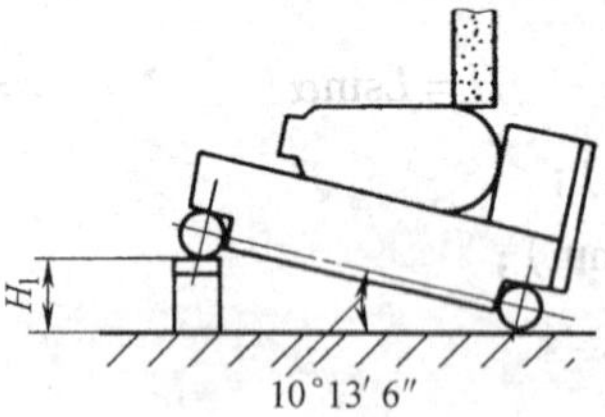	$H_1=150\sin 10°13'6''\text{mm}=26.610\text{mm}$ 工件一端用导磁铁斜度挡块定位，互为基准，反复磨削 *a*、*b* 面
2	根据 *a* 或 *b* 面磨 *d* 面	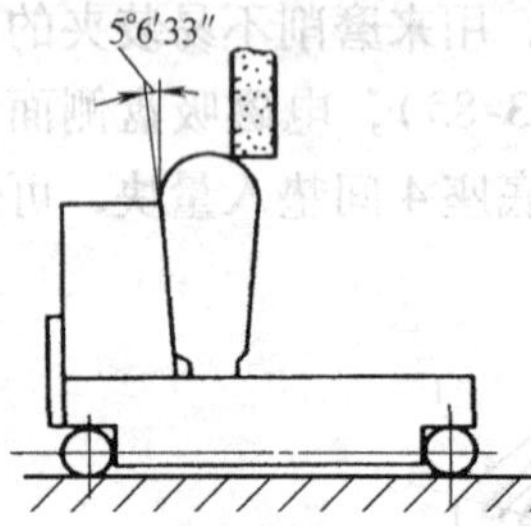	用专用斜度导磁铁吸住工件 *a* 或 *b* 面，并以 *c* 面定位，磨 *d* 面成一小平面
3	根据 *a* 或 *b* 面磨 *c* 面	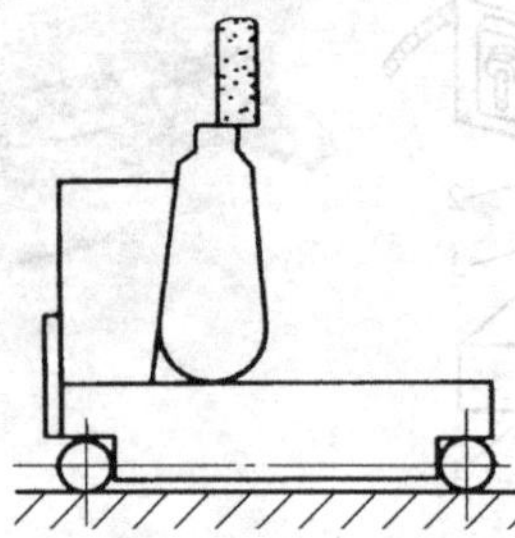	用专用斜度导磁铁吸住 *a* 或 *b* 面，并以 *d* 面在吸盘上定位，磨 *c* 面，工序尺寸至 16.3mm
4	根据 *a* 或 *b* 及 *d* 面精磨 *b*、*a* 斜面	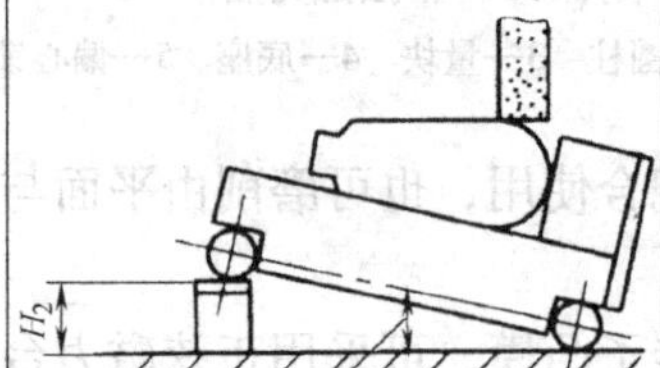	用两根 ϕ10mm 的圆柱测量尺寸 27.892mm，精磨 *a*、*b* 面，测量方法如图 3-86b 所示

（续）

工　序	内　容	操作示意图	备　注
5	以 a 或 b 及 d 面定位磨小台肩及 30°斜面	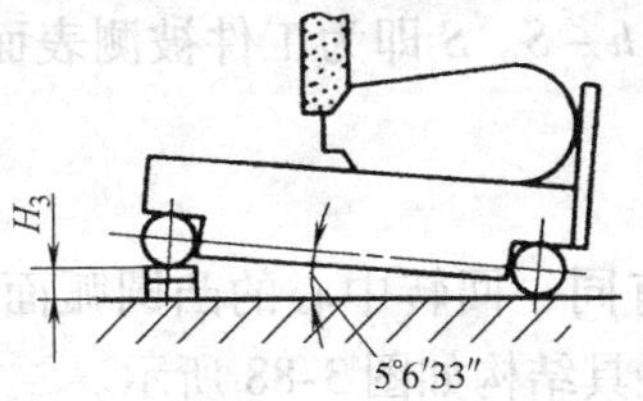	垫入量块厚度 $H_3=150\sin5°6'33''\mathrm{mm}=13.349\mathrm{mm}$ 修整砂轮成0°与30°相交的斜面进行磨削，用光学投影仪测量，如图 3-86a 所示
6	以 a 或 b 面定位磨 $R3.2\mathrm{mm}$ 圆弧	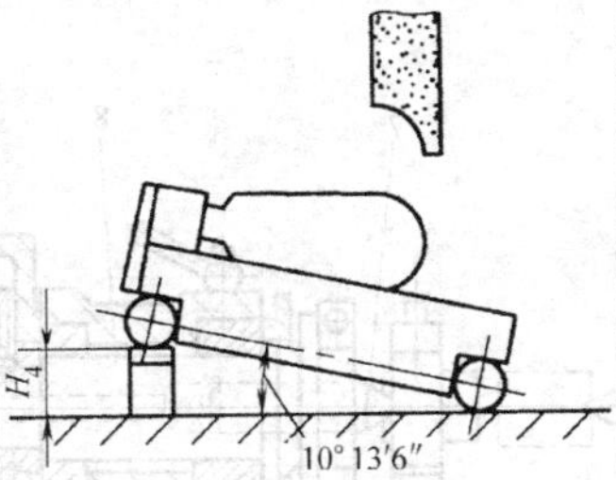	垫入量块厚度 $H_4=150\sin10°13'6''\mathrm{mm}=26.610\mathrm{mm}$ 以 a 面在吸盘上定位，修整砂轮成 $R3.2\mathrm{mm}$ 的凹圆弧进行磨削，至圆弧面 b 及 d 面相切。翻转工件磨另一侧圆弧，磨削完成后与凹模对合检查

3. 测量调整器

进行成形磨削时，被磨削表面的尺寸常采用测量调整器、量块和百分表进行比较测量。测量调整器的结构如图 3-87 所示。量块座 2 能在三角架 1 的斜面上沿 V 形槽上、下移动，当移动到所需位置后，用滚花螺母 3 和螺钉 4 将其固定。为了保证测量精度，要求量块座沿斜面移至任何位置时，量块支承面 A、B 应分别与测量调整器的安装基准面 C、D 保持平行，误差小于 0.005mm。

图 3-87　测量调整器及夹具中心高度测定

1—三角架　2—量块座　3—滚花螺母　4—螺钉

比较测量法的步骤为：成形磨削时以夹具中心线为基准，因此，首先应找出夹具中心的高度。在测量平台上垫放厚度为 50mm 的基础量块，粗调测量平台的高度，使量块上表面与夹具中心大致等高。在夹具上装上直径为 d 的标准圆柱，在测量调整器上装厚度为 $d/2$ 的量块；调整测量调整器高度使百分表在量块和标准圆柱上的读数相同，取下 $d/2$ 的量块，则基础量块上表面与夹具中心等高。当工件被测表面高于夹具中心时，在测量平台上再垫入量块组，使百分表在量块组上表面与工件被测表面读数相同。这样，量块组的高度 S 就等于工件被测表面至夹具中心的距离，量块的总高度为 $H = h + S$。当工件被测表面低于夹具中心时，将测量平台上的基础量块取下，再重新垫入量块组，使百分表在量块组上表面与工件被测表面读数相同，则量块组的高度为 $H = h - S$。S 即为工件被测表面至夹具中心的距离，h 为夹具中心高（mm）。

4. 正弦分中夹具

正弦分中夹具主要用于磨削具有同一回转中心的凸圆弧面、分度槽及平面等组成的工件，工件一般不带台肩。正弦分中夹具结构如图 3-88 所示。

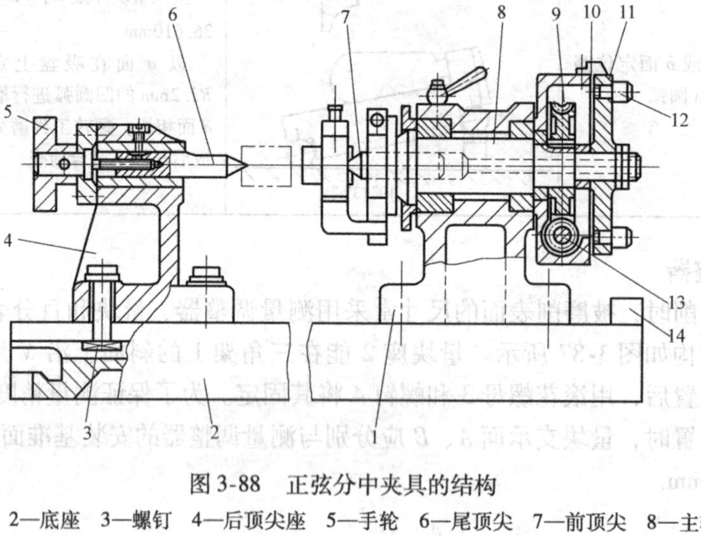

图 3-88　正弦分中夹具的结构

1—前顶尖座　2—底座　3—螺钉　4—后顶尖座　5—手轮　6—尾顶尖　7—前顶尖　8—主轴　9—蜗轮　10—读数指示器　11—分度盘　12—正弦圆柱　13—蜗杆　14—量块垫板

工件支承在两顶尖之间，后顶尖座 4 可沿底座上的 T 形槽移动，用螺钉 3 固定，旋转手轮 5 能使尾顶尖 6 移动，用以调节工件和顶尖间的松紧程度。前顶尖 7 装在主轴的锥孔内。转动手轮（图 3-88 中未显示），通过蜗杆 13、蜗轮 9 传动，带动主轴和通过鸡心夹头装夹的工件及装在主轴后端的分度盘 11 一起转动。使工件实现圆周进给，磨出圆弧面。分度盘的作用是控制工件的回转角度，其工作原理如图 3-89 所示。分度盘上有四个正弦圆柱，其中心均处于直径为 D 的圆周上，并将所在圆周四等分。

磨削时，如果工件回转角度的精度要求不高，则转角可直接由分度盘外圆面上的刻度和读数指示器 10 读出（图 3-88），精度可达到 3′。若回转角的精度要求较高，可在量块垫板 14 和正弦圆柱 12 之间垫入适当尺寸的量块进行控制，精度可达 10″~30″。

当工件需要精确回转角度时，量块值的计算公式如下

$$H_1 = H_0 - L\sin\alpha - d/2$$

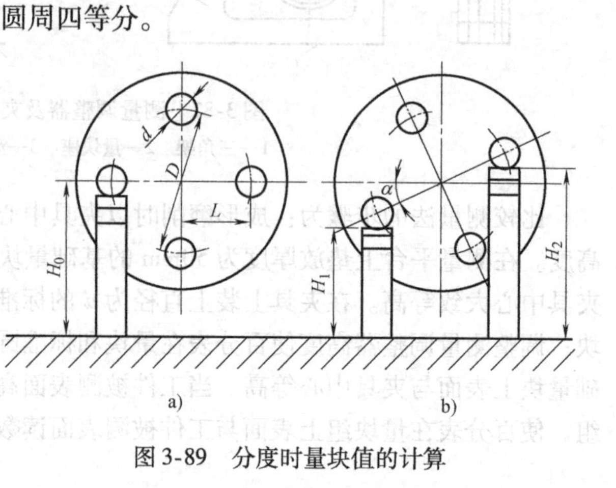

图 3-89　分度时量块值的计算

$$H_2 = H_0 + L\sin\alpha - d/2$$

式中　H_1、H_2——控制工件回转角需要垫入的量块尺寸（mm）；

H_0——夹具主轴中心至量块支承面的距离（mm）；

L——夹具主轴中心至正弦圆柱中心的距离（mm）；

α——工件转过的角度（°）；

d——正弦圆柱的直径（mm）。

工件在正弦分中夹具上的装夹方法主要有心轴装夹法和双顶尖装夹法两种。

（1）心轴装夹法　如果是带圆柱孔的工件，且孔的轴线正好与被磨削圆弧面的轴线重合，可在该孔中插入心轴，利用心轴两端的顶尖孔定位，将工件支承在正弦分中夹具的两顶尖之间进行磨削，如图3-90所示。夹具主轴回转时，通过鸡心夹头和拨盘带动工件一起转动。若工件上没有圆柱孔，在技术要求允许的情况下，也可在工件上作出穿心轴用的工艺孔。

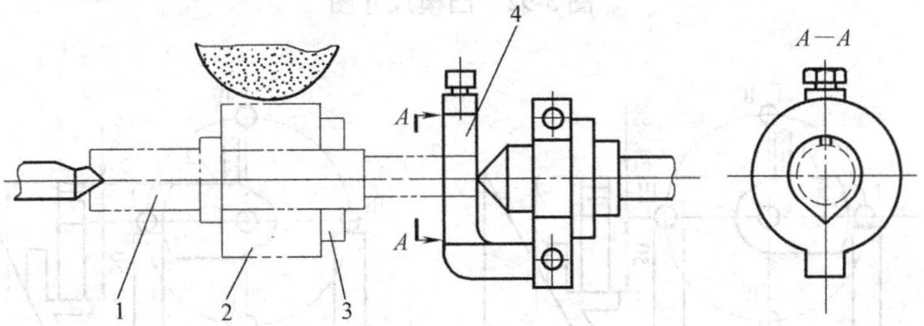

图3-90　心轴装夹法

1—心轴　2—工件　3—螺母　4—鸡心夹头

（2）双顶尖装夹法　当工件上没有内孔，也不允许做工艺孔时，可采用双顶尖装夹法，如图3-91所示。工件上有一对主中心孔和一个副中心孔，加长顶尖1和后顶尖对工件的一对主中心孔进行定位装夹，副顶尖2顶在工件副中心孔中用来拨动工件随主轴转动。副顶尖可在叉形滑板5的槽内移动，以调整位置，螺母3、4用来调节所需长度并锁紧。

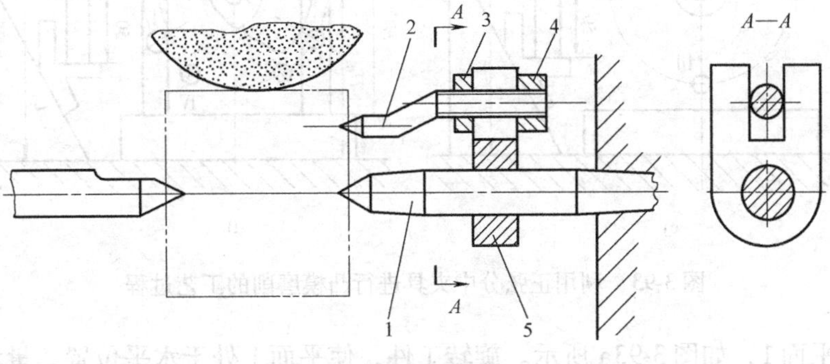

图3-91　双顶尖装夹法

1—加长顶尖　2—副顶尖　3、4—螺母　5—叉形滑板

例3-2　使用正弦分中夹具磨削图3-92所示的凸模零件，工件有一个$\phi 10^{+0.016}_{0}$mm的内孔，采用正弦分中夹具、心轴装夹法进行磨削。

利用正弦分中夹具进行凸模磨削的工艺过程如图3-93所示。

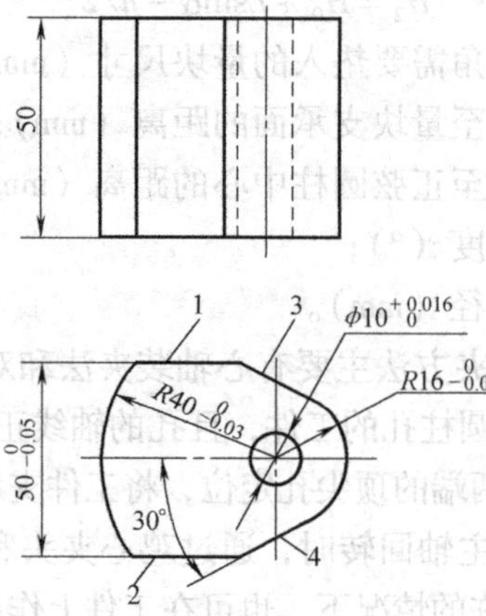

图 3-92　凸模尺寸图

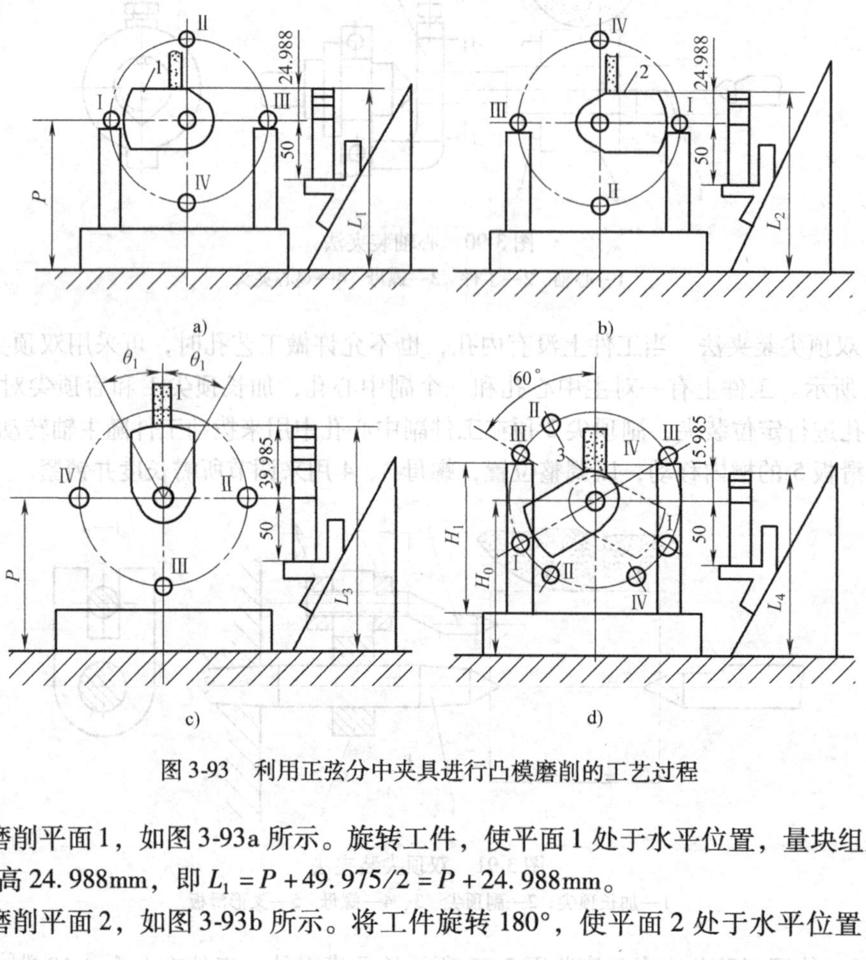

图 3-93　利用正弦分中夹具进行凸模磨削的工艺过程

1）磨削平面 1，如图 3-93a 所示。旋转工件，使平面 1 处于水平位置，量块组上表面距夹具中心高 24. 988mm，即 $L_1 = P + 49.975/2 = P + 24.988$mm。

2）磨削平面 2，如图 3-93b 所示。将工件旋转 180°，使平面 2 处于水平位置，测量高度 $L_2 = L_1$。

3）磨削 $R40$ 的凸圆弧，如图 3-93c 所示。旋转工件，使其对称中心线置于垂直位置，$R40$ 的圆弧位于顶部。顺、逆时针转动工件相同的角度，$\theta_1 = 39°$，磨削工件 $R\,40^{\ 0}_{-0.03}$mm 的凸圆弧，测量高度 $L_3 = P + 39.985$mm。

4）磨削 $R16$ 的凸圆弧和两个 30°的斜面，如图 3-93d 所示。将工件翻转 180°，使 $R16$mm 的凸圆弧面置于顶端，顺、逆时针转动工件相同的角度 $\theta=60°$，磨削 $R\,16\,_{-0.03}^{\;\;0}$mm 的凸圆弧，测量高度 $L_4=P+15.985$mm。由于斜面 3、4 与 $R16$mm 的凸圆弧相切，凸圆弧磨削过程中转至极限位置时，斜面 3、4 正好处于水平位置，利用砂轮的横向进给将这两个斜面一起磨出。应在正弦圆柱与量块之间垫入量块的值 $H_1=H_0+(50\sin30°-10)\text{mm}=H_0+15\text{mm}$，以保证斜面的精确角度 60°。

5. 万能夹具

万能夹具是成形磨床的主要部件，可用于在平面磨床上进行成形磨削，主要用于磨削直线与直线、直线与圆弧或圆弧与圆弧相连的各种形状复杂的工件。

万能夹具主要由装夹部分、十字滑板、回转部分和正弦分度等四部分组成，如图 3-94 所示。

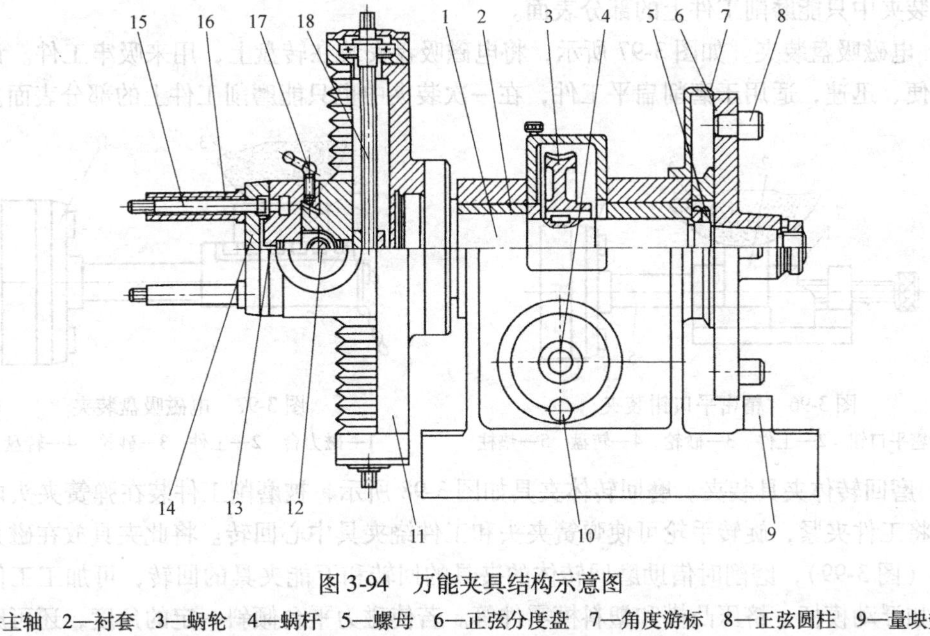

图 3-94　万能夹具结构示意图

1—主轴　2—衬套　3—蜗轮　4—蜗杆　5—螺母　6—正弦分度盘　7—角度游标　8—正弦圆柱　9—量块垫板　10—手轮　11—纵滑板　12、18—丝杠　13—横滑板　14—圆盘　15—螺钉　16—垫柱　17—手柄

工件装夹部分由垫柱 16、螺钉 15 和圆盘 14 等组成，将被磨削工件固定在夹具上。

十字滑板由横滑板 13、丝杠 12、手柄 17、纵滑板 11 和丝杠 18 组成。旋转丝杠 12 或 18 可使工件在两个互相垂直的方向上移动，以调整工件回转中心，使其与夹具中心重合，转动手柄 17 可将滑板锁紧。

回转部分由主轴 1、衬套 2、蜗轮 3、蜗杆 4 和手轮 10 组成。主轴前端与纵滑板相连，旋转手轮，可通过蜗杆、蜗轮和主轴带动十字滑板和工件一起绕主轴中心回转，正弦分度盘 6 也同时绕夹具轴线回转。

正弦分度部分由正弦分度盘 6、角度游标 7、正弦圆柱 8 及量块垫板 9 组成。当对工件回转角度要求不高时，可直接从角度游标 7 所指刻度读出。当回转角度要求精度较高时，则采用在正弦圆柱与量块垫板之间垫量块的方法，来控制夹具回转角度。

（1）万能夹具上工件的装夹　万能夹具上工件的装夹方法通常有如下四种：

1）螺钉、垫柱装夹。如图3-95所示，在工件上预先做好工艺螺钉孔（M8～M10），用螺钉和垫柱将工件6紧固在转盘3上，再用螺钉5和滚花螺母4将转盘固定在夹具上。较大的工件使用2～4个螺钉，较小工件可用1个。各垫柱高度要一致，数目与螺钉相同，其长度要保证砂轮退出时不碰坏夹具，一般取70～90mm。该方法可在一次装夹中磨出工件的整个轮廓，适合磨削封闭形状的工件。

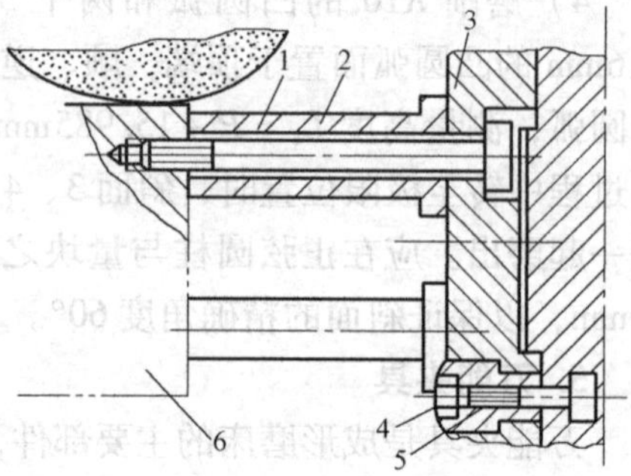

图3-95　螺钉、垫柱装夹
1、5—螺钉　2—垫柱　3—转盘
4—滚花螺母　6—工件

2）精密平口钳装夹。如图3-96所示，该方法用螺钉和垫柱将精密平口钳安装在夹具转盘上，再用平口钳装夹工件。工件的装夹过程简单、方便，但在一次装夹中只能磨削工件上的部分表面。

3）电磁吸盘装夹。如图3-97所示，将电磁吸盘安装在转盘上，用来吸牢工件。该方法装夹方便、迅速，适用于磨削扁平工件，在一次装夹中也只能磨削工件上的部分表面。

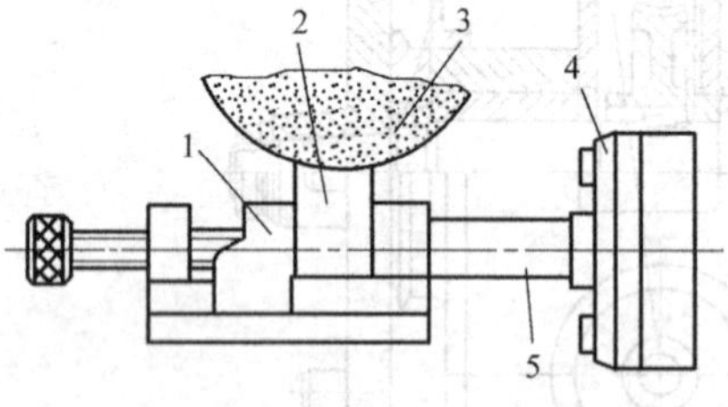

图3-96　精密平口钳装夹
1—精密平口钳　2—工件　3—砂轮　4—转盘　5—垫柱

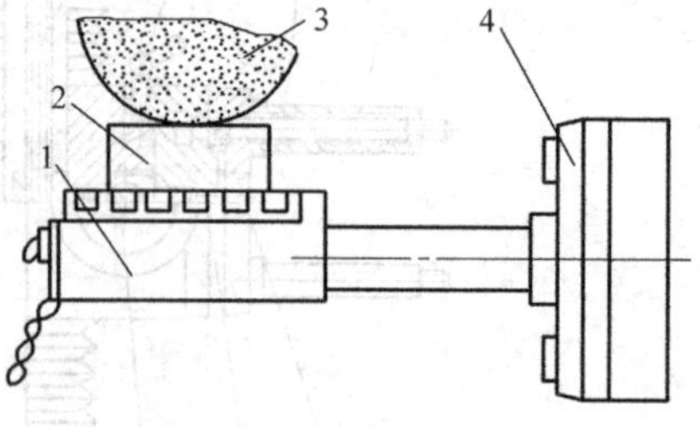

图3-97　电磁吸盘装夹
1—磁力台　2—工件　3—砂轮　4—转盘

4）磨回转体夹具装夹。磨回转体夹具如图3-98所示，被磨削工件装在弹簧夹头内，拧紧螺母将工件夹紧，旋转手轮可使弹簧夹头和工件绕夹具中心回转。将此夹具放在磁力吸盘上吸牢（图3-99），磨削时借助磨回转体的夹具的回转和万能夹具的回转，可加工工件上的球面，如浮动模柄、挤压凸模和塑料模零件等。若使磁力平台倾斜一定的角度，还可磨削工件上的锥面。

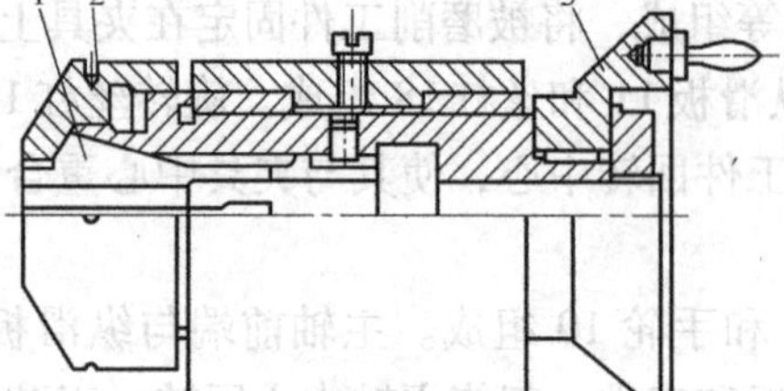

图3-98　磨回转体夹具
1—弹簧夹头　2—螺母　3—手轮

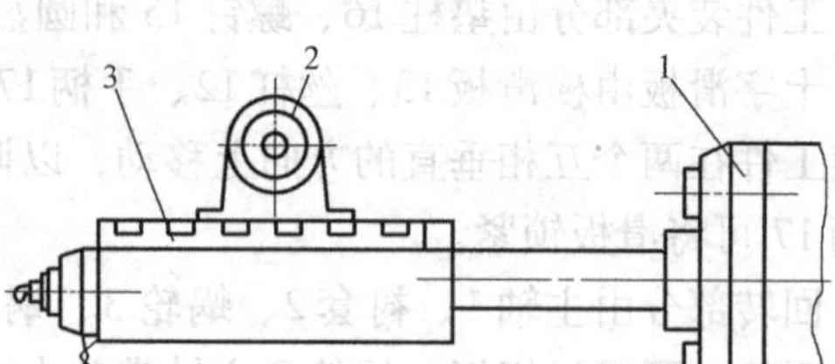

图3-99　磨回转体夹具的装夹
1—转盘　2—磨回转体夹具　3—电磁吸盘

（2）万能夹具磨削圆弧面　用万能夹具磨削圆弧时，通过调整十字滑板，使被加工圆弧中心与夹具中心重合，磨削时用手轮转动蜗杆，通过蜗轮带动工件旋转。

利用万能夹具磨削圆弧面时，也是采用比较法进行测量的，如图 3-100 所示。磨削凸圆弧时，被加工表面的测量高度为 $L=P+R$，如图 3-100a 所示；磨削凹圆弧时，被加工表面高度为 $L=P-R$，如图 3-100b 所示。

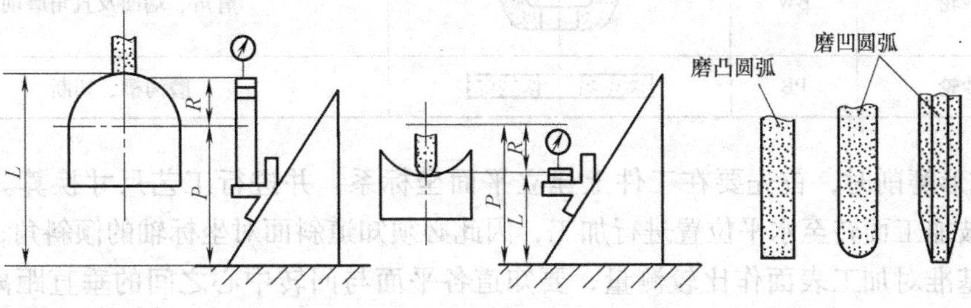

图 3-100　万能夹具磨削圆弧面

a）凸圆弧　b）凹圆弧　c）磨圆弧用砂轮

磨削凸圆弧时，应采用平砂轮；磨削凹圆弧时，应采用圆弧形或接触面比较小的砂轮，如图 3-100c 所示。半径过小的凹圆弧，最好采用成形砂轮进行磨削。

（3）万能夹具磨削工艺要点

1）磨削平面或斜面时，依次将被加工表面转至水平（或垂直）位置，以便用砂轮进行磨削。一般圆弧中心即为回转中心，磨削时各中心要与夹具中心重合，并据此测量各磨削面尺寸。

2）磨削时将复杂的工件几何型面分解为若干直线和圆弧组成的简单型面，磨削顺序见表 3-7。

表 3-7　不同几何型面磨削顺序

磨削顺序	直线与凸圆弧相连	直线与凹圆弧相连	两凸圆弧相连	两凹圆弧相连	凸、凹圆弧相连
先	直线	凹圆弧	大圆弧	小凹圆弧	凹圆弧
后	凸圆弧	直线	小圆弧	大凹圆弧	凸圆弧

3）成形磨削常用砂轮外径一般不小于 150mm，最大可至 200mm，厚度应根据工件形状决定，见表 3-8。

表 3-8　成形磨削常用砂轮形状

砂轮名称	代　号	砂轮断面形状	用　途
平面砂轮	P	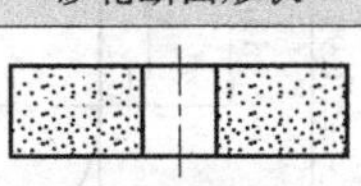	各种平面、角度面、圆弧面磨削
双面凹锥砂轮	PSZA	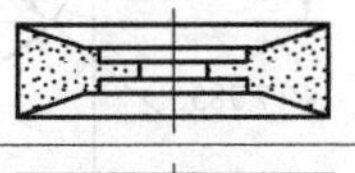	清角、直角、端面磨削
双面凹砂轮	PSA	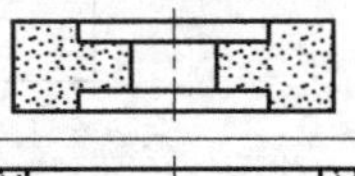	清角、直角、端面磨削
碟形砂轮	D	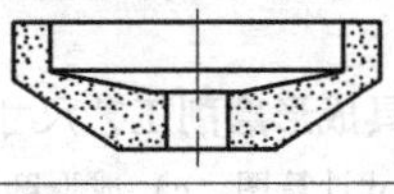	各种凹圆弧面磨削

（续）

砂轮名称	代　号	砂轮断面形状	用　途
碗形砂轮	BW	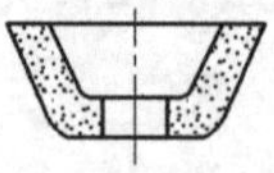	清角、端面及直角磨削
薄片砂轮	PB	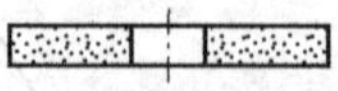	磨沟槽、切断

4）成形磨削时，首先要在工件上建立平面坐标系，并进行工艺尺寸换算。磨削斜面时，要将被加工面转至水平位置进行加工，因此必须知道斜面对坐标轴的倾斜角；为了以回转中心为基准对加工表面作比较测量，要知道各平面与回转中心之间的垂直距离。磨圆弧时，要将各回转中心分别调至夹具中心，要知道各回转中心之间的坐标；为了在磨削圆弧时不碰到其他的表面，需要知道圆弧的包角，以便在磨削时控制夹具的回转角度。同时，由于工件图上的设计尺寸是按照设计基准标注的，因此，在成形磨削前要将设计尺寸换算成所需工艺尺寸，并绘出工艺尺寸图，对有公差的设计尺寸，换算时按中间值计算。

如图 3-101a 所示的凸模零件图，该零件是由平面和圆弧组成的复杂型面，加工时，选择两个相互垂直的表面 1 和 2 作为工艺基准，建立直角坐标系。按照图 3-101b 所示的工艺尺寸计算图，将其设计尺寸换算成图 3-101c 所示的成形磨削工艺尺寸图，在万能夹具上进行成形磨削。

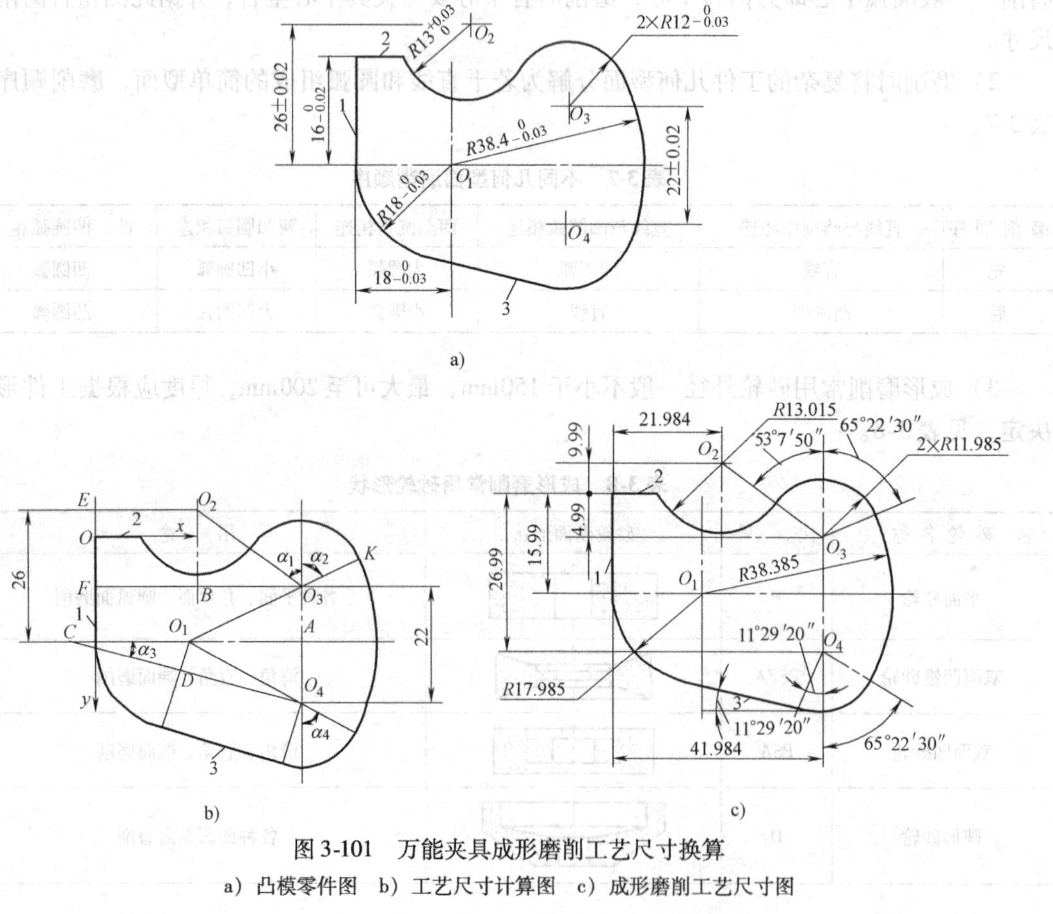

图 3-101　万能夹具成形磨削工艺尺寸换算

a）凸模零件图　b）工艺尺寸计算图　c）成形磨削工艺尺寸图

3.4.5 光学曲线磨床成形磨削法

1. 光学曲线磨床工艺范围

光学曲线磨床是由光学投影仪和曲线磨床相结合的磨床，如图3-102所示，可用于磨削平面、圆弧面和非圆弧形复杂曲面，特别适用于单件或小批生产中各种复杂曲面的磨削。在模具制造中，光学曲线磨床常用来加工具有异形截面的小型零件，如凸模和异形型芯零件等。磨削精度可达0.01mm，表面粗糙度值 Ra 可达0.2μm。

光学曲线磨床由床身、坐标工作台、砂轮架和光屏组成。磨削时，工件安装在坐标工作台上，坐标工作台可纵、横运动及在一定范围内作升、降运动；砂轮架除作旋转运动外，还可作纵横向（手动）运动、上下垂直运动以及沿垂直轴转动以磨削曲线轮廓侧边和沿弧形导轨绕水平轴转动。光学曲线磨床使用薄片砂轮进行磨削，砂轮厚度为0.5~8mm，直径小于125mm。近年来，数控光学曲线磨床在模具制造中应用日益广泛。磨削时，工件表面粗糙度值可达 $Ra<0.4\mu m$，坐标定位精度可达2~3μm，直线度误差小于6μm。

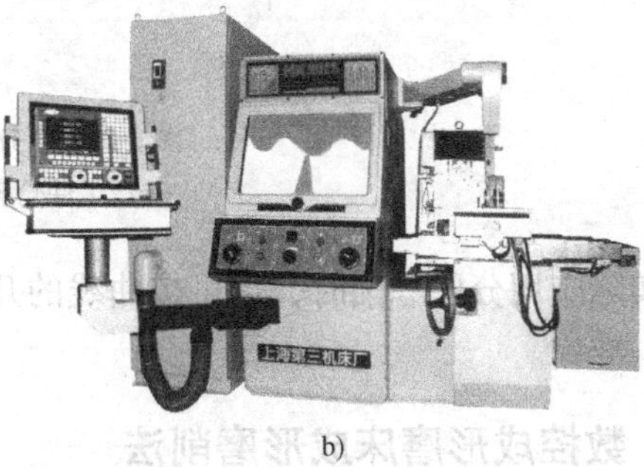

图3-102 光学曲线磨床

a) M9017B b) MK9025A

1—床身 2—坐标工作台 3—砂轮架 4—光屏

2. 光学曲线磨床工作原理

光学曲线磨削为仿形磨削法。首先将工件所需磨削部分的形状和尺寸放大50倍绘制成放大图，放大图必须画得准确，下调偏差小于0.5mm。光学曲线磨床的工作原理如图3-103所示。光线从机床下部光源1射出，通过物镜4、三棱镜5和6的折射以及平面镜7的反射，将被加工工件2和砂轮3投影在光屏8上，得到50倍的影像。通过工作台调节垂直升降运动，可在光屏上得到浓黑的工件轮廓影像。在磨削过程中，用手操纵磨头在纵、横方向运动，使砂轮的切削刃沿工件外形移动，同时观察光屏上的影像，直至磨去工件外形超出光屏上放大图部分的余量，使工件实际轮廓影像与其放大图完全吻合为止。

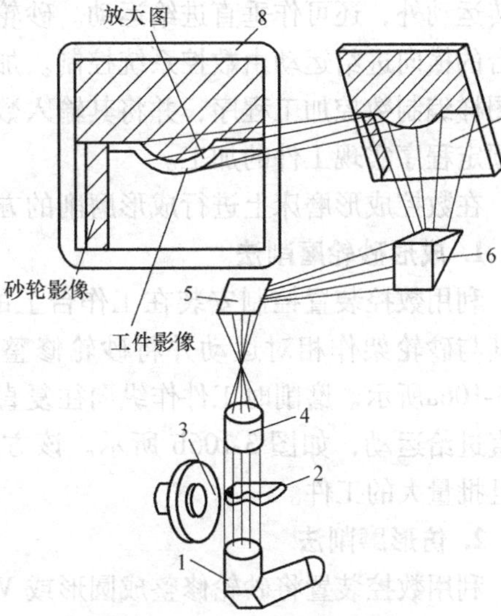

图3-103 光学曲线磨床工作原理

1—光源 2—工件 3—砂轮 4—物镜

5、6—三棱镜 7—平面镜 8—光屏

如M9017A光学曲线磨床，其光屏尺寸为

500mm×500mm，故只能看到尺寸为10mm×10mm范围的工件轮廓。由于受光屏尺寸的限制，当工件尺寸超过10mm×10mm时，必须采用分段磨削法。如图3-104a所示的工件，磨削时可按10mm×10mm将其轮廓分为三段，将每段曲线放大50倍重叠绘制在一张放大图上，如图3-104b所示。将放大图置于光屏上，先按图上1~2段曲线磨出工件轮廓1~2段，调整工作台使工件向左移动10mm，再按图上2′~3段曲线磨削工件轮廓2~3段。最后调整工作台使工件向左、向上分别移动10mm，按图上3′~4段曲线磨出工件轮廓3~4段。

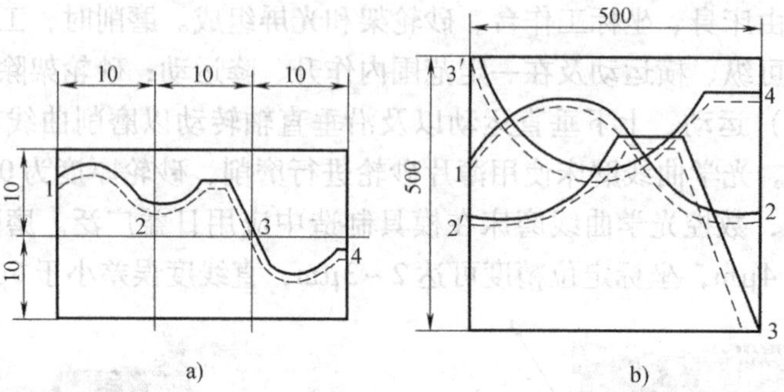

图3-104　分段磨削示意图
a）工件轮廓　b）放大图

在实际应用分段磨削时，也可按曲线的几何元素分隔点来分段，使磨削出的工件轮廓更为光滑、准确。

3.4.6　数控成形磨床成形磨削法

如图3-105所示的数控成形磨床以平面磨床为基础，工作台可作纵向往复直线运动和横向进给运动，砂轮除作旋转运动外，还可作垂直进给运动。砂轮的垂直进给和工作台的横向进给运动由数控系统控制。加工时，先根据工件图样编制数控加工程序，并将其输入数控装置，使机床按预定程序实现工件的加工。

图3-105　数控成形磨床

在数控成形磨床上进行成形磨削的方法有如下三种：

1. 成形砂轮磨削法

利用数控装置控制安装在工作台上的砂轮修整装置，使其与砂轮架作相对运动并将砂轮修整成所需形状，如图3-106a所示。磨削时工件作纵向往复直线运动，砂轮作垂直进给运动，如图3-106b所示。该方法适用于加工面窄且批量大的工件。

2. 仿形磨削法

利用数控装置将砂轮修整成圆形或V形，如图3-107a所示，在工作台纵向往复运动的同时，数控系统控制砂轮架的垂直进给和工作台的横向进给运动，使砂轮沿工件轮廓轨迹对工件进行磨削，如图3-107b所示。该方法适用于加工面较宽的工件。

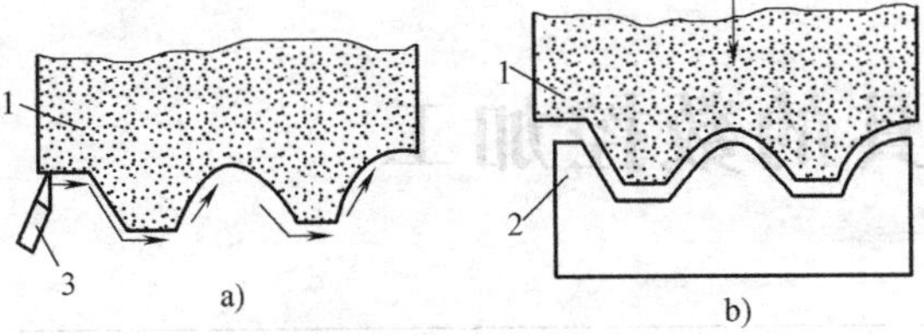

图 3-106 成形砂轮磨削法

a）修整成形砂轮 b）磨削工件

1—砂轮 2—工件 3—金刚石刀

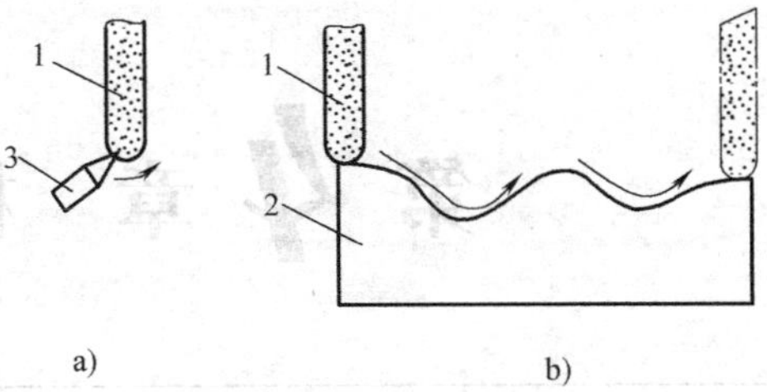

图 3-107 数控成形磨削

a）修整砂轮 b）磨削工件

1—砂轮 2—工件 3—金刚石刀

3. 复合磨削法

该方法是上述两种方法的复合，用来磨削具有多个相同型面的工件。磨削前先利用数控装置修整成形砂轮（工件形状的一部分），如图 3-108a 所示，再用成形砂轮依次磨削工件，如图 3-108b 所示。

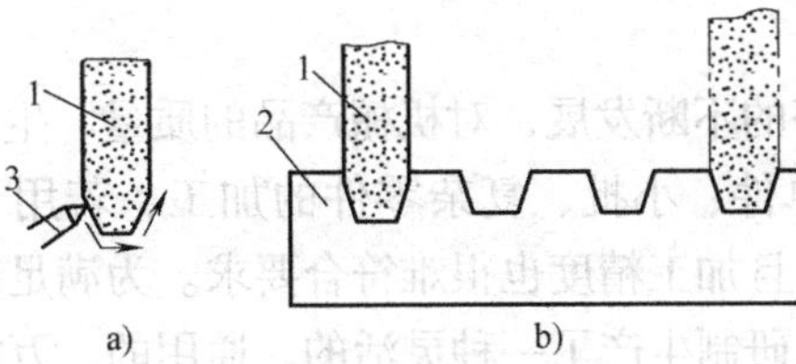

图 3-108 复合磨削法

a）修整成形砂轮 b）磨削工件

1—砂轮 2—工件 3—金刚石刀

思考与练习

1. 简述车削加工的工艺范围。车刀按结构不同有哪几种类型？各有什么特点？
2. 简述铣削加工的工艺范围及在模具制造中的应用。
3. 模具铣削加工常用的机床有哪几种？铣床附件主要有哪些？
4. 简述刨削加工的工艺范围及特点。
5. 试分析钻孔、扩孔和铰孔三种孔加工方法的工艺特点。
6. 镗削加工有何特点？
7. 外圆表面常用的加工方法有哪些？如何选用？
8. 简述万能外圆磨床的磨削方法。
9. 内圆表面常用的加工方法有哪些？如何选用？
10. 试述内圆磨削的工艺特点及应用范围。
11. 孔的精密加工方法有哪些？各适合加工什么类型的模具零件？
12. 坐标镗床有哪些附件？作用是什么？
13. 坐标磨削加工的主要方法有哪些？
14. 成形磨削适合加工哪种类型的模具零件？常用的成形磨削方法有哪些？
15. 在光学曲线磨床上如何进行成形磨削？
16. 在数控磨床上进行成形磨削的方法有哪些？

第 4 章　模具的数控加工

数控技术是在20世纪中期发展起来的机床控制技术。现代计算机数控技术是综合了计算机、自动控制、电动机、电气传动、测量、监控、机械制造等技术学科领域的最新成果而形成的一门边缘科学技术。数控技术是柔性制造系统（Flexible Manufacturing System，FMS）、计算机集成制造系统（Computer Integrated Manufacturing System，CIMS）和工厂自动化（Factory Automation，FA）的基础技术之一，是现代机械制造业中的高新技术之一。

4.1　数控加工机床

随着科学技术和市场经济的不断发展，对机械产品的质量、生产率和新产品的开发周期提出了越来越高的要求。对于单件、小批、复杂零件的加工，若用“刚性”自动化设备加工，则生产成本高、生产周期长，且加工精度也很难符合要求。为满足新产品的开发和多品种、小批量生产的自动化，国内外已研制生产了一种灵活的、通用的、万能的、能适应产品频繁变化的数控机床。数控机床（NC Machine）是指装备了数控系统的机床。数控系统（NC System）能自动阅读输入载体上事先给定的程序，并将其译码，从而使机床运动和加工零件。

4.1.1　数控机床的工作原理及组成

1. 数控机床的组成

现代计算机数控机床由控制介质、输入输出装置、数控装置、伺服系统、检测反馈系统及机床主体组成，数控机床工作原理如图4-1所示。

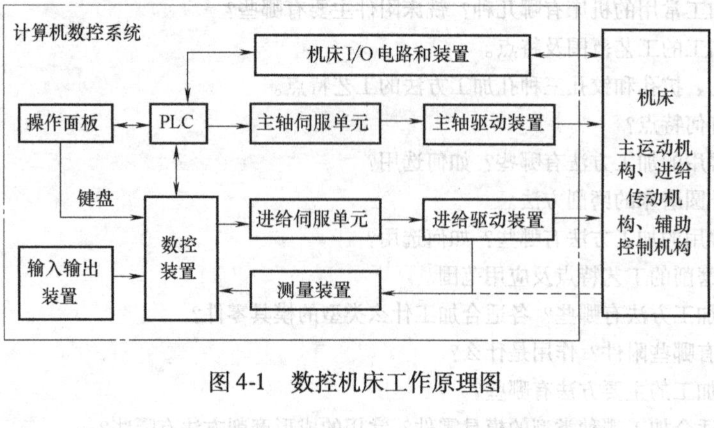

图4-1　数控机床工作原理图

（1）控制介质　控制介质又称信息载体，是人与数控机床之间联系的中间媒介物质，反映了数控加工中的全部信息。常用的控制介质包括光盘、软盘等。

（2）输入输出装置　是CNC系统与外部设备进行交互的装置。交互的信息通常是零件加工程序，即将编制好的记录在控制介质上的零件加工程序输入CNC系统或将调试好了的零件加工程序通过输出设备存放或记录在相应的控制介质上。

（3）数控装置　CNC装置是数控机床实现自动加工的核心，主要由计算机系统、位置控制板、PLC接口板、通信接口板、特殊功能模块以及相应的控制软件等组成。它根据输入的零件加工程序进行相应的处理（如运动轨迹处理、机床输入输出处理等），然后输出控制命令到相应的执行部件（伺服单元、驱动装置和PLC等）。所有这些工作是由CNC装置内硬件和软件的协调配合，合理组织，才使整个系统有条不紊地进行工作的。

（4）伺服系统　它是数控系统与机床主体之间的电传动联系环节，主要由伺服电动机、驱动控制系统以及位置检测反馈装置组成。伺服电动机是系统的执行元件，驱动控制系统则是伺服电动机的动力源。数控系统发出的指令信号与位置反馈信号比较后作为位移指令，再经过驱动系统的功率放大后，带动机床移动部件作精确定位或按照规定的轨迹和进给速度运动，使机床加工出符合图样要求的零件。

（5）检测反馈系统　检测反馈系统由检测元件和相应的电路组成，其作用是检测机床的实际位置、速度等信息，并将其反馈给数控装置与指令信息进行比较和校正，构成系统的闭环控制。

（6）机床主体　机床主体指的是数控机床机械机构的实体，包括床身、主轴、进给机构等机械部件。由于数控机床是高精度和高生产率的自动化机床，它与传统的普通机床相比，应具有更好的刚性和抗振性，相对运动摩擦因数要小，传动部件之间的间隙要小，而且传动和变速系统要便于实现自动化控制。

2. 数控机床的工作过程

数控机床的工作过程如图4-2所示。

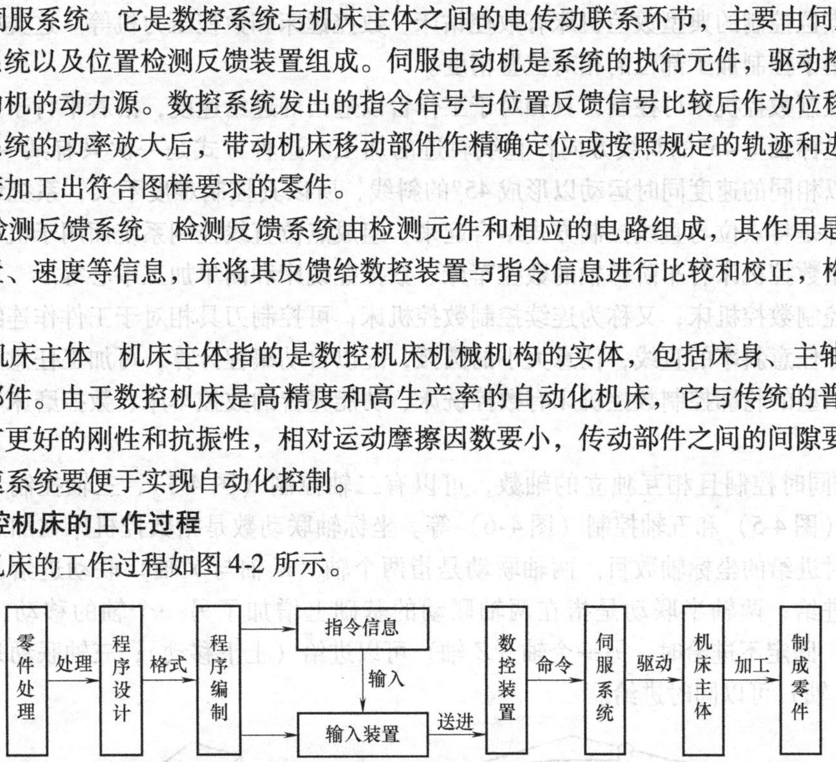

图4-2　数控机床的工作过程

1）首先根据零件加工图样进行工艺分析，确定加工方案、工艺参数和位移数据。

2）用规定的程序代码和格式规则编写零件加工程序单，或用自动编程软件进行CAD/CAM工作，直接生成零件的加工程序文件。

3）将加工程序的内容以代码形式完整记录在控制介质（如穿孔带、磁带、软盘、移动存储等存储设备）上。

4）通过阅读机将控制介质上的代码转变为电信号，并输送给数控装置。手工编写的程序，可以通过数控机床的操作面板输入程序；编程软件生成的程序，可通过计算机的串行通信接口直接传输到数控机床的数控单元（MCU）。

5）数控装置将接收的信号进行一系列处理后，再将处理结果以脉冲信号形式向伺服系统发出执行的命令。

6）伺服系统接到执行的信息指令后，立即驱动机床进给机构严格按照指令的要求进行位移，使机床自动完成相应零件的加工。

4.1.2　数控机床的分类

数控机床的种类很多，分类方法不一。根据数控机床的功能和组成，可以从以下几个不同的角度进行分类：

1）按数控机床的运动方式分类，可分为点位控制数控机床、直线控制数控机床和轮廓控制数控机床。

点位控制数控机床是只控制刀具从一点向另一点移动，而不管其中间行走轨迹的控制方式。属于点位控制的典型数控机床有数控钻床、数控镗床和数控压力机等。这类机床的数控功能主要用于控制加工部位的相对位置精度。

直线控制数控机床可控制刀具相对于工作台以适当的进给速度，沿着平行于某一坐标轴方向或与坐标轴呈45°的斜线方向作直线轨迹的加工。这种方式是一次只有某一轴在运动，或让两轴以相同的速度同时运动以形成45°的斜线，所以其控制难度不大，系统结构比较简单。通常都是将点位与直线控制方式结合起来，组成点位直线控制系统而用于机床上。这种形式的典型数控机床有车阶梯轴的数控车床、数控镗铣床和简单加工中心等。

轮廓控制数控机床，又称为连续控制数控机床，可控制刀具相对于工件作连续轨迹的运动，能加工任意斜率的直线，任意大小的圆弧，配以自动编程计算，可加工任意形状的曲线和曲面。典型的轮廓控制数控机床有数控铣床、功能完善的数控车床、数控磨床和数控电加工机床等。

2）按同时控制且相互独立的轴数，可以有二轴控制（图4-3）、三轴控制（图4-4）、四轴控制（图4-5）和五轴控制（图4-6）等。坐标轴联动数是指数控机床在加工零件过程中可以同时进给的坐标轴数目。两轴联动是指两个轴（X轴与Y轴）联动进给，而另外一轴固定不进给；两轴半联动是指在两轴联动的基础上增加了另一个轴的移动，即当两轴（X、Y轴）固定不进给时，另一个轴（Z轴）可以进给（上下移动）；三轴联动是指三个轴（X、Y、Z轴）可以同时进给。

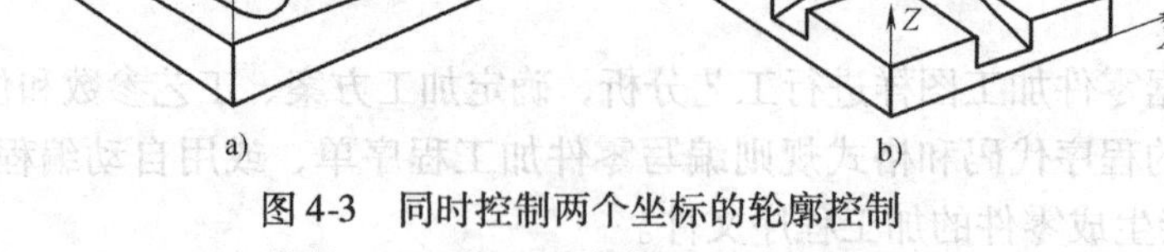

图4-3　同时控制两个坐标的轮廓控制

a）控制X、Y坐标　b）控制Y、Z或Z、X坐标

图4-4　三坐标联动的数控加工

图4-5　同时控制四个坐标的数控机床

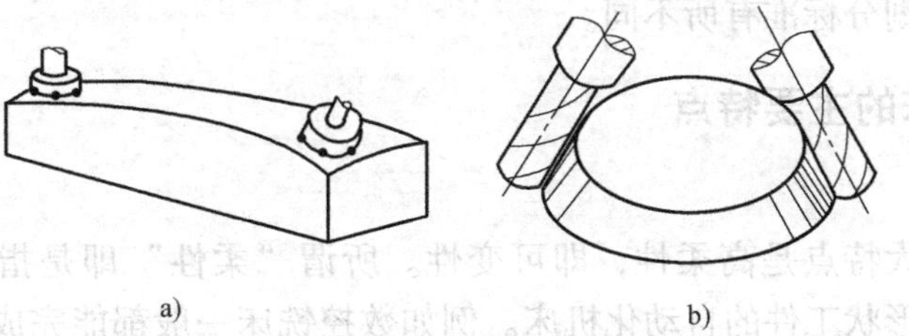

图 4-6　五坐标联动的数控加工

a）五坐标面铣　b）五坐标侧铣

3）按所用进给伺服系统的不同分类，可分为开环伺服系统数控机床、闭环伺服系统数控机床（图 4-7）和半闭环伺服系统数控机床（图 4-8）。

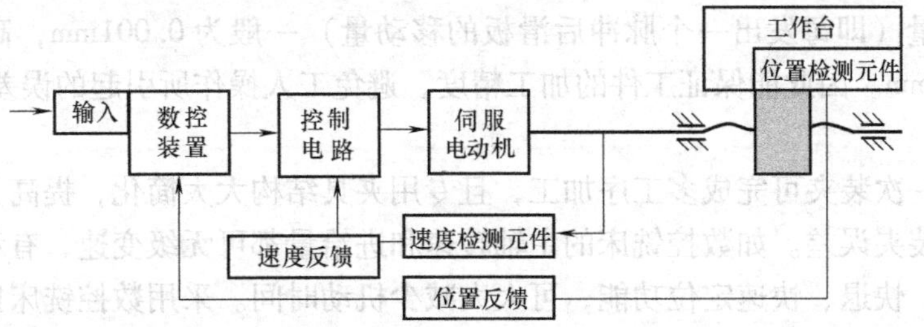

图 4-7　闭环伺服系统

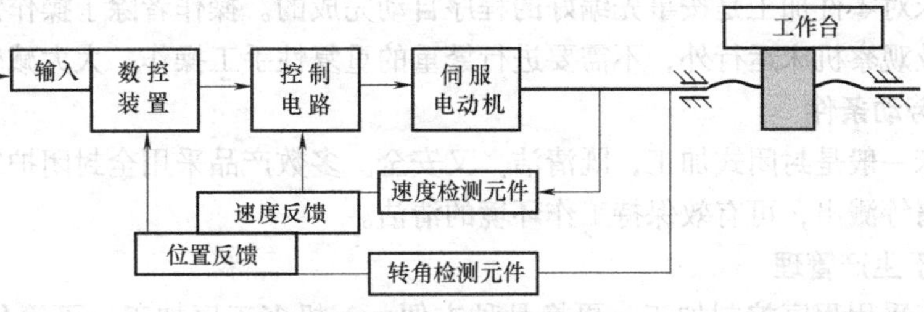

图 4-8　半闭环伺服系统

开环控制系统是指不带反馈的控制系统；在开环系统的丝杠上装有角位移测量装置，通过检测丝杠的转角间接地检测移动部件的位移，反馈到数控系统中，由于惯性较大的机床的移动部件不包括在检测范围之内，故称作半闭环控制系统；把机床工作台纳入位置控制环，在机床移动部件上直接装有位置检测装置，将测量的结果直接反馈到数控装置中，与输入指令进行比较控制，使移动部件按照实际的要求运动，最终实现精确定位，称为闭环控制系统。

4）按加工工艺类型进行分类，可分为普通数控机床（数控车床、数控铣床、数控钻床、数控磨床等）、加工中心机床、金属成形类数控机床（如数控压力机、数控折弯机、数控弯管机、数控回转头压力机等）、数控特种加工机床（数控线切割机床、数控电火花加工机床等）和其他类型的数控机床（如数控火焰切割机、数控激光切割机床、数控三坐标测量机等）。

5）按数控系统功能水平进行分类，可分为低、中、高三档。低、中、高档的界线是相对的，不同时期的划分标准有所不同。

4.1.3 数控机床的主要特点

1. 高柔性

数控机床的最大特点是高柔性，即可变性。所谓“柔性”即是指灵活、通用、万能，可以适应加工不同形状工件的自动化机床。例如数控铣床一般都能完成钻孔、镗孔、铰孔、铣平面、铣斜面、铣槽、铣曲面（凸轮）和攻螺纹等加工，而且一般情况下，可以在一次装夹中完成所需的加工工序。

2. 高精度

数控机床是精密机械和自动化技术的综合体。机床的数控装置可以对机床运动中的位移、热变形等导致的误差，通过检测系统进行补偿而获得很高且稳定的加工精度。目前数控装置的脉冲当量（即每发出一个脉冲后滑板的移动量）一般为0.001mm，高精度的数控系统可达0.0001mm。因此能保证工件的加工精度，避免工人操作所引起的误差。

3. 高效率

数控机床一次装夹可完成多工序加工，且专用夹具结构大大简化，提高了劳动生产率并减少了工件的装夹误差。如数控铣床的主轴转速和进给量都可无级变速，有利于选择最佳切削用量；快进、快退、快速定位功能，可大大减少机动时间。采用数控铣床比普通铣床可提高3~5倍的生产率。对于复杂的成形面加工，生产率可提高十几倍甚至几十倍。

4. 大大减轻了操作者的劳动强度

数控机床对零件加工是按事先编好的程序自动完成的。操作者除了操作键盘、装卸工件和中间测量及观察机床运行外，不需要进行繁重的重复性手工操作，大大减轻了劳动强度。

5. 改善劳动条件

数控机床一般是封闭式加工，既清洁，又安全。多数产品采用全封闭护罩，机床不会有水、油、铁屑等溅出，可有效保持工作环境的清洁。

6. 有利于生产管理

数控机床采用程序控制加工，更换品种方便；一机多工序加工，可简化生产过程的管理，减少管理人员；还可实现无人化生产。

4.2 数控加工工艺基础

与普通机械加工相同，数控加工时也应进行工艺处理，数控加工的工艺问题与普通机械加工的工艺处理方法基本相同，但又有其特点。在设计零件的数控加工工艺时，既要遵循普通机械加工工艺的基本原则和方法，又要考虑数控加工本身的特点和编程要求。

4.2.1 数控加工工艺的主要内容

数控加工的工艺内容有些与普通机械加工工艺相似。但编程时涉及的一些工艺问题（如对刀点、进给路径、分配公差等）是传统工艺中所没有的。数控加工工艺主要包括以下几方面内容：

1）分析零件形状及精度要求的特点，确定其工艺流程，并确定在数控机床上加工零件的工序内容。

2）分析零件图样，明确在数控机床上的加工内容及技术要求，确定零件的加工方案，制订数控加工的工艺路线。

3）设计数控加工工序，完成数控加工工艺卡的编制，包括进行工步的划分，零件的定位与夹具选择，刀具选择，切削用量确定等工作。

4）编制并调整数控加工的工序程序。在编程时需进行一些参数的选择确定，如对刀点、换刀点、刀具补偿值、进给路径等。

5）分配数控机床中的公差。

6）处理数控机床上部分工艺指令。

4.2.2 数控加工机床的合理选用

不同类型的数控机床有着不同的用途，在选用数控机床之前应对其类型、规格、性能、特点、用途和应用范围有所了解，在保证加工零件技术要求的前提下，选用合适的数控机床加工出合格的产品，有利于提高生产率、降低生产成本。数控机床通常最适合加工下列零件：

1）多品种、小批量生产的零件或新产品试制的零件。

2）形状复杂、加工精度要求高，通用机床无法加工或很难保证加工质量的零件。

3）在普通机床加工时，需要昂贵的工装设备（工具、夹具和模具）的零件。

4）具有难测量、难控制进给、难控制型腔尺寸的壳体或盒型零件。

5）必须在一次装夹中完成铣、镗、锪、铰或攻螺纹等多工序加工的零件。

6）价格昂贵、加工中不允许报废的关键零件。

7）需要最短生产周期的急需零件。

4.2.3 对刀点的确定

刀位点是刀具上的一个基准点，刀位点相对运动的轨迹即加工路线，也称编程轨迹。对刀点就是在数控加工时刀具相对于工件运动的起点。由于数控程序从该点开始执行，所以对刀点也称程序起点或起刀点。对刀是指操作员在运行数控程序之前，通过一定的测量手段，使刀位点与对刀点重合。可以用对刀仪对刀，其操作简单、测量数据较准确。还可在数控机床上定位好夹具和安装好零件之后，使用量块、塞尺、千分表等，利用数控机床上的坐标对刀。编程时首先应正确地选择对刀点的位置，对刀点的选择原则如下：

1）在机床上容易找正，在加工中便于检查，编程时便于计算，而且对刀误差小。因此选择接触面大、容易监测、加工过程稳定的部位作为对刀点。

2）所选对刀部位的加工精度应高于其他位置的加工精度。对刀点可以选择零件上的某个点（如零件的定位孔中心），也可以选择零件外的某一点（如夹具或机床上的某一点），但必须与零件的定位基准有一定的坐标关系。

3）对刀点尽可能与设计基准或工艺基准统一，避免由于尺寸换算导致对刀精度甚至加工精度降低，增加数控程序或零件数控加工的难度。如以孔定位的零件，以孔的中心作为对刀点较为适宜。

4）对刀点的精度既取决于数控设备的精度，也取决于零件加工的要求。如在批量生产中要考虑到对刀点的重复精度，该精度可用对刀点相对机床原点的坐标值来进行校核。

4.2.4 加工路线的选择

加工路线，即走刀路线，是数控加工中刀具相对于工件的运动轨迹，是编写程序的依据之一。编程时，确定加工路线的原则主要有以下几点：

1）应尽量缩短加工路线，减少空刀时间，提高加工效率。如图4-9a所示零件，要加工均布在2个圆周上的16个孔，采用图4-9c所示的加工路线，各孔间距离的总和最小，要比图4-9b所示加工路线节省加工工时。

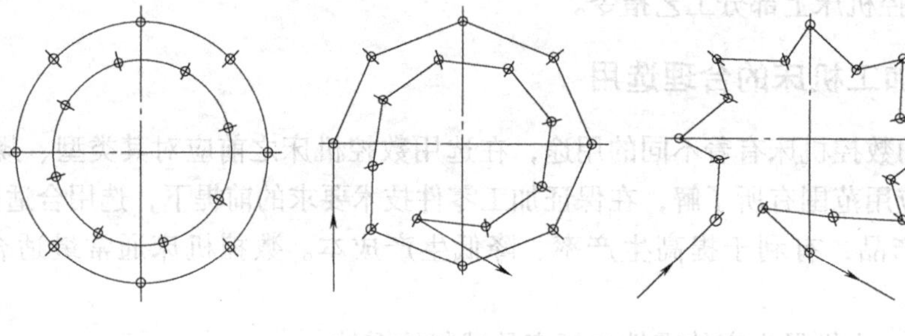

a)　b)　c)

图4-9　最短加工路线的选择

2）简化数值计算，减少编程工作量。对多次重复的加工动作，可编写子程序，由主程序多次调用来完成加工。如钻孔循环加工路线，可将加工孔的循环运动编写成一个子程序，由主程序多次调用来完成整个加工过程。

3）为保证工件轮廓表面加工后的粗糙度要求，最终轮廓应安排在最后一次走刀中连续加工出来。如图4-10a所示，采用行切法，路线短周边余量大（质量最差）；图4-10b采用环切法，计算复杂，路线长；图4-10c采用行切法粗铣+环切法精铣轮廓一周，质量佳、路线短、计算简单，为最佳走刀路线。

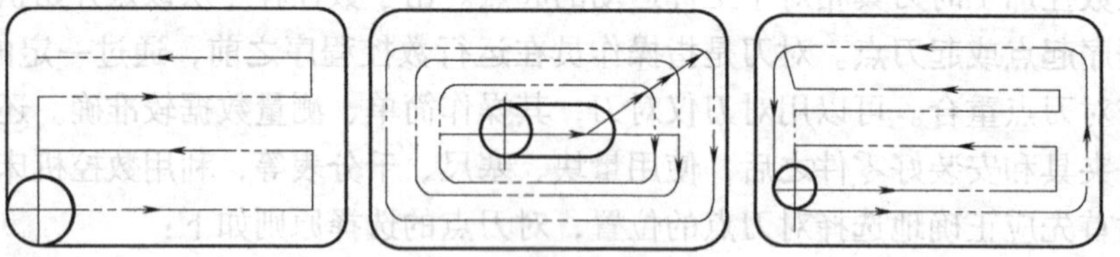

a)　b)　c)

图4-10　最终轮廓一次走刀完成

4）考虑刀具的进、退刀（切入、切出）路线时，刀具的切出或切入点应在沿零件轮廓的切线上，以保证工件轮廓光滑；应避免在工件轮廓面上垂直上、下刀而划伤工件表面；同时应尽量减少在轮廓加工切削过程中的暂停以免留下刀痕，如图4-11所示。

5）应使工件在加工后变形小。对横截面积小的细长零件或薄板零件，应采用分几次走刀加工到最后尺寸的方法或对称去除余量的方法安排走刀路线。安排工步时，应先安排对工件刚性破坏较小的工步。

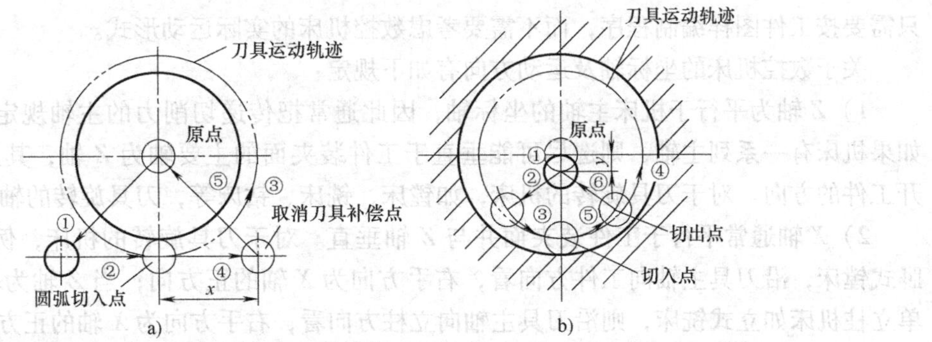

图 4-11 刀具切入与切出方式

a）铣削外圆加工路径 b）铣削内圆加工路径

6）对孔位精度要求较高的孔系加工，应注意在安排孔加工顺序时，防止将机床坐标轴的反向间隙带入而影响孔位精度。如图 4-12 所示的 6 个孔的加工，图 4-12a 中的 5、6 孔与 1、2、3、4 孔定位方向相反，Y 方向反向间隙会使定位误差增加，影响 5、6 孔与其他孔的位置精度。图 4-12b 加工完 4 孔后先往上多移动一段距离到点 P，再折回来加工 5、6 孔，加工方向一致，可避免引入反向间隙，孔间位置精度较高。

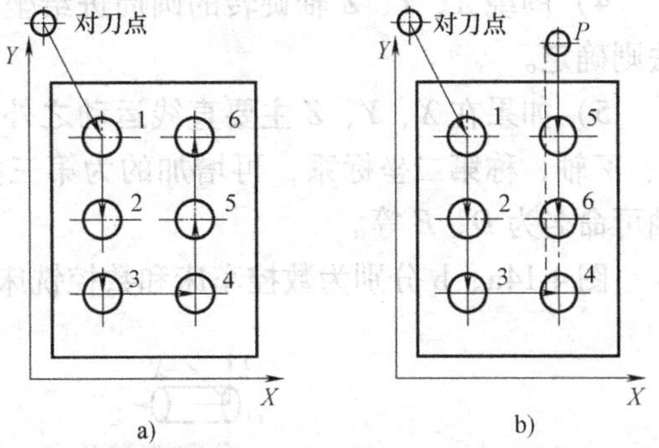

图 4-12 孔位加工路线示意图

4.3 数控机床的坐标系统

数控机床的坐标系统，包括坐标系、坐标原点和运动方向。为了使数控系统规范化（标准化、开放化）及简化数控编程，国际标准化组织标准（International Organization for Standardization，ISO）对数控机床的坐标系统作了若干规定。

4.3.1 坐标系

标准的数控机床坐标系中 X、Y、Z 坐标轴的相互关系用右手笛卡儿坐标系决定。其坐标命名为 X、Y、Z，通称为基本坐标系。以 X、Y、Z 坐标轴或以与 X、Y、Z 坐标轴平行的坐标轴线为中心旋转的运动，分别称为 A 轴、B 轴、C 轴，A、B、C 的正方向按右手螺旋定律确定，如图 4-13 所示。

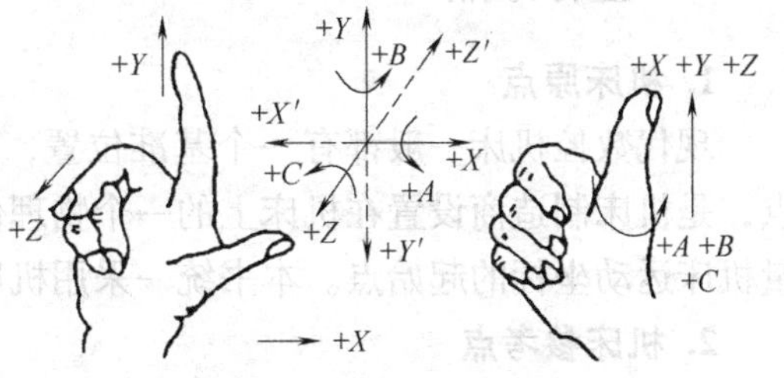

图 4-13 右手笛卡儿坐标系

4.3.2 坐标轴及运动方向

为编程方便，通常假定工件静止不动，刀具相对于工件运动。根据这一原则，编程人员只需要按工件图样编制程序，而不需要考虑数控机床的实际运动形式。

关于数控机床的坐标轴及运动方向有如下规定：

1）Z 轴为平行于机床主轴的坐标轴，因此通常把传递切削力的主轴规定为 Z 坐标轴。如果机床有一系列主轴，则选尽可能垂直于工件装夹面的主要轴为 Z 轴，其正方为刀具离开工件的方向。对于刀具旋转的机床，如镗床、铣床、钻床等，刀具旋转的轴称为 Z 轴。

2）X 轴通常平行于工件装夹面并与 Z 轴垂直。对于刀具旋转的机床，例如卧式铣床、卧式镗床，沿刀具主轴向工件方向看，右手方向为 X 轴的正方向；当 Z 轴为垂直时，对于单立柱机床如立式铣床，则沿刀具主轴向立柱方向看，右手方向为 X 轴的正方向。

3）Y 轴垂直于 X 轴和 Z 轴，其方向可根据已确定的 X 轴和 Z 轴，按右手笛卡儿坐标系确定。

4）围绕 X、Y、Z 轴旋转的圆周进给坐标轴分别用 A、B、C 表示，其正向按右手螺旋法则确定。

5）如果在 X、Y、Z 主要直线运动之外，另有轴线平行于它们的坐标系，可命名为 U、V、W 轴，称第二坐标系，再增加的为第三坐标系，用 P、Q、R 表示。A、B、C 以外的转轴可命名为 D、E 等。

图 4-14a、b 分别为数控车床和数控铣床的坐标轴及运动方向。

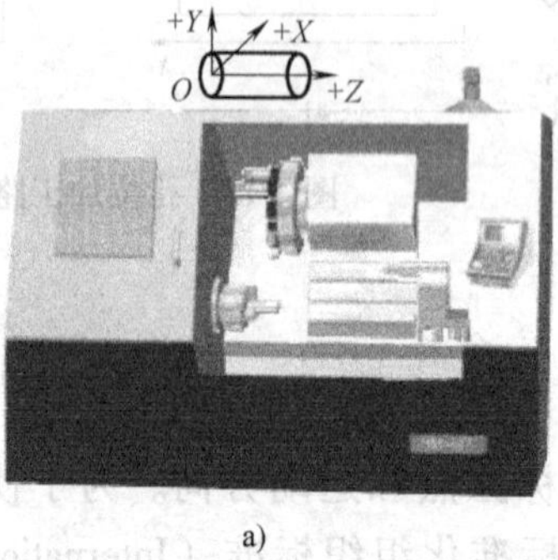

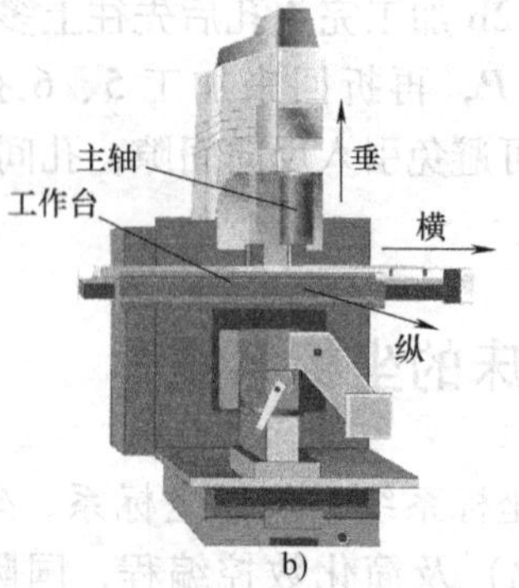

图 4-14　数控机床的运动方向

4.3.3　坐标原点

1. 机床原点

现代数控机床一般都有一个基准位置，称为机床原点（Machine Origin）或机床绝对原点，是机床制造商设置在机床上的一个物理位置，其作用是使机床与控制系统同步，建立测量机床运动坐标的起始点。本书统一采用机床原点这一术语，并用 M（或⊕）表示。

2. 机床参考点

机床参考点（Reference Point）是机床上的一个固定点，用 R（或◕）表示，一般不同于机床原点。一般说来，加工中心的参考点为机床自动换刀位置。

3. 程序原点

程序原点是编程员在数控编程过程中定义在工件上的几何基准点，也称为工件原点（Workpiece Origin）。本书采用程序原点这一术语，并用 W（或⊕）表示。

4. 装夹原点

装夹原点（Fixture Origin），常见于带回转（或摆动）工作台的数控机床或加工中心，一般是机床工作台上的一个固定点，如回转中心，用 C（或⌖）表示。与机床参考点的偏移量可通过测量，存入 CNC 系统的原点偏置寄存器中，供 CNC 系统原点偏移计算用。

图 4-15 描述了数控车床（图 4-15a）和数控铣床（图 4-15b）的坐标原点及其相互关系。

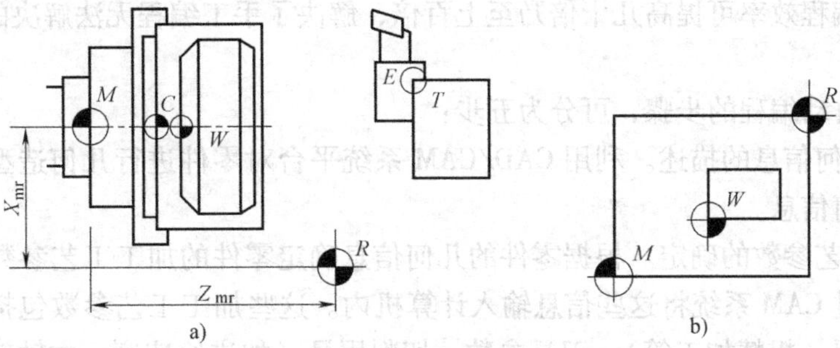

图 4-15　数控机床的坐标原点

4.4　数控加工编程基础

4.4.1　数控编程的方式

数控加工编程方法主要有手工编程与自动编程两种。

1. 手工编程

手工编程是指从零件图样分析、工艺处理、数值计算、编写程序单，直到程序校核等各步骤数控编程工作的全过程均由人工完成。手工编程适合编写进行点位加工或几何形状不太复杂的零件的加工程序，以及程序坐标计算较为简单、程序段不多、程序编制易于实现的场合。这种方法比较简单，容易掌握，适应性较强。手工编程方法是编制加工程序的基础，也是机床现场加工调试的主要方法。

手工编程一般包括以下步骤和内容：

1）根据零件图对零件进行工艺分析，确定加工路线和工艺参数。

2）根据零件的几何形状与尺寸，计算数控机床运动所需数据。

3）根据确定的加工路线，工艺参数及计算数据，按规定的格式和代码编写零件加工程序单（如 G 代码程序）。

4）将程序单制备到控制介质上（如穿孔纸带、数据磁带、软盘或通过 MDI 直接输入到数控系统中）以备使用。

在点定位加工或由直线与圆弧组成的轮廓加工中，手工编程仍广泛使用。但对于形状复杂的零件如具有样条曲线及曲面的零件，因数据计算复杂，用手工编程难度较大、周期长、容易出错，有些甚至无法编制出程序，对这类零件则须用自动编程方法来编制程序。

2. 自动编程

自动编程是指在计算机及相应的软件系统的支持下，自动生成数控加工程序的过程。它充分发挥了计算机快速运算和存储的功能。其特点是采用简单、习惯的语言对加工对象的几何形状、加工工艺、切削参数及辅助信息等内容按规则进行描述，再由计算机自动地进行数值计算、刀具中心运动轨迹计算、后置处理，产生出零件加工程序单，并且对加工过程进行模拟。对于形状复杂，具有非圆曲线轮廓、三维曲面等零件的编写加工程序，采用自动编程方法效率高、可靠性好。在编程过程中，程序编制人可及时检查程序是否正确，需要时可及时修改。由于使用计算机代替编程人员完成了繁琐的数值计算工作，并省去了书写程序单等工作量，因而编程效率可提高几十倍乃至上百倍，解决了手工编程无法解决的许多复杂零件的编程难题。

数控加工自动编程的步骤，可分为五步：

1）零件几何信息的描述。利用 CAD/CAM 系统平台对零件进行几何造型，形成零件的二维或三维几何信息。

2）加工工艺参数的确定。根据零件的几何信息确定零件的加工工艺参数以及被加工面的信息，并通过 CAM 系统将这些信息输入计算机内。这些加工工艺参数包括零件的加工方法（如机床型号、粗精加工等）、刀具参数、切削用量（如进给速度、主轴转速、切削深度与宽度等）；被加工面信息包括选择被加工面或边界、进刀退刀方式、进给路线等。

3）刀具运动轨迹生成。根据零件的几何信息及加工工艺信息，CAM 系统将自动进行有关数据的计算，并生成刀具轨迹。这些信息保留在零件的轮廓数据文件、刀位数据文件及工艺参数文件中。这些文件是系统生成数控代码和加工模拟的基础。

4）刀具轨迹编辑与仿真。将经过系统自动计算完成的刀具轨迹进行刀具轨迹仿真，以验证刀具轨迹是否正确，然后对刀具轨迹进行一定的编辑与修改。刀具轨迹的编辑包括刀具轨迹的裁剪、分割、连接，刀具轨迹中刀位点的增加、删除与修改，刀具轨迹中部分刀位点的均化，刀具轨迹的转置与反向等。通过对刀具轨迹的仿真与编辑，使刀具轨迹更加合理与实用。

5）数控程序的产生——后置处理。后置处理是指将编辑好的刀位文件转换成指定数控系统能执行的数控程序的过程。这些数控程序通过控制介质直接输入到数控机床中用于加工。

4.4.2 数控程序格式

1. 程序格式

数控加工程序是由各种功能字按照规定的格式组成的。程序由若干个“程序段（Block）”组成，每个程序段由一定的顺序和规定排列的“字”（Word）组成。程序段格式是指程序段中的字、字符和数据的安排形式。字是由一个英文字母与随后的若干位十进制数字组成的，这个英文字母称为地址符。如“X2500”是一个字，“X”为地址符，数字“2500”为地址中的内容。

目前使用最多的是字地址程序段格式，这种格式是以地址符开头，后面跟随数字或符号组成程序字，每个程序字根据地址来确定其含义，因此不需要的程序字或与上一程序段相同的程序字都可以省略。各程序字的排列顺序也不严格。字地址程序格式包括程序段序号、准备功能、尺寸字、进给功能、主轴转速功能、刀具功能、辅助功能、程序段结束符号等。字地址程序段中程序字的顺序及形式一般为：

N　G　X　Y　Z　F　S　T　M

顺序号字N又称程序段号或程序段序号。顺序号位于程序段之首，由顺序号字N和后续数字组成。

2. 主程序和子程序

主程序即加工程序，子程序是可以用适当的机床控制指令调用的一段加工程序。原则上讲，主程序和子程序之间并没有区别。同一个工件中或多个工件中，几何形状、尺寸、加工要求完全一致的加工内容，可定义为子程序，供主程序调用，并可以多次重复调用，以减少重复劳动。

主程序可以调用子程序，子程序也可以调用另外的子程序，这称为子程序嵌套。可嵌套的次数，不同的系统有不同的规定。具体编程的方法应参照数控机床说明书的规定来编写。

程序格式：

M98　P×××　××××　调用子程序。“P”后的前3位数为子程序被重复调用的次数，当不指定重复次数时，子程序只调用一次；后4位数为子程序号。M98程序段中，不得有其他指令出现。

子程序格式：

O××××（子程序号）

⋮

M99　　子程序结束，并返回主程序。

主程序与子程序的关系为：

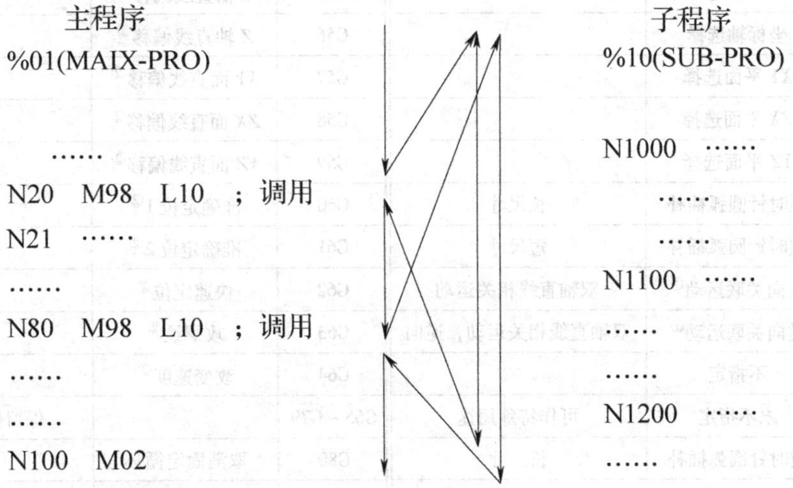

4.4.3　常用的准备功能和辅助功能指令

在数控机床上对工件进行的加工是依靠加工程序中的各种指令来完成的。数控编程常用的指令代码主要有准备功能G代码、辅助功能M代码及主轴功能S代码、进给功能F代码、刀具功能T代码。

1. 准备功能指令

准备功能G代码是在数控装置插补运算之前的预先规定，为插补运算、刀补运算、固定循环等做好准备，因此写在程序段的前部。

G 指令分为模态指令和非模态指令。模态指令在同组其他的 G 指令出现之前一直有效；非模态指令只在被指定的程序段中才有意义，其功能仅在所出现的程序段内起作用。

准备功能 G 指令由地址符 G 和其后两位数字组成，G00 ~ G99 共 100 个，ISO 国际标准规定的各种 G 功能的标准代码见表 4-1。每台数控机床实际上只用其中的一部分，下面介绍几个常用的 G 代码指令。

表 4-1　G（准备）功能标准代码（ISO 标准）

功能字	功能	说明	功能字	功能	说明
G00	点定位		G35	减螺距螺纹切削	
G01	直线插补	正常尺寸	G36 ~ G39	永不指定	保留仅作为控制用
G02	顺时针圆弧插补	正常尺寸	G40	取消刀具补偿	取消 G41 ~ G52 指令
G03	逆时针圆弧插补	正常尺寸	G41	左偏刀具补偿	刀具在运动方向左侧
G04	暂停	暂定一个指定时间	G42	右偏刀具补偿	刀具在运动方向右侧
G05	继续保持	无指令前不执行本程序	G43	正补偿	刀具预选值加到坐标中
G06，G07	不指定		G44	负补偿	坐标值减去刀具预选值
G08	加速		G45 ~ G49	可用于刀具补偿	其他不指定
G09	减速		G50 ~ G52	可用于刀具补偿	其他不指定
G10	直线插补	长尺寸	G53	取消直线偏移②	取消 G54 ~ G59 指令
G11	直线插补	短尺寸	G54	*X* 轴直线偏移②	
G12	不指定		G55	*Y* 轴直线偏移②	
G13 ~ G16	坐标轴选择		G56	*Z* 轴直线偏移②	
G17	*XY* 平面选择		G57	*XY* 面直线偏移②	
G18	*ZX* 平面选择		G58	*ZX* 面直线偏移②	
G19	*YZ* 平面选择		G59	*YZ* 面直线偏移②	
G20	顺时针圆弧插补	长尺寸	G60	准确定位 1②	
G21	顺时针圆弧插补	短尺寸	G61	准确定位 2②	
G22	正向关联运动①	双轴直线相关运动	G62	快速定位②	
G23	逆向关联运动①	双轴直线相关运动，逆向	G63	攻螺纹②	
G24	不指定		G64	改变速度②	
G25 ~ G29	永不指定	可作特殊用途	G65 ~ G79		保留作为定位用
G30	逆时针圆弧插补	长尺寸	G80	取消固定循环	
G31	逆时针圆弧插补	短尺寸	G81 ~ G89	1* ~9* 固定循环	
G32	不指定		G90	绝对（值）程序编制	
G33	等螺距螺纹切削		G91	相对（值）程序编制	
G34	增螺距螺纹切削		G92 ~ G99	不指定	

① 如控制机内无此功能，可指定作其他用途。
② 控制机内未安排此功能，可指定作其他用途。

（1）G00——坐标快速定位，模态指令　使刀具以点位控制方式从当前所在点快速移动到指令给出的目标位置。如 G00 X0 Y0 Z100，使刀具快速移动到（0，0，100）的位置。它只能用于快速移动，不能用于切削加工。

程序格式：G00 X _Y _Z _。

其中 *X*、*Y*、*Z* 的值是快速点定位的终点坐标值。

（2）G01——直线插补，模态指令 使机床沿空间直线作线性插补运动，加工出直线轮廓。如 G01 X10 Y10 Z20，使刀具从当前位置移动到（10，10，20）的位置。

程序格式：G01 X _Y _Z _F _

（3）G90、G91——绝对坐标及增量坐标编程 G90 表示程序段的坐标字（尺寸字）按绝对坐标编程，G91 表示程序段的坐标字按相对坐标编程。这是一组模态指令，默认为 G90。刀具运动过程中所有的刀具位置坐标以一个固定的程序原点为基准，即刀具运动的位置坐标是指刀具相对于程序原点的坐标，在程序中用 G90 指定。刀具运动的位置坐标是指刀具从当前位置到下一个位置之间的增量，在程序中用 G91 指定。增量坐标编程也称为相对坐标编程。

在图 4-16 中，假设刀具的当前位置在点 *A*，以下两段代码的功能相同：

G00 G90 X60.0 Y40.0（绝对坐标）

G00 G91 X40.0 Y30.0（相对坐标）

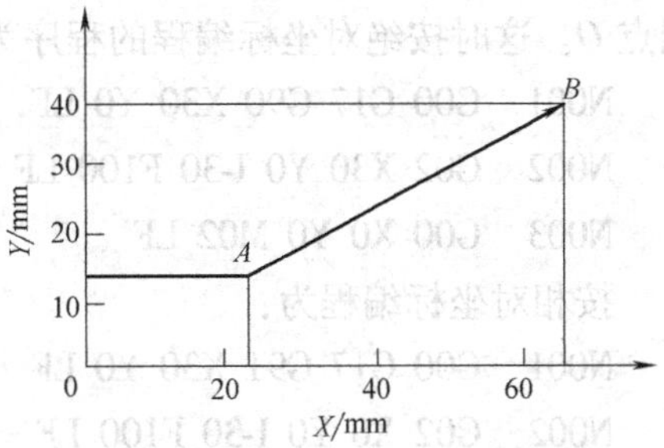

图 4-16 绝对坐标和相对坐标编程

（4）G02、G03——圆弧插补，模态指令 使机床在各坐标面内执行圆弧插补运动，切出圆弧轮廓。G02 为顺时针圆弧插补指令，G03 为逆时针圆弧插补指令。使用圆弧插补指令前必须应用平面选择指令，指定圆弧插补的平面。圆弧顺、逆方向的判别：沿着不在圆弧平面内的坐标轴，由正方向向负方向看，顺时针方向 G02，逆时针方向 G03，如图 4-17 所示。

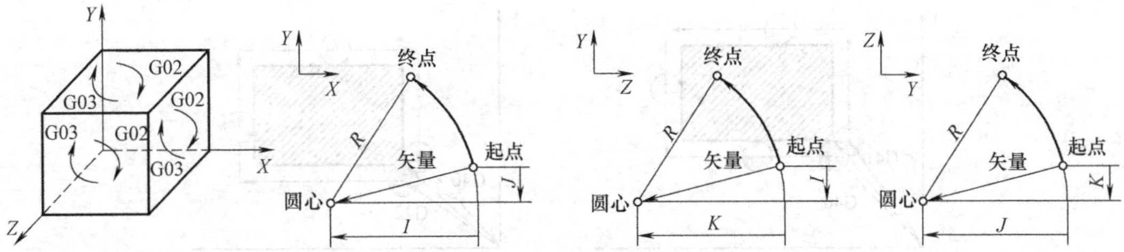

图 4-17 圆弧插补

程序格式：

XY 平面：

G17 G02 X _Y _I _J _（R _）F _

G17 G03 X _Y _I _J _（R _）F _

ZX 平面：

G18 G02 X _Z _I _K _（R _）F _

G18 G03 X _Z _I _K _（R _）F _

YZ 平面：

G19 G02 Z _Y _J _K _(R _)F _

G19 G03 Z _Y _J _K _(R _)F

其中，*X*、*Y*、*Z* 的值是指圆弧插补的终点坐标值；*I*、*J*、*K* 是指圆弧起点到圆心的增量坐标，与 G90、G91 无关；*R* 为指定圆弧半径，当圆弧的圆心角≤180°时，*R* 值为正，当圆弧的圆心角＞180°时，*R* 值为负。

（5）G17、G18、G19——坐标平面选择　G17 指定零件进行 *XY* 平面上的加工，G18、G19 分别指定零件进行 *ZX*、*YZ* 平面上的加工，这是一组模态指令，默认为 G17。一般，数控车床默认在 *ZX* 平面内加工，数控铣床默认在 *XY* 平面内加工，如图 4-18 所示。

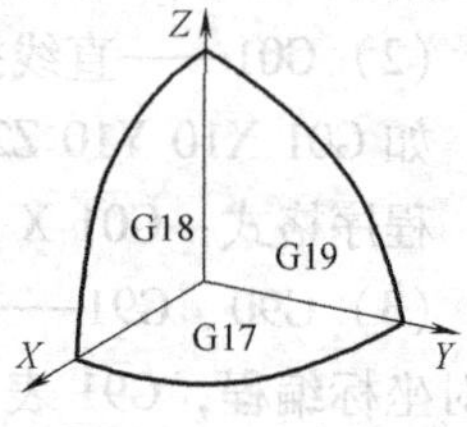

图 4-18　坐标平面选择

例 4-1　如图 4-19 所示的一个整圆，设起刀点在机床的原点，且编程原点与机床原点重合，加工时刀具从点 *O* 快速移到点 *A*，由点 *A* 顺时针方向加工整圆又回到点 *A*，再快速返回到点 *O*。这时按绝对坐标编程的程序为：

N001　G00 G17 G90 X30 Y0 LF

N002　G02 X30 Y0 I-30 F100 LF

N003　G00 X0 Y0 M02 LF

按相对坐标编程为：

N001　G00 G17 G91 X30 Y0 LF

N002　G02 X0 Y0 I-30 F100 LF

N003　G00 X-30 Y0 M02 LF

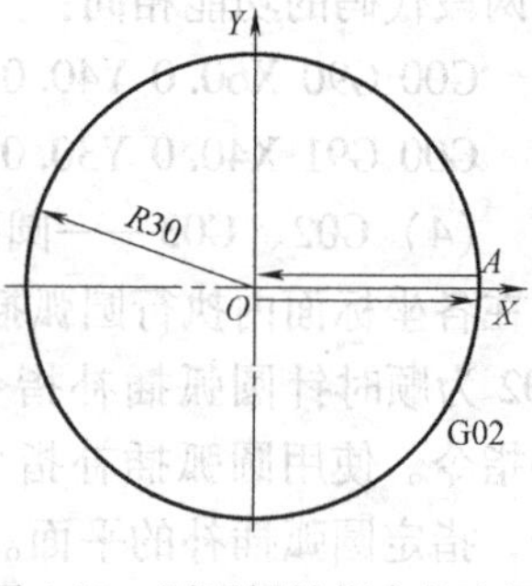

图 4-19　圆弧插补指令的应用

（6）G40、G41、G42——刀具半径补偿，这是一组模态指令　其中 G41 为刀具半径左补偿，G42 为刀具半径右补偿，G40 为撤销刀具半径补偿，如图 4-20 所示。

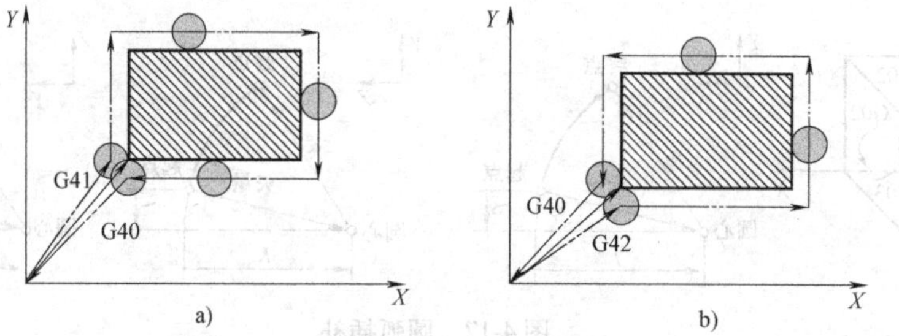

图 4-20　刀补功能定义

a）左刀补　b）右刀补

程序格式：

G00/G01 G41/G42 X _Y _H _　　建立补偿程序段

⋮　　轮廓切削程序段

G00/G01 G40 X _Y _　　补偿撤销程序段

（7）G43、G44、G49——刀具长度补偿　其中 G43 为刀具长度正向补偿，G44 为刀具长度负向补偿，G49为取消刀具长度补偿。这是一组模态指令，默认为G49，如图4-21所示。

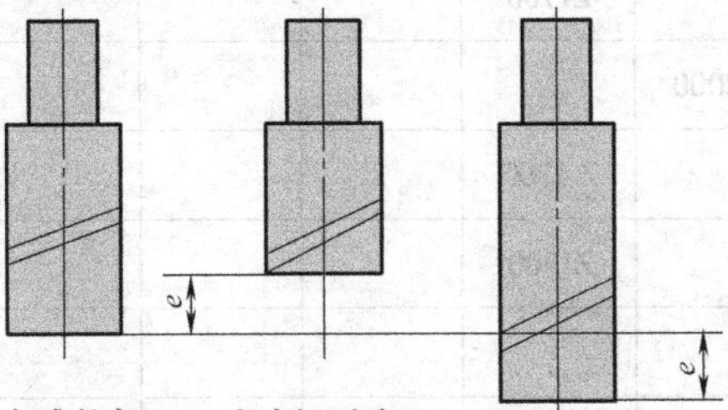

图4-21　刀具长度补偿

程序格式：G43 Z __ H __（正补偿）

G44 Z __ H __（负补偿）

例4-2　如图4-22所示，要求在工件点 *a*、*b*、*c*、*d* 处钻孔，NC机床的脉冲当量为0.01mm，采用增量坐标指令编程。加工程序列于表4-2中。

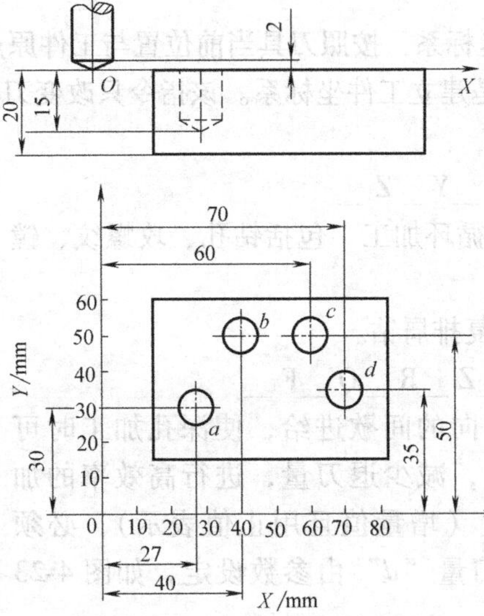

图4-22　钻孔工件

表4-2　工件的钻孔程序卡

N	G	X	Y	Z	F	M	说　明
N001	G91	X2700	Y3000	Z-1500		M03	快进到点 *a* 之上150mm的点
N002				Z-1480			快进到点 *a* 之上2mm的位置
N003	G01			Z-1700	F200		以200mm/min切削点 *a* 的孔

（续）

N	G	X	Y	Z	F	M	说　明
N004	G00			Z1700			快进，工具向上
N005		X1300	Y2000				点 *b* 之上 2mm 快进定位
N006	G01			Z-1700			以 N003 的 F200 在点 *b* 上钻孔
N007	G00			Z1700			
N008		X2000					点 *c* 定位
N009	G01			Z-1700			点 *c* 钻孔
N010	G00			Z1700			
N011		X1000	Y-1500				点 *d* 定位
N012	G01						点 *d* 钻孔
N013	G00			Z1700			
N014		X-7000	Y-3500	Z14800		Z-1700	至原点上 150mm，主轴停止
N014		X-7000	Y-3500	Z14800		Z-1700	至原点上 150mm，主轴停止

（8）G92——设定工件坐标系　按照刀具当前位置与工件原点位置的偏差，设置当前刀具位置坐标。该指令的本质是建立工件坐标系。该指令只改变刀具当前位置的用户坐标，不产生任何机床运动。

程序段格式为：G92　X _Y _Z _

（9）G73～G89——固定循环加工　包括钻孔、攻螺纹、镗孔等循环加工。

1）G73——高速深孔往复排屑钻。

程序格式：G73 X _Y _Z _R _Q _F _

该固定循环用于 *Z* 轴方向的间歇进给，使深孔加工时可以较容易地实现断屑和排屑，减少退刀量，进行高效率的加工。*Q* 值为每次的背吃刀量（增量值且用正值表示），必须保证 $Q>d$，退刀快速，退刀量"*d*"由参数设定，如图 4-23 所示。

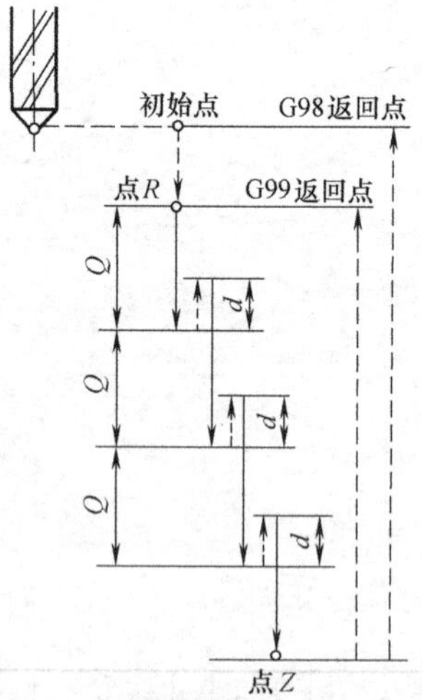

图 4-23　高速深孔往复排屑钻

2）G76——精镗孔。

程序格式：C76 X _Y _Z _R _Q _P _F _

P 表示在孔底有暂停，OSS 表示主轴有准停，*Q* 表示刀具移动量。精镗时为了使刀具在退刀过程中不划伤孔的表面，可以使用精镗循环 G76 指令，刀具从初始点移至点 *R*，并开始进行精镗切削，直至孔底主轴停止，向刀尖反方向移动（偏移一个 *Q* 值），然后快速退刀，刀具复位。*Q* 值总是为正值，若使用负值，负号将被忽略。偏移时刀头移动的方向预先由参数设定，如图 4-24 所示。

3）G83——深孔往复排屑钻。

程序格式：G83 X __Y __Z __R __Q __F __

G83 指令同样用于深孔加工，孔加工动作如图 4-25 所示，与 G73 略有不同的是每次刀具间歇进给后退至点 *R* 的平面，此处的“*d*”表示刀具间歇进给每次下降时由快进转为工进的那一点至前一次切削进给下降的点之间的距离，距离由参数来设定。

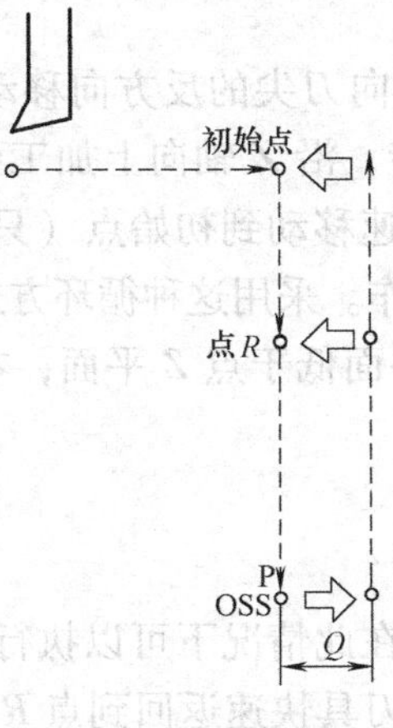

图 4-24　精镗孔循环

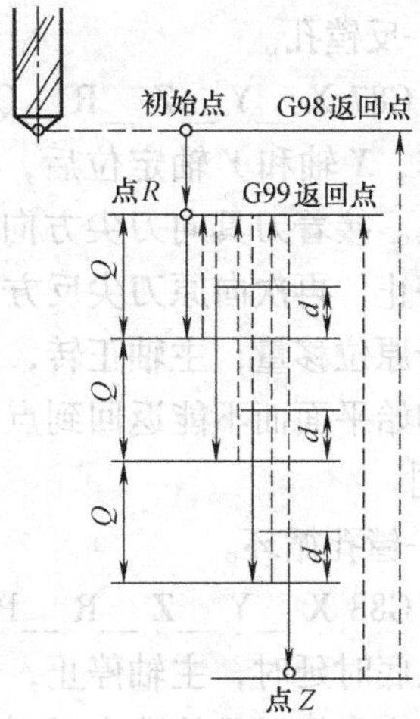

图 4-25　深孔往复排屑钻

4）G81——钻孔，G82——锪孔。

程序格式：

G81 X __Y __Z __R __F __

G82 X __Y __Z __R __P __F __

G81 指令的动作循环为 *X*、*Y* 坐标定位、快进、工进和快速返回等动作。G82 在孔底增加了暂停，因而适用于盲孔、锪孔或镗阶梯孔的加工，以提高孔底表面加工精度，而 G81 只适用于一般孔的加工，如图 4-26 所示。

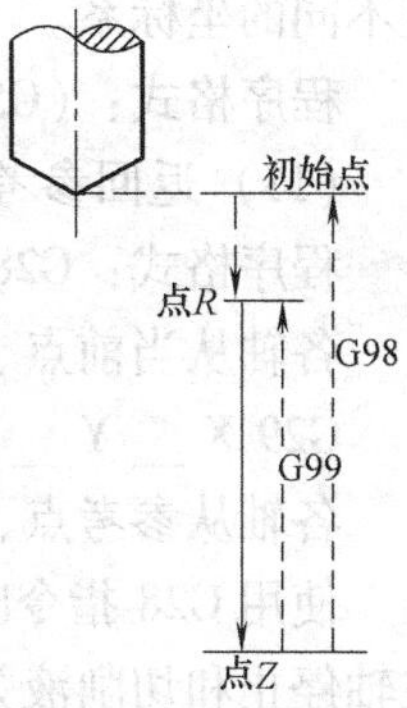

图 4-26　钻孔循环

5）G84——攻右旋螺纹，G74——攻左旋螺纹。

程序格式：

G84 X __Y __Z __R __F __

G74 X __Y __Z __R __F __

G84 指令使主轴从点 *R* 至点 *Z* 时，刀具正向进给，主轴正转，到孔底时主轴反转，返回到点 *R* 平面后主轴恢复正转。G74 指令使主轴攻螺纹时反转，到孔底正转，返回到点 *R* 时恢复反转。

6）G85——精镗孔，G89——精镗阶梯孔。

程序格式：

G85 X __Y __Z __R __F __

G89 X __Y __Z __R __P __F __

这两种孔的加工方式是刀具以切削进给方式加工到孔底，然后又以切削进给方式返回到点 *R* 平面，而 G89 在孔底有暂停。

7）G86——镗孔。

程序格式：G86 X _Y _Z _R _F _

刀具加工到孔底后，主轴停止，快速返回到点 *R* 平面或初始平面后，主轴再重新起动。如果连续加工的孔间距较小时，可在各孔动作之间加入暂停指令 G04，以使主轴达到规定转速。

8）G87——反镗孔。

程序格式：G87 X _ Y _ Z _ R _Q _F _

反镗孔动作，*X* 轴和 *Y* 轴定位后，主轴定向停止，然后向刀尖的反方向移动 *Q* 值，并快速定位到孔底。接着刀具向刀尖方向移动 *Q* 值，主轴正转，沿 *Z* 轴向上加工到点 *Z*，这时主轴又定向停止，再次向原刀尖反方向位移 *Q* 值，然后快速移动到初始点（只能用 G98）后刀尖返回一个原位移量，主轴正转，进行下一个程序段动作。采用这种循环方式时，只能让刀具返回到初始平面而不能返回到点 *R* 平面，因为点 *R* 平面低于点 *Z* 平面，本指令参数设定与 G76 相同。

9）G88——镗孔循环。

程序格式：G88 X _Y _Z _R _P _F _

刀具到达孔底时延时，主轴停止，进入进给保持状态，在此情况下可以执行手动操作。但为了安全起见应先把刀具从孔中退出，以便再启动加工，刀具快速返回到点 *R* 或初始点，主轴正转。

10）G80——取消固定循环。

G80 用来取消固定循环，也可用 G00、G01、G02、G03 取消固定循环。

（10）G54 ~ G59——工件坐标系选择　以选定的不同坐标系为参考坐标系，刀具移动到指定位置。适用于在一个工作台上同时加工多个零件，或同一个零件加工不同的区域时，设定不同的坐标系。

程序格式：（G54 ~ G59）X _Y _Z _

（11）返回参考点 G28、从参考点返回切削点 G29

程序格式：G28 X _Y _Z _

各轴从当前点、经过中间点（*X*，*Y*，*Z*）后快速移动到参考点。

G29 X _ Y _ Z _

各轴从参考点、经过前面 G28 指定中间点后快速移动到指定位置（*X*，*Y*，*Z*）。

使用 G28 指令时，必须先取消刀具半径补偿，因为 G28 本身包括取消刀具长度补偿、主轴停止和切削液关闭等，但不包括刀具半径补偿取消。常用于换刀。

2. 辅助功能 M 代码

辅助功能 M 代码是控制机床或系统的辅助功能动作，如冷却泵的开关、主轴的正反转、程序结束等。

辅助功能 M 指令由地址符 M 和其后两位数字组成。M00 ~ M99 共 100 个，详见表 4-3。下面介绍几个常用的 M 代码指令。

表4-3　M（辅助）功能代码表（ISO标准）

辅助功能字	功　能	说　明	准备功能字	功　能	说　明
M00	程序停止	停止主轴、进给、切削液	M37	进给范围2	
M01	任选停止	同M00，但“选择停止开关”开关合	M38	主轴转速范围1	
M02	程序结束	同M00，同时将纸带回起点	M39	主轴转速范围2	
M03	主轴顺时针旋转	负向	M40~M45	变换齿轮，其他不指定	
M04	主轴逆时针旋转	正向	M46~M49	不指定	保留仅作控制用
M05	主轴停止	停止主轴及切削液	M50	3号切削液开	
M06	换刀	与刀具功能字一起构成换刀指令	M51	4号切削液开	
M07	2号切削液开		M52~M54	不指定	
M08	1号切削液开		M55	刀具移位，位置1	使刀具从零点移动到位置1，补偿主轴位置
M09	切削液关	关上M07、M08、M13、M14、M50、M51切削液	M56	刀具移位，位置2	使刀具从零点移动到位置2，补偿主轴位置
M10	夹紧	按要求夹紧滑座、工件、夹具或主轴	M57~M59	不指定	
M11	松开	将M10指定的夹紧松开	M60	更换工件	
M12	不指定		M61	工件直线位移，位置1	使工件基点重合于第一指定点
M13	主轴顺时针旋转，开切削液		M62	工件直线位移，位置2	使工件基点重合于第二指定点
M14	主轴逆时针旋转，开切削液		M63~M67	不指定	
M15	正向（+）运动		M68	工件夹紧	
M16	负向（-）运动		M69	工件松开	
M17、M18	不指定		M70	不指定	
M19	主轴定位停止	主轴停止在指定角度上	M71	工件角度位移，位置1	
M20~M29	永不指定	可用于特殊需要	M72	工件角度位移，位置2	
M30	纸带结束		M73~M77	不指定	
M31	解除联锁	解除正常时有效的联锁	M78	滑座夹紧	
M32~M35	恒定切削速度	每一辅助功能字代表一定的恒定切削速度	M79	滑座松开	
M36	进给范围1		M80~M99	不指定	

（1）M00——程序停止指令　M00指令的功能是执行此指令后，机床停止一切操作，即主轴停转、切削液关闭、进给停止。在按下控制面板上的运行指令后，才能重新运行机床，继续执行下一程序段。

该指令主要应用于加工过程中的停机检查、测量零件、手工换刀或交接班等。

（2）M01——任选停止指令　M01指令的功能与M00相似，不同的是只有控制面板上"选择停止开关"预先接通时，M01指令才起作用。该指令主要用于加工工件抽样检查、清理切屑等。

（3）M02——程序结束指令　M02指令的功能是程序全部结束。此时主轴停转、切削液关闭，数控装置和机床复位。该指令写在程序的最后一段。

（4）M03、M04、M05——主轴正转、反转、停止指令　M03、M04、M05指令分别命令主轴正转、反转和主轴停止转动。顺时针方向旋转为正转，逆时针方向旋转为反转。

（5）M06——换刀指令　M06为手动或自动换刀指令，用于电动控制刀架、多轴转塔刀架的自动转位换刀或有刀库的数控机床如加工中心的自动换刀。

（6）M07、M08、M09——切削液开关指令　M07、M08、M09指令用于冷却装置的起动和关闭。

M07表示2号切削液或雾状切削液开。

M08表示1号切削液或液状切削液开。

M09表示关闭切削液开关，并注销M07、M08、M50及M51（M50、M51为3号切削液开）。

（7）M30——纸带结束指令　M30除具有M02功能外，并返回到程序头，准备下一个工件的加工。

3. 其他辅助功能

1）F功能——进给功能。F功能也称为进给功能，表示进给速度，属于模态代码。根据数控系统不同，F功能的表示方法也不一定相同。进给功能用地址符F和其后1~5位数字表示，通常用F后跟3位数字（F×××）的形式表示。进给功能的单位一般为mm/min，当进给速度与主轴转速有关时（如车削螺纹），单位为mm/r。

2）S功能——主轴转速功能。S功能也称为主轴转速功能，主要表示主轴转速或速度，属于模态代码。主轴转速功能用地址符S加2~4位数字表示。其单位有r/min和m/min两种，通常使用r/min。例如：

G96　S300；主轴转速为300m/min。

G97　S1500；主轴转速为1500r/min。

3）T功能——刀具功能。T功能也称为刀具功能，表示选择刀具和刀补号，属于模态代码。一般具有自动换刀的数控机床上都有此功能。刀具功能用地址符T加2~4位数字表示。一般来说，若T后接的是4位数字，则前2位是刀具号，后2位是刀补号；若T后接的是2位数字，则后面还应接刀补号，刀补号即刀具参数补偿号，由字母D加2位数字表示。一把刀具可以有多个刀补号。

4.4.4　数控车床程序编制

1. 数控车床的坐标系

（1）数控车床的机床坐标系　数控车床一般以主轴为Z轴，以卡盘到尾座顶尖的方向

为 Z 轴正方向；X 轴与主轴轴线垂直相交，以刀具远离主轴轴线的方向为 X 轴正方向，如图4-14a所示。

卧式车床的机床原点一般定位在主轴前端面的中心，但这个点不是一个硬件点，而是一个定义点。机床参考点是一个硬件点，其位置由 X、Z 向的挡块和行程开关确定。对某台数控车床来讲，参考点与机床原点之间有严格的位置关系，机床出厂前已调试准确，确定为某一固定值，这个值就是参考点在机床坐标系下的坐标。卧式数控车床的机床原点和参考点如图4-27所示。

（2）数控车床的工件坐标系（编程坐标系） 工件坐标系也称为编程坐标系。工件坐标系是人为设定的，其原点一般选择在工件的定位基准、尺寸基准或夹具的适当位置上。数控车床工件原点通常设在工件左、右端面的中心或卡盘前端面的中心。实际加工时考虑加工余量和加工精度，工件原点应选择在精加工后的端面上或精加工后的夹紧定位面上，如图4-28所示。端面余量一般为0.2mm左右。

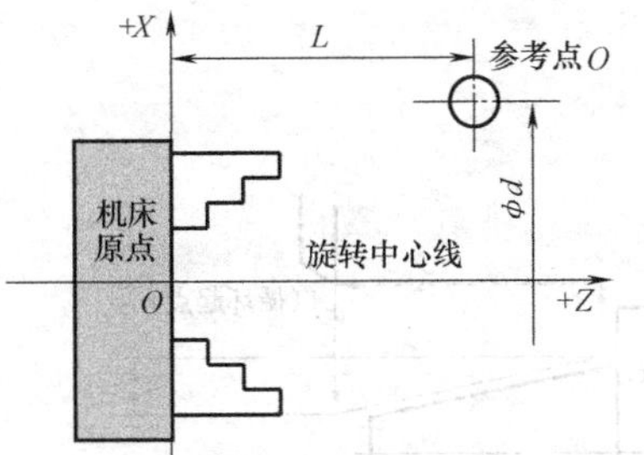

图4-27 数控车床的机床原点和参考点

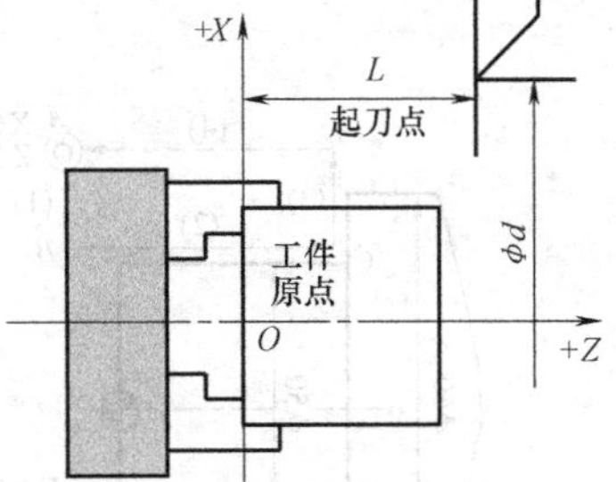

图4-28 实际加工的工件坐标系

数控车床工件坐标系的设置过程实际就是基准刀的对刀过程，以FUNAC—0T为例，工件坐标系设定指令为G50，设定过程如下：

程序格式：G50 Xa Zb；

（a，b）为刀具（刀尖）在工件坐标系下的坐标值，对刀时先将刀尖对到（a，b）位置。执行G50，就相当于在系统中建立一个以工件原点为坐标原点的工件坐标系，此后刀尖移动时，在CRT上将显示刀尖在工件坐标系下的坐标值。点（a，b）（对刀点）即刀具相对工件运动的起始点，又称为起刀点。

2. 数控车床的编程要点

数控车床的编程要点如下：

1）大多数数控车床系统允许绝对坐标和相对坐标在一个程序段内混合使用。绝对坐标和相对坐标的选择要依据图样上的尺寸标注，尽可能减少尺寸换算，避免影响零件的加工精度。

2）数控车削编程时径向坐标用直径表示。为保证径向尺寸精度，X 向的脉冲当量一般为 Z 向脉冲当量的一半。一般系统都同时具有半径和直径编程功能，可通过系统内部参数设定。

3）数控车削的毛坯多为棒料或锻料，加工余量较大，数控系统具有多种固定循环功能。

4）为提高工件的加工精度，数控系统多具有刀尖圆弧半径补偿功能。根据对刀的需要和解决刀具磨损问题，数控系统还具有刀具几何位置补偿和刀具磨损补偿，以解决每把刀的位置差异和磨损问题。

3. 固定循环

车削较大加工余量的工件时常采用固定循环以减少程序长度，节省编程时间。固定循环完成后，刀具回到固定循环执行前的循环起点。

（1）简单固定循环（G90、G94）

1）简单内、外圆车削循环（G90）。

程序格式：圆柱面　G90 X(U)_ Z(W)_ F_

　　　　　圆锥面　G90 X(U)_ Z(W)_ R_ F_

如图4-29所示，X、Z为点C绝对坐标，U、W为点C相对循环起点A的相对坐标，F为指定的进给速度，R为切削锥体的半径差，图4-29b中所示$R<0$，反之，$R>0$。实线为进给速度（由F设定），虚线为快速进给速度（同G00速度），以下同。

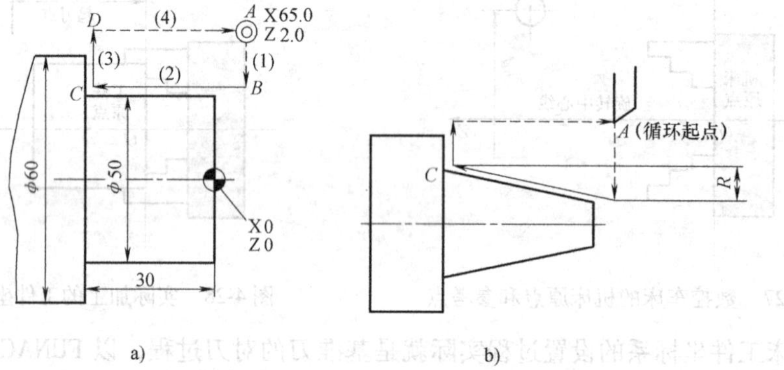

图4-29　简单圆柱面和圆锥面车削循环

图4-29a中G90指令循环动作为：

G90 X50. 0 Z-30. 0 F_

相当于　G00 X50. 0

　　　　G01 Z-30. 0 F_

　　　　X65. 0

2）简单端面车削循环（G94）。

程序格式：直端面　G94 X（U）_ Z（W）_ F_

　　　　　锥端面　G94 X（U）_ Z（W）_ R_ F_

其中，X、Z为点C绝对坐标，U、W为点C相对循环起点A的相对坐标，F为指定的进给速度，R为切削锥体的半径差。图4-30所示为简单直端面车削循环，程序为：

G00 X85. 0 Z10. 0 T0101 M03

G01 G96 Z5. 0 F3. 0 S120

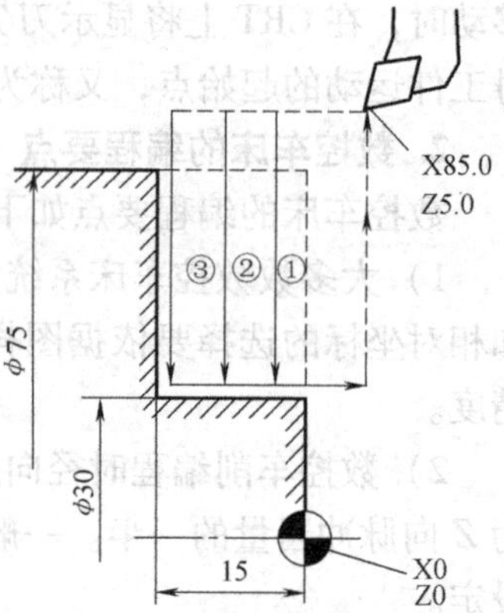

图4-30　简单直端面车削循环

G94 X30.0 Z-5.0 F0.2 ①
Z-10.0 ② 循环部分
Z-15.0 ③
G00 G97 X200.0 Z200.0 S450 T0100
M01

（2）复合固定循环（G71、G72、G73、G70）

1）内、外圆粗车循环（G71）。G71 常用于毛坯为棒料的粗车循环。

程序格式：G71 U$\underline{\Delta d}$　R $\underline{e}$

G71 P $\underline{ns}$　Q $\underline{nf}$ U $\underline{\Delta u}$　W$\underline{\Delta w}$（F ＿ S ＿ T ＿）

其中，*ns* 为精加工第一个程序段的顺序号；*nf* 为精加工最后一个程序段的顺序号；Δu 为 *X* 向精加工余量（直径值）；Δw 为 *Z* 向精加工余量；Δd 为每次切深（单边值）；*e* 为每次切削的退刀量；*F*、*S*、*T* 分别为粗加工循环进给速度、主轴转速和刀具号。一般 *S*、*T* 此前已设定。此处指定的 *F* 为粗加工循环的进给速度，若此前已设定，此处可不再设定，*ns* ~ *nf* 之间若设定 *F* 则精加工时才有效。

图 4-31 所示为粗车循环加工路径，图中 *C* 是粗加工循环的起点，*A* 是毛坯外径与端面的交点，*B* 是加工终点。

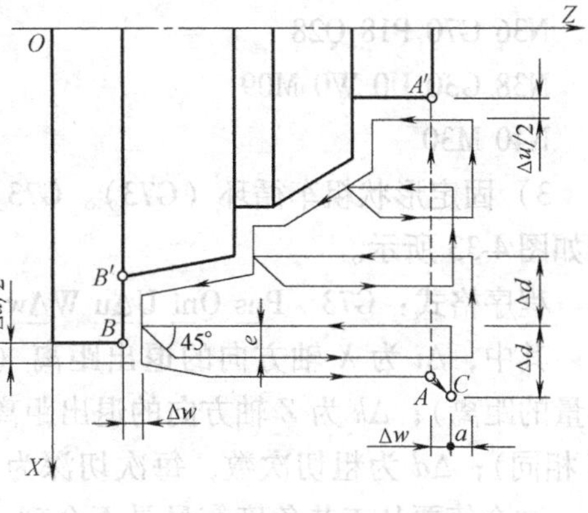

图 4-31　粗车外圆加工循环

2）端面粗车循环（G72）。

程序格式：G72　P$\underline{ns}$　Q$\underline{nf}$　U$\underline{\Delta u}$ W$\underline{\Delta w}$ D$\underline{\Delta d}$　（F ＿S ＿T ＿）。

各符号意义同 G71。

G72 端面粗车循环刀具切削路径如图 4-32a 所示。

例 4-3　图 4-32b 所示为要进行端面粗车的短轴，粗车深度定为 1mm，退刀量为 1mm，精车削预留量 *X* 方向为 0.5mm，*Z* 方向为 0.25mm，粗车进给率为 0.3mm/r，主轴转速为 550r/min，数控程序编写如下：

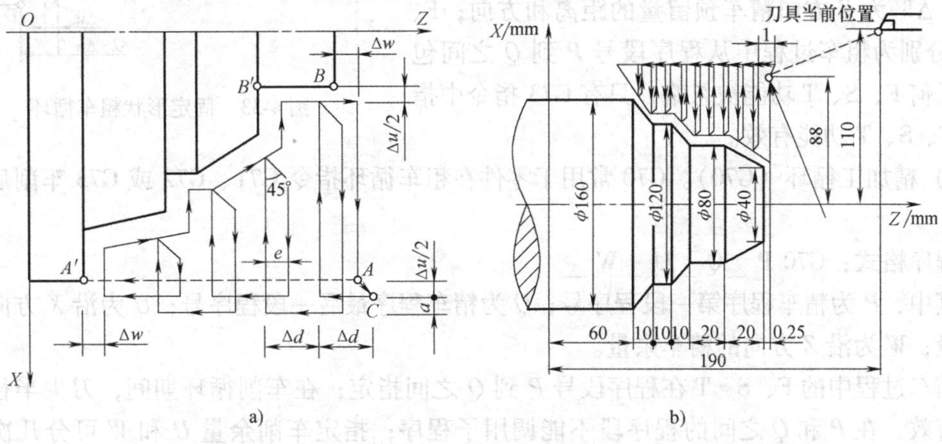

图 4-32　端面粗车循环

```
N6 G50 X220.0 Z 190.0                    定义程序原点
N8 G30 U0 W0
N10 T0100 M03                            调 01 号粗车刀
N12 G00 X176.0 Z 130.25                  刀具快速走到粗车循环起始点
N14 G72 U1.0 R1.0                        定义 G72 粗车循环
N16 G72 P18 Q28 U0.5 W0.25 F0.3 S550     调用程序段 N18 到 N28 进行粗车
N18 G00 Z56.0                            快速走到精车起始点
N20 G01 X120.0 W12.0                     程序段 N20 到 N28 定义精车削刀具轨迹
N22 W10.0
N24 X80.0 W10.0
N26 W20.0
N28 X36.0 W22.0
N32 G30 U0 W0
N34 T0303                                调 03 号精车刀
N36 G70 P18 Q28                          粗车后精车削
N38 G30 U0 W0 M09
N40 M30
```

3）固定形状粗车循环（G73）。G73 常用于毛坯为锻件或铸件的粗车循环，刀具切削路径如图 4-33 所示。

程序格式：G73 Pns Qnf UΔu WΔw IΔi KΔk DΔd（F _S _T _）

其中，Δi 为 X 轴方向的退出距离（一般为总余量的距离）；Δk 为 Z 轴方向的退出距离（一般与 Δi 相同）；Δd 为粗切次数，每次切深为 $\Delta i/(\Delta d-1)$，这个值要从工艺角度衡量是否合理；R 为分割次数，与粗车削重复次数相同，该参数为模态量；P 为精车削程序第一段程序号；Q 为精车削程序最后一段程序号；ΔU 为 X 方向精车预留量的距离和方向；ΔW 为 Z 方向精车预留量的距离和方向；F、S、T 分别为粗车过程中从程序段号 P 到 Q 之间包括的任何 F、S、T 功能被忽略，只有 G73 指令中指定的 F、S、T 功能有效。

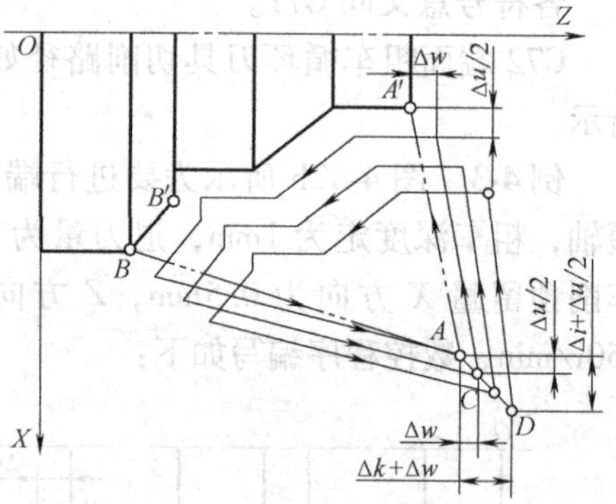

图 4-33　固定形状粗车循环

4）精加工循环（G70）。G70 常用于零件在粗车循环指令 G71、G72 或 G73 车削后进行精车。

程序格式：G70 P _Q _U _W _

其中，P 为精车程序第一段程序号；Q 为精车程序最后一段程序号；U 为沿 X 方向的精车余量；W 为沿 Z 方向的精车余量。

精车过程中的 F、S、T 在程序段号 P 到 Q 之间指定；在车削循环期间，刀尖半径补偿功能有效；在 P 和 Q 之间的程序段不能调用子程序；指定车削余量 U 和 W 可分几次进行精车。

4. 螺纹加工

(1) 螺纹切削（G32）　G32 可切削恒螺距的直螺纹、锥螺纹和端面螺纹。

程序格式：直螺纹　G32　Z（W）＿　F＿

锥螺纹　G32　X（U）＿　Z（W）＿　F＿

端面螺纹　G32　X（U）＿　F＿

X、*Z* 为螺纹加工终点的绝对坐标，*U*、*W* 为螺纹加工终点相对螺纹加工起点的坐标，*F* 为螺距，δ_1、δ_2 为螺纹加工时设置的升速段和降速段，以保证螺纹均匀。推荐 $\delta_1 = 0.0025SF$，$\delta_2 = 0.0005SF$（*S* 为主轴转速，*F* 为螺距）。

螺纹加工通常不能一次成形，需要多次进刀，且每次进刀量是递减的，G32 没有自动递减功能，必须由用户编程给定。

(2) 简单螺纹切削循环（G92）　G92 可一次完成切入、切削、退刀、返回 4 个动作。用 G92 加工螺纹也需用户设定切削次数和每次进给量。

程序格式：直螺纹　G92　X(U)＿　Z(W)＿　F＿

锥螺纹　G92 X(U)＿　Z(W)＿　R＿　F＿

其中，*X*、*Z* 为点 *C* 的绝对坐标，*U*、*W* 为点 *C* 相对循环起点 *A* 的坐标，*R* 为切削锥螺纹部分大小端的差值。

图 4-34a 所示的圆柱螺纹的加工程序为：

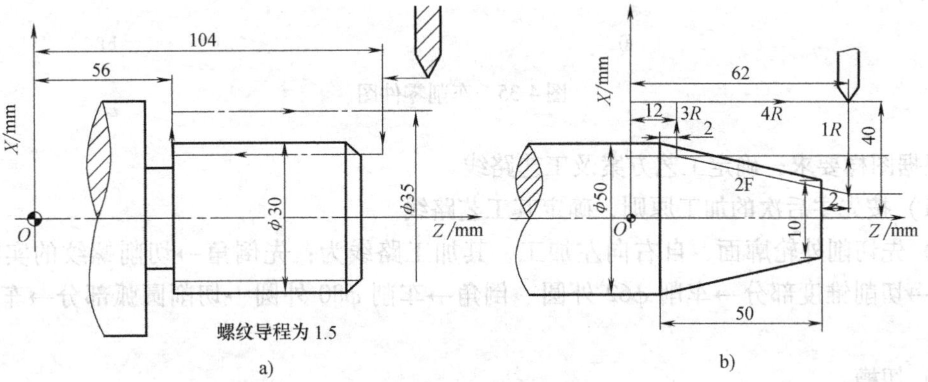

图 4-34　简单螺纹切削循环

```
G00 X35 Z104
G92 X29.2 Z53 F1.5
X28.4
X27.6
⋮
G00 X200 Z200
```

图 4-34b 所示锥螺纹的加工程序为：

```
G00 X80 Z62
G92 X49.6 Z12 I-5 F2
```

X49.2

X48.8

⋮

G00 X200 Z200

5. 数控车床编程实例

如图4-35a所示的零件，需进行精加工，图中ϕ85不加工。选用具有直线-圆弧插补功能的数控车床加工该零件，编制精加工程序。

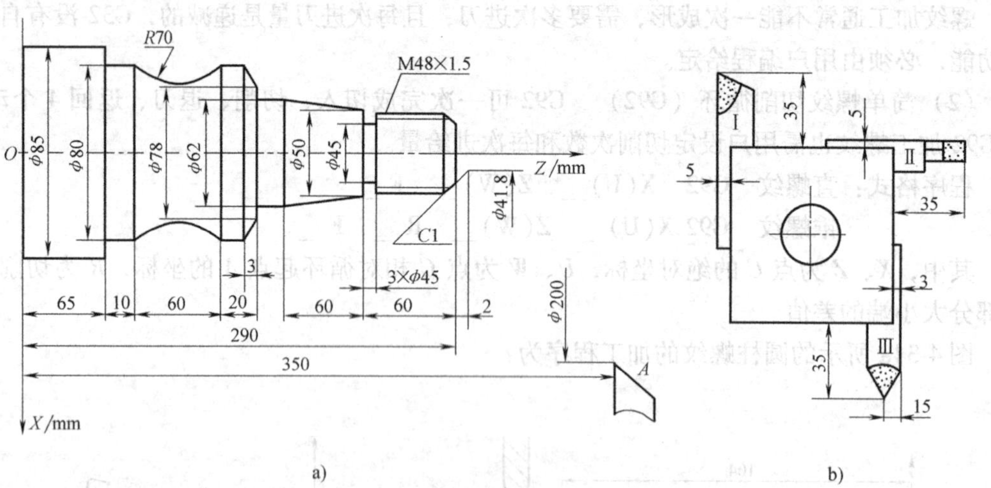

图4-35 车削零件图

根据图样要求，确定工艺方案及工艺路线。

（1）按先主后次的加工原则，确定其工艺路线

1）先切削外轮廓面，自右向左加工，其加工路线为：先倒角→切削螺纹的实际外圆ϕ47.8→切削锥度部分→车削ϕ62外圆→倒角→车削ϕ80外圆→切削圆弧部分→车削ϕ80外圆。

2）切槽。

3）车螺纹。

（2）选择刀具并画出刀具布置图 根据加工的要求，选用三把刀具。I号刀车外圆，Ⅱ号刀切槽，Ⅲ号刀车螺纹，如图4-35b所示。采用对刀仪对刀，螺纹刀尖相对于I号刀尖在Z向偏置15mm。

编程之前应正确地选择换刀点，以便在换刀过程中，刀具与工件、机床和夹具不会碰撞。本例中，换刀点为点A，如图4-35a所示。

（3）确定切削用量 车外圆，主轴转速确定S31=630r/min，进给速度选为F15；切槽时，主袖转速为S23=315r/min，进给速度选为F10；切削螺纹时，主轴转速为S22=200r/min，进给速度选为F150。

（4）编写程序单 确定点O为工件坐标系的原点，并将点A（换刀点）作为对刀点，即程序的起点。该零件的加工程序及程序说明见表4-4。

表4-4　零件的加工程序及程序说明

O0001	程　序　号
N10 G92 X200.0 Z350.0	建立工件坐标系
N20 G00 X41.8 Z292.0 S630 M03 T1	刀具快速接近工件，起动主轴，开切削液
N30 G01 X47.8 Z289.0 F150	倒角
N40 U0 W-59.0	车直径为 ϕ47.8 的外圆，增量坐标编程
N50 X50.0 W0.0	退刀，绝对坐标与增量坐标混合编程
N60 X62.0 W-60	车锥度，绝对坐标与增量坐标混合编程
N70 U0 Z155.0	车直径为 ϕ62 的外圆，绝对坐标与增量坐标混合编程
N80 X78.0 W0	退刀，绝对坐标与增量坐标混合编程
N90 X80.0 W-1.0	倒角，绝对坐标与增量坐标混合编程
N100 U0 W-19.0	车直径为 ϕ80 的外圆，绝对坐标与增量坐标混合编程
N110 G02 U0 W-60.0 I63.25 K-30.0	车圆弧，I、K 表示圆心相对于圆弧起点的坐标
N120 G01 U0 Z65.0	车直径为 ϕ80 的外圆
N130 X90.0 W0	退刀
N140 G00 X200.0 Z350.0 M05 M09	快速退回到起始点，主轴停，切削液关
N150 X51.0 Z230.0 S315 M03 T2 M08	换Ⅱ号刀，快速接近工件，起动主轴，开切削液
N160 G01 X45.0 W0 F10.0	切槽
N170 G04 U50	延时 50ms，G04 为延时指令
N180 G00 X51.0	退刀
N190 X200.0 Z350.0 M05 M09	快速退回到起始点，主轴停，切削液关
N200 G00 X52.0 Z296.0 S200 M03 T3	换Ⅲ号刀，快速接近工件，起动主轴，开切削液
N210 G76 X47.2 Z231.5 F150.0	G76 车螺纹，切至深度 0.3mm = (47.8 − 47.2)/2mm
N220 I-60 K0	车螺纹，切至深度 0.6mm = (0.3 + 0.6/2) mm
N230 I-50	车螺纹，切至深度 0.85mm = (0.6 + 0.5/2) mm
N240 I-30	车螺纹，切至深度 1.0mm = (0.85 + 0.3/2) mm
N250 G00 X200.0 Z350.0 M02	快速退回到起始点，程序结束

4.4.5　数控铣削程序编制

1. 平面轮廓数控铣削

模具零件的型面常由各种平面和立体轮廓组成。对于各种复杂型面的轮廓编程，常需多坐标联动加工，加工程序编制过程中要进行较多的工艺和数学处理与计算。数学处理的主要任务是根据零件形状，按照已确定的进给路线和允许的编程误差，计算出数控系统的输入数据，亦即零件轮廓上或刀具中心轨迹上一些点的坐标数据。

（1）基点和节点的计算　基点就是构成零件轮廓各相邻几何元素的交点或切点。例如圆弧与圆弧的交点或切点，直线与圆弧的交点或切点，两直线的交点等。

由于一般数控装置只具备直线插补和圆弧插补功能，当加工非圆曲线时，在满足允许编程误差的条件下常用直线和圆弧去逼近。逼近线段的交点称为节点。编程就是要计算出各直线段长度和节点坐标值，各圆弧的起点、终点及圆心坐标值等。加工立体型面时，根据加工精度要求，用平行于某一坐标平面的一簇平面，将型面分割成许多薄片，每个薄片的外形轮廓都可视为平面曲线，为此也要计算出每一薄片外形轮廓曲线上的基点和节点坐标。

（2）刀具中心轨迹的计算　数控铣床的控制系统要求程序给出刀具中心轨迹上的基点或节点的坐标数据，以控制刀具的运动轨迹，并由铣刀切削刃加工出零件轮廓。具有刀具偏移功能的控制系统编程时，实际上只需算出零件轮廓上的基点或节点坐标数据、给出刀具半径大小及刀具偏移指令，数控系统即可自动进行刀具偏移计算，算出所需的刀具中心轨迹坐标，控制刀具运动。对于没有刀具偏移运算的数控系统，则必须计算出刀具中心轨迹的基点和节点，作为编程的依据。

（3）辅助程序计算　对刀点到切入点（刀具开始与零件轮廓接触的点）的程序以及由切削终点返回到对刀点的程序都是辅助程序。在数值计算中也应算出辅助程序所需的数据。

（4）增量计算　增量坐标系统的数控装置输入的数据是增量坐标指令。对于直线段需算出直线终点相对于直线起点的坐标增量值；而对于圆弧段，一种是需算出圆弧终点相对于圆弧起点的坐标增量值及圆弧的圆心相对于圆弧起点的坐标增量值，另一种是需算出圆弧起点相对于圆心的坐标增量值及圆弧终点相对于圆心的坐标增量值。绝对坐标系统的数控装置输入的数据是绝对坐标指令。对于直线可直接给出它的终点坐标值；对于圆弧段，直接给出圆弧终点的坐标值，而圆弧起点仍用其相对于圆心的坐标增量给出，或用圆弧圆心相对于圆弧起点的坐标值给出。

由直线、圆弧轮廓组成的零件在机械零件占有很大的比例，这类零件常采用三坐标数控铣床进行加工，其数控加工程序编制是轮廓控制数控机床程编的基本形式，如图4-36所示。

例4-4　如图4-36所示铣削加工工件，使用的NC机床具有刀具半径补偿和刀具偏置功能，其加工程序编制过程如下：

首先对零件图进行工艺分析，并确定进给路线和工艺参数。如选用ϕ16mm立铣刀，主轴转速$n=900$r/min，切削进给速度$F=100$mm/min。使工件原点与机床原点重合。对刀点选在机床原点上，切削分粗、精加工两次进给。粗加工时，刀具中心在工件轮廓的法向偏离一个距离D，$D=R+\Delta$，其中R为铣刀半径，Δ为精铣时的加工余量；精加工时的刀具偏离距离应为刀具半径R。

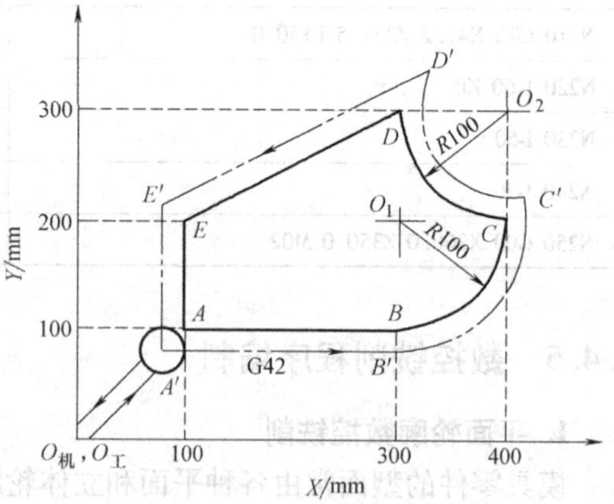

图4-36　平面轮廓铣削编程

根据零件轮廓特点和所确定的进给路线，将加工分成5个程序段，即AB、BC、CD、DE和EA。在工件坐标系中计算出基点A、B、C、D、E和圆心O_1、O_2的绝对坐标值。根据零件尺寸标注方式，选用绝对坐标编制加工程序较为方便。因此对于直线段可直接给出它的终点坐标值，对于圆弧段，则给出圆弧终点坐标值，而圆弧起点用其相对于圆心的坐标增量给出。切入程序是点$O_{机}$到点A的直线段。切出程序是点A到点$O_{机}$的直线段。需求出这段直线和终点的坐标值。

根据计算所得的全部数据及有关指令，编写加工程序：

```
G92 X0 Y0
N001  G90 G17 G00 G42 D01 X100 Y100 LF
N002  G01 X300 F100 LF
N003  G03 X400 Y200 I0 J-100 LF
N004  G02 X300 Y300 I0 J-100 LF
N005  G01 X100 Y200 LF
N006  Y100 LF
N007  G00 G40 X0 Y0 M02 LF
```

上述程序中，程序段G92 X0 Y0是完成工件坐标系到机床坐标系的变换。对于本例，由于这两个坐标系重合，所以*X*、*Y*后值为零。

D01为数控系统的内存地址，在运行程序进行加工之前，要用数控系统和键盘，将刀具中心的偏移量*D*送入到内存地址D01中去。加工时，机床根据按工件轮廓尺寸编制的加工程序和预先存放在数控系统内存中的刀具中心偏移量，自动计算刀具中心轨迹*A′B′C′D′E′A′*，并控制刀具沿轨迹线*A′B′C′D′E′A′*进行加工。精加工时，仍可用该程序，只是在D01中输入不同的偏移量（即刀具半径*R*）即可。

2. 立体曲面轮廓数控铣削

立体曲面轮廓数控铣削时，常采用两轴半、三轴、四轴、五轴等插补联动方法进行加工，以适应不同的零件形状、刀具形状及精度要求。

（1）两坐标联动三坐标行切法加工　对于曲面铣削，常用球头铣刀采用两坐标联动的“行切法”进行加工。*X*、*Y*、*Z*中任意两轴作插补联动，第三轴作单独周期进刀，称两轴半联动。如图4-37a所示，球头铣刀沿*YZ*纵向来回切削，沿*X*方向周期进给，加工出整个曲面。该方法刀位点计算简单，程序少，加工过程符合直纹面的形成，可以准确保证素线的直线度。当采用图4-37b所示沿横向来回切削的加工路线时，加工后的零件便于检验，准确度高，但程序较多。

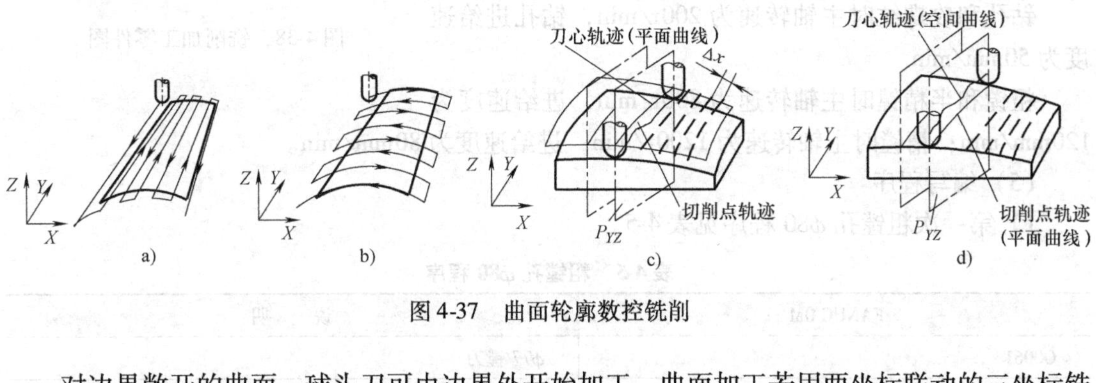

图4-37　曲面轮廓数控铣削

对边界敞开的曲面，球头刀可由边界外开始加工。曲面加工若用两坐标联动的三坐标铣床，则采用任意两轴联动插补，第三轴作单独周期性进刀的两轴半联动加工方法，如图4-37c所示。此时，刀具中心轨迹为等距曲面与行切面的交线，是一条平面曲线，编程计算比较简单，但由于球头刀与曲面切削点的位置随曲率而不断改变，故切削刃形成的轨迹是空间曲线，曲面上有较明显的扭曲的残留沟纹。这种方法常用于曲率变化不大及精度要求不高的粗加工中。

（2）三坐标联动加工　若用三坐标联动插补的行切加工方法，如图 4-37d 所示，切削刃形成的轨迹为曲面与行切面的交线即平面曲线，刀具中心轨迹则是一空间曲线，其编程计算较为复杂，且要求机床必须具备三轴联动功能。

（3）四坐标及五坐标加工　有些空间曲面零件的曲面形成较为复杂，但根据其曲面形成规律，旋转变动一下坐标方向后其轨迹曲线则比较简单。如图 4-5 所示的零件，可采用圆柱铣刀周边在四坐标联动的数控机床进行加工，获得较高的加工质量和生产效率。更为复杂的空间曲面如螺旋桨则需要经过复杂的编程计算，进行五坐标加工，如图 4-6 所示。

3. 数控铣床编程实例

加工如图 4-38 所示零件，毛坯尺寸为 200mm × 200mm × 42mm（已加工过），中心孔径 ϕ75mm，材料为 45 钢。

（1）夹具选择及装夹　用机用平口钳夹工件左右两侧，找正上表面。

（2）加工工艺过程　铣下平面（程序略）→铣上平面(程序略)→第一次粗镗孔 ϕ80(程序 O0061)→第二次粗镗孔 ϕ80→第三次半精镗孔 ϕ80→铣凸台及台阶面(程序 O0062)→精镗孔 ϕ80(程序 O0063)→钻孔 ϕ16.5(程序 O0064)→攻螺纹(程序 O0065)。

（3）刀具选择　01 号刀为 ϕ20 立铣刀（标刀），02 号刀为 ϕ77 镗刀，03 号刀为 ϕ79 镗刀，04 号刀为 ϕ79.8 镗刀，05 号刀为 ϕ80 精镗刀，06 号刀为 ϕ16.5 钻头，07 号刀为 M18 丝锥。

（4）切削参数选择　铣削加工时主轴转速为 1200r/min，粗铣（逆铣）进给速度为 200mm/min，精铣（顺铣）进给速度为 80mm/min，精铣余量为 0.2mm。

钻孔和攻螺纹时主轴转速为 200r/min，钻孔进给速度为 50mm/min。

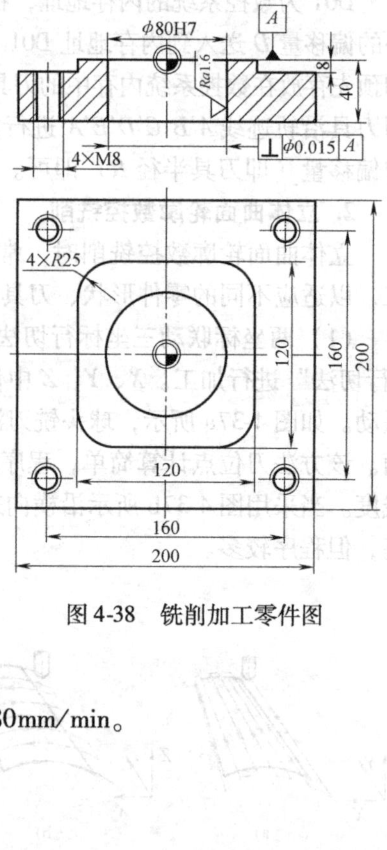

图 4-38　铣削加工零件图

粗镗和半精镗时主轴转速为 800r/min，进给速度为 120mm/min；精镗时主轴转速为 1200r/min，进给速度为 80mm/min。

（5）编写程序

1）第一次粗镗孔 ϕ80 程序见表 4-5。

表 4-5　粗镗孔 ϕ80 程序

FANUC 0M	说　明
O0061	ϕ77 镗刀
G54 G90 G00 X0 Y0 M03 S800	
G43 H02 Z80	加长度刀补
G98 G85 Z-42 R10 F120	镗孔，点 R 在上表面 10mm
G49 G00 Z100	取消长度刀补
M30	

2）第二次粗镗和半精镗 ϕ80 与第一次粗镗的程序相同，只是镗刀要更换，长度补偿刀号要更改。

3）铣凸台及台阶面，刀补号见表4-6，加工程序清单见表4-7。

表4-6　刀补号

刀　补　号	08	09	10	11	01
半径补偿值/mm	40	30	20	10.2	10

表4-7　铣凸台及台阶面的加工程序

FANUC 0M	说　明
O0062	ϕ20 立铣刀
G54 G90 G00 X0 Y0 Z100 M03 S1200	
X-130 Y-60	
Z20.2	加工8层，Z 向留0.2mm余量
M98 P0621 L8（M98 P0621008）	
G91 G00 Z0.8	
M98 P0621 L1（M98 P0621）	精铣
G90 G00 Z100	
X0 Y0	
M30	
O0621	
G91 G00 Z-21	下刀
G90 G01 G42 D08 X-100 Y-60 F200	刀补半径40mm
M98 P0622 L1（M98P0622）	铣削最外圈
G90 G01 G42 D09 X-100 Y-60 F200	刀补半径30mm
M98 P0622 L1（M98P0622）	铣削次外圈
G90 G01 G42 D10 X-100 Y-60 F200	刀补半径20mm
M98 P0622 L1（M98P0622）	铣削第三圈
G90 G01 G42 D11 X-100 Y-60 F200	刀补半径10.2mm
M98 P0622 L1（M98P0622）	铣削第四圈（余量0.2mm）
G90 G00 Y0	回对称线
G24 Y0（G51 X0 Y0 I1000 J-1000）[1]	镜像，Y 坐标改变
G90 G01 G42 D01 X-100 Y-60 F80	顺铣最终轮廓
M98 P0622 L1（M98P0622）	
G25 Y0（G50）	取消镜像
G91 G00 Z20	

（续）

FANUC 0M	说　明
M99	
O0622	加工凸台轮廓
G90 G01 X35	
G03 X60 Y-35 R25	
G01 Y35	
G03 X35 Y60 R25	
G01 X-35	
G03 X-60 Y35 R25	
G01 Y-35	
G03 X-35 Y-60 R25	
G01 X100	
G40 G00 X150	
G91 G00 Z20	提刀
G90 X-130 Y-60	回轮廓加工起点
G91 Z-20	回到当前层
M99	

① FANUC 0M 中如用此功能，则其他坐标均应回小数点。

4）精镗孔 $\phi80$ 的加工程序见表 4-8。

表 4-8　精镗孔 $\phi80$ 的加工程序

FANUC 0M	说　明
O0063	$\phi80$ 镗刀
G54 G90 G00 X0 Y0 M03 S1200	
G43 H05 Z80	加长度刀补
G76 Z-42 R10 P0 Q-5 I-5 J-5 F80	到孔底暂停 2s，X、Y 方向各回退 5mm，然后返回
G49 G00 Z100	取消长度刀补
M30	

5）钻 4×$\phi16.5$ 孔的加工程序见表 4-9。

表 4-9　钻 4×$\phi16.5$ 孔的加工程序

FANUC 0M	说　明	FANUC 0M	说　明
O0064	$\phi16.5$ 钻头	Y-80	钻 3 象限孔
G54 G90 G00 X0 Y0 M03 S1200		X80	钻 4 象限孔
G43 H06 Z80	加长度刀补	G49 G00 Z100	
G98 G81 X80 Y80 Z-45 R10 F50	钻 1 象限孔	M30	
X-80	钻 2 象限孔		

6）攻螺纹4×M18的加工程序见表4-10。

表4-10　攻螺纹4×M18的加工程序

FANUC 0M	说　明	FANUC 0M	说　明
O0065		Y-80	
G54 G90 G00 X0 Y0 M03 S1200		X80	
G43 H07 Z80		G49 G00 Z100	
G98 G84 X80 Y80 Z-42 R10 P2 F1.5		M30	
X-80			

4.5　数控机床夹具和刀具的选择与使用

4.5.1　数控机床夹具的选择与使用

夹具在数控加工中具有重要的作用。数控机床夹具必须适应数控机床的高精度、高效率、多方向同时加工、程序控制及单件小批生产的特点。单件小批量生产时，应尽量采用组合夹具、可调式夹具及通用夹具，以缩短生产准备时间，节省生产费用。成批生产时，可考虑采用专用夹具，但结构要力求简单。

1. 数控车床夹具

数控车床的夹具通常使用自定心卡盘、单动卡盘等，单动卡盘用于非回转体或偏心件的装夹。大批量生产使用便于自动控制的液压、电动及气动夹具（如液压自定心卡盘），用于回转工件的自动装夹。

数控车床加工中还有多种相应的夹具，主要分两大类，即用于轴类工件的夹具和盘类工件的夹具。

（1）用于轴类工件的夹具　用于轴类工件的夹具有自动夹紧拨动卡盘、拔齿顶尖、三爪拨动卡盘、快速可调万能卡盘等。车削空心轴时常用圆柱心轴、圆锥心轴或各种锥套轴或堵头作为定位装置。

（2）用于盘类工件的夹具　这类夹具适用在无尾座的卡盘式数控车床上，用于盘类工件的夹具主要有可调卡爪式卡盘、快速可调卡盘等。

2. 数控铣床上的夹具

数控铣床上的夹具一般安装在工作台上，其形式根据被加工工件的特点可多种多样，如通用平口钳、组合夹具、数控分度转台等，根据工件加工情况也常用螺栓螺母、压板和垫铁夹紧。对于斜面零件可用正弦平口钳夹紧，正弦平口钳通过钳身上的孔及滑槽来改变角度。

组合夹具适用于新产品研制、单件小批量生产和生产周期短的产品零件。使用组合夹具可节省夹具的材料费、设计费、制造费，并便于库存保管；另外，其组合时间短，能够缩短生产周期，可反复拆装，不受零件尺寸改动限制，可以随时更换夹具定位的易磨损件。但对于定型产品大批量生产时，组合夹具的生产效率不如专用夹具生产效率高。

组合夹具的类型分孔系组合夹具和槽系组合夹具。

（1）孔系组合夹具　根据零件的加工要求，用孔系组合夹具组件可快速地组装成机床夹具。孔系组合夹具的组件结构简单，以孔定位，螺栓联接，定位精度高，刚性好，组装方便。孔系组合夹具及其应用实例如图 4-39 所示。

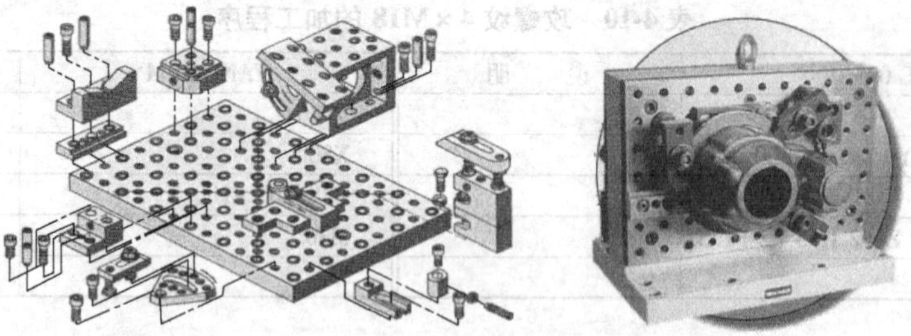

图 4-39　孔系组合夹具及其应用

（2）槽系组合夹具　槽系组合夹具组件是靠基础板定位基准槽，用键来联接各组件而组合成的夹具。所有组件可以拆卸、反复组装、重复使用。组件按其用途可分为基础件、支撑件、定位件、导向件、压紧件、紧固件、合件和其他件八大类进行组合。

3. 专用夹具

专用夹具指专为某一工件的某一加工工序而设计制造的夹具。其结构紧凑，操作方便，主要用于固定产品的大批量生产。

4.5.2　数控机床刀具的选择与使用

数控机床在加工模具时所应用的刀具多数与通用刀具相同，经常也使用机夹不重磨可转位硬质合金刀片的铣刀。由于模具中有许多是由曲面构成的型腔，所以经常需要采用球头刀以及环形刀（即立铣刀刀尖呈圆弧倒角状）。选择刀具时通常要考虑机床的加工能力、工序内容和工件材料等因素。

1. 刀具选择的原则

刀具选择的原则是：安装调整方便、刚性好、耐用度和精度高。在满足加工要求的前提下，尽量选择较短的刀柄，以提高刀具加工的刚性。此外，在进行数控加工刀具选择时，应注意以下情况：

1）选取刀具时，要使刀具的尺寸与被加工工件的表面尺寸相适应。生产中，平面零件周边轮廓的加工，常采用立铣刀；铣削平面时，应选硬质合金面铣刀；加工凸台、凹槽时，应选高速钢立铣刀；对立体平面和变斜角轮廓外形的加工，常用球头铣刀、面铣刀、锥形刀和盘形刀。

2）在进行自由曲面加工时，由于球头刀具的端部形状易造成较大残留面积，因此，为保证加工精度，一般应取较小的切削行距。平头刀具在表面加工质量和切削效率方面都优于球头刀，因此，在保证不过切的前提下，曲面的粗加工和精加工，都应优先选择平头刀。在大多数情况下，应选择好的刀具以提高加工质量和加工效率，从而降低整个加工成本。

3）在加工中心上，刀具安装在刀库上，按加工程序进行选刀和换刀动作，因此必须采用标准刀柄，作为编程人员应了解机床上所用刀柄的结构尺寸、调整方法以及调整范围，以便在编程时确定刀具的径向和轴向尺寸。

2. 车刀选择

精车时，要选精度高、耐用度好的刀具，以保证加工精度的要求。此外，为减少换刀时间和方便对刀，应尽可能采用机夹刀和机夹刀片。夹紧刀片的方式要选择得比较合理，刀片最好选择涂层硬质合金刀片。常用数控车刀种类如图4-40所示。

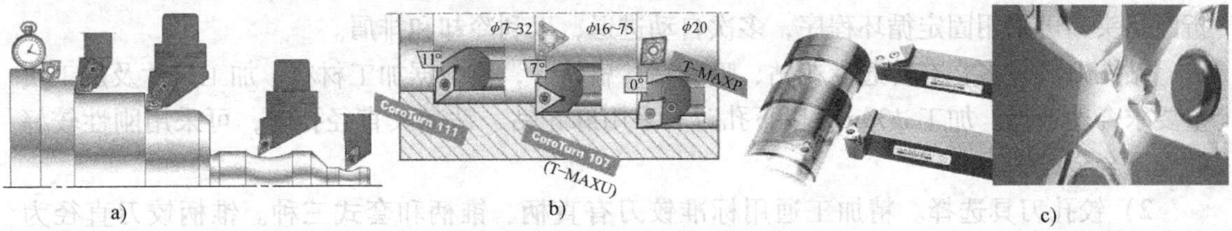

图4-40　常用数控车刀

a）外圆车刀、车槽、车断刀　b）内圆车刀、镗刀　c）螺纹车刀

3. 铣刀选择

1）在数控机床上加工平面零件周边轮廓时，常采用立铣刀。铣削平面时，应选硬质合金刀片铣刀；曲面加工时常采用球头铣刀；但在加工曲面较平坦部位时，刀具以球头顶端刃切削，切削条件较差，因而应采用环形刀。连续切削时，粗铣刀直径要小些以减小切削转矩，精铣刀直径要大一些，最好能包容待加工表面的整个宽度。加工余量大且加工表面不均匀时，刀具直径要选得小一些，避免粗加工时因接刀刀痕过深而影响加工质量。

2）高速钢立铣刀多用于加工凸台和凹槽，最好不要用于加工毛坯面，以免毛坯面的硬化层和夹砂加速刀具的磨损。加工余量较小，并且要求表面粗糙度较低时，应采用立方氮化硼（CBN）刀片面铣刀或陶瓷刀片面铣刀。镶硬质合金的立铣刀可用于加工槽、窗口面、台面和毛坯表面。

3）加工精度要求较高的槽时，可采用直径比槽宽小一些的立铣刀，先铣槽的中间部分，然后利用刀具的半径补偿功能铣削槽的两边，直到达到精度要求。

4）在单件或小批量生产中，为取代多坐标联动机床，对一些立体形面和变斜角轮廓外形的加工，常采用球头铣刀、环形铣刀、鼓形刀、锥形刀和盘形刀。

常用数控铣刀如图4-41所示。

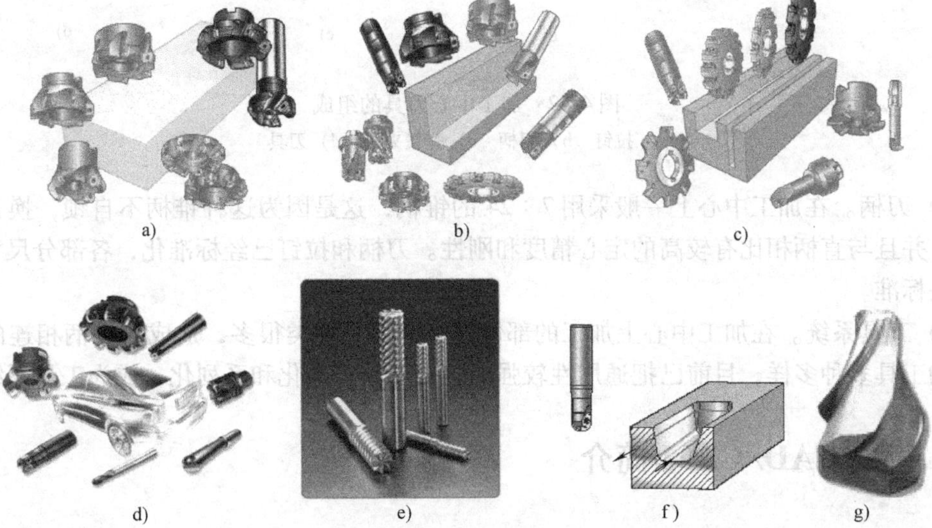

图4-41　常用数控铣刀

a）面铣刀　b）方肩铣刀　c）三面刃和螺纹铣刀　d）仿形铣刀　e）整体硬质合金铣刀　f）球头立铣刀　g）锥形铣刀

4. 孔加工刀具选择

1）在数控铣床上钻孔，一般不采用钻模；当孔深大于直径5倍的深孔加工时，为避免折断钻头，可采用固定循环程序，多次自动进退，以利冷却和排屑。

钻孔刀具较多，有普通麻花钻、喷吸钻、扁钻等，应根据加工材料、加工尺寸及加工质量要求合理选择。加工 ϕ30mm 以下孔时多采用麻花钻，钻削大直径孔时，可采用刚性较好的硬质合金扁钻。

2）铰孔刀具选择。精加工通用标准铰刀有直柄、锥柄和套式三种。锥柄铰刀直径为 ϕ10～32mm，直柄铰刀直径为 ϕ6～20mm，小孔直柄铰刀直径为 ϕ1～6mm，套式铰刀直径为 ϕ25～80mm。

3）螺纹加工刀具选择。在数控铣床和加工中心上加工各种中、小尺寸内螺纹一般使用丝锥。丝锥工作部分是由切削部分和校准部分组成的。切削部分齿形是不完整的，后一刀齿比前一刀齿高，当丝锥作螺旋运动时，每一个刀齿都切下一层金属，校准部分的齿形是完整的，它主要用来校准及修光螺纹廓形，并起导向作用。

4）镗孔刀具选择。当孔径大于 ϕ30～40mm 时，一般用镗刀加工。对阶梯孔的镗削加工采用组合镗刀，以提高镗削效率。微调镗刀的径向尺寸可以在一定范围内调整，结构简单，通用性强，因此，在加工中心上得到较为广泛的应用。

5. 刀柄及工具系统

加工中心所用的切削工具由两部分组成，即刀具和刀柄及拉钉，拉钉是带螺纹的零件，常固定在各种工具柄的尾端。机床主轴内的拉紧机构借助它把刀柄拉紧在主轴中，如图4-42所示。

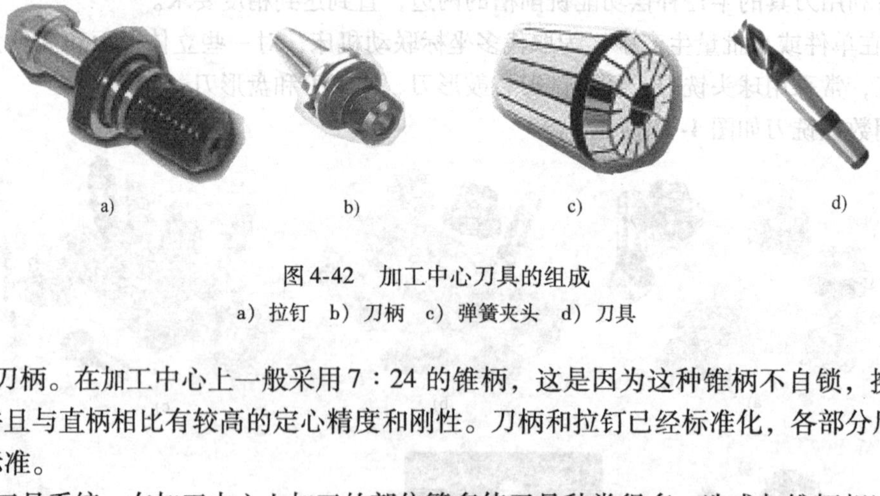

图4-42 加工中心刀具的组成
a）拉钉 b）刀柄 c）弹簧夹头 d）刀具

1）刀柄。在加工中心上一般采用7∶24的锥柄，这是因为这种锥柄不自锁，换刀比较方便，并且与直柄相比有较高的定心精度和刚性。刀柄和拉钉已经标准化，各部分尺寸可参见相关标准。

2）工具系统。在加工中心上加工的部位繁多使刀具种类很多，造成与锥柄相连的装夹刀具的工具多种多样，目前已把通用性较强的装夹工具标准化和系列化，成为工具系统。

4.6 模具CAD/CAM简介

计算机辅助设计与制造（CAD/CAM）技术是近年来工程技术领域中发展最迅速、最引人注目的一项高级技术，它已成为工业生产现代化的重要标志之一，对加速工程和产品的开发、缩短产品设计制造周期、提高产品质量、降低成本、增强企业市场竞争力与创新能力发挥着重要作用。它的应用及发展正引起一场产品工程设计与制造的深刻技术革命，并将对产品结构、产业结构、企业结构、管理结构、生产方式以及人才知识结构方面带来巨大影响。

CAD 充分利用计算机的高速计算能力、逻辑判断能力，特别是图像显示和人机会话能力，使计算机履行很大一部分制图员和设计师的工作，快速高质量地完成产品设计与工艺设计任务。

CAM 完成生产计划的编制，生产过程的调度并对整个制造过程进行控制。CAD/CAM 是产品设计和制造过程的完整系统，它使计算机集成化的机械工厂成为现实，它被人们称为制作业的未来。CAM 与 CAD 密不可分，通过公共数据库将设计和制造过程紧密地联系为一个整体。数控自动编程系统利用设计的结果和产生的模型，形成数控加工机床所需的信息。CAD/CAM 大大缩短了产品的制造周期，显著地提高了产品质量，产生了巨大的经济效益。

4.6.1 模具 CAD/CAM 系统及组成

1. 系统组成

CAD/CAM 系统由硬件系统和软件系统等组成。图 4-43 所示为 CAD/CAM 系统的基本支持环境。

（1）CAD/CAM 系统硬件组成

1）主机。主机是 CAD/CAM 系统中枢，它的作用是控制及指挥整个系统，并执行实际运算、逻辑判断任务。主机由运算器、内存储器和控制器组成。运算器和控制器合称为中央处理器。CAD/CAM 系统的运行环境根据计算机类型和规模的不同，其配置形式可归纳为主机系统、小型机系统、分布式工作站系统和微机系统四种，当前倾向于采用工作站作为硬件系统。但随着微机技术的迅速发展，微机系统的应用越来越广泛。

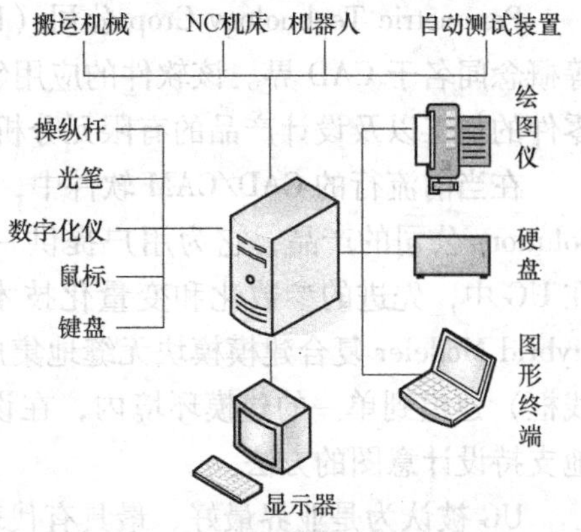

图 4-43 CAD/CAM 系统的基本支持环境

2）外存储器。主要用来存储（或从中调出）CAD 系统的程序、图形文件和其他软件。作业时，将其从外存中调入内存使用，或将内存的数据输出至外存存放。常用的外存储器有磁带机、磁盘（包括软盘、硬盘）、光盘等。

3）图形输入、输出设备。常用图形输入设备主要有鼠标、数字化仪、图形扫描仪以及正在研制的语音输入设备。常用图形输出设备有打印机和绘图仪。打印机是最廉价的产生图形硬拷贝的设备，但所输出图形质量有限，不如绘图仪。常用绘图仪为笔式绘图仪，也有用喷墨、静电或激光技术实现的绘图仪。

4）图形显示设备。图形显示设备是 CAD/CAM 系统中必不可少的装置。大多数图形显示器采用标准的 CRT 结构，也有采用其他技术的显示器，如液晶显示器、激光显示器等。

5）加工设备。CAD/CAM 技术的发展与加工设备的发展是相辅相成的。模具行业的加工设备包括各种类型的专用于模具加工的数控机床及各类由计算机控制的加工设备及各级控制机，以及各种靠模机床、电加工和特种加工机床、测量机、光整加工机等。机床大多采用CNC、DNC控制，一些由主机（加工中心、数控机床）、联线、联线设备（包括工业机器人）、控制设备（计算机及外部设备、控制台等）及辅助设备所组成的柔性制造系统（MS）在模具制造中也有应用。

（2）CAD/CAM系统软件组成　CAD/CAM系统的软件按功能可分为两个层次，即系统软件、支撑及应用软件。

1）系统软件。系统软件（即操作系统）是指挥计算机运行和管理用户作业的软件，是用户和计算机之间的接口。操作系统把计算机的硬件组织成为一个协调一致的整体，以便尽可能地发挥计算机卓越功能和最大限度地利用计算机各种资源。微机采用的操作系统主要有MS-DOS操作系统和Windows操作系统等。

2）支撑软件。支撑软件一部分是由计算机制造商提供的，并为计算机用户共同使用的软件，如加工语言及其解释程序、编译程序和汇编程序等。另一部分由计算机厂商提供或软件公司作为商品提供的，如图形软件（Auto CAD、CAXA电子图板等）、几何造型软件（UG、Pro/E、CATIA、Cimatron等）、计算分析优化及仿真软件（常用算法程序库、有限元分析程序、优化程序、各种数字仿真程序）、数据库管理系统、网络软件、NC编程软件（UG、Pro/E、CATIA、Cimatron、Master CAM、制造工程师等）、各种专用的模具CAD/CAM软件（冲裁模CAD/CAM软件、塑料模CAD/CAM软件等）等。

Parametric Technology Crop公司（PTC）的Pro/E软件以其参数化、基于特征、全相关等概念闻名于CAD界。该软件的应用领域主要是针对产品的三维实体模型建立、三维实体零件的加工以及设计产品的有限元分析。

在当前流行的CAD/CAM软件中，UG是比较流行、比较优秀的软件。UG是Unigraphics Solutions公司的产品，它为用户提供一个较完善的企业级CAD/CAE/CAM/PDM集成系统。在UG中，先进的参数化和变量化技术与传统的实体、线框和曲面功能结合在一起。UG/Hybrid Modeler复合建模模块无缝地集成基于约束的特征建模和传统的几何（实体、曲面和线框）建模到单一的建模环境内，在设计过程中提供更多的灵活性，用户可以选择最自然地支持设计意图的方法。

UG被认为是业界最好、最具有代表性的数控软件。UG/CAM提供了一整套从钻孔、线切割到5轴铣削的单一加工解决方案。UG/CAM由五个模块组成，即交互工艺参数输入模块、刀具轨迹生成模块、刀具轨迹编辑模块、三维加工动态仿真模块和后置处理模块。UG具有统一的数据库，实现了CAD、CAE、CAM之间无数据交换的自由转换，实现了2～2.5轴，3～5轴联动的复杂曲面加工和镗铣加工。该软件的功能也非常强大，它提供了功能强大的刀具轨迹生成方法，包括车、铣、线切割等完善的加工方法。在加工过程中的模型、加工工艺、优化和刀具管理上，都可以与主模型设计相关联，始终保持最高的生产效率。

由法国Dassault Systems（达索）公司开发，后被美国IBM公司收购的CATIA是一个全面的CAD/CAM/CAE/PDM应用系统。CATIA具有一个独特的装配草图生成工具，支持欠约束的装配草图绘制以及装配图中各零件之间的连接定义，可以进行快速的概念设计。CATIA的外形设计和风格设计为零件设计提供了集成工具，而且该软件具有很强的曲面造型功能，集成开发环境别具一格。CATIA也可进行有限元分析，能够进行四维空间的观察，能够模拟观察者的视野进入到零件的内部去观察零件，且能模拟真人进行装配，但遗憾的是这套软件的价格较高。目前哈尔滨飞机制造公司的飞机、汽车等产品就是应用 CATIA 软件开发设计的。

国内的 CAD/CAM 系统开发是近几年才起步的，主要依靠高等院校的开发研制，如具有自主知识版权的清华大学开发的高华 CAD；具有三维功能并与有限元分析、数控加工集成的浙江大学开发的 GS-CAD；具有参数化功能和装配设计功能的华中科技大学开发的开目 CAD，该软件也是 CAD/CAM/CAPP 结合的软件，目前在国内的市场中使用较多；北航海尔软件有限公司研发的 CAXA 系统是基于 STEP 的 CAD/CAM 集成制造系统，具有拖放式的实体造型并结合智能捕捉与三维球定位技术，在国内市场中出现较早，其功能也相对比较强大，在国内的应用也较为广泛。

2. CAD/CAM 技术特点

针对企业从设计到制造整个过程的 CAD/CAM 软件解决方案，一般都具备以下技术特点：

(1) 产品开发的集成　一个完全集成的 CAD/CAM 软件，能辅助工程师从概念设计到功能工程分析到制造的整个产品开发过程，如图 4-44 所示。

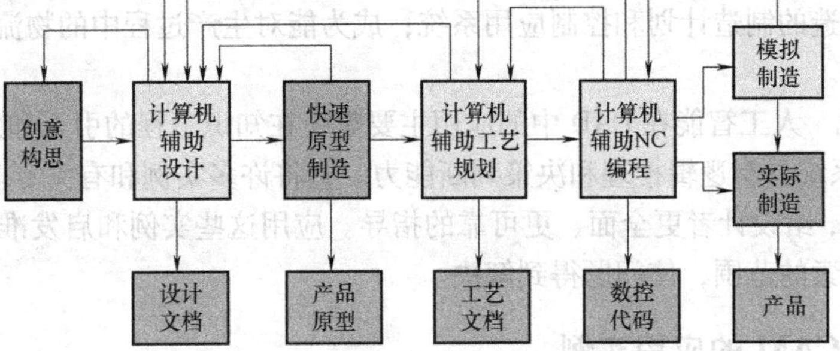

图 4-44　CAD/CAM 工作流程

(2) 相关性　通过应用主模型方法，使从设计到制造所有应用相关联，如图 4-45 所示。

(3) 并行协作　通过使用主模型、产品数据管理 PDM、产品可视化（PV）以及杠杆运用 Internet 技术，支持扩展企业范围的并行协作，如图 4-46 所示。

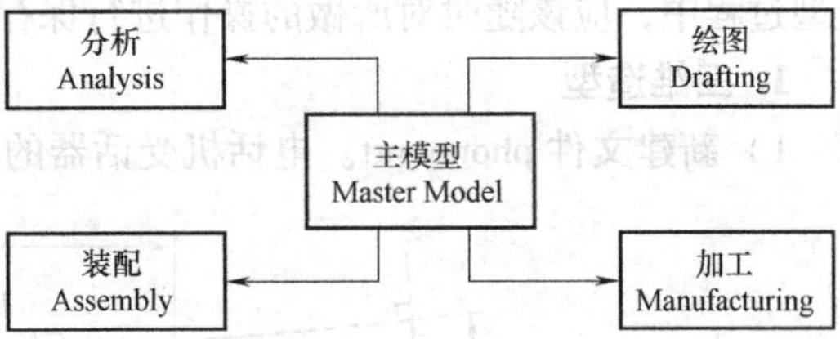

图 4-45　主模型方法

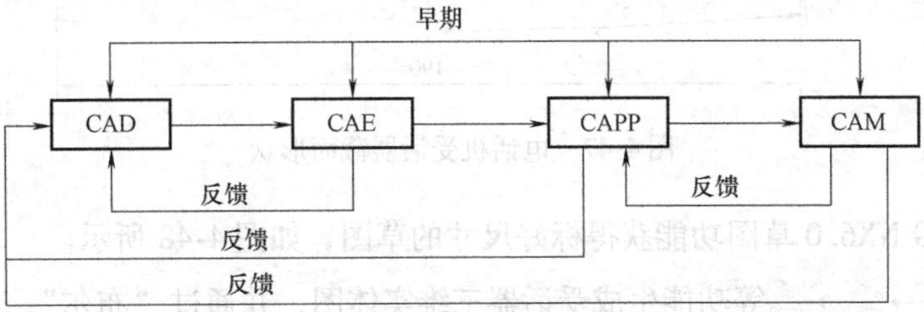

图 4-46　并行协作

3. CAD/CAM技术的发展趋势

（1）集成化　集成化是CAD/CAM技术发展的一个最为显著的趋势。它是指把CAD、CAE、CAPP、CAM以至PPC（生产计划与控制）等各种功能不同的软件有机地结合起来，用统一的执行控制程序来组织各种信息的提取、交换、共享和处理，保证系统内部信息流的畅通并协调各个系统有效地运行。国内外大量的经验表明，CAD系统的效益往往不是从其本身，而是通过CAM和PPC系统体现出来的；反过来，CAM系统如果没有CAD系统的支持，花巨资引进的设备往往很难得到有效的利用；PPC系统如果没有CAD和CAM的支持，既得不到完整、及时和准确的数据作为计划的依据，订出的计划也较难贯彻执行，所谓的生产计划和控制将得不到实际效益。因此，人们着手将CAD、CAE、CAPP、CAM和PPC等系统有机地、统一地集成在一起，从而消除“自动化孤岛”，取得最佳的效益。

（2）网络化　21世纪网络将全球化，制造业也将全球化，从获取需求信息，到产品分析设计、选购原辅材料和零部件、进行加工制造，直至营销，整个生产过程也将全球化。CAD/CAM系统的网络化能使CAD/CAM系统成为设计人员对产品方案在费用、流动时间和功能上并行处理的并行化产品设计应用系统；成为能提供产品、进程和整个企业性能仿真、建模和分析技术的拟实制造系统；成为能开发自动化系统，产生和优化工作计划和车间级控制，支持敏捷制造的制造计划和控制应用系统；成为能对生产过程中的物流进行管理的物料管理应用系统等。

（3）智能化　人工智能在CAD中的应用主要集中在知识工程的引入和发展专家CAD系统。专家CAD系统具有逻辑推理和决策判断能力。它将许多实例和有关专业范围内的经验、准则结合在一起，给设计者更全面、更可靠的指导。应用这些实例和启发准则，根据设计的目标不断缩小探索的范围，使问题得到解决。

4.6.2　CAD/CAM的应用实例

本节基于UG NX6.0进行电话机受话器模具的三维造型设计及数控加工编程。注意：在造型过程中，应该随时对所做的操作进行保存，以应对断电、死机、软件故障等意外情况。

1. 三维造型

1）新建文件phone.prt。电话机受话器的截面形状如图4-47所示。

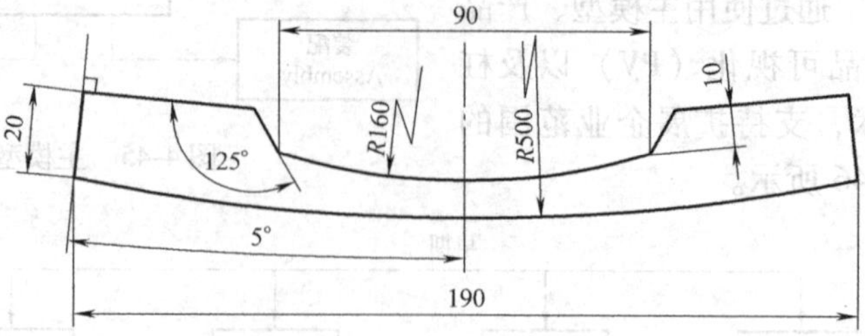

图4-47　电话机受话器截面形状

2）利用UG NX6.0草图功能获得标好尺寸的草图，如图4-48所示。

3）通过拉伸→拔模→边倒圆等功能生成受话器三维实体图，并通过“布尔”、“求差”做出受话器上的凹坑，如图4-49所示。

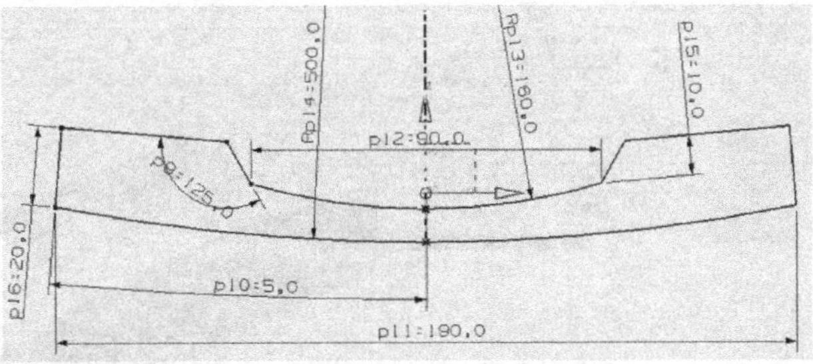

图4-48　标注尺寸后的草图

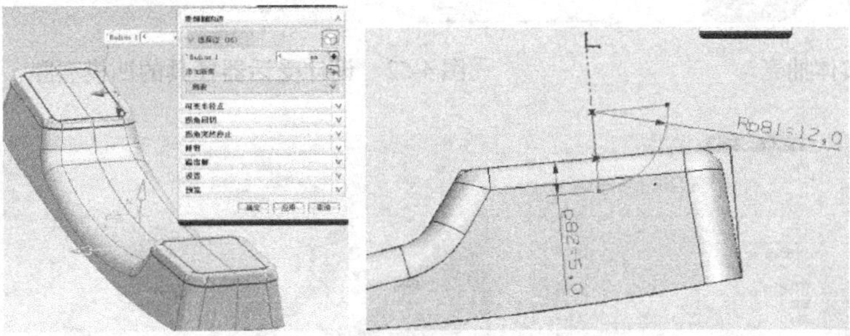

图4-49　实体倒圆角及凹坑草图

4）选择 *XC-ZC* 为草图平面，做分型面及模坯，过程如图4-50所示。

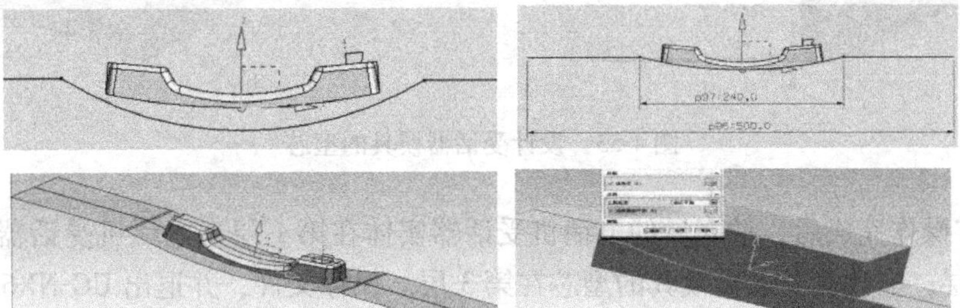

图4-50　分型面制作过程示意图

5）将长方体的上半部分移动到第2层，下半部分移动到第3层。通过 抽壳 及 （旋转）命令，将受话器实体的底面旋转到上面，并将抽壳后的实体复制到第3层，如图4-51所示。

6）在工作层第2层，通过布尔运算的 求差 命令，用抽壳前的受话器实体（刀具）裁剪长方体的上半部分实体（目标），做出受话器模具的凹模型腔，如图4-52所示。

7）同样，将第3层改为工作层并隐藏其他层；使用 求和 命令，将抽壳前的受话器实体（刀具）与长方体的下半部分实体（目标）合并，再用 （Subtract）命令，用抽壳后的受话器裁剪刚合并生成的实体，做出受话器模具的凸模，如图4-53a所示。选择布尔运算中的 求差 命令，用抽壳后的受话器实体（刀具）裁剪刚刚合并生成的新实体（目标），做出受话器模具的型芯。完成后的实体如图4-53b所示。

图 4-51　实体抽壳

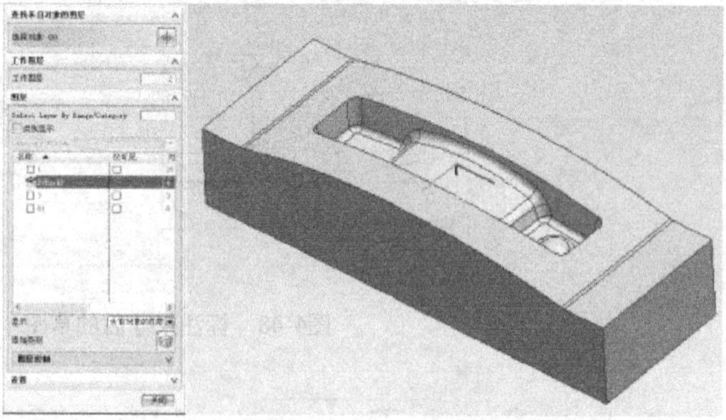

图 4-52　设计受话器模具的凹模型腔

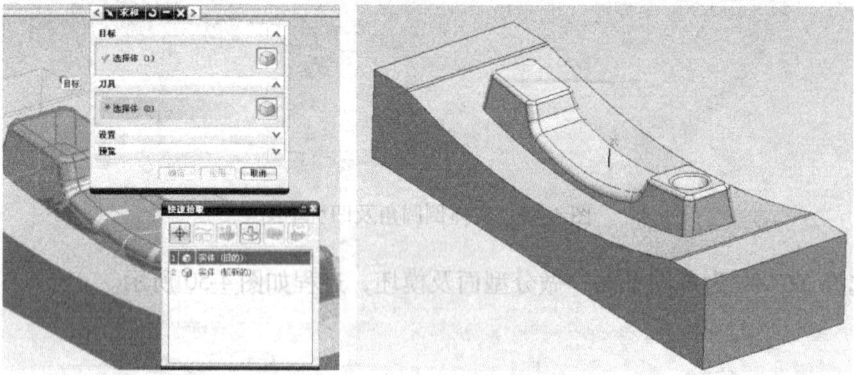

a)　　b)

图 4-53　设计受话器模具的型芯

8）所有操作完成后，抽壳后的电话机受话器实体在第 1 层；电话机受话器模具的凹模型腔在第 2 层；电话机受话器模具的型芯在第 3 层。保存文件，并退出 UG NX6.0 软件。

2. UG 数控编程

以受话器型腔为例，简单说明 UG 软件的数控编程过程。

本例中零件需要加工整个型腔内部及外部的分型面，通常情况下先粗加工型腔及分型面（各加工面留有半精加工余量），再半精加工型腔及分型面（各加工面都留精加工余量），最后精加工分型面和型腔内部（型腔内部留抛光量）。本例使用“CAVITY_MILL”进行粗加工，用“CONTOUR_AREA”进行半精加工，用“FIXED_CONTOUR”进行分型面的精加工，用“CONTOUR_AREA”进行型腔的精加工。

数控自动编程步骤如下：

1）执行 UG NX6.0，打开所建立的受话器文件 phone.prt，将第 2 层设置为工作层，关闭其余层。旋转实体，使型腔向上。利用“WCS 方向”命令，选择底部长边作为 X 轴方向，底部短边作为 Y 轴方向，完成坐标系的定义。（注：在实际编程中，一般将坐标原点设在毛坯上表面的中心处。）

2）建立毛坯。使用长方体命令，做长方体 300mm × 100mm × 75mm（型腔总高为 70mm，留有 5mm 的加工余量)，定位点坐标为（0，0，0）。选择“加工…”，激活加工模块，选择“mill_contour”方式，及“操作导航器”、“MCS_MILL”编辑功能，定义完成后的加工坐标系如图 4-54 所示。

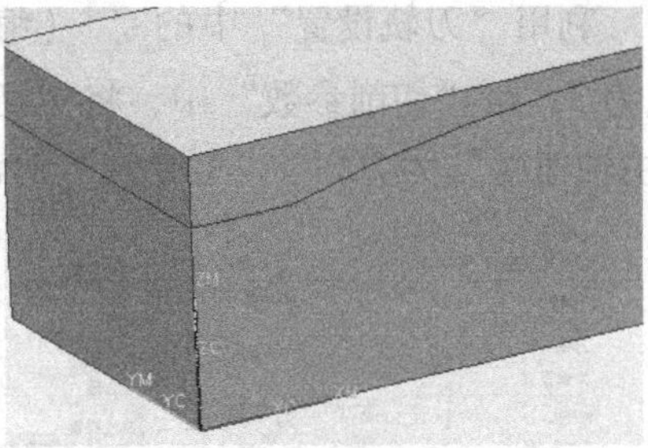

图 4-54　设置后的工作坐标系和加工坐标系

3）选择几何视图命令，使用“MCS_MILL”菜单中的“插入”→“操作…”命令，弹出“创建操作”对话框；选择“CAVITY_MILL”方式及“MILL_ROUGH”加工方法，选择受话器型腔，进行（型腔铣），选择所做的长方体为（毛坯几何体），如图 4-55 所示。

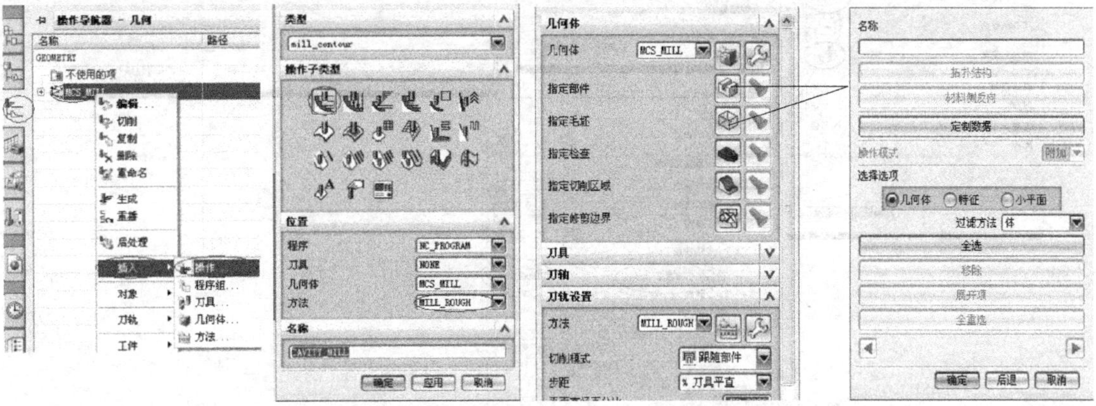

图 4-55　插入“型腔铣”加工方法并指定加工部件和毛坯

4）单击“型腔铣”对话框中的（新建）命令，选择（MILL），定义“铣刀参数”：“直径”设为 20，“长度”设为 100，“刀具号”设为 1，如图 4-56 所示。

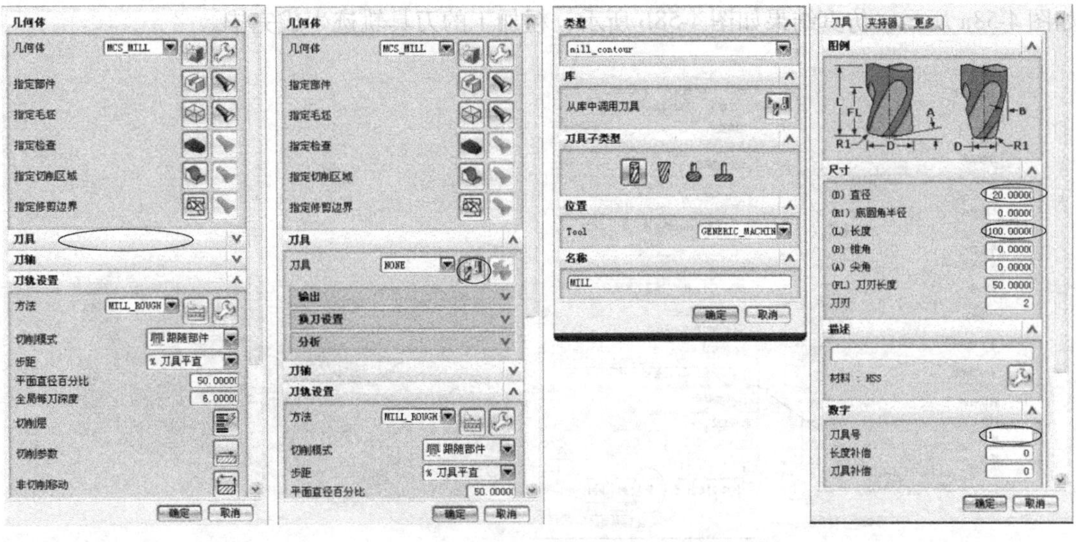

图 4-56　定义刀具

利用“刀轨设置”中的（编辑）按钮，在“刀轨设置”中，将“全局每刀深度”改为3；在“切削参数”中，将“切削顺序”改为“深度优先”；在“进给和速度”中，设“主轴速度”为2000。“型腔铣”对话框中的其余各项保留默认设置，如图4-57所示。

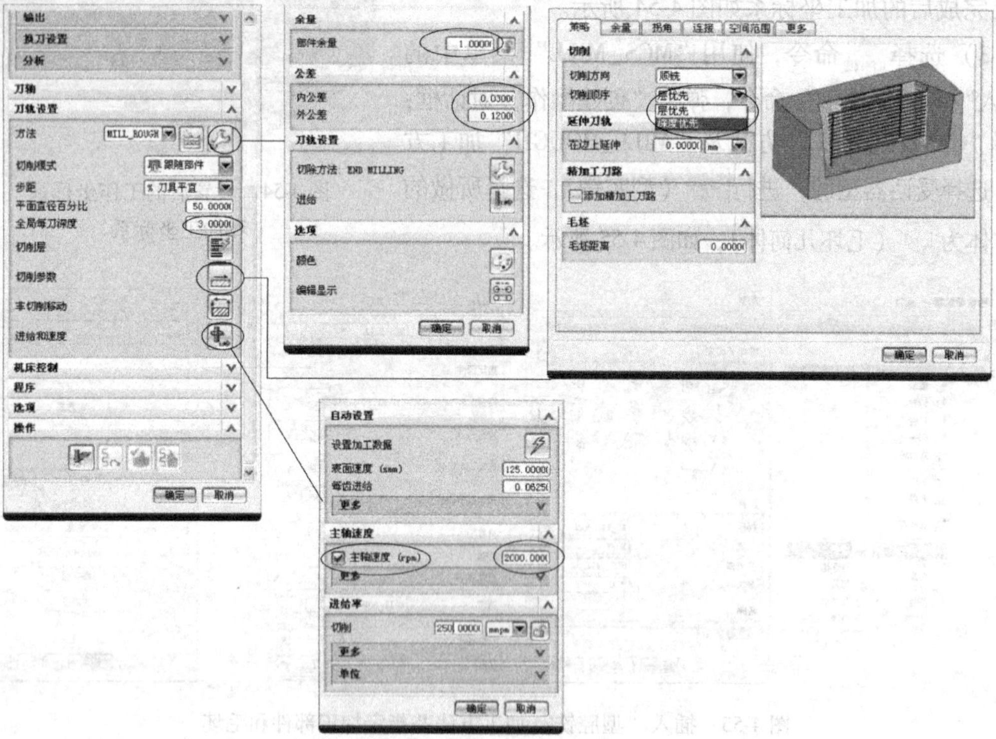

图4-57　查看或定义加工余量、切削参数、进给和速度等

5）生成刀具轨迹及轨迹检验。单击“型腔铣”对话框中“操作”选项的“生成”按钮，软件根据设置自动生成刀具轨迹；单击按钮，对刀具轨迹进行“3D动态”仿真，如图4-58a所示，仿真结果如图4-58b所示，粗加工的刀具轨迹生成完毕。

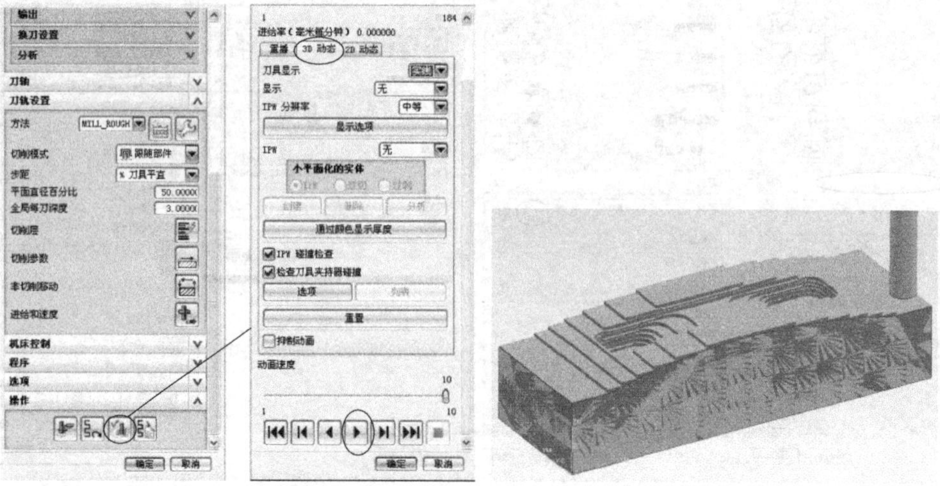

a)　　　　　　　　　　b)

图4-58　粗加工刀具轨迹的生成及检验

6）选择“操作导航器”中“MCS_MILL”→“mill_contour”，采用“CONTOUR_AREA”方式，刀具选择“NONE”，加工方法选择“MILL_SIMI_FINISH”，其余保持默认值，对轮廓进行半精加工。对话框如图4-59所示。

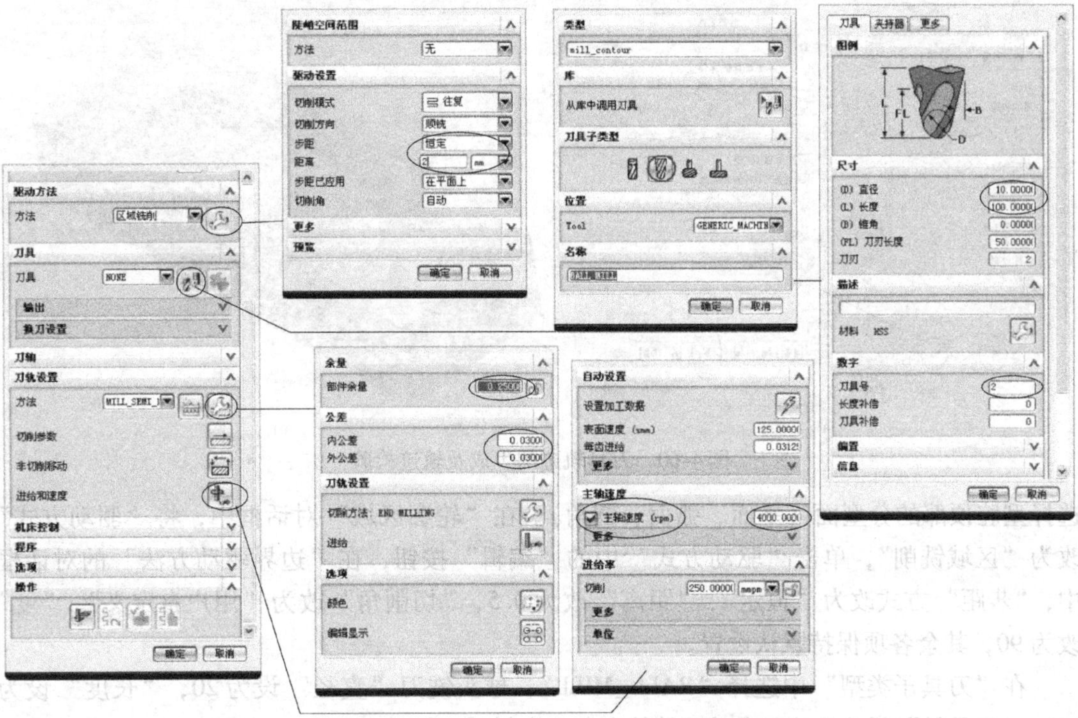

图4-59　刀具及加工参数的定义与设置

弹出“轮廓区域”对话框。单击“指定部件”后的按钮，“部件几何体”选择受话器型腔，单击“指定毛坯”后的按钮，“切削区域”选择型腔顶部的所有面（分型面和型腔表面，可以用窗口区域的方式进行选择）。在“轮廓区域”对话框中的“驱动方式”中“编辑”中的“区域铣削驱动方法”的对话框中，将“步距”方式改为“恒定”，“距离”改为2，保留其余的各项默认设置。

“刀具子类型”选择（BALL_MILL），在“铣刀_球头铣”对话框中，设置“直径”为10，“长度”为100，“刀具号”为2，完成对刀具的定义。在“刀轨设置”中的“铣削方法”的对话框中，保留其中的各项默认设置（加工余量和内外公差），在“进给和速度”对话框中，“主轴速度”输入4000，“轮廓区域”对话框中的其余各项保留默认设置。

7）生成刀具轨迹及轨迹检验。单击“轮廓区域”对话框中的操作按钮和生成按钮，自动生成刀具轨迹，对刀具轨迹进行“3D动态”仿真，半精加工的刀具轨迹生成完毕，如图4-60所示。

8）用同样的方式，选择“操作导航器”中的“MCS_MILL”，在“创建操作”的对话框中类型选择“mill_contour”、“FIXED_CONTOUR”方式，刀具选择“NONE”，加工方法选择“MILL_FINISH”，进行精加工。

在“固定轮廓铣”对话框中的“部件几何体”中选择受话器型腔，在“切削区域”中

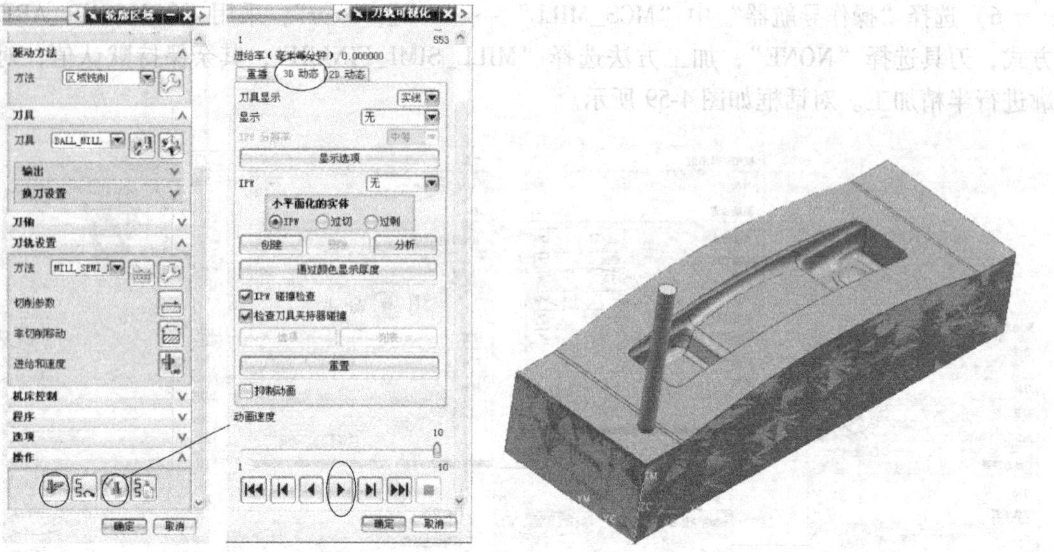

a) b)

图 4-60　刀具轨迹的生成及轨迹检验

选择型腔顶部的分型面（平面、弧面、圆角）。在“轮廓区域”对话框中，将“驱动方式”改为“区域铣削”，单击“驱动方式”中的“编辑”按钮，在“边界驱动方法”的对话框中，“步距”方式改为“恒定”，“距离”改为 0.5，“切削角”改为“用户自定义”，“度”改为 90，其余各项保持默认设置。

在“刀具子类型”中选择“BALL_MILL”，球头铣刀“直径”设为 20，“长度”设为 100，“刀具号”设为 3，完成对刀具的定义，主轴速度输入 6000。

9）对刀具轨迹进行“3D 动态”仿真，如图 4-61a 所示；仿真加工后，单击“通过颜色显示厚度”，可以查看精加工后的零件与型腔之间的厚度差别，结果如图 4-61b 所示。分型面精加工的刀具轨迹生成完毕。

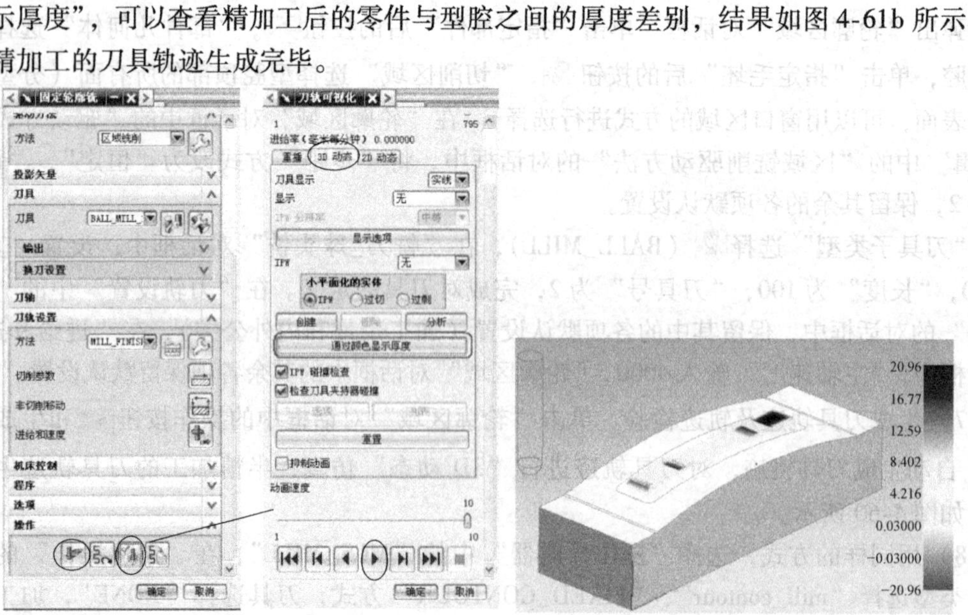

a) b)

图 4-61　刀具轨迹的生成及轨迹检验

10）单击“操作导航器”，右键单击“MCS_MILL”，选择所弹出菜单中的“插入”→“操作…”命令，弹出“创建操作”对话框；类型选择“mill_contour”，选择对话框中的“CONTOUR_AREA”方式，刀具选择“NONE”，加工方法选择“MILL_FINISH”，其余各项保持默认值。

在“部件几何体”中选择受话器型腔，“切削区域”选择型腔顶部的所有面（型腔所有内表面，可以用窗口区域的方式进行选择）。在“驱动方式”中的“区域铣削驱动方法”的对话框内，将“步距”方式改为“恒定”，“距离”改为0.5，其余各项保持默认设置。

球头铣刀“直径”设为8，“长度”设为100，“刀具号”设为4，完成对刀具的定义，主轴速度输入6000。

11）对刀具轨迹进行“3D 动态”仿真，并“通过颜色显示厚度”查看精加工后的零件与型腔之间的厚度差别。

12）全部轨迹检验。选中所有的4段程序，单击鼠标右键，选择“刀轨”→“确认…”，弹出“刀轨可视化”对话框，使用“3D 动态”方式进行仿真加工。每段程序仿真加工后，单击“通过颜色显示厚度”，查看精加工后的零件与型腔之间的厚度差别，结果如图4-62a、b、c、d所示。

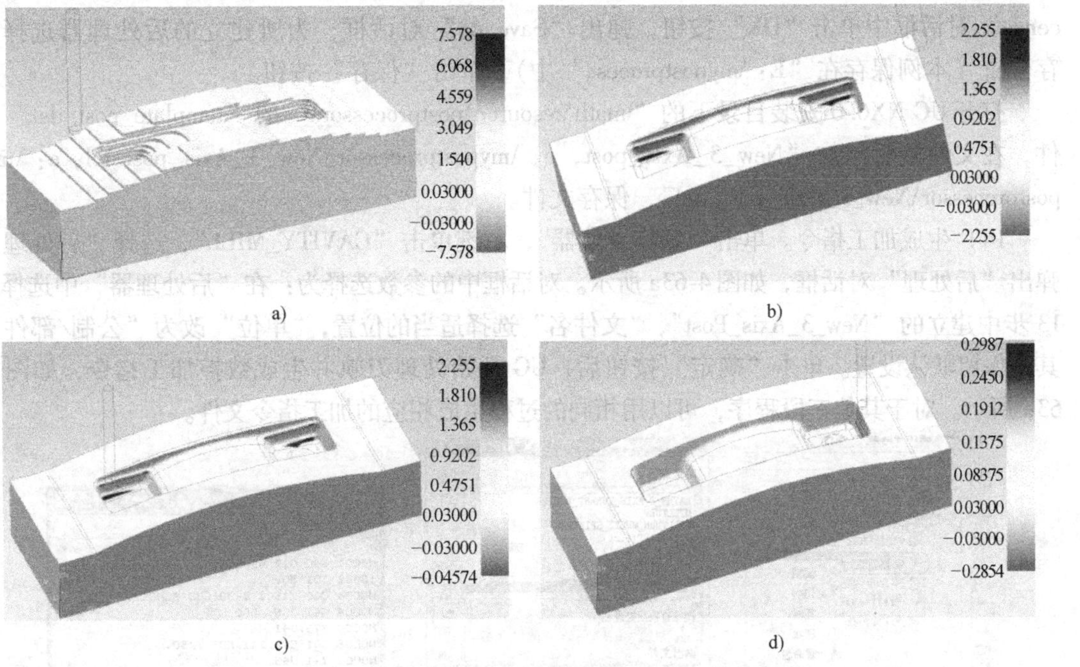

图4-62　各段程序加工完后零件与型腔之间的厚度差

13）经过上述步骤后，只是生成了刀轨文件，并没有生成适用于数控机床的加工指令文件。如果要生成数控加工指令文件，必须再经过后处理过程。

建立后处理器的过程为：

“开始”菜单→“UG NX6.0”→“加工工具”→“后处理构造器”，打开“UG/Post Builder Version 6.0.0”对话框，单击[New 图标]（New）命令，打开“Creat New Post Processor”对话框，对话框中的设置为：在“Post Name”中输入名字，本例中输入“New_3_Axis_Post”，

单位选择“Millimeters”，机床选择“Mill”、“3-Axis”，控制器选择“Library”中的“Siemens”，单击“确定”按钮。

在所弹出对话框中的标签“Machine Tool”项中，X、Y、Z 轴的行程极限均为1000，进给速率为20000，主轴为 Z 轴。

设置标签“Program & Tool Path”项中的“Word Summary”项。X、Y、Z 均设置为3位整数3位小数，范围 -999.999 ~ 999.999；S设置为5位整数0位小数，范围0 ~ 99999；F设置为5位整数3位小数，范围0.001 ~ 99999.999；D设置为2位整数0位小数，范围是0 ~ 99；每一项设置完后，均要单击“OK”按钮，关闭设置对话框。

设置标签“N/C Data Definitions”项中的“Other Data Elements”项。“Sequence Number Start”和“Sequence Number Increment”均改为1。

设置标签“Output Settings”项中的“Listing File”项。选中“Generate Listing File”，去除“Components”中的“4th Axis Angle”和“5th Axis Angle”，其余各项均为默认设置。

设置标签“Output Settings”项中的“Other Options”项。选中“Generate Group Output”和“Output Warning Messages”，其余各项均为默认设置。

在“UG/Post Builder Version 6.0.0”对话框中单击 (Save) 命令，在“Select A License”对话框中单击“OK”按钮，弹出“Save As”对话框；为所建立的后处理器选择保存位置（本例保存在“E：\mypostprocess”中），单击“保存”按钮。

打开UG NX6.0安装目录下的“\math\resource\postprocessor\”的“template_post.dat”文件，在文件最后添加“New_3_Axis_post，e：\mypostprocessor\New_3_Axis_post.tcl，e：\mypostprocessor\New_3_Axis_post.def”，保存文件。

14）生成加工指令。单击“操作导航器”，右键单击“CAVITY_MILL”，选择“后处理”，弹出“后处理”对话框，如图4-63a所示。对话框中的参数选择为：在“后处理器”中选择在13步中建立的“New_3_Axis_Post”，“文件名”选择适当的位置，“单位”改为“公制/部件”，其余保留默认设置。单击“确定”按钮后，UG开始处理刀轨并生成数控加工指令，如图4-63b所示。对于其他三段程序，可以用相同的过程生成相应的加工指令文件。

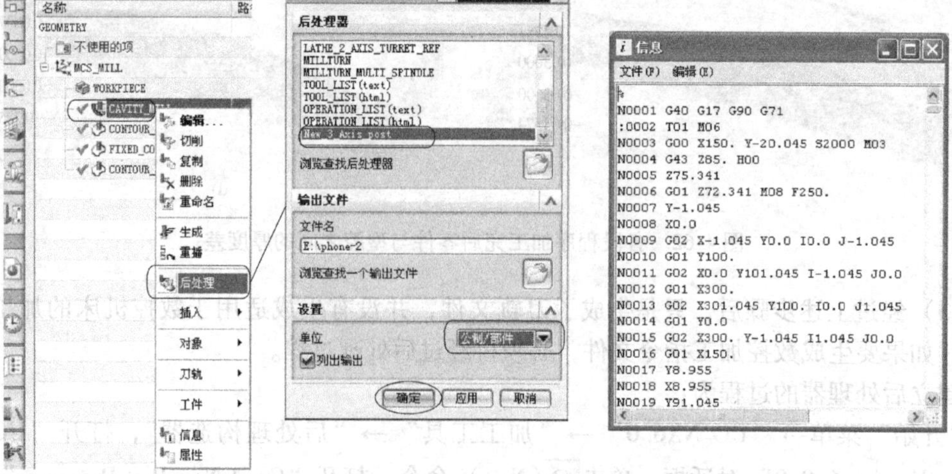

图4-63 生成数控加工指令

思考与练习

1. 什么是数控机床？它由哪些部分组成？用框图说明一般数控机床的工作原理。

2. 机床数控系统如何分类？开环、闭环、半闭环控制系统各有什么特点？数控机床上常用的编程方法有哪些？各适用于什么场合？

3. 比较 G00 与 G01 指令的主要区别。一般数控加工程序由哪些功能字组成？辅助功能 M 主要有哪几种功能？

4. 刀具补偿分为哪两种？数控加工夹具和刀具的选择原则有哪些？

5. 编写图 4-64 所示工件加工程序。毛坯为 ϕ25mm × 65mm 棒材，材料为 45 钢，M16 的导程为 1mm。

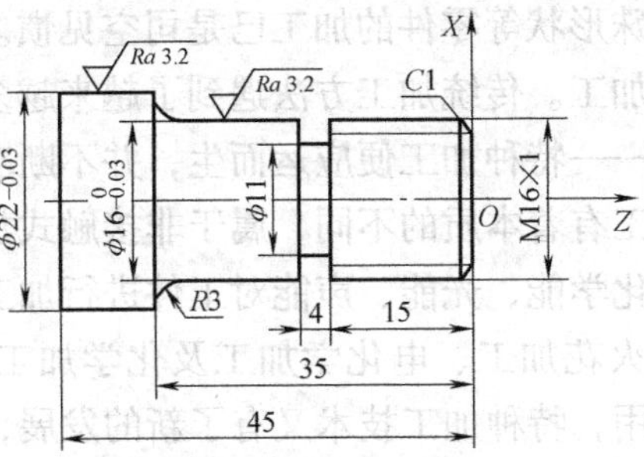

图 4-64　思考与练习 5 图

6. 图 4-65 所示加工路线为实际零件轮廓，刀具初始位置为（0，0，200），工件坐标系原点在工件上表面处，用 ϕ10 的立铣刀精铣厚为 4mm 的工件，试编写零件加工程序。

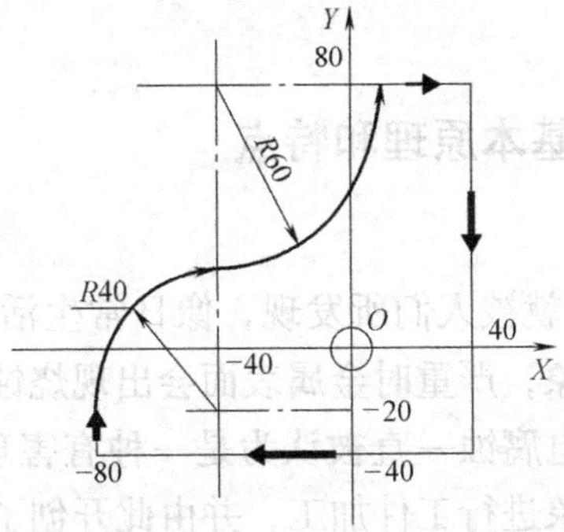

图 4-65　思考与练习 6 图

第5章 模具的特种加工

随着现代制造业的发展和科学技术的进步，具有高熔点、高硬度、高强度、高特殊性能的新材料不断出现，尖端科技、军事国防等领域内具有复杂结构的产品设计屡见不鲜，尺寸微小、异形截面、薄壁、特殊形状等零件的加工已是司空见惯。这些零件、产品难以采用传统加工方法加工，甚至无法加工。传统加工方法遇到了越来越多的挑战。于是，一种本质上区别于传统加工的加工方法——特种加工便应运而生，并不断获得发展。

特种加工与传统机械加工有着本质的不同，属于非接触式加工，加工过程中不施加明显的机械力，而是利用电能、化学能、光能、声能对工件进行加工。

特种加工方法主要有电火花加工、电化学加工及化学加工、超声波加工、高能束加工等。由于现代数控技术的运用，特种加工技术又有了新的发展，在现代制造业中的地位越来越重要。对于模具特种加工技术而言，电火花成形加工和电火花线切割加工无疑是应用最为广泛的，电火花和线切割在现代模具制造领域已经占据了相当重要的位置。

5.1 电火花成形加工

5.1.1 电火花成形加工的基本原理和特点

1. 电腐蚀现象

电腐蚀现象早在19世纪初就被人们所发现，像日常生活中不规范插拔电器插座、开合闸刀时就常出现放电、打火现象，严重时金属表面会出现烧蚀，这种由于放电引起的电极烧蚀就是电腐蚀现象。长期以来电腐蚀一直被认为是一种有害现象，直到1943年，前苏联科学家拉扎连科夫妇利用这一现象进行工件加工，并由此开创了电火花加工技术的先河。

电火花成形加工（Electrical Discharge Machining，EDM）是通过稳定可靠的自动控制系统使浸没在工作液中的工具电极和被加工工件之间不断产生脉冲火花放电，发生不间断的电腐蚀现象，依靠产生的局部、瞬时高温将工件材料慢慢蚀除下来，最终将工具电极的形状反向复制到工件上，并达到一定尺寸、形状和表面质量的要求。因为放电过程中可见到火花，所以我国称其为电火花加工，美、日、英等国家称为放电加工，在俄罗斯等国家则叫做电蚀加工。

电火花成形加工原理如图5-1所示。工件1和工具电极2置于绝缘的工作液5中，分别与直流电源的正负极相连接。脉冲电源6由限流电阻 R 和电容器 C 组成，这是比较简单的结构，它的作用是利用电容的充电和放电将直流电转变为脉冲电流。新型脉冲电源的结构虽然有了极大的改变，但把工频交流电转变为能够产生一定频率的单向脉冲电流始终是其根本。在脉冲电流作用下，当工具电极和工件逐步接近到较小的间隙值时，两者之间会产生绝缘介质击穿、能量释放、脉冲停歇等过程，由于该过程在极短的时间内发生，因此在局部放电区域会产生瞬时超高能量，其中心温度可达10000℃以上，这足以使金属材料熔化或者汽化，产生局部的小凹坑，如此不断地脉冲循环、局部腐蚀，最终实现工件加工的目的。

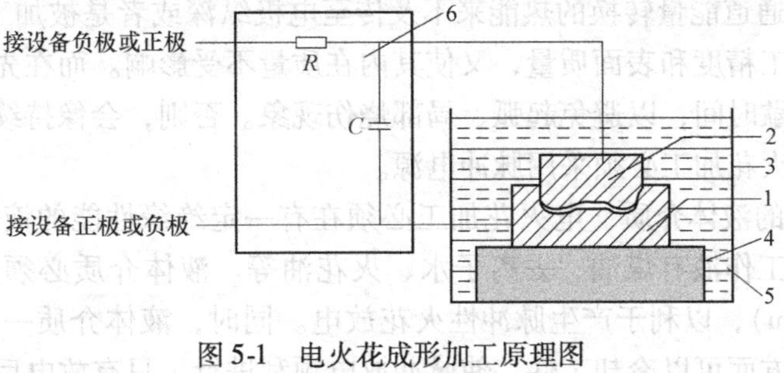

图5-1　电火花成形加工原理图

1—工件　2—工具电极　3—工作液容器　4—工作台　5—工作液　6—脉冲电源

图5-2所示是经1~8h不同时间的火花放电成形加工而成的模具型腔，部分型腔经过了钳修抛光。

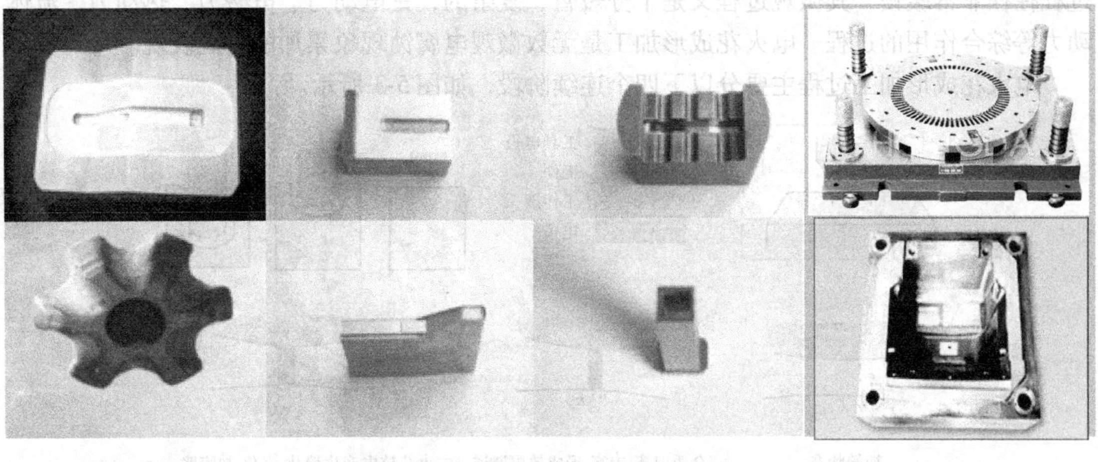

图5-2　电火花成形加工的模具型腔

2. 工艺条件

要将电腐蚀现象用于金属材料加工，必须具备以下条件：

（1）合适的放电间隙　工具电极和工件电极之间必须维持合理的距离，即适当的放电间隙。这一间隙随加工条件而定，通常约为几微米至几百微米。在该距离范围内，既可以满足脉冲电压不断击穿介质，产生火花放电，又可以适应在火花放电通道熄灭后介质消电离以及排出蚀除产物的要求。间隙过大，电极间电压不能击穿电极间介质，因而不能产生火花放电；间隙太小则容易形成短路，同样不能产生火花放电。为此，在电火花加工过程中必须具有工具电极的自动进给和调节装置，使其和工件保持一定的放电间隙。

（2）足够的放电能量　要实现电火花加工的目的，局部放电电流密度必须足够高，通常达到10^5~10^6A/cm^{2}才能使局部金属熔化或汽化。在放电通道形成后，脉冲电压变化不大，通道的电流密度可以表征其能量密度。只有能量密度足够大，才可以使被加工材料局部熔化或汽化，从而在被加工材料表面形成一个腐蚀凹坑，实现电火花加工。

(3) 瞬时的单向脉冲放电　火花放电必须是瞬时的脉冲性放电，放电持续一段时间后，需停歇一段时间，其放电持续时间为$10^{-7}\sim10^{-3}$s。由于放电时间短，使放电时产生的热能来不及传导扩散到被加工材料的内部，从而把能量作用局限在很小范围内，保持火花放电的冷极特性（即放电通道能量转换的热能来不及传至电极纵深或者是被加工材料内部），既保证了工件良好的加工精度和表面质量，又使其内在质量不受影响。而在先后两次脉冲放电之间必须有足够的停歇时间，以避免起弧、局部烧伤现象。否则，会像持续电弧放电那样使表面破坏。为此，电火花加工必须采用脉冲电源。

(4) 有绝缘性的液体介质　电火花加工必须在有一定绝缘性能的液体介质中（即工作液）进行，常用的工作液有煤油、去离子水、火花油等。液体介质必须具有较高的绝缘强度（$10^3\sim10^7\Omega\cdot cm$），以利于产生脉冲性火花放电。同时，液体介质一方面使电腐蚀产物能及时排出，另一方面可以冷却工件，使脉冲放电顺利进行。只有放电后的电腐蚀产物及时排放到放电通道之外，重复性的脉冲放电才能顺利进行。

3. 物理本质

从物理本质上说，电火花成形加工是一种靠放电烧蚀的“微切削”工艺，其宏观加工过程往往非常缓慢，其微观过程又是十分短暂、复杂的，是电动力、电磁力、热动力、流体动力等综合作用的过程。电火花成形加工是无数微观电腐蚀现象累加的宏观表现。

电火花成形加工过程主要分以下四个连续阶段，如图5-3所示。

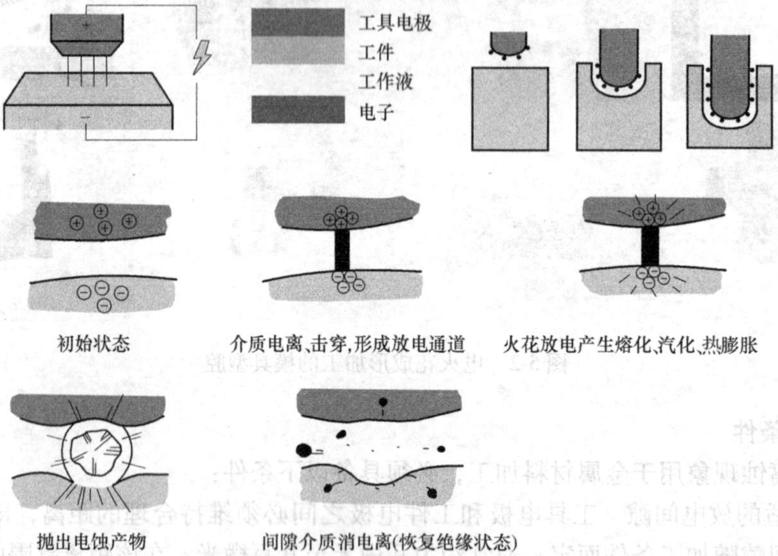

图5-3　电火花成形加工的物理本质

(1) 介质击穿和放电通道形成　电火花加工的前提是必须有工具电极、加工工件和脉冲电源。脉冲电压施加于工具电极和工件之间时，二者之间形成一个电场。由于工具电极和工件的微观表面实际上是凹凸不平的，当工具电极与工件之间距离很小时，其间的电场强度是很不均匀的，离得最近的凸出点或尖端处的电场强度一般最大。当工具电极与工件间的距离减小到一定程度时，工具电极和工件之间的电场强度急剧上升，绝缘介质被击穿，在工具电极和工件之间的狭小空间内形成放电通道，极间电阻在$10^{-7}\sim10^{-5}$s内从绝缘状态降到数欧姆以下，电流急剧上升，极间脉冲电压降至火花维持电压。在电场作用下电子高速向阳极运动并撞击工作液介质中的分子或中性原子，产生碰撞电离，形成带负电的粒子（主要是电子）和带正电的粒子（正离子），导致带电粒子雪崩式增多，使绝缘介质击穿而形成放电通道。由于通道空间很小，因此其电流密度可高达$10^5 \sim 10^6 A/cm^2$。

放电通道是由带正电的正离子、带负电的电子以及原子或分子等中性粒子组成的等离子体。放电通道温度极高且分布不均匀，从中心向边缘逐渐降低，其中心温度可达10000℃以上。一般认为，在一次脉冲放电时间内只存在一个放电通道。

以上只是微观的一个脉冲放电过程，实际上电火花成形加工是工具电极和被加工工件之间非常复杂的放电过程，根据加工工艺和时间长短，是千万次到数亿次的累积过程。

（2）能量转换、分布与传递（介质热分解，电极材料熔化、汽化、热膨胀） 放电通道一旦形成，极间电子就高速奔向正极，正离子奔向负极，电能变成动能，动能通过碰撞又转变为热能。因此放电通道内工具电极和工件电极表面分别成为瞬时热源，可以达到很高的温度，从而将工作液介质汽化、裂解，将工件材料熔化、汽化。这些汽化后的工作液和金属蒸气瞬间体积激增，迅速热膨胀，就像爆竹点燃后那样具有爆炸特性。电火花成形加工过程中，可以不断看到放电间隙冒出气泡，听到轻微的爆炸声，见到火花放电，这就是能量转换的外在表现。这是完成工件电火花加工的关键阶段，也是最为复杂、决定工件工艺质量的阶段。

（3）腐蚀产物的抛出 金属的熔化和汽化具有爆炸特性，因此，腐蚀产物的抛出是热爆炸力、电动力、流体动力等综合作用的结果，是一个极其复杂的过程。放电通道和工具电极、工件表面放电点的瞬时高温使工作液汽化和金属材料熔化、汽化，其中一部分以气相的方式排出，大部分则以液相的形式抛出。由于热膨胀产生很高的瞬时压力，实际上熔化和汽化了的被加工工件材料会四处飞溅，除绝大部分抛入工作液中收缩成小颗粒外，还有一小部分飞溅、镀覆、吸附在工具电极表面上，这在某些条件下可以减少或补偿工具电极在加工过程中的损耗。

熔融材料抛出后，在工件表面形成放电痕，熔化区未被抛出的材料冷凝后残留在工件表面，形成熔化层，其下面是热影响层，再往下是材料基体。

总之，材料的抛出是热爆炸力、电动力、流体动力等综合作用的结果，对这一复杂的抛出机理的认识还在不断深化中。

（4）极间介质的消电离 随着脉冲电压的结束，脉冲电流也迅速降为零，标志着一次脉冲放电结束。但此后仍应有一段间隔时间，使间隙介质消电离。消电离的过程就是放电通道中的带电粒子复合为中性粒子，恢复本次放电通道处间隙介质的绝缘强度的过程，可以避免总是重复在同一处发生放电而导致电弧放电。

消电离过程持续的时间就是两次脉冲的间隔时间。另外，在加工过程中形成的电腐蚀产物以及热量等都需要在此阶段排出。因此，为了保证电火花成形加工过程正常地进行，在两次脉冲放电之间一般都应有足够的脉冲间隔时间。

电火花成形加工的微观过程是极其复杂的，到目前为止对其了解还不够透彻，还存在一些争论，而一些新的电火花现象和机理又等待着人们去揭示。

4. 工艺特点

与传统机械加工相比，电火花加工有以下特点：

1）电火花成形加工适用的材料范围很广。由于脉冲放电的能量密度高，便于加工用普通机械加工方法难于或无法加工的特殊材料和复杂形状的工件，而且不受材料硬度和热处理状况的影响。由于脉冲放电持续时间极短，放电时产生的热量传导扩散范围小，所以材料受热影响的范围非常小。

2）电火花成形加工属于非接触式加工。由于工具电极和工件不接触，二者之间不存在宏观作用力，这一方面利于加工小孔、窄缝、窄槽、深孔等复杂形状，另一方面工具电极材料不需要比工件材料硬，工具电极的制造更加容易。

3）电火花成形加工精度比较高。电火花脉冲参数调节方便，可以方便地进行粗、中、精加工。精加工尺寸可以控制在 ±0.01mm，表面粗糙度值为 $Ra0.8 \sim 1.6\mu m$。目前电火花成形加工的最高尺寸精度可以达到 0.002 ~ 0.005mm，表面粗糙度为 $Ra0.2\mu m$，可以达到镜面水平。

4）电火花成形加工速度较慢，效率较低。电火花成形加工需要设计、制造专用工具电极，工具电极形状通常比较复杂，制造精度较严，电火花成形加工时调整也很繁琐，因此，产品制造周期相对较长。

5）电火花成形加工存在工具电极损耗，尤其是尖角位置，这在一定程度上影响了加工精度。

基于上述特点，电火花成形加工主要用于冲模、塑料模、锻模和压铸模型腔，以及非贯通的小孔、窄缝、异形孔等的制造，电火花成形加工既可用于普通材料、常规产品加工，也可用于硬质合金等难加工材料的制造。在目前的模具制造领域，电火花成形加工仍然扮演着非常重要的角色。

5.1.2 电火花成形加工机床及附件

1. 电火花成形加工设备基本组成

从电火花成形加工原理及规律可以知道，要实现电火花成形加工过程，机床必须具备三个要素，即脉冲电源、自动控制系统、工作液循环与过滤系统。它们与机床本体组成了电火花成形加工机床这个统一体，以满足加工工艺的要求。其加工设备基本组成如下：

（1）脉冲电源　电火花成形加工时，加在工件和工具电极之间的电压必须是脉冲电压，否则，放电将成为连续的电弧。所谓脉冲电源，实际就是一种电气线路或装置，它能产生具有足够能量的脉冲电压。其作用就是把工频交流电转变成一定频率的单向脉冲电流，提供蚀除金属的能量来源。

脉冲电源对电火花成形加工的生产效率、加工速度、表面质量、电极损耗等技术经济指标有很大的影响。电火花成形加工对脉冲电源的基本要求有：① 必须有足够的脉冲放电能量；② 脉冲电压必须是单向脉冲；③ 脉冲参数必须有较宽的调节范围；④ 性能可靠，操作简单，维护方便。

（2）自动控制系统　电火花成形加工属于“不接触式”加工。正常电火花成形加工时，工具电极和工件间有一放电间隙，它与加工参数选择、加工面积、加工速度等有关，很难靠人工进给，必须采用伺服进给机构，即自动进给调节系统。其主要作用是：通过调节进给速度，使进给速度接近并等于蚀除速度，以维持一定的平均放电间隙，使电火花加工正常、平稳进行。

（3）机床本体　电火花成形加工机床本体主要包括主轴头、床身、立柱、工作台等部分。主轴头是电火花机床的关键部件，要求结构简单、传动链短、传动间隙小、热变形小，具有足够的精度和刚度。床身通常是整体铸造结构，经时效处理，要求变形小、刚度好。立柱导轨一般采用V形结构，要求耐磨性好，不易变形，床身工作台面与立柱导轨有垂直度要求。工作台可作纵向、横向移动，一般选用滚珠丝杠传递运动，可配光学读数或数显装置。

（4）工作液及循环系统　电火花成形加工对工作液的要求是：要有一定的介电能力、较好的消电离能力和灭弧能力，渗透性好、稳定性好，还应有较好的洗涤性能、防腐蚀性能、润滑性能，对人体无害、价格便宜、使用安全等。早期使用的大多是煤油，目前广泛使用的是乳化油水溶液、离子水、专用火花油等。

工作液循环与过滤装置是电火花成形加工不可缺少的一部分，其作用是及时地排除放电通道中的电蚀产物，并连续充分地供给干净的工作液，以保证脉冲放电过程稳定地进行。此装置一般由工作液泵、过滤器、管道和流量控制阀等组成。

2. 电火花加工设备型号

按照国家标准规定，电火花成形加工机床定名为D71系列，其型号表示方法如下：

例如D7132电火花成形加工机床，其中“32”表示机床工作台宽度的1/10（以mm表示），即该型号设备工作台面宽度为320mm；“71”表示电火花穿孔、成形加工机床；“D”表示电加工机床。

图5-4所示是国产的北京凝华电火花成形加工设备。

图5-4a所示为NC系列NH7125单轴数控电火花成形机。采用单片机控制，配备三轴光栅数显装置，采用滚珠丝杠，Z轴精度在0.01mm以内，具有自动检测调整功能、放电自适应电路。

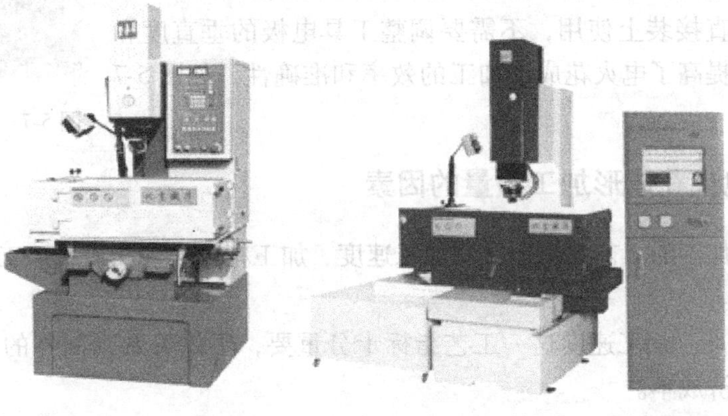

a)　　b)

图5-4　电火花成形加工设备

图5-4b所示为CNC系列计算机控制NH7145电火花成形机。采用高级工业控制机，具有良好的人机交互界面和高品质的加工性能，采用直流伺服电动机，等能量脉冲发生器，能更大程度地减小电极损耗，使加工表面均匀一致，进一步提高加工效率。

3. 电火花加工机床附件

电火花成形加工需要一些基本附件来保证工艺的实施，简单介绍如下。

（1）电极夹具　电火花成形加工的工具电极是通过电极夹具装夹固定到设备主轴上的，

电极夹具应该结构简单、刚性好、精度高、调整方便，如图5-5和图5-6所示。

图5-5　标准钻卡头夹具

图5-6　辅助精密夹具

（2）平动头　平动头的主要作用是补偿工具电极加工中的损耗，用于型腔的侧面修整和加工，可使用单个工具电极完成由粗加工到精加工转换的过程，降低工具电极制造成本，提高型腔侧壁的表面质量。平动头本身制造精度较高、结构简单、体积较小。数控平动头的出现，进一步提高了型腔的加工精度和修整效率，使型腔的修整精度可以达到0.01mm。但平动头在常规电火花成形加工过程中使用较少。

（3）高精度辅具　电火花加工需要分别找平、找正工具电极和工件，需要调整确定二者相对位置关系，这个过程往往通过人工来进行，不仅费时费力，而且容易出错。目前，高精度辅具已得到越来越广泛的应用，如瑞士EROWA、瑞典3R以及国产品牌的电极快速装夹辅具，本身制作精密，重复装夹精度在0.01mm以内，工具电极可直接装上使用，不需要调整工具电极的垂直度和回转角度，极大提高了电火花成形加工的效率和准确性，如图5-7所示。

图5-7　高精度电极辅具

5.1.3　影响电火花成形加工质量的因素

电火花成形加工的工艺效果通常用加工速度、加工精度、表面质量、工具电极损耗4个指标来衡量评判。

（1）加工速度　加工速度这一工艺指标十分重要，不仅关系到制件的加工周期，而且决定着加工的经济成本。

电火花成形加工速度是指在一定脉冲参数条件下，单位时间内工件被蚀除的质量和体积，可分别用体积加工速度（mm^3/min）或质量加工速度（g/min）来表示，即

体积加工速度：　$v_V = V/t$　（5-1）

质量加工速度　$v_m = m/t$　（5-2）

式中　V——工件被蚀除的体积；

m——工件被蚀除的质量；

t——工件加工时间。

影响工件加工速度的因素主要有以下几方面：

1）电参数。每次脉冲放电都会在工件表面留下一个微小的凹坑，凹坑的大小、蚀除材料的多少与脉冲能量近似成正比，即脉冲能量越大，传递给工件上的热量就越多，被蚀除的材料也越多。

电火花成形加工的主要电参数有：

脉冲宽度 t_i（μs）：脉冲宽度简称脉宽，它是加到工具电极和工件上放电间隙两端的电压脉冲的持续时间。粗加工可用较大的脉宽 $t_i > 100\mu s$，精加工时只能用较小的脉宽 $t_i < 50\mu s$。

脉冲间隔 t_o（μs）：脉冲间隔简称脉间，也称脉冲停歇时间。它是两个电压脉冲之间的间隔时间。间隔时间过短，放电间隙来不及消电离和恢复绝缘，容易产生电弧放电，烧伤工具电极和工件；间隔时间过长，将降低加工生产率。

脉冲周期 t_p（μs）：从一个脉冲电压开始到相邻的下一个脉冲电压开始之间的时间叫做脉冲周期。它等于脉冲宽度和脉冲间隔之和。

放电时间 t_e（μs）：从介质击穿后放电间隙通过电流到脉冲结束时的电流持续时间叫做放电时间。

停歇时间 t_{eo}（μs）：相邻两次放电之间的时间间隔叫做停歇时间。

脉冲频率 f_p（Hz）：单位时间内电源产生的电压脉冲的个数叫做脉冲频率。

$$f_p = 10^6 / t_p \tag{5-3}$$

峰值电流 I_S（A）：峰值电流是间隙火花放电时脉冲电流的最大值（瞬时），它对表面粗糙度、加工效率等有较大的影响。

2）极性效应。电火花成形加工时，无论是正极还是负极，都会受到不同程度的电腐蚀，即使相同材料两电极的被腐蚀量也是不同的，其中一个电极比另一个电极的蚀除量大，这种现象叫做极性效应。如果两电极材料不同，则极性效应更加明显。通常将工件接脉冲电源正极的加工称为“正极性”加工；反之，工件接脉冲电源负极的加工称为“负极性”加工。在实践中充分利用极性效应，可以提高加工速度，降低工具电极损耗。

3）工具电极材料。脉冲放电释放的能量主要被工具电极、加工工件吸收，以熔化、汽化的形式腐蚀掉。很明显，工具电极或被加工金属的熔点、沸点、热导率、熔化潜热、汽化潜热等越高，电蚀量将越少，对工具电极而言就是损耗小、容易保证加工精度，而对加工工件而言就是加工速度慢、效果差。

4）工作液。在电火花加工过程中，工作液的主要作用是：介电作用，帮助电蚀产物的排除，冷却工具电极和工件。在20世纪60～80年代，粘度小、流动性好、价格适中的煤油一直作为电火花成形加工工作液使用，目前专用电火花油早已广泛使用，它无色无味、燃点高、加工效果好，价格适中。

5）排屑条件。电火花成形加工过程中，不断产生气体、电蚀产物，如果极间局部区域电蚀产物浓度过高，常会影响加工的稳定性，脉冲利用率降低，使加工速度降低，甚至造成无法加工。电火花成形加工只有在放电产物的产生和排除速度达到平衡的条件下才能顺利进行。实际中常用的是冲油和抬刀相结合、强迫冲油和抽油、加大放电间隙、运用平动技术等方法来加以改善。

（2）加工精度　加工精度主要包括尺寸精度和形状精度。影响电火花成形加工的因素主要有：机床本身精度、工具电极制造精度、工具电极与工件装夹定位精度、放电间隙参数、工具电极损耗等。

1）尺寸精度。电火花成形加工时，工具电极与工件之间存在着一定的放电间隙（通常讲的是单面间隙），理论上讲，工件的最终尺寸值应该是工具电极尺寸加上或者减去2个放电间隙大小。实际上，由于电参数、工作液介质、工件材料、设备机械因素等的影响，放电间隙的大小实际上是变化的，这就影响了尺寸精度的稳定性。

2）形状精度

① 斜度：电火花成形加工过程中，当加工面与工具电极间的尺寸大于或等于正常加工间隙时，由于介质和电蚀产物分布状况的变化，该区域可能再次产生火花放电，这种现象称为“二次放电”。“二次放电”容易造成加工时侧面产生斜度，使上端尺寸大而下端尺寸小。工具电极下端加工时间长、损耗大，上端加工时间短、损耗小，因此会产生工件上大下小的斜度，如图5-8所示。

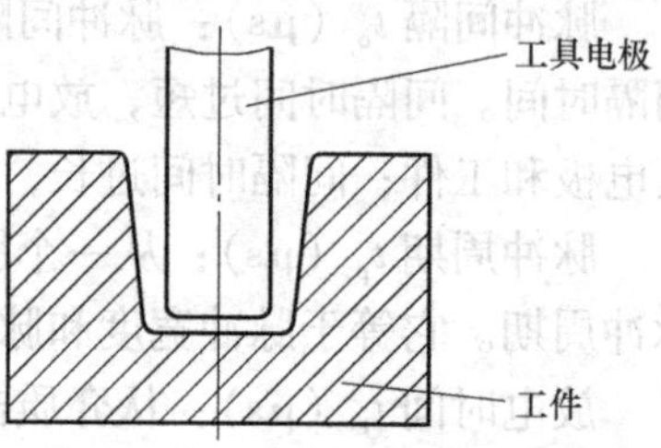

图5-8　“二次放电”引起的斜度误差示意图

② 圆角。电火花成形加工中工具电极的棱角的损耗速度比较快，因此很难加工出清棱清角，而是形成一个小圆角，这在电加工中是很难避免的。

由于电火花成形加工的特点，由斜度、圆角引起的加工误差往往只能采用粗、精电极加工相结合的工艺方法来解决。

（3）表面质量

1）表面粗糙度。在实际应用中，加工表面质量的提高和加工速度是一对矛盾体。好的表面质量意味着小能量的火花放电，小的放电间隙，随着加工表面质量的提高，加工速度必然降低。目前解决这一矛盾的方法主要是采取粗、精加工相结合的方法，即粗加工时选择大电流、高能量，主要解决速度问题；精加工时加工余量小，选择小电流、低能量，解决表面质量问题。

2）加工表面层的组织变化。电火花加工后的工件表面层，由于受瞬时高温作用和液体介质的冷却作用，其组织结构发生了很大变化。金属表面发生变化的部分叫做表面变化层，它可分为熔化层和热影响层。

熔化层位于工件表面的最上层，该层被火花放电的瞬时高温熔化，又被工作液介质快速冷却，它与基体组织完全不同，不同的金属材料其组织结构也不相同。热影响层分布于熔化层和基体之间。

表面变化层的厚度与工件材料种类、电参数选择有关，脉冲宽度越宽、放电电流越大，表面变化层越厚。一般粗、中加工的变化层厚度在0.1～0.5mm以内，精加工的变化层厚度在0.01～0.05mm以内。

3）表面微观裂纹。电火花成形加工表面由于瞬时高温继而迅速冷却，表面产生拉应力，往往会出现微观裂纹，对一些硬脆材料尤其如此。其产生原因主要有以下几方面：

① 脉冲参数。一般情况下，电火花粗加工时，几乎任何金属材料都会产生显微裂纹，而选用小的脉冲能量，可以大大缓和或消除显微裂纹。

② 热处理状态。淬火状态的金属材料由于内应力的存在，比退火、回火态的材料更易产生裂纹。

③ 加工过程的稳定性。如果加工过程稳定性不好，尤其是出现连弧情况时，大量的热能扩散到材料内部，产生内应力，容易出现表面缺陷。

表面微观裂纹对工件的力学性能影响很大，必须从选材、工艺、实际操作等方面加以防范。

(4) 工具电极损耗　在电火花成形加工中，工具电极损耗直接影响仿形精度，特别是对于型腔加工，电极损耗这一工艺指标较加工速度更为重要。图5-9所示为电极实物，端面损耗已经非常严重。

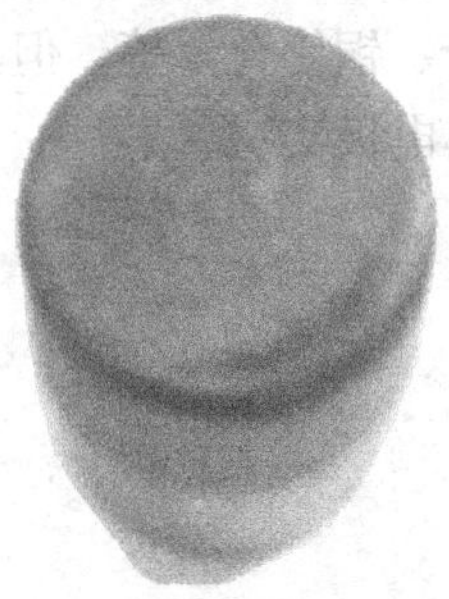

图5-9　电极损耗示意图

在电火花成形加工中，工具电极损耗分为绝对损耗和相对损耗。

绝对损耗最常见的是体积损耗和长度损耗两种方式，它们分别表示在单位时间内，工具电极被蚀除的体积和长度。

相对损耗是指工具电极绝对损耗与工件加工速度的百分比。通常采用长度相对损耗，因为长度相对损耗比较直观，测量也比较方便。在电火花成形加工中，工具电极的不同部位，其损耗速度也不相同。一般尖角损耗比钝角快，棱的损耗比面快，端面损耗比侧面快。

5.1.4　工具电极设计与制造

1. 工具电极材料

工具电极准备是电火花成形加工的基本前提，工具电极的形状、尺寸与工件工艺参数有关。工具电极必须具备以下条件：① 必须是导电材料，具有良好的导电性；② 良好的电火花成形加工性能，加工稳定性好；③ 耐腐蚀、耐损耗；④ 具有一定的力学性能；⑤ 良好的加工性能；⑥ 价格适中。

从电火花成形加工原理来说，加工时工具电极与工件不接触，是通过电蚀作用对工件进行加工的，似乎任何导电材料都可以作为工具电极。但是，由于不同材料的工具电极对电火花加工的稳定性、生产率及模具被加工质量等都有很大的影响。因此，在实际使用中不能任意选择工具电极材料，而应选择相对损耗小、加工过程稳定、生产率高、易于制造加工及成本低廉的材料作为工具电极材料，以满足模具成形零件的电加工要求。目前，常用的工具电极材料有铸铁、钢、石墨、纯铜、黄铜、铜钨合金、银钨合金等，各种工具电极材料及其性能见表5-1。

表5-1　电火花成形加工常用工具电极材料及其性能

常用材料	稳定性	工具电极损耗	加工性能	加工效率	价格	应用情况
铸铁	一般	一般	好	低	低	主要用于穿孔加工
钢	较差	较差	好	低	低	主要用于穿孔加工
石墨	好	小	好（易崩角、掉块）	高	与铜相当	应用广泛，尤其用于大型型腔加工
纯铜	好	较大	好	高	较高	主要用于加工小尺寸模具型腔
黄铜	好	大	好	高	较高	主要用于穿孔加工
铜钨合金	好	小	较好	一般	高	主要用于加工高精度型腔，硬质合金模具
银钨合金	好	很小	较好	一般	最高	只用于硬质合金模具

工具电极材料选用的原则是在满足工艺要求的情况下，兼顾经济性、加工性、加工精度、耐电腐蚀性等因素。对于加工形状复杂、尺寸精度要求一般的工件，可用石墨或纯铜材料；对于大型型腔的加工，电极自重较轻为好，宜选用石墨；进行高精度的电火花成形加工时，为了保证工具电极的尺寸精度和形状精度，必须选用电极损耗最低的材料，如银钨合金、铜钨合金等，但其成本较高。图 5-10 所示为石墨工具电极实物，图 5-11 所示为纯铜工具电极实物。

图 5-10　石墨工具电极

图 5-11　纯铜工具电极

2. 工具电极结构设计

工具电极的结构主要有整体式和组合式两种形式，可根据不同加工对象和条件进行选择。

（1）整体式工具电极　这种结构应用比较普遍。整体式工具电极不仅适用于结构形状简单的工具电极，随着 CNC 技术的普及，越来越多的复杂形状工具电极也大多采用整体式结构。三维软件造型设计—CNC 加工整体工具电极—工具电极检验合格—型腔电火花加工已经是目前非常成熟的模具复杂型腔加工手段，这是保证模具精度的较好模式。图 5-12 所示为齿轮精密锻造的型腔整体工具电极。

（2）组合式工具电极

1）分解式工具电极。对于形状复杂的模具型腔，当制作整体式工具电极比较困难时，可以采取化繁为简的办法，将工具电极分解成几个独立的简单几何形状，分别制造成工具电极，以相应的加工基准，逐步将模具型腔加工成形。但是，采用分解式工具电极虽然简化了电极制造和电加工工艺，但同时也增大了加工误差，很容易导致型腔精度的不精确。

2）镶拼式工具电极。对形状复杂且制造困难的工具电极，也可分解成几个形状简单的电极来分别加工，然后镶拼成整体的工具电极形状来完成模具型腔加工。而对于在同一个型腔上加工出几个型孔或型槽的情况，可以用单个工具电极分别加工，也可以将多个工具电极组合装夹在一起。如图 5-13 所示的镶拼式工具电极，可以一次完成对型腔的电火花成形加

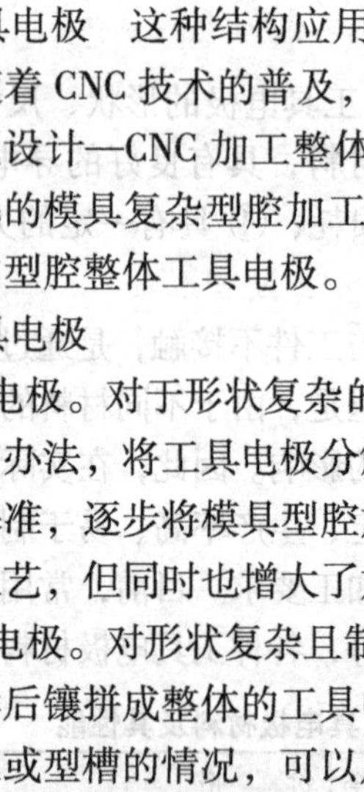

图 5-12　齿轮精密锻造的型腔整体工具电极

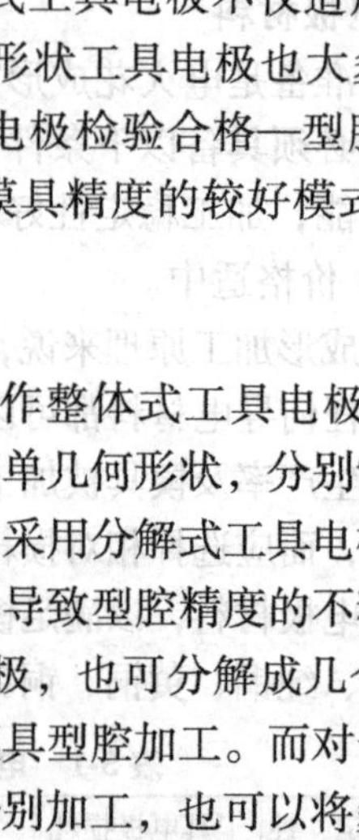

图 5-13　镶拼式工具电极

工，这样不仅效率高，而且精度也容易保证。

3. 工具电极尺寸设计

模具型腔采用电火花成形方式加工时，从质量、效率、工艺角度，一般分粗、精加工两个阶段，即粗打工具电极选用较大的放电间隙（一般单边0.3mm左右），完成粗加工，主要是尽快去除加工余量；精打工具电极选用较小的放电间隙（一般单边不超过0.1mm），完成精加工，同时留适当的钳工抛光余量（一般单边0.03~0.05mm），保证型腔的制造精度。因此，粗、精工具电极的形状类似，但尺寸、精度是有区别的。

对于电火花加工而言，模具凹腔或凸型的尺寸是由工具电极尺寸和放电间隙决定的，当然还要考虑模具的制造公差精度和表面抛光余量。

对于凹腔情况：型腔名义尺寸=工具电极对应尺寸+2×单边放电间隙+2×单边钳工抛光量

对于凸型情况：

凸型名义尺寸=工具电极对应尺寸-2×单边放电间隙-2×单边钳工抛光量

相对于模具型腔工具电极而言，工具电极长度方向尺寸显得相对次要一些，考虑工具电极装夹方式、装夹长度，满足加工所需长度空间条件就可以，一般情况下工具电极长度尺寸不必过长。

4. 工具电极的制造

工具电极的制造和机械产品的加工是一样的，但由于工具电极的材料、类型、几何形状复杂程度及精度要求的不同，采用的加工方法也各有不同。

（1）机械加工方法　对形状比较简单的工具电极，一般采用传统的加工方法来进行。如圆形工具电极可采用车削的方法加工，矩形、多边形的钢的工具电极可在刨床、铣床上加工。对形状比较复杂的工具电极，可以多种方法、分工序组合加工，达到工具电极的设计要求。

（2）线切割加工　对于有一定外形或型腔轮廓的工具电极，线切割加工是比较常用的加工手段，如图5-14所示。

（3）数控加工　对于复杂形状的工具电极，尤其是纯铜、石墨工具电极，数控加工是优选的加工手段，如图5-15所示。常用的高速精雕机，主轴最高转速都在2万r/min以上，加工精度在0.01mm以内，使用的刀具最小外径在ϕ1mm甚至更小，可精确加工各种复杂工具电极轮廓、根部圆角、圆弧曲面等，实际中应用非常广泛。

图5-14　线切割方形工具电极

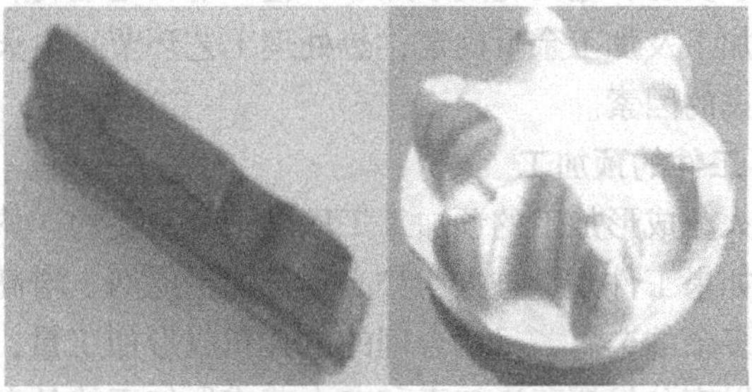

图5-15　数控加工异形工具电极

5. 工具电极的装夹与找正

采用电火花成形加工的模具型腔是在机床的系统坐标以内，通过工具电极和模具对象间的相对运动，以放电腐蚀的形式加工完成的。因此，机床本身、加工工具电极与加工对象三者间的相对平行度、垂直度等几何公差要求，加工工具电极与加工对象二者间的相对位置关系是决定模具型腔精度的最基本环节。

在电火花成形加工之前，工具电极必须安装在机床主轴上，并使工具电极轴线或基准面与机床主轴轴线平行或者垂直，同时还要与机床工作台面的纵横两个运动方向分别平行或者垂直。同样，加工对象也必须放置在机床工作台面上，加工对象的基准面必须与机床主轴轴线、与机床工作台面的纵横两个运动方向分别平行或者垂直。这个过程一般通过人工采用拉表找正或工装夹具辅助的方法来完成，找正经常使用的百分表及其表架如图 5-16 所示。

图 5-16　工具电极装夹及找正

在电火花成形加工中的定位，是指将已安装完成的工具电极对准工件的加工位置，以保证加工的型孔或型腔在凹模上的位置精度。这个过程相对简单，通过机床本身的功能设置及纵横两个运动方向的位移来实现。

5.1.5　电火花成形加工工艺方法

1. 电火花成形加工工艺

模具的制造工艺流程一般是：备料—粗加工—热处理—精加工—钳工修配，电火花成形加工往往是模具制造的最终精加工环节，它和工艺流程路线的上游环节是相辅相成的，关系密切。事实上，电火花成形加工工艺环节在毛坯材料准备之初就必须在考虑范围内。前期的毛坯粗加工及加工余量确定，热处理工艺环节，电火花成形加工之前精加工基准确定等都是必须考虑的因素。

2. 工件的预加工

电火花成形加工的预加工工序是十分重要的。从经济性角度考虑，电火花成形加工效率较低，如果工件余量过大，势必延长加工周期、增高成本。因此，电火花成形加工前应尽可能去除多余的金属，只留合理的电火花成形加工量，余量的去除一般采用机械加工的办法，这样可以充分发挥普通加工和电火花成形加工的各自特点，优势互补，各取所长。

电火花成形加工通常是热处理的后续工序，大余量的加工不仅费工费时，而且会引起工件应力释放，产生变形，影响尺寸精度。先预加工后再精加工的工艺方法一方面使残余应力重新分布，减小了引起变形的因素，对尺寸精度的影响大大减小，另一方面也改善了热处理的淬透性能，有利于保证可靠的力学性能。

3. 工件定位基准的确定

通常电火花成形加工是工件的最后精加工工序，因此，正确选择工件的定位基准是十分关键的，这关系到工件几何公差和加工质量的保证。所谓基准，就是图样或零件上的某些点、线、面，它们被用来确定其他点、线、面的位置。基准分为设计基准和工艺基准。设计基准是设计图样上用来确定其他点、线、面位置的基准。工艺基准是实际加工或装配中采用的基准。定位基准的确定一般遵循以下原则：① 定位基准必须是经过精加工而且精度较高的点、线、面；② 定位基准尽可能与设计基准一致；③ 各工序的定位基准与电火花成形加工工艺基准尽可能一致。

5.1.6　电火花成形加工在模具制造中的应用与实例

以下举几个典型例子对电火花成形加工应用作简单的说明。

(1) 异形法兰凹模型腔的加工　图5-17所示为一凹模型腔，精度一般，材料为3Cr2W8V，热处理硬度48～52HRC。因其型腔底部圆周要求$R3$mm圆弧过渡，从模具设计来讲只能是整体结构，从加工制造来讲，型腔可采用数控铣削或电火花成形加工，下面讨论一下电火花成形加工的工艺方法。

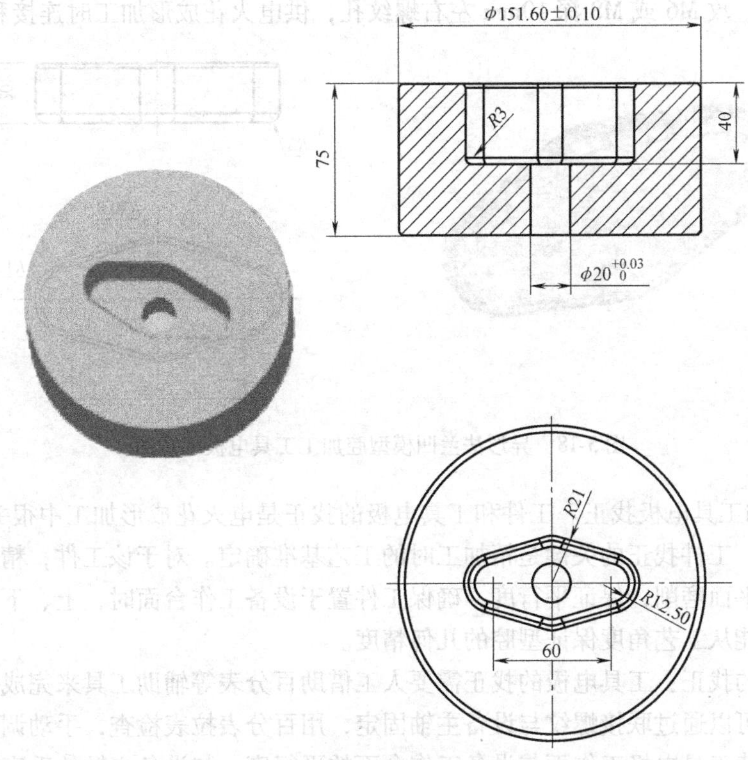

图5-17　异形法兰凹模型腔实体及工程图

一般模具加工的主要工艺流程为备料—粗加工—热处理—电火花精加工—钳工修配。

1）备料。该凹模外形尺寸较大，可以选用锻造毛坯或大直径棒料，留足合适的加工余量。

2）粗加工。该凹模为回转体零件，可选用车削加工去除大余量，留后续加工余量双面1~2mm。需要注意的是，由于精加工采用电火花成形加工，因此，粗加工时要尽量多地去除型腔金属，留适当的电火花成形加工余量即可，这不仅利于后续电火花成形加工，也能使型腔表面热处理的硬度得到保证。

3）热处理。1080℃油淬，630℃回火。

4）精加工。

基准确定：由于型腔不规则且居中，应以端面和外圆为电火花成形加工的参考基准。

基准加工：热处理完成后的工件，由于热处理硬度尚在车削能力范围之内，可精车端面、外圆、内孔，保证工件尺寸，然后平磨两个端面；也可采用磨削的方法，磨削外圆、内孔、端面，只是采用磨削时粗加工余量必须适当减小。总之，该工件可以采用普通加工的方法，保证除型腔外的全部尺寸和精度要求。

工具电极准备：电火花成形加工的前提是必须有工具电极。加工该型腔的工具电极如图5-18所示，形状与凹模型腔一致，整个轮廓尺寸单面减小了0.1mm左右，即精加工单面放电间隙为0.1mm。工具电极厚度可适当选取，对于该件20~30mm厚即可。工具电极材料选用T2铜，经过粗、精加工，最后线切割加工轮廓形状，钳工修$R3$mm轮廓，工作表面抛光，后端面钻、攻M6或M8深10mm左右螺纹孔，供电火花成形加工时连接和装夹使用。

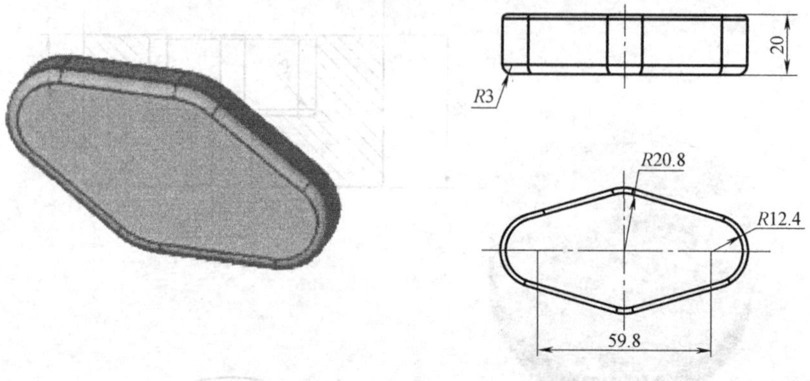

图5-18　异形法兰凹模型腔加工工具电极示意图

5）工件和工具电极找正。工件和工具电极的找正是电火花成形加工中很关键的环节。

工件找正：工件找正的关键是精加工时的工艺基准确定。对于该工件，精加工时上、下平面必须经过平面磨削，保证平行度，确保工件置于设备工作台面时，上、下面与设备主轴垂直，这样才能从工艺角度保证型腔的几何精度。

工具电极的找正：工具电极的找正需要人工借助百分表等辅助工具来完成。对于图5-18所示工具电极可以通过联接螺纹与设备主轴固定，用百分表拉表检查，手动调整电极夹头调整螺钉，最终使工具电极工作面与设备工作台面的平行度、与设备主轴的垂直度保持在精度范围以内。工具电极和被加工工件的位置关系主要用打火花、移动工作台来实现。由于图5-18所示工具电极轮廓形状不规则，给找正带来一定麻烦，可借用直角尺等附具，利用工具电极相互垂直方向的高点位置和工件外圆表面接触，放电打火，调整工作台刻度，最终使工具电极位于要加工工件的中心位置。

目前的数控电火花成形加工机床也提供了自动找正功能，可配合百分表拉表结合手动方法比较快速、精确地找正电极位置。

6）电火花成形加工。工件、工具电极找正后，选择合适的电参数加工成形，可用图5-18所示的一个工具电极加工成形，也可另备一粗加工工具电极，采用粗、精加工相结合的方法，这样更能提高加工效率，加工质量更好。粗加工工具电极形状相同，轮廓尺寸单面减小一个粗加工放电间隙值，一般选取0.3~0.5mm左右。

7）钳工抛光、修配。型腔加工完毕以后，通常表面粗糙度还达不到使用要求，需要钳工用油石、研磨膏、细砂纸等工具手工修抛，直至达到要求。

（2）异形触指型腔的加工　图5-19所示的凹模型腔非常复杂，精度较高，相关尺寸多，材料为CrWMn，硬度58~60HRC。从加工制造来讲，由于型腔尺寸较小，硬度较高，圆弧过渡多且要求较严，采用数控铣削难度很大，只能采用电火花手段加工。

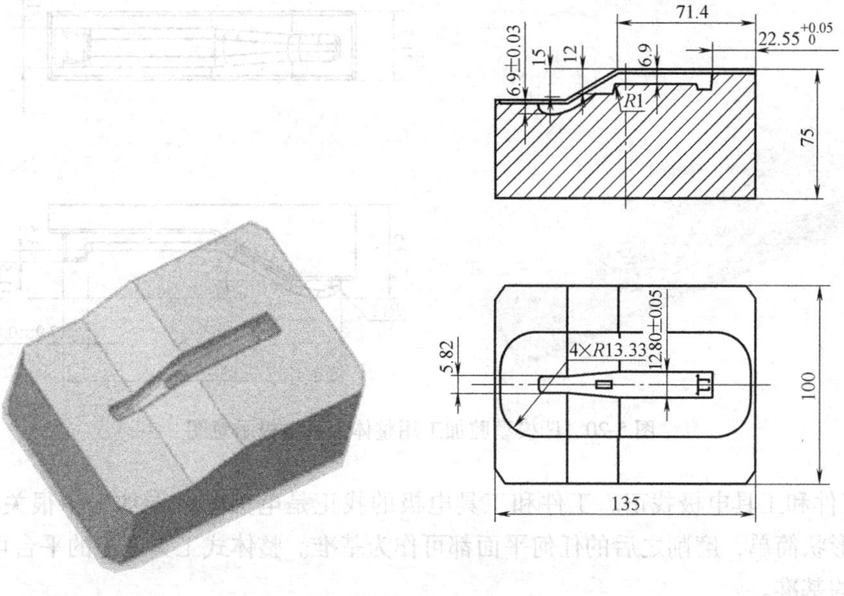

图5-19　复杂凹模型腔实体及工程图

其加工方法如下：

1）备料。该凹模外形尺寸较大，且为方形，宜选择锻造毛坯，留足合适的加工余量，一般双面10mm左右。

2）粗加工。主要采用铣削加工去除大余量，加工成101mm×136mm×77mm方坯即可，长、宽方向留后续加工余量双面1mm左右，高度方向可稍大一些，留2mm左右。需要注意的是，斜面台阶在粗加工时可以不考虑。

3）热处理。860℃油淬，240℃回火。

4）精加工。

基准确定：由于工件为四方形状比较规则，应以端面和外形为电火花成形加工参考基准。

基准加工：热处理完成后的四方毛坯，热处理硬度较高，可采用平面磨削的方法，磨削六个平面到要求尺寸，保证平面相互平行、垂直，去除尖角毛刺。工件台阶斜面可线切割加工完成。

工具电极准备：加工该型腔所用工具电极如图 5-20 所示。工具电极形状与凹模型腔一致，整个轮廓尺寸单面减小了 0.1mm 左右，即精加工时使用的单面放电间隙值。电极材料选用 T2 纯铜。

图 5-20 所示工具电极是保证型腔加工质量的关键。由于型腔复杂，要求精度高，可采用几个组合式工具电极分别加工，也可使用整体式加工电极。具体针对该工件，组合式工具电极虽然降低了制造难度，但加工效果不会太好，主要原因是工具电极的找正积累误差很难确保型腔的精度和相对位置，甚至造成型腔扭曲。而采用整体式工具电极基本上能避免上述问题，可以采用数控高速精雕机来加工以保证工具电极精度。

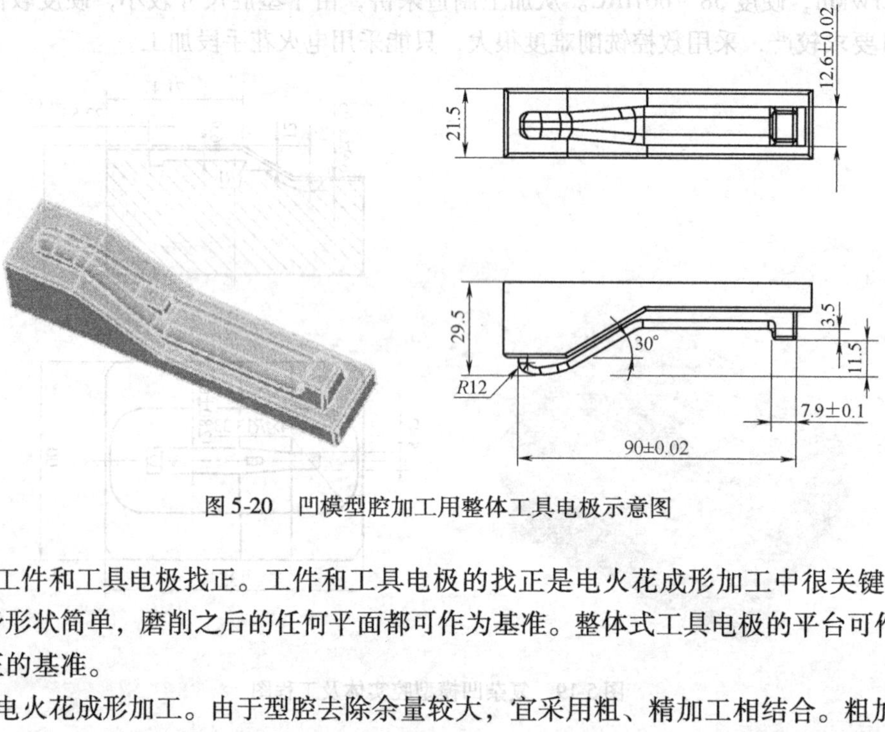

图 5-20　凹模型腔加工用整体工具电极示意图

5）工件和工具电极找正。工件和工具电极的找正是电火花成形加工中很关键的环节。工件本身形状简单，磨削之后的任何平面都可作为基准。整体式工具电极的平台可作为工具电极找正的基准。

6）电火花成形加工。由于型腔去除余量较大，宜采用粗、精加工相结合。粗加工工具电极形状相似，只是尺寸减小些，单面放电间隙 0.3 ~ 0.5mm 左右。精加工采用图 5-20 所示工具电极，单面放电间隙 0.1mm 左右。

7）钳工抛光、修配。型腔加工完毕以后，需要钳工用油石、研磨膏、细砂纸等工具手工修抛，直至达到要求。

5.2　电火花线切割加工

电火花线切割加工（Wire Cut Electrical Discharge Machining，WEDM）是在电火花成形加工的基础上发展起来的，是用线状电极（钼丝或铜丝）靠火花放电对工件进行切割的，故称为电火花线切割，简称线切割。1955 年前苏联最早提出了电火花线切割机床方案，并于1956年生产出世界上第一台电器靠模线切割机床。我国在1961研发了第一台靠模控制线切割机床，日本、瑞士等国家在20世纪70年代才进入线切割机床领域，但发展极快。目前，电火花线切割已经成为相当普及的模具、产品制造加工技术。

5.2.1 线切割加工原理与特点

1. 电火花线切割加工原理

电火花线切割加工与电火花成形加工的原理一样，都是基于电极间脉冲放电产生的电火花腐蚀原理。不同的是，线切割加工不需要制作复杂的成形电极，而是以不断移动的电极丝作为加工工具，通常接高频脉冲电源负极，脉冲电源正极通常接工件。电极丝以一定的速度往返或单向运动，电极丝和工件之间加入液体介质，通过工作台 *X*、*Y* 方向的轨迹运动，对工件进行脉冲放电，切割出所需的零件形状，如图5-21所示。

图5-21 电火花线切割加工模具

线切割的微观过程也分为电离击穿、脉冲放电、金属熔化汽化、金属抛出、消电离等过程。不同的是，线切割加工是运动着的柔性电极丝对刚性工件的加工。电极丝与工件之间相接触，但是在不造成短路的情况下发生击穿放电，即所谓“疏松接触式”轻压放电现象——电极丝被顶弯所造成的压力和电极丝相对工件的移动摩擦，使电极丝和工件之间的液体介质减薄到可被击穿的程度才产生火花放电。放电发生之后产生的爆炸力可能使电极丝局部振动而脱离接触，但宏观上仍是轻压放电。

电火花线切割加工具有电火花加工的共性，金属材料的硬度、强度、韧度并不影响加工速度，因此，它不但可用于普通状态的材料切割，更用于淬硬材料的加工，不仅广泛应用于模具制造，在产品生产中也经常使用。

2. 电火花线切割加工的工艺特点

电火花线切割加工工艺有以下主要特点：

1）不需要像电火花成形加工那样制作特定形状的工具电极，而是采用细金属丝（钼丝或铜丝，常规直径0.1～0.3mm）作电极，工具简单，大大降低了准备工时，有利于新产品的研发。

2）由于电极丝比较细，可以加工微槽、微细异形孔、窄缝和复杂形状的工件。由于切缝很窄，材料的利用率很高，对加工贵重金属有重要意义。

3）线切割只能加工以直线为素线的曲面，不能加工任意空间曲面；只能加工形状贯通的形状，台阶、盲孔型零件还无法加工。当零件无法从周边切入时，需要钻穿丝孔，在模具结构、产品零件设计时必须注意。

4）线切割电极丝不断更新（慢走丝）或作往复运动（快走丝），电极丝的损耗少，对加工精度的影响小，特别是在低速走丝线切割加工时，电极丝只使用一次，电极损耗对加工精度的影响更小，其经济加工精度一般可以控制在0.01mm以内。

5）对于粗、中、精加工，只需调整电参数即可，操作方便，自动化程度高。目前的线切割设备还可实现大锥度加工，扩展了其使用空间。

由于线切割加工工艺的上述特点，在新产品试制、精密零件及模具制造、特殊件加工等领域应用广泛。

5.2.2 线切割加工机床

1. 电火花线切割设备分类

通常情况下根据电极丝的运行速度将线切割机床分为快速走丝线切割机床（俗称快走丝）和慢速走丝线切割机床（俗称慢走丝）两大类，近年又出现了介于二者之间的中走丝线切割机床。

（1）快走丝线切割机床　顾名思义，其电极丝作高速往复运动，一般走丝速度为6～12m/s，这是我国独创的线切割加工模式，一般采用钼丝（直径0.1～0.2mm为主）作为电极。快速走丝系统的作用是将电极丝整齐地排绕在贮丝筒上，并带动电极丝按一定线速度移动，走丝机构通过贮丝筒的转动带动电极丝移动。在贮丝筒转动的同时，走丝机构还必须具有使其不断沿轴向运动的功能，以保证电极丝在加工中排绕整齐。同时，由于电极丝的长度有限，贮丝筒在加工中必须具有换向功能，即贮丝筒的转向和其轴向移动的方向同时逆转，以使电极丝往复运动，反复使用。国产快走丝线切割机床的电极丝的张紧靠装绕时外加的张紧力，快速走丝系统使用一段时间后，电极丝会因弹性疲劳而逐渐松弛，影响加工稳定性，因此必须及时紧丝。为了尽可能消除抖动，有利于加工稳定性，在电极丝抗拉强度允许的条件下，张紧力应尽可能大。

快走丝线切割机床能保证的加工精度为±0.01mm左右，表面粗糙度值为$Ra \leqslant 2.0\mu m$，其结构简单，价格低廉，可满足一般的加工要求。

（2）慢走丝线切割机床　慢走丝线切割机床的电极丝作低速单向运动，一般走丝速度为1.8～12 m/min，这是国外生产使用的主要机种，主要以黄铜丝（直径0.1～0.3mm）作为电极。机床具有单方向一次性送丝的慢速走丝机构，电极丝在走丝机构中具有准确的位置精度和稳定性。慢速走丝系统一般采用恒张力的控制方法来张紧电极丝，包括采用张紧电动机或张紧重锤来随时张紧电极丝，使整个加工过程中张力恒定。慢走丝线切割机床能保证的加工精度在0.01mm以内，表面粗糙度值为$Ra \leqslant 0.80\mu m$，其结构较复杂，价格昂贵。需要强调的是，慢走丝线切割机床的电极丝是一次性使用的，因此加工成本很高，可满足精密加工的要求。

（3）中走丝线切割机床　所谓中走丝线切割并不是走丝速度介于快走丝和慢走丝之间，而是复合走丝机床，粗加工时走丝速度为8～12m/s，精加工时走丝速度为1～3m/s，能在高速往复走丝电火花线切割机上实现多次切割功能，这样工作相对平稳、抖动小，并通过多次切割减少材料变形及钼丝损耗带来的误差，使加工质量也相对提高，加工质量介于快走丝线切割机床与慢走丝线切割机床之间。

2. 电火花线切割加工设备组成

线切割加工设备主要包括机床本体、高频脉冲电源、数字程序控制系统三大部分。

（1）机床本体　机床本体主要由床身、坐标工作台、运丝机构、丝架部分、工作液装置、机床电器等部件组成。

1）床身。是支撑和固定工作台与运丝机构的基体，要求有较好的刚度和强度。床身部件一般采用整体铸造结构，并经时效处理。

2）坐标工作台。主要分为 X、Y 向和 U、V 向移动工作台。X、Y 向移动工作台是安装工件、相对电极丝进行位移运动的工作平台，分别由交、直流电动机或步进电动机驱动，通过滚珠丝杠副传动。U、V 向移动工作台是具有锥度加工功能的线切割机床的专有结构。线切割加工是通过坐标工作台与丝架的相对运动来完成的，因此，坐标工作台应具有高的运动精度和坐标精度。工作台运动导轨及床身导轨通常要进行高频淬火，使工作台进给的频率响应、摩擦阻力、静态特性处于最佳状态。

3）运丝机构。运丝机构主要包括绕丝机构和丝架。快走丝线切割机床的绕丝机构一般是单滚筒式，结构简单，维护方便，但电动机正反换向频繁、电极丝张力不可调。贮丝筒一般选用不锈钢无缝钢管材料，正反向运转使用弹性联轴器，可以有效地缓冲交变应力。贮丝筒通常采用双轴承支承，不仅可以消除运丝部件的振动，而且保证了运动精度。丝架主要是对快速运动的电极丝起支撑作用，使电极丝工作部分与工作台面保持垂直。

（2）高频脉冲电源　脉冲电源是线切割加工机床最重要的组成部分之一。由于线切割加工一般采用正极性加工方式，电源脉宽较窄，单个脉冲能量较小，脉冲频率较高。适合线切割加工的脉冲电源形式很多，主要有晶体管矩形波脉冲电源、高频分组脉冲电源、低损耗脉冲电源等。

（3）数字程序控制系统　数字程序控制系统是线切割加工的核心部分，线切割机床数控系统必须具备最基本的控制加工由直线和圆弧组成的任意几何形状的功能，而间隙补偿、锥度补偿、图形编制、图形显示、通信功能、逆向功能等随不同的线切割设备而不尽相同。

数字程序控制系统的基本控制原理即为插补原理，主要有逐点比较法、数字积分法等。图5-22和图5-23所示是国产苏州三光科技股份公司的线切割机床产品。

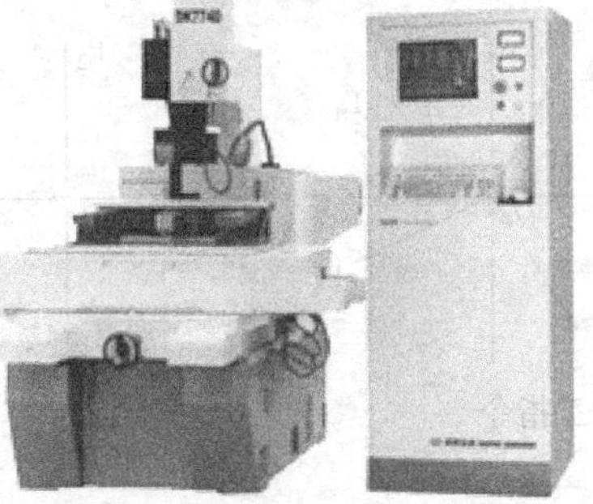

图5-22　快走丝线切割机床

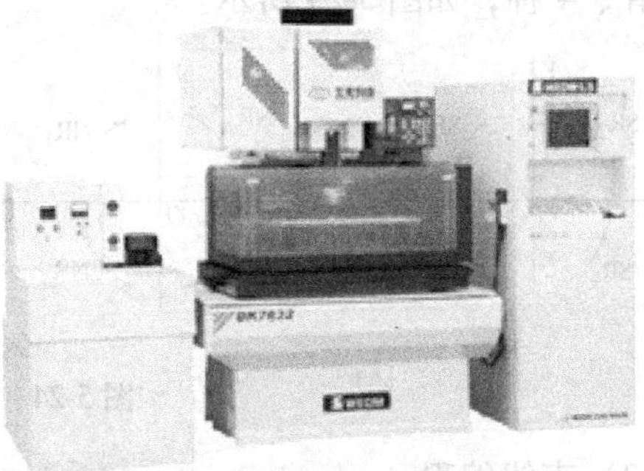

图5-23　慢走丝线切割机床

图5-22所示为快走丝线切割机床。床身选用树脂砂铸件，设计成箱型结构，刚度和强

度好，X、Y 轴选用高精度直线导轨和高精度滚珠丝杠，配光栅数显装置。

图 5-23 所示为慢走丝线切割机床。大理石工作台面，保证长期使用不变形。采用恒张力走丝机构，金刚石导向器，直连式电动机传动，高精密滚珠丝杠、直线导轨和高精度控制系统。

5.2.3 线切割手工编程

数控线切割机床的控制系统是按照加工程序去控制机床运动的，因此，必须事先将加工的图形信息用机床能够接受的“语言”编排好，这个过程就叫做数控线切割编程，简称编程。线切割的编程方法分为手工编程和自动编程。手工编程正在被逐步淘汰，而图形方式自动编程则越来越普及。

常见的平面图形很多都是由直线和圆弧线段组成的。任何复杂的图形都要分解为直线段和圆弧段依次编程。线切割程序格式有 3B、ISO 等，其中 3B 格式在我国快走丝线切割设备中使用最广，ISO 格式为国际通用标准，多为国外慢走丝线切割机床使用。

1. 线切割 3B 代码编程

（1）编程格式　3B 编程指令格式见表 5-2。

表 5-2　3B 编程指令格式

B	X	B	Y	B	J	G	Z
分隔符号	X 坐标值	分隔符号	Y 坐标值	分隔符号	计数长度	计数方向	加工指令

对 3B 指令格式说明如下：

1）B 为分隔符号。因为 X、Y、J 均为数字，需要中间加 B 以隔开；读入第一个 B 后，它使控制器做好接受 X 坐标值的准备，读入第二个 B 后做好接受 Y 坐标值的准备，读入第三个 B 后做好接受 J 值的准备。B 后的数字为 0 时，0 可以不写。

2）X、Y 为直线的终点或圆弧起点的坐标值，编程时均取绝对值，以 μm 为单位；X 或 Y 为 0 时可以不写，但需要强调的是计数长度 J 必须写足 6 位数。

3）G 为计数方向，分 G_X 或 G_Y，即可按 X 或 Y 方向计数，工作台在该方向每走 1μm 即计数累减 1，当累减到计数长度 J=0 时，这段程序即加工完毕。

4）加工指令 Z 共有 12 种，分为直线 L 与圆弧 R 两大类，其中圆弧加工指令有 8 种，直线指令 4 种，如图 5-24 所示。

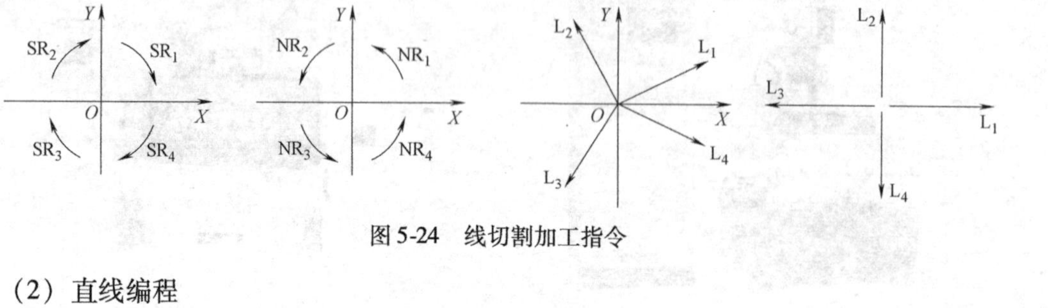

图 5-24　线切割加工指令

（2）直线编程

1）直线段起点作为坐标原点，直线段终点坐标作为 X、Y 值，也就是终点相对起点的增量值；X、Y 值取绝对值尺寸，并允许 X、Y 按相同比例放大或缩小。

2）投影尺寸 J。直线段在计数方向坐标轴上的投影长度，即 X 或 Y 值，取绝对值尺寸。

3）计数方向 G。加工斜线段时，必须用进给距离比较长的一个方向作进给长度控制。若线段的终点为 A（X，Y），当确定计数方向时，可以以 45°为分界线（图 5-25），当斜线在阴影区内时，取 G_Y，反之取 G_X，即：当 $X>Y$ 时，计数方向取 G_X，计数长度 J 为 X 值；当 $X<Y$ 时，计数方向取 G_Y，计数长度 J 为 Y 值；当 $X=Y$ 时，计数方向可任取 G_X 或 G_Y，计数长度与 X、Y 等值。

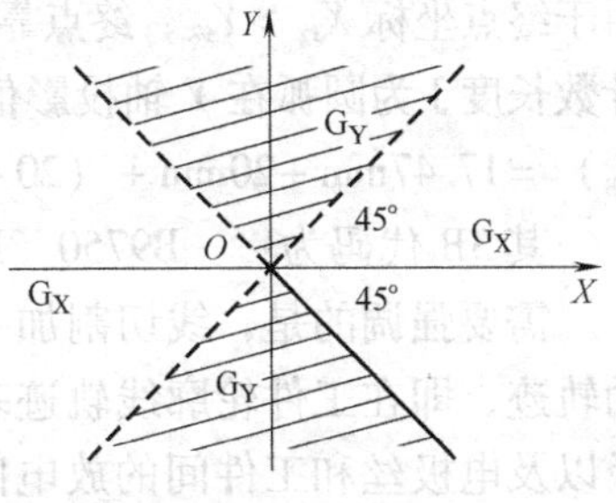

图 5-25 斜线段计数方向的选取

4）加工指令 Z。① 对于直线段的加工指令用 L 表示，L 后面的数字表示该线段所在的象限。当被加工直线分别在Ⅰ、Ⅱ、Ⅲ、Ⅳ象限时，分别用 L_1、L_2、L_3、L_4 表示；② 对于与坐标轴重合的直线段，正 X 轴为 L_1，正 Y 轴为 L_2，负 X 轴为 L_3，负 Y 轴为 L_4。

例如，加工图 5-26 所示的斜线段，起点为（5，10），终点为（20，40），其程序为：

B1500　B3000　B003000　G_Y　L_1

由于程序中 X 和 Y 值可按比例缩小同样倍数，故该程序可简化为：

B1　B2　B003000　G_Y　L_1

（3）圆弧编程

1）圆弧圆心作为坐标原点。

2）程序中的 X、Y 必须是圆弧起点对其圆心的坐标增量值，均取绝对值。

3）计数长度 J。即圆弧在计数方向坐标轴上投影长度的总和。

4）计数方向 G。圆弧计数方向的选取，应由圆弧终点的情况而定，从理论上来分析，应该是以加工圆弧到达终点时最后一步的坐标方向作为计数方向；也可以以 45°线为界（图 5-27），即终点在阴影区内，计数方向取 G_X；终点在阴影区外，计数方向取 G_Y；当终点在 45°线上时，可任意选取。

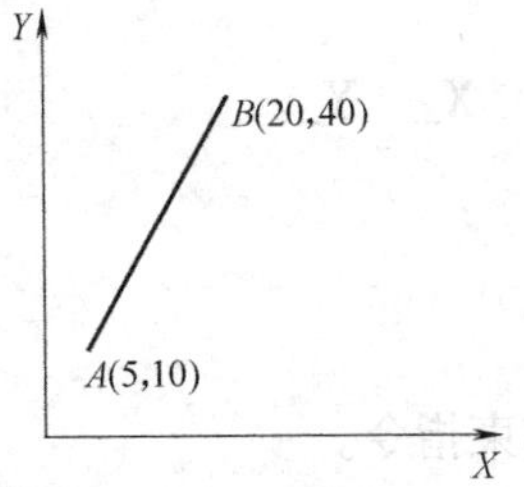

图 5-26 直线编程实例

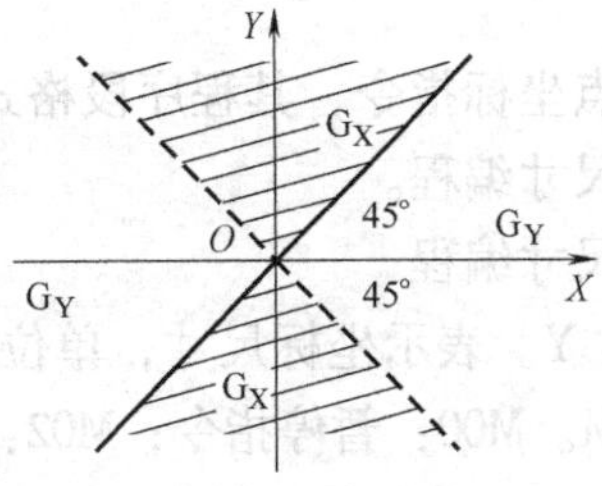

图 5-27 圆弧计数方向的选取

即由终点坐标判断：当 $X_{终}>Y_{终}$，终点靠近 X 轴，计数方向取 G_Y，计数长度 J 为圆弧在 Y 轴投影值之和；当 $X_{终}<Y_{终}$，终点靠近 Y 轴，计数方向取 G_X，计数长度 J 为圆弧在 X 轴投影值之和；当 $X_{终}=Y_{终}$，计数方向任取 G_X 或 G_Y，计数长度 J 为圆弧在 X 或 Y 轴投影值之和。

5）加工指令 Z。① SR 表示顺圆，字母后面的数字表示该圆弧的起点所在象限，加工顺时针圆弧时，当圆弧起点在Ⅰ、Ⅱ、Ⅲ、Ⅳ象限时，分别用 SR_1、SR_2、SR_3、SR_4 表示；② NR 表示逆圆，字母后面的数字表示该圆弧的起点所在象限，加工逆时针圆弧时，当圆弧起点在Ⅰ、Ⅱ、Ⅲ、Ⅳ象限时，分别用 NR_1、NR_2、NR_3、NR_4 表示。

例如，加工图5-28所示的圆弧，起点为A（9.75，-17.47），终点为B（-18，8.72），由于终点坐标$X_{终}>Y_{终}$，终点靠近X轴，因此计数方向取G_Y，计数长度J为圆弧在Y轴投影值之和，其值为$Y_A+R+(R-Y_B)=17.47mm+20mm+(20-8.72)mm=48.75mm$

其3B代码为：　B9750　B17470　B004875　G_Y　NR_1

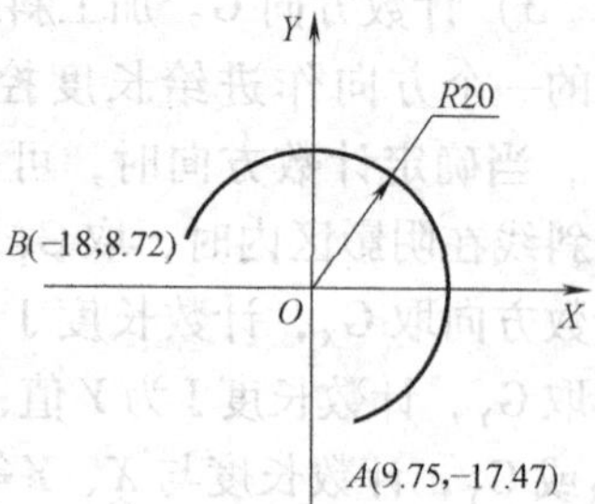

图5-28　圆弧编程实例

需要强调的是，线切割加工轨迹实际是电极丝中心的运动轨迹，即在工件轮廓线轨迹基础之上偏移了一个电极丝半径以及电极丝和工件间的放电间隙。目前的线切割机床都有间隙补偿功能，因此可直接按图形轮廓编程，然后输入合适的间隙补偿量。

2. 线切割ISO代码编程

我国电火花线切割加工广泛使用的是3B代码编程，而国际统一规范是ISO代码编程，目前ISO代码编程在国内还不够普及，但这应该是今后的发展趋势。

ISO代码编程介绍如下：

（1）程序段格式　程序段由若干个程序字组成，格式为：N_　G_　X_　Y_。

其中：

1）顺序号N。后续数字2～4位，表示程序的序号，如N1，N10等。

2）准备功能G。与数控加工系统相似，不同的G功能表示不同的动作指令，不同的软件系统又有所差别。一般情况下：

G00——快速定位指令，其程序段格式：G00　X_　Y_。

G01——直线插补指令，其程序段格式：G01　X_　Y_。

G02——顺圆弧插补指令，其程序段格式：G02　X_　Y_　I_　J_。

G03——逆圆弧插补指令，其程序段格式：G03　X_　Y_　I_　J_。

其中，X、Y分别表示圆弧终点坐标；I、J分别表示圆心相对圆弧起点在X、Y方向的增量尺寸。

G92——定起点坐标指令，其程序段格式：G92　X_　Y_。

G90——绝对尺寸编程。

G91——增量尺寸编程

3）尺寸字X、Y。表示坐标尺寸，单位为μm。

4）辅助功能M。M00：暂停指令；M02：程序结束指令。

（2）程序格式　一个完整的线切割加工程序由程序名、程序主体和程序结束组成。

1）程序名。由文件名和扩展名组成。文件名可以用字母和数字表示，最多可用8个字符，如P100、P010等。

2）程序主体。由若干个程序段组成，其中又可分为主程序和子程序。

3）程序结束。指令为M02，在程序最后单独一行，当执行到M02程序段时，就会自动停止进给并使系统复位。

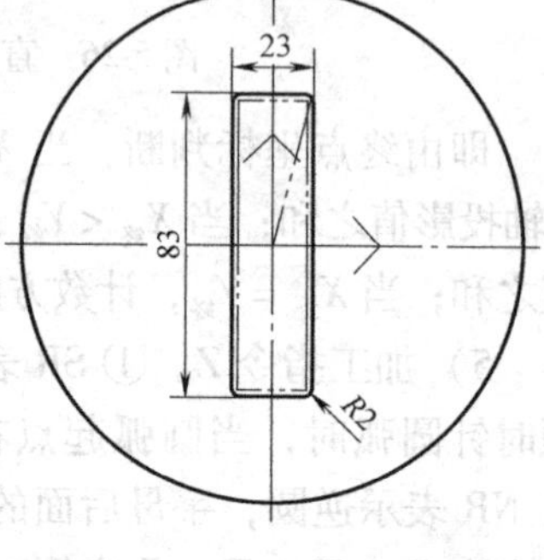

图5-29　方型腔线切割编程实例

（3）ISO代码举例编程　以图5-29所示为例的ISO代码

线切割加工程序见表5-3。

表5-3 ISO代码线切割程序

功能字	X坐标	Y坐标			备注
P10					程序名
G92	X0	Y0			坐标系建立
G01	X9500	Y41500			原点到右上角斜线
G02	X11500	Y39500	I0	J-2000	圆弧
G01	X11500	Y-39500			右侧直线
G02	X9500	Y-41500	I-2000	J0	圆弧
G01	X-9500	Y-39500			下端直线
G02	X-11500	Y-41500	I0	J2000	圆弧
G01	X-11500	Y39500			左侧直线
G02	X-9500	Y41500	I-2000	J0	圆弧
G01	X9500	Y41500			上端直线
G01	X0	Y0			回原点
M02					程序结束

5.2.4 线切割自动编程

随着计算机技术的发展，线切割编程早已进入自动编程阶段，手工编程基本上已被淘汰，以往繁琐的数值计算、代码输入被精确、快速的计算机绘图、程序联机传输所取代，编程的错误率大大降低，效率则大幅度提高，使线切割加工技术得到了更广泛的应用。

目前市场上线切割自动编程软件很多，下面以北航海尔软件有限公司研发的CAXA XP线切割软件为例介绍一下自动编程。

用线切割手段加工图5-30所示的凹模方型腔是非常经济、合理的方法。线切割之前一般要经过材料准备—粗加工（以车削加工为主，中间方型腔预加工ϕ40mm左右的通孔）—热处理—精加工（保证图样尺寸的同时，要加工出线切割基准，如上下面要进行平面磨削加工、内孔要进行车削或内圆磨削加工）。

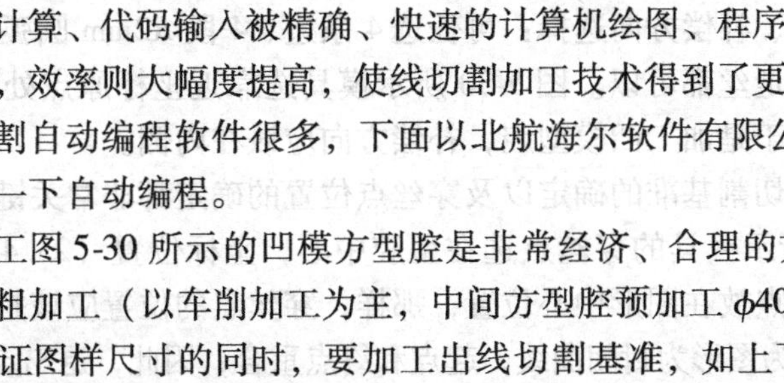

图5-30 凹模方型腔线切割加工

CAXA XP线切割软件界面如图5-31所示。

1）图形绘制。CAXA XP绘图和一般的绘图软件大同小异，提供了很多强大的绘图功

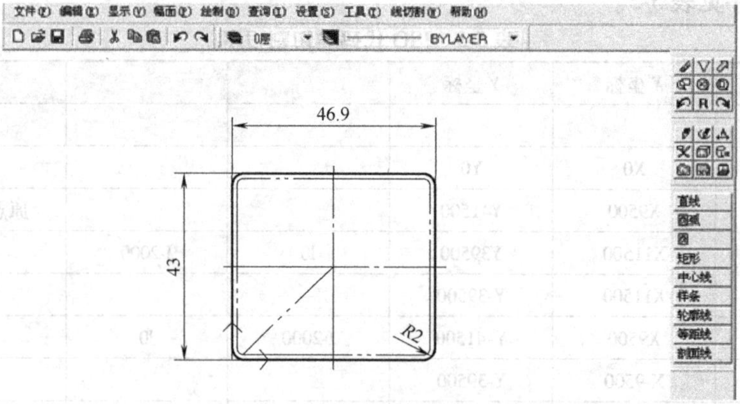

图 5-31 CAXA XP 线切割软件应用界面

能，如基本曲线、高级曲线、曲线编辑、工程标注等。

2）轨迹生成。线切割加工最核心的就是轨迹路线生成。单击轨迹操作子菜单，单击轨迹生成，从对话框中进行以下选择步骤：

偏置量选择：线切割加工可在图形轮廓的基础上进行向内、向外的偏置，一般取电极丝半径尺寸，也可根据需要输入合适的数值调整。也就是说，线切割加工可以很方便地实现以轮廓图形为基础的图形缩放，这对模具的制造，尤其是给凸凹模、配合件的加工带来了极大的方便。对于图 5-30 所示的模具，通常采用 0.18mm 的钼丝加工，偏置量定为 0.10mm，即线切割电极丝偏置量 = 电极丝半径 + 0.01mm（线切割单边放电间隙）。

轮廓、切割方向、补偿方向选择：可任选 4 条边、4 段 $R2$mm 圆弧中的任意线段为起始线，顺时针或逆时针走丝都可以。图 5-30 所示模具选靠近坐标原点处的 $R2$mm 圆弧为起割线，顺时针走丝，由于是加工凹模型腔，补偿方向应该在内侧。

穿丝点选择：线切割基准的确定以及穿丝点位置的确定都非常关键。考虑方便实际加工时的找正，图 5-30 所示模具的穿丝点选在型腔中心，坐标位置（23.45，21.5）。当然，作图时也完全可以将原点放在图形中心位置，那样，穿丝点的位置应该是（0，0）。

退出点选择：因为图形为封闭曲线，起点和终点重合，因此，退出点位置也在型腔中心。

轨迹自动生成、轨迹仿真模拟：上述工作完成后，即自动生成线切割轨迹，并可以在计算机上进行轨迹仿真，如果发现问题可按以上步骤重新修正。

3）代码生成。以上步骤是在计算机上进行的，要实现线切割设备的实际加工，必须向线切割设备发送程序指令，具体如下：

单击代码生成子菜单，选择代码类型：CAXA XP 可任选 3B 或 4B 代码，不具备 ISO 代码功能。

选择轨迹，回车：跳出代码生成对话框，可任选文件夹存储。程序见表 5-4。

表 5-4 3B 代码程序单

序号	X	Y	J	G	Z	X坐标	Y坐标	备注
1	21450	21410	21450	G_X	L_3	2.000	0.090	起点到左下角斜线
2	0	1910	1910	G_Y	SR_3	0.09	2.000	$R2$ 圆弧

（续）

序　号	X	Y	J	G	Z	X坐标	Y坐标	备　注
3	0	39000	39000	G_Y	L_2	0.090	41.000	左侧直线
4	1910	0	1910	G_X	SR_2	2.000	42.910	$R2$ 圆弧
5	42900	0	42900	G_X	L_1	44.900	42.910	上端直线
6	0	1910	1910	G_Y	SR_1	46.810	41.000	$R2$ 圆弧
7	0	39000	39000	G_Y	L_4	46.810	2.000	右侧直线
8	1910	0	1910	G_X	SR_4	44.900	0.090	$R2$ 圆弧
9	42900	0	42900	G_X	L_3	2.000	0.090	下端直线
10	21450	21410	21450	G_X	L_1	23.450	21.500	斜线回终点
11	程序结束							

4）代码传输。单击传输与后置子菜单，选择应答传输，启动线切割设备的通信键，输入程序首句代号（如1、15、100），单击上述程序，可实现计算机中的程序代码信息同步向设备传递，程序段号依次递增。检查程序无误后可以进行加工。

5）调试加工。对模具制造而言，线切割加工通常是最后的精加工工序，其中最重要的一个环节就是找正，其目的就是让电极丝中心与工件的加工中心重合或保持一个准确的相对位置，从而确保工件的加工精度。

图5-32所示为线切割精加工前的工件状态，工件预加工了ϕ40mm内孔，经过精车或磨削的该孔可以作为型腔的加工基准，找正时可以按照图示路线，通过移动工作台位置、电极丝分别贴近图示1、2位置打火观察，通过工作台上的刻度盘找到1、2连线的中点位置；同理，通过3、4点位置打火观察，二者的中点位置就是型腔的中心位置，即要确定的电极丝起点位置。人工操作虽然繁琐，但可以通过火花对丝观察发现问题，完全可以保证加工精度达到设备设计精度。

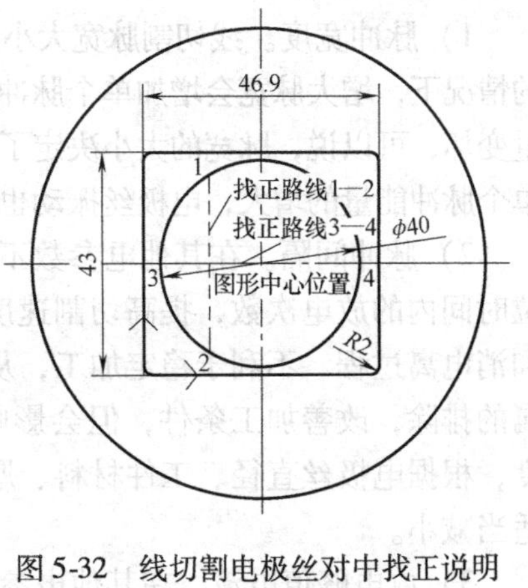

图5-32　线切割电极丝对中找正说明

目前多数线切割设备都有自动对中心功能，可以方便使用。但对精度不够高的设备，由于工件装夹、毛刺等原因，操作不当反而会出现误差，造成质量问题。

5.2.5　电火花线切割加工工艺

1. 电火花线切割工艺指标

电火花线切割加工的主要工艺指标有加工速度、表面粗糙度、电极丝损耗量、加工精度、放电间隙、加工表面层质量等。

（1）加工速度　对于线切割机床来说，加工速度是指在一定加工条件下，单位时间内工件被切割的面积，用mm^2/min来表示。即

$$M_s = S/t \tag{5-4}$$

式中　M_s——加工速度（mm^2/min）；

S——工件被切割的面积（mm^2）；

t——切割时间（min）。

（2）表面粗糙度　表面粗糙度是指加工后表面的微观不平度，通常用不平度算术平均偏差 Ra 值来衡量，单位是微米（μm）。线切割加工表面粗糙度与加工效率是一对矛盾体，通常情况下，表面加工质量的提高意味着加工周期的延长和效率的降低。目前快走丝线切割机床的表面粗糙度值 Ra 可以达到 2.5 ~5μm，慢走丝线切割机床的表面粗糙度值 Ra 可以达到 0.2 ~1.25μm，甚至更高。

（3）电极丝损耗量　放电加工过程中，电极丝不断受到正离子的轰击和放电通道的热冲击，局部电极丝受高温而熔化或汽化，发生烧损。一般情况下电极丝损耗指标是：切割 $10000mm^2$ 面积电极丝损耗小于等于 0.01mm。对慢走丝线切割加工，电极丝一次性使用，其损耗对工件质量影响不大，可以忽略不计。但快走丝线切割机床使用的电极丝，由于往复使用、重复放电，电极丝势必损耗变细，一般会烧损几微米到几十微米，在实际加工中必须考虑其对工件精度的影响。

（4）加工精度　线切割加工精度是指加工后工件尺寸、几何形状的偏差。加工精度是一个综合指标，与设备性能、精度、工件装夹定位、电极丝损耗、工作液、操作者技术水平等许多因素有关。目前快走丝设备的加工精度可以达到 0.01 ~0.02mm，慢走丝设备的加工精度可以达到 0.002 ~0.005mm。

2. 电火花线切割加工影响因素

（1）电参数

1）脉冲宽度。线切割脉宽大小对加工表面质量、加工速度影响较大。在其他电参数不变的情况下，增大脉宽会增加单个脉冲能量和加工电流，在提高加工速度的同时会明显使表面质量变坏，可以说，脉宽的大小决定了表面质量的好坏。但当脉冲宽度超过某一临界值时，随着单个脉冲能量的增大，电极丝振动也会加大，加工稳定性变差，反而影响了加工效率。

2）脉冲间隔。在其他电参数不变的情况下，减小脉冲间隔可以提高脉冲频率，增加单位时间内的放电次数，提高切割速度。但脉冲间隔过小则容易连弧，影响到电蚀产物的排除和消电离过程，不利于稳定加工，从而降低了切割速度。增大线切割脉冲间隔有利于熔化金属的排除，改善加工条件，但会影响加工速度。一般线切割加工脉冲间隔往往大于脉冲宽度，根据电极丝直径、工件材料、厚度等情况作合理的调整，在保证稳定加工的前提下可以适当减小。

3）放电峰值电流。在其他电参数不变的情况下，增大放电峰值电流会增加单个脉冲能量，有利于电蚀金属的抛出、改善排屑条件，加工速度会相应提高。但与此同时，电蚀凹坑会变大变深，明显破坏了表面质量。

（2）非电参数

1）电极丝。线切割加工要求使用的工具电极丝具有良好的导电性能、抗电蚀性能和较高的强度。目前快走丝线切割设备主要使用直径为 0.18mm 的钼丝作为工具电极，一般走丝速度为 6 ~12m/s。提高电极丝移动速度，有利于改善加工条件，提高加工效率。但速度过高会使正反向换丝频繁，有效加工时间减少，电极丝抖动加剧，加工稳定性变差，反而降低了加工速度。慢走丝线切割设备主要使用直径 0.20mm 的黄铜丝作为工具电极，一般走丝速度为0.2m/s。由于电极丝一次性使用，虽然适当提高电极丝移动速度可以获得好的加工效果，但同时增大了电极丝的消耗，提高了加工成本。

目前还有一类芯材为黄铜、表面镀锌的镀锌电极丝也逐渐受到青睐，它最大的特点是放电性能稳定，切割速度比黄铜丝高，加工精度和表面质量也较高，但价格稍贵。

2）工件厚度。工件厚度对加工效果影响很大。工件较薄时，工作液容易进入放电通道，利于电蚀产物的排除和消电离过程，易于保证加工稳定。但当工件太薄时，电极丝容易产生抖动，不利于稳定加工，对切割精度和表面质量都有影响。当工件较厚时，电极丝不容易产生抖动，有助于加工精度和表面质量的提高，但电蚀产物排除不利。当工件厚度超过300mm时，电极丝工作条件非常恶劣，电极丝本身振动加剧，同时受加工过程中的放电压力作用会弯曲变形，工作液进入放电通道变得困难，电蚀产物不易排出，加工稳定性较差，加工效率大大降低。

3）工件材料。不同工件材料的线切割性能、加工稳定性差别很大。普通钢材加工较为容易，而不锈钢、硬质合金等材料加工相对困难。经过热处理的工件，由于淬透性的差别、残留应力的影响、热处理变形的大小、金属去除多少等因素的原因，对线切割加工精度和效率影响很大。

3. 电火花线切割加工

（1）工件的装夹找正　线切割工作台面只有*X*、*Y*向两副导轨，虽然加工过程中无宏观作用力存在，但考虑工件的装夹、定位、导轨的移动操作，必须对工件予以固定、找正。工件可以平放在导轨上，也可悬臂伸出，但都需要用紧固螺钉适度压紧，也可装在辅助工具、夹具上。工件通常利用磁力表架沿*X*、*Y*方向进行拉表、检查百分表跳动的方法进行找正。

工件找正主要有划线找正、按基准孔找正、按外形找正等方法。

1）按划线找正。主要用于线切割加工的型腔或外形位置和其他位置相对精度要求不严格的情况下，一般很少采用。

2）按基准孔找正。通常加工内腔轮廓，也可通过跳步操作加工外形轮廓。基准孔可以是穿丝孔，也可以是精加工过的工艺孔。

3）按外形找正。通常加工外形轮廓，以精加工过的回转面、平面为基准，配合移动工作台找正切割。

工件的找正方法非常灵活，大多依靠操作工人的经验和技术，这不仅影响效率，而且质量波动较大，而借助于精密的辅具、夹具可以从根本上改善这一问题。

（2）工艺基准的确定　线切割加工一般是除钳工外的最后工序，所加工工件大多具有规则、精确的内外形状。因此工件外形具有的和线切割设备工作台导轨平行、垂直的面都可以作为工艺参考基准；工件精加工过的内孔、工艺穿丝孔也可以作为工艺基准。如果工件形状特殊，可以加工辅助的工艺平面、工艺孔作为工艺基准。

（3）穿丝孔加工

1）加工穿丝孔的必要性。凹模类工件在线切割之前必须有穿丝孔，以保证顺利穿丝和加工工件的完整性。凸模类工件线切割也有必要加工穿丝孔，这样可以减小因变形造成的精度误差。

2）穿丝孔的位置和直径。对凹模类工件，穿丝孔选在中心位置有利于操作、计算方便；但对于大型工件，穿丝孔取在中心位置就不太合适，这样会造成无效走丝距离过长，经济上不划算。因此，对凸模类、大型类工件，穿丝孔宜选在起割点附近，这样可大大缩短切割无用轨迹。穿丝孔直径一般取 3 ~ 10mm，尺寸尽量取整，以便于操作、轨迹计算。

3）穿丝孔的加工。事实上，有些穿丝孔在粗加工、精加工时已客观存在；一些穿丝孔要从工艺角度加以考虑，通常在粗加工时车削、钻削完成，或精加工时车削、磨削保证；特殊情况下，由于担心热处理变形、开裂等原因不允许粗加工时加工穿丝孔，只能在线切割加工之前采用电火花穿孔手段来加工穿丝孔。

（4）切割路径的选择

1）起始切割点确定　线切割加工多为封闭图形，因此起点也是终点，二者结合处因为变形、电极丝运行不稳、切割精度等原因会出现加工明显的相交痕迹，需要钳工修理。对于表面质量、精度要求严格的工件这个交汇痕迹就成了质量缺陷，普通的线切割加工无法避免这个问题，但高精度的慢走丝线切割机床几乎不存在这一缺陷。因此，切割起点位置一般选在：① 表面粗糙度要求较低处；② 图形相交点上；③ 便于钳工修复的位置。

2）切割轨迹与工件轮廓的关系。线切割加工轨迹是尺寸均匀的封闭、或不封闭的切缝，是电极丝中心的运动轨迹，因此，切割对象的轮廓尺寸与电极丝的运动轨迹就有一个尺寸差，其大小与电极丝直径、放电间隙、切割平稳情况等因素有关。

线切割凸模和凹模工件的电极丝和工件轨迹关系如图 5-33 所示。

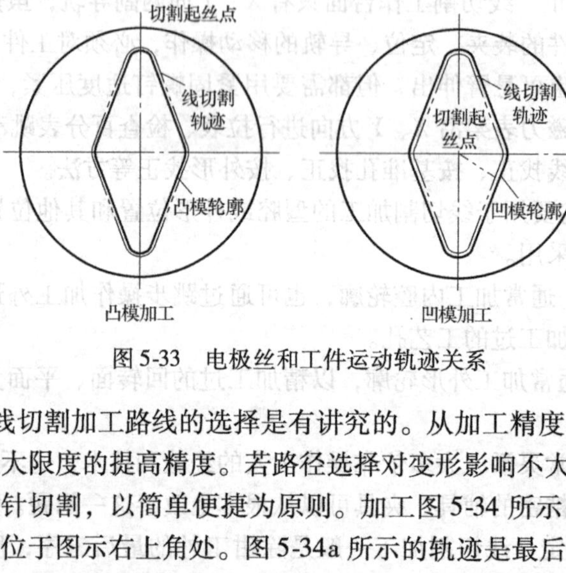

图 5-33　电极丝和工件运动轨迹关系

3）切割路径。线切割加工路线的选择是有讲究的。从加工精度考虑，路径的选择必须使工件变形最小，最大限度的提高精度。若路径选择对变形影响不大，一般依照图样设计尺寸选择顺时针或逆时针切割，以简单便捷为原则。加工图 5-34 所示凸模工件，可装夹工件的右侧位置，起割点位于图示右上角处。图 5-34a 所示的轨迹是最后割断装夹部分，减小了线切割变形，是较合理的路线选择。图 5-34b 所示轨迹首先割断装夹部分，对剩余部分的切割会造成不利的影响，容易出现变形、尺寸精度误差加大等问题。

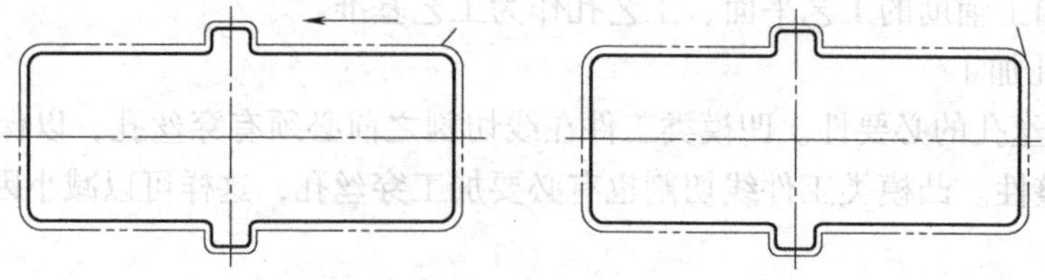

图 5-34　线切割路径比较示意图

a）起丝点逆时针切割，方案合理　b）起丝点顺时针切割，方案不够合理

（5）变形问题 采用线切割为加工手段时其工艺流程主要为：备料—粗加工—热处理—精加工—线切割—钳工修整，这其中也会出现两次较大的变形。一是热处理引起的变形，二是线切割加工过程中也会出现不同程度的变形现象，轻微的会产生工件形状、尺寸的变化，严重的则会出现工件开裂的现象。引起变形的主要原因在于工件内部的残余应力。在线切割进行过程中，随着材料的大量去除，内应力重新分布并趋于新的平衡，会使工件产生变形，导致加工后的工件形状与理想切割轨迹不一致，这种由于工件内应力松弛、重新分布而产生的变形称为残余变形。加工细长工件、较厚工件、去除面积较大时，残余应力尤为突出，有内部缺陷、热处理不当时甚至会引起工件开裂。

解决线切割变形通常有以下方法：

1）合理选材。选择淬透性好、热处理变形小的材料，如 CrWMn、Cr12MoV 等，会使变形情况大大改善。

2）充分回火。工件热处理后及时、充分回火，使工件内部应力得到充分释放，是减小变形的关键环节。线切割前再次充分回火也有利于减小变形。

3）多次切割。对于容易产生变形、精度要求较高的工件，可以采取两次切割，甚至多次切割的方法减小线切割引起的变形。多次切割的轨迹一样，只是要留有合适的加工余量。一般对于普通的线切割设备，最后一次切割的单面余量不少于 0.5mm，否则切割不稳定。

4）选取合理的切割路径和工艺方法。

（6）工件的预加工 和电火花成形加工一样，预加工对线切割工艺有着很重要的意义。

1）预加工的必要性。通常情况下，工件的变形正比于去除材料的多少，线切割时去除的材料越多引起变形的趋势就越大。线切割加工前，采取预加工的手段去除大部分工件余量，使工件的内应力重新分布，获得新的平衡后再进行线切割，这样可以把变形降低到最小程度。

2）预加工方式。工件热处理加工前的预加工主要是车削、铣削、钻削等机械加工方法，相当于工件的粗加工。工件热处理加工后的预加工一般采用线切割方法，相当于上述的多次切割。

5.2.6 电火花线切割应用实例

1. 异形顶件器线切割加工

图 5-35 所示的异形顶件器形状比较复杂，所用材料为 CrWMn，硬度为 58 ~ 61HRC，模具全高 28mm 内外轮廓需用线切割一次加工完成，其工艺流程为：

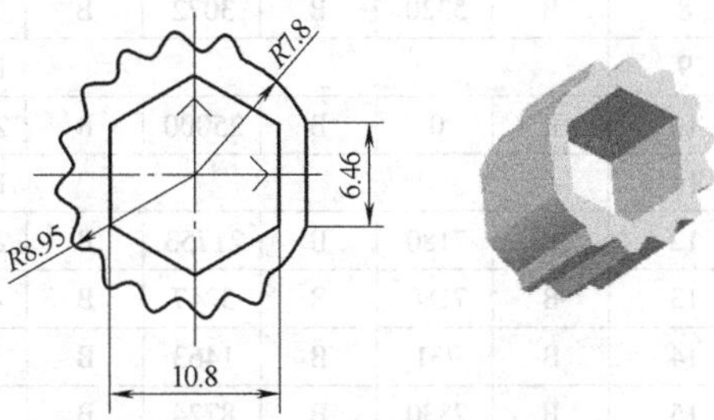

图 5-35 异形顶件器内外轮廓线切割加工

（1）备料 由于外轮廓需要加工，考虑装夹问题，毛坯外径可适当大些，而且选择范围很宽，该件选 ϕ45mm × 31mm 长的棒料。

（2）粗加工

1）车削端面，留精加工平磨余量 0.5mm（双面），外圆见光，尺寸可尽量大，以利于线切割装夹。

2）钻削加工 8mm 左右通孔，一方面去除线切割余量，另一方面相当于穿丝孔作用。

（3）热处理　860℃油淬，240℃回火。注意回火一定要充分，消除内应力。

（4）精加工　精加工的目的是确定线切割基准，该件由于内外形都要切割，因此，只需平面磨削上下端面即可。

（5）线切割

1）装夹。工件置于工作台面上，检查上平面的平行度，一般采用压板固定，但要让开外轮廓切割轨迹，不能产生干涉。

2）找正。由于内外都要切割的原因，找正已经不是关键问题，即使稍有偏差也没有关系。一般情况下仍然按粗加工内孔十字交叉对丝找正。

3）轨迹。考虑装夹原因，该制件加工轨迹必须先内后外，即以图5-36所示坐标原点为起丝点加工内六方，然后返回坐标原点，完成封闭轮廓；从坐标原点跳步过渡到图5-36所示外轮廓起割点 A，从毛坯最外侧切入加工外轮廓，最后返回点 A，完成整个加工过程。

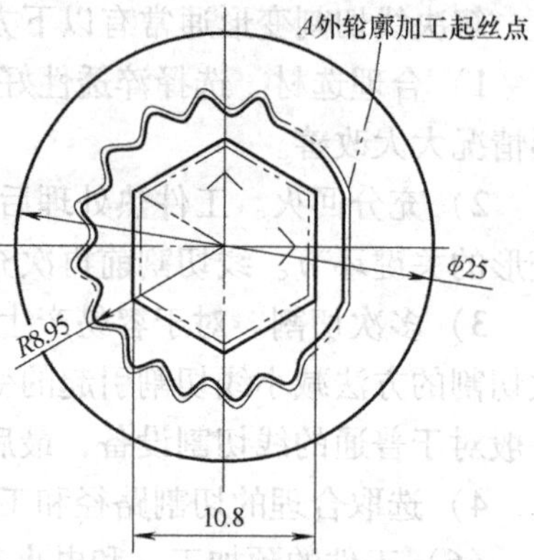

图5-36　轨迹加工示意图

需要说明的是：对于该件的加工轨迹路线很多，也很灵活。如果从进一步提高精度、减小变形考虑，也可在毛坯边缘处预加工出外轮廓切割穿丝孔位置，这样外形加工就有了较大的变化。

（6）线切割自动图形编程程序见表5-5（CAXA XP线切割软件）

表5-5　异形顶件器线切割加工3B代码程序单（全部坐标计算自动生成）

序　号	B	X	B	Y	B	J	G	Z	X坐标	Y坐标	备　注
1	B	5320	B	3072	B	5320	G_X	L_2	-5. 320	3. 072	原点至内六方边沿
2	B	5320	B	3071	B	5320	G_X	L_1	0. 000	6. 143	内六方
3	B	5320	B	3071	B	5320	G_X	L_4	5. 320	3. 072	内六方
4	B	0	B	6144	B	6144	G_Y	L_4	5. 320,	-3. 072	内六方
5	B	5320	B	3071	B	5320	G_X	L_3	0. 000	-6. 143	内六方
6	B	5320	B	3071	B	5320	G_X	L_2	-5. 320	-3. 072	内六方
7	B	0	B	6144	B	6144	G_Y	L_2	-5. 320	3. 072	内六方
8	B	5320	B	3072	B	5320	G_X	L_4	-0. 000	0. 000	回原点
9						D					暂停、退丝
10	B	0	B	25000	B	25000	G_Y	L_2	-0. 000	25. 000	跳步至点 A
11						D					暂停、穿丝
12	B	7180	B	21753	B	21753	G_Y	L_4	7. 180	3. 247	直线到外轮廓边沿
13	B	7180	B	3247	B	4119	G_X	NR_1	3. 061	7. 261	逆圆弧
14	B	731	B	1463	B	1463	G_Y	L_2	2. 330	8. 724	直线
15	B	2330	B	8724	B	463	G_X	NR_1	1. 867	8. 835	齿形加工开始
16	B	1314	B	974	B	1314	G_X	L_3	0. 553	7. 861	齿形加工
17	B	553	B	7861	B	435	G_X	NR_1	0. 118	7. 879	齿形加工
18	B	1226	B	1082	B	1226	G_X	L_2	-1. 108	8. 961	齿形加工
19	B	1108	B	8962	B	471	G_X	NR_2	-1. 579	8. 891	齿形加工
20	B	853	B	1395	B	1395	G_Y	L_3	-2. 432	7. 496	齿形加工

（续）

序　号	B	X	B	Y	B	J	G	Z	X坐标	Y坐标	备　注
21	B	2432	B	7495	B	410	G_X	NR_2	−2.842	7.350	齿形加工
22	B	1543	B	544	B	1543	G_X	L_2	−4.385	7.894	齿形加工
23	B	4385	B	7894	B	410	G_X	NR_2	−4.795	7.652	齿形加工
24	B	268	B	1613	B	1613	G_Y	L_3	−5.063	6.039	齿形加工
25	B	5063	B	6038	B	325	G_X	NR_2	−5.388	5.751	齿形加工
26	B	1635	B	74	B	1635	G_X	L_3	−7.023	5.677	齿形加工
27	B	7023	B	5677	B	378	G_Y	NR_2	−7.312	5.299	齿形加工
28	B	356	B	1597	B	1597	G_Y	L_4	−6.956	3.702	齿形加工
29	B	6956	B	3702	B	389	G_Y	NR_2	−7.150	3.313	齿形加工
30	B	1488	B	680	B	1488	G_X	L_3	−8.638	2.633	齿形加工
31	B	8638	B	2633	B	459	G_Y	NR_2	−8.765	2.174	齿形加工
32	B	928	B	1347	B	1347	G_Y	L_4	−7.837	0.827	齿形加工
33	B	7837	B	827	B	434	G_Y	NR_2	−7.870	0.393	齿形加工
34	B	1125	B	1187	B	1187	G_Y	L_3	−8.995	−0.794	齿形加工
35	B	8995	B	795	B	473	G_Y	NR_3	−8.941	−1.267	齿形加工
36	B	1365	B	902	B	1365	G_X	L4	−7.576	−2.169	齿形加工
37	B	7576	B	2169	B	415	G_Y	NR_3	−7.445	−2.584	齿形加工
38	B	598	B	1522	B	1522	G_Y	L_3	−8.043	−4.106	齿形加工
39	B	8042	B	4107	B	418	G_Y	NR_3	−7.815	−4.524	齿形加工
40	B	1604	B	325	B	1604	G_X	L_4	−6.211	−4.849	齿形加工
41	B	6211	B	4849	B	335	G_Y	NR_3	−5.934	−5.184	齿形加工
42	B	16	B	1636	B	1636	G_Y	L_4	−5.918	−6.820	齿形加工
43	B	5918	B	6820	B	367	G_X	NR_3	−5.551	−7.122	齿形加工
44	B	1609	B	299	B	1609	G_X	L_1	−3.942	−6.823	齿形加工
45	B	3943	B	6823	B	383	G_X	NR_3	−3.559	−7.031	齿形加工
46	B	627	B	1510	B	1510	G_Y	L_4	−2.932	−8.541	齿形加工
47	B	2932	B	8541	B	454	G_X	NR_3	−2.478	−8.683	齿形加工
48	B	1379	B	880	B	1379	G_X	L_1	−1.099	−7.803	齿形加工
49	B	1100	B	7803	B	433	G_X	NR_3	−0.666	−7.852	齿形加工
50	B	1147	B	1165	B	1165	G_Y	L_4	0.481	−9.017	齿形加工
51	B	480	B	9017	B	475	G_X	NR_4	0.956	−8.979	齿形加工
52	B	948	B	1333	B	1333	G_Y	L_1	1.904	−7.646	齿形加工
53	B	1903	B	7647	B	420	G_X	NR_4	2.324	−7.529	齿形加工
54	B	1500	B	651	B	1500	G_X	L_4	3.824	−8.180	齿形加工
55	B	3823	B	8181	B	426	G_X	NR_4	4.250	−7.967	齿形加工结束
56	B	380	B	1591	B	1591	G_Y	L_1	4.630	−6.376	直线
57	B	4629	B	6377	B	3130	G_X	NR_4	7.181	−3.246	圆弧
58	B	1	B	6493	B	6493	G_Y	L_2	7.180	3.247	直线
59	B	7180	B	21753	B	21753	G_Y	L_2	−0.000	25.000	返回点 *A*
60	DD										程序结束

2. 方凹模型腔线切割加工

图5-37所示的方凹模型腔比较简单，所用材料为5CrMnMo，硬度为48～52HRC，内腔需要线切割加工完成，其工艺流程为：

（1）备料　备ϕ110mm×112mm长的棒料。

（2）粗加工

1）车削端面，留精加工平磨余量0.5mm（双面）；车削外圆，留精加工余量0.8mm（双面）。

2）钻削加工20mm左右通孔，一方面去除线切割余量，另一方面作为穿丝孔使用。

（3）热处理　860℃油淬，400℃回火。注意回火一定要充分，消除内应力。

（4）精加工　精加工目的是确定线切割基准，该件以外圆和端面为基准切割内部方型腔，因此，精加工可选用车削的方法，精车加工一端面、精车外圆到图样尺寸、穿丝孔见光以便电极丝找正，然后以加工过的端面为基准平面磨削另一端面，保证图样尺寸。

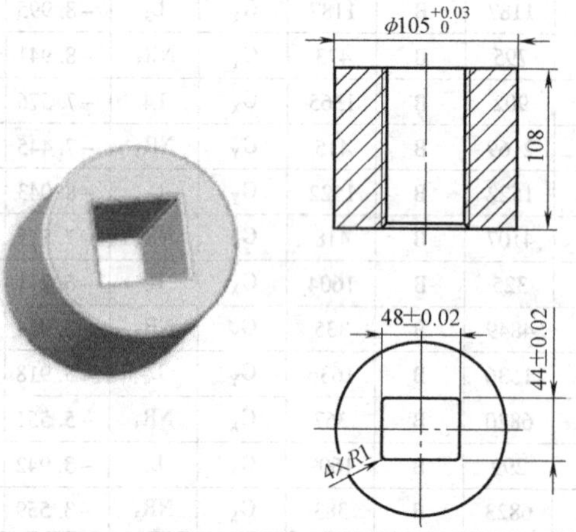

图5-37　方凹模型腔线切割加工

（5）线切割

1）装夹。工件置于工作台面上，检查上平面的平行度，由于工件较大，可采用压板固定，不能与切割轨迹发生干涉。

2）找正。由于精加工时，工件端面、内孔、外圆的相对几何公差已经保证，因此，只需要对精加工过的内孔进行十字交叉对丝找正即可。

3）轨迹。以图5-38所示坐标原点为切割起点和终点，先从右上角$R1$圆弧开始，顺时针完成切割加工。从右上角$R1$起割的主要原因是：线切割封闭图形接合处容易出现接痕，从圆弧处起割便于钳工修复。

（6）线切割自动图形编程程序见表5-6（CAXA XP线切割软件）

图5-38　方凹模型腔线切割加工轨迹

表5-6 方凹模型腔线切割加工3B代码程序单（全部坐标计算自动生成）

序　号	B	X	B	Y	B	J	G	Z	X坐标	Y坐标	备　注
1	B	21000	B	23910	B	23910	G_Y	L_1	21.000	23.910	原点至右上方斜线
2	B	0	B	910	B	910	G_Y	SR_1	21.910	23.000	圆弧
3	B	0	B	46000	B	46000	G_Y	L_4	21.910	-23.000	直线
4	B	910	B	0	B	910	G_X	SR_4	21.000	-23.910	圆弧
5	B	42000	B	0	B	42000	G_X	L_3	-21.000	-23.910	直线
6	B	0	B	910	B	910	G_Y	SR_3	-21.910	-23.000	圆弧
7	B	0	B	46000	B	46000	G_Y	L_2	-21.910	23.000	直线
8	B	910	B	0	B	910	G_X	SR_2	-21.000	23.910	圆弧
9	B	42000	B	0	B	42000	G_X	L_1	21.000	23.910	直线
10	B	21000	B	23910	B	23910	G_Y	L_3	0.000	0.000	直线
11	DD										程序结束

5.3 电化学及化学加工

电化学反应是指在电极和溶液界面上进行的电能与化学能之间的转变反应。电化学加工（Electrochemical Machining，ECM），是通过电化学反应去除工件材料或在其上镀覆金属材料等的特种加工。与传统加工相比，电化学加工不受材料硬度、韧度的限制，已广泛用于工业生产中。常用的电化学加工有电解加工、电解抛光、电铸加工、电镀、电刻蚀等。其中电解加工适用于深孔、型孔、型腔、型面、倒角去毛刺、抛光等。电铸加工适用于形状复杂、精度高的空心零件，如注射用的模具、薄壁零件等。

1. 基本原理

凡是能溶于某种溶剂中并能产生离子具有导电性能的物质称为电解质。电解质在溶液中离解出正、负离子程度的不同，决定了其导电能力的不同。一般来讲，强酸及其盐类、强碱多为强电解质，如HCL、H_2SO_4、NaCl、NaOH等。弱酸及其盐类、弱碱等物质多为弱电解质，如H_2CO_3，$CaCO_3$等。如图5-39所示，在NaCl溶液中，分别放入Cu和Fe两片金属，如果接上直流电源，由于两种金属的电位不同，溶液中的正离子像Fe^{+2}、Na^+、H^+等将移向阴极得到电子发生还原反应，并在阴极上沉积形成金属层；而溶液中的负离子像Cl^-、OH^-等将移向阳极并在阳极表面发生氧化反应。这种电解质溶液中的离子在电场作用下，由不规则的运动变为向电极方向的定向运动称为电荷迁移，在阳、阴极表面产生得、失电子的化学反应叫做电化学反应，利用电化学反应原理来进行加工的工艺方法称为电化学加工。

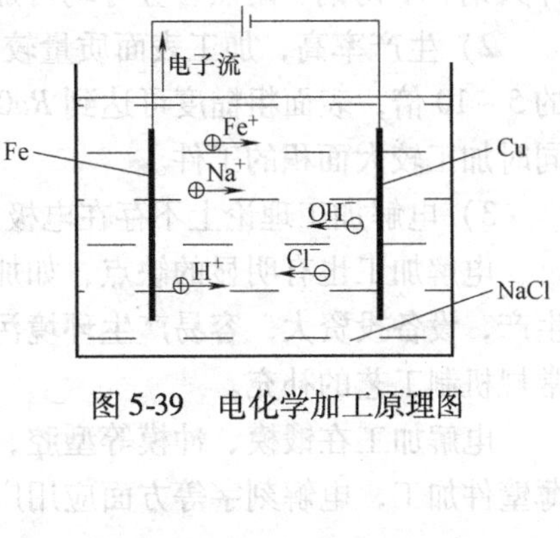

图5-39 电化学加工原理图

2. 模具应用

电化学加工用于模具制造主要有两类方法：

（1）阳极溶解法　工件作为阳极，其表面发生氧化反应，金属（M）原子失去电子而溶解成水合离子进入电解质溶液中，并在阳极上留下电子。

$$M\text{（金属原子）}\rightarrow M^{n+}\cdot xH_2O+ne$$

$$M+2OH^-\rightarrow MO+H_2O+2e$$

利用阳极溶解法进行加工的工艺方法有电解加工、电解抛光等。

（2）阴极沉积法　工件作为阴极，电解质溶液中的正离子如氢离子在阴极表面得到电子还原成氢气，而金属离子很难在阴极表面还原，而是生成溶解度很大的金属盐。

$$2H^++2e\rightarrow H_2\uparrow$$

$$2M^{n+}+nSO_4^{2-}\rightarrow M_2(SO_4)_n\downarrow$$

利用阴极沉积法进行成形加工的工艺方法有电镀、电铸等。

5.3.1　电解加工

1. 基本原理

电解加工（Electrolytic Machining）是利用金属在电解液中发生阳极溶解的电化学反应对金属材料进行成形加工的。

如图5-40所示，将预先加工成一定形状的电极作为阴极，被加工对象作为阳极，二者表面相向，保持微小间隙（0.2～0.3mm），电解液以一定流速通过其间，施加一定的直流电压（5～20V），同时使电极以一定速度（0.5～3.0mm/min）向被加工对象进给，由于两表面之间间隙不等，间隙最小的地方，电流密度最大，工件阳极在此处溶解得最快。因此，金属材料按工具阴极型面的形状不断溶解，同时电解产物被电解液冲走，直至工件表面形成与阴极型面近似相反的形状为止，此时即加工出所需的零件表面。

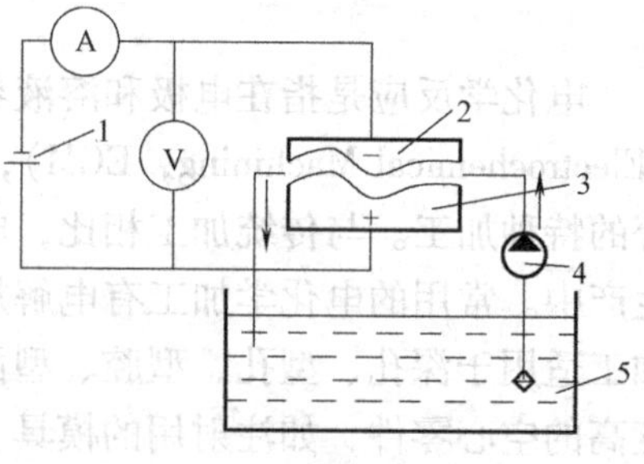

图5-40　电解加工示意图

1—直流电源　2—工具阴极　3—工件阳极　4—电解液泵　5—电解液

2. 电解加工有以下工艺特点

1）无机械切削力，不受加工对象硬度、强度等的限制，加工范围比较广，硬质合金、淬火钢、不锈钢、耐热合金等均可加工。

2）生产率高，加工表面质量较好，加工精度较高。其加工效率大概是电火花成形加工的5～10倍，表面粗糙度可达到$Ra0.2\sim1.25\mu m$，型腔加工尺寸精度可达0.2～0.5mm，可同时加工较大面积的工件。

3）电解加工理论上不存在电极损耗，不发生热变形，无表面变质层。

电解加工也有明显的缺点，如加工稳定性不好控制，加工精度较低，不适合单件小批量生产，设备投资大，容易产生环境污染等，所以其应用场合是有限的，一般作为特殊条件下常规机制工艺的补充。

电解加工在锻模、冲模等型腔、型孔加工，沟槽、轮廓、深孔加工，难切削材料加工，薄壁件加工，电解刻字等方面应用广泛。

5.3.2　电解抛光加工

1. 基本原理

电解抛光（Electrolytic Polishing，ECP）是利用金属表面微观凸点在特定电解液中和适当电流密度下首先发生阳极溶解的原理进行抛光的一种电解加工，又称电抛光。

电解抛光是以被抛工件为阳极，不溶性金属为阴极，两极同时浸入到电解槽中，通以直流电而产生有选择性的阳极溶解，从而达到工件表面光亮度增大的效果。

图5-41所示为电解抛光原理图。工件作为阳极接直流电源的正极。用铅、不锈钢等耐电解液腐蚀的导电材料作为阴极，接直流电源的负极。两者相距一定距离浸入电解液中，在一定温度、电压和电流密度下，通电一定时间（一般为几十秒到几分钟），工件表面上的微小凸起部分便首先溶解，而逐渐变成平滑光亮的表面。

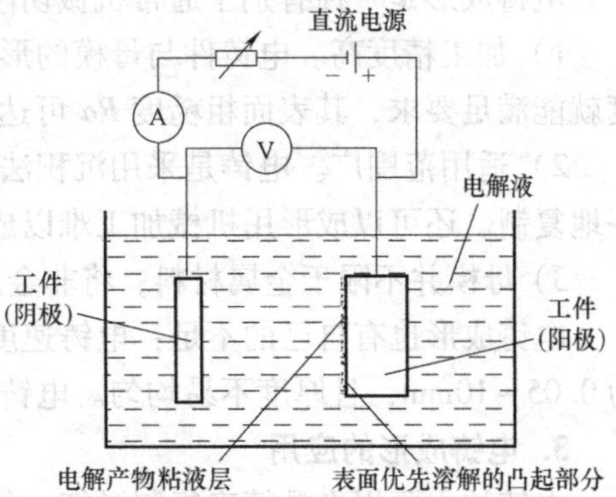

图5-41　电解抛光原理图

2. 电解抛光的特点

1）抛光表面不会产生变质层，无附加应力，提高了工件表面的耐蚀性。

2）对难以用机械抛光的硬质合金、淬火钢等硬质材料、软质材料及薄壁、形状复杂、细小的零件和制品都能加工。

3）生产效率高，表面粗糙度好，成本低。比如抛光余量为0.1～0.15mm的电解抛光时间约为10～15min，而且可以多件同时抛光。

4）电解抛光工艺简单，操作简便，且设备投资小。

由于电解液的通用性差、强腐蚀性等缺点，电解抛光的应用范围受到限制。其主要用于表面粗糙度值小的金属制品和零件，如不锈钢餐具、装饰品、叶片和不锈钢管等，还可用于某些模具的抛光，特别是对于一些复杂型面的模具，用机械或手工抛光非常困难，而电解抛光的优越性则可以充分发挥。

5.3.3　电铸成形加工

1. 电铸成形的原理

电铸成形加工是一种利用金属的电解沉积原理来精确复制某些复杂或特殊形状工件的特种加工方法。

电铸成形（Electrocasting）是利用电化学过程中的阴极沉积现象来进行加工的。如图5-42所示，将预先制作的导电母模作为阴极，用电铸材料（如铜、镍）作为阳极，一同放入与电铸材料相同的金属盐溶液中。在直流电的作用下，金属盐中的金属离子在阴极获得电子沉积镀覆在阴极表面，阳极上的金属原子则失去电子成为正的金属离子，源源不断地补充到电铸液中，使电铸液的浓度基本不变。在电解作用下，母模表面逐渐沉积出金属电铸层，当母模上的电铸层厚度达到要求时，取出母模，使电铸层与母模分离，便获得与母模形状相对应的电铸件。

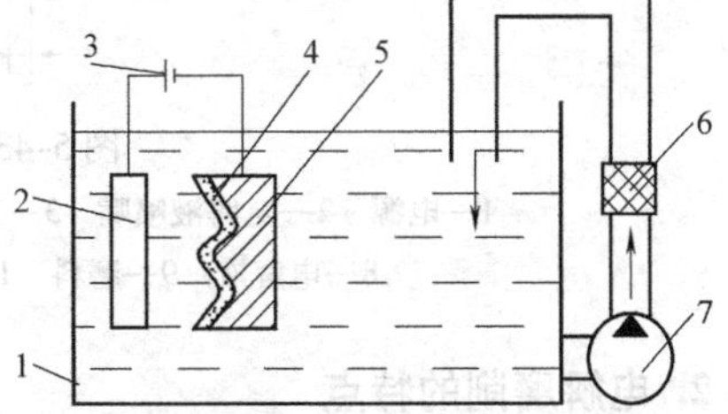

图5-42　电铸成形原理图

1—电铸液　2—工具阳极　3—直流电源　4—电铸层　5—母模阴极　6—过滤器　7—电铸液泵

2. 电铸成形的特点

电铸成形是一种有别于通常机械切削成形的方法，其主要特点如下：

1）加工精度高。电铸件与母模的形状吻合程度很高，只要母模制造精确，电铸件的精度就能满足要求，其表面粗糙度 Ra 可达 0.1μm。

2）适用范围广。电铸是采用沉积法成形，不管多么复杂的形状，采用电铸成形均能很好地复制。还可以成形用机械加工难以成形，甚至无法成形的型腔。

3）母模并不限于金属材料，将非金属材料经过某种处理后也可以电铸成形。

电铸成形也有自己的不足：电铸速度慢，制造周期长，加工效率低。电铸层较薄，一般为 0.05～10mm，且厚度不易均匀。电铸件有较大的内应力，需经适当热处理。

3. 电铸成形的应用

电铸的主要用途是精确复制微细、复杂和某些难以用其他方法加工的特殊形状模具及工件等，例如各种印刷版、唱片压模、铅字字模、金属艺术品复制件、微孔滤网、表盘、电火花成形加工用电极等。

5.3.4 电解磨削加工

1. 电解磨削的原理

电解磨削（Electrolytic Grinding，ECG）是电解作用和机械磨削相结合的一种特种加工。如图 5-43 所示，工件作为阳极与直流电源的正极相连，导电磨轮作为阴极与直流电源的负极相连，导电磨轮由导电性基体与磨料结合而成。磨削时两者保持一定的接触压力，凸出于磨轮表面的非导电性磨料使工件表面与磨轮导电基体之间形成一定的电解间隙（约 0.02～0.05mm），同时向间隙中供给电解液。当接通电源后，工件的金属表面发生阳极溶解并形成很薄的氧化膜，其硬度比工件低得多，容易被高速旋转的磨轮磨粒刮除，随即又形成新的氧化膜，又被磨轮磨去，如此连续加工，从而达到磨削的目的。这样，在电解和机械磨削的交替作用下，对工件进行连续加工，直至达到加工要求为止。

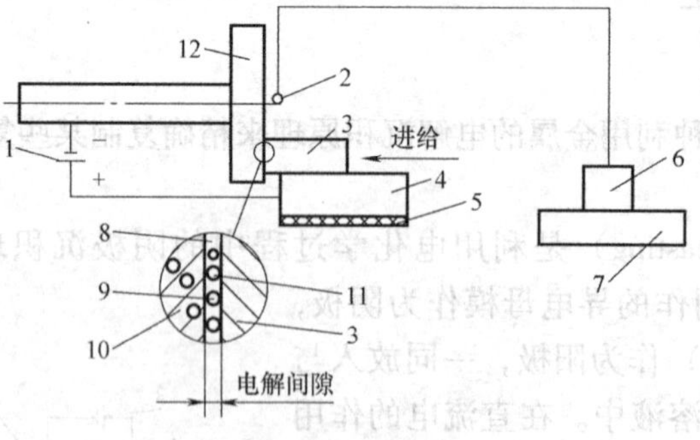

图 5-43 电解磨削原理示意图

1—电源 2—电解液喷嘴 3—工件 4—工作台 5—绝缘层 6—泵 7—电解液箱
8—电解液 9—磨料 10—导电性基体 11—电解产物 12—磨轮

2. 电解磨削的特点

与普通机械磨削相比，电解磨削有以下特点：① 加工范围广，效率高；② 加工精度高，表面质量好；③ 电解磨轮磨损量小。但电解磨削工具刃口不易磨得很锋利，需要采取防锈、防腐措施，需增加直流电源、电解液循环等辅助设备。

5.4　超声波加工

5.4.1　超声波加工工艺

1. 超声波加工的基本原理和特点

声波是人耳能感受到的一种纵波，其频率范围为16～16kHz。当声波的频率低于16Hz时叫做次声波，高于16kHz则称为超声波。超声波具有传递能量的特性。

超声波加工（Ultrasonic Machining，USM）是利用超声波振动的工具在有磨料的液体介质中或干磨料中，产生磨料的冲击、抛磨、液压冲击及由此产生的气蚀作用来去除材料，以及利用超声波振动使工件相互结合的加工方法。

图5-44所示为超声波加工原理图。超声波发生器将工频交流电能，转变为有一定输出功率的超声频电振荡，再通过超声波换能器将超声频电振荡转变为超声机械振动。此时振幅一般较小，再通过变幅杆，使固定在其端部的工具振幅增大到0.01～0.15mm，利用工具端面的超声（16～25kHz）振动，使工作液中的悬浮磨粒（碳化硅、氧化铝、碳化硼或金刚石粉）以很大的速度和加速度不断撞击、磨削工件表面，使被加工表面的材料不断遭受破坏而成为粉末，同时抛光工具不断向工件进给，从而将工具端面形状复制给工件的被加工表面，得到一定的形状和尺寸，实现加工的目的。

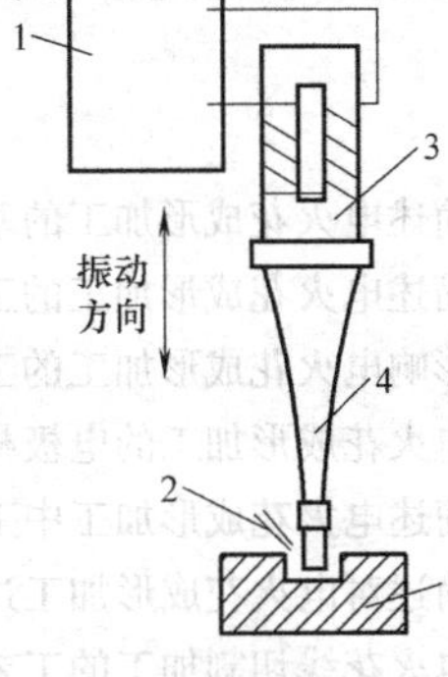

图5-44　超声波加工原理图
1—超声波发生器　2—工作液喷嘴
3—超声波换能器　4—变幅杆　5—工件

2. 超声波加工的特点及应用

1）超声波加工不仅能加工高强度、高硬度、高韧度的金属材料，而且可以加工非金属材料，如玻璃、陶瓷、半导体、宝石、金刚石等。

2）可加工各种复杂形状的型孔、型腔、窄槽、窄缝等。

3）被加工表面无残余应力，表面光洁，尺寸精度可达0.01～0.05mm，表面粗糙度 Ra 可达到0.8～0.1μm。

4）加工过程中宏观切削力小，热影响小，可加工薄壁、薄片等易变形零件。

虽然超声波加工方法有一定的应用，但由于其生产效率太低，在应用上受到了较大限制，但在模具抛光上有较大的应用。

5.4.2　超声波抛光工艺

1. 超声波抛光基本原理

在模具制造领域，超声波加工主要用于模具的表面抛光。其原理与超声波加工一样，如图5-45所示，超声波换能器将输入的超声电信号转换成机械振动，经变幅杆放大后传至装在变幅杆端部的工具头上，带动工具头与工件之间的磨料（研磨膏）悬浮液高速运动，高速冲击、抛磨被加工工件表面，实现抛光过程，可以达到很低的表面粗糙度值甚至镜面。

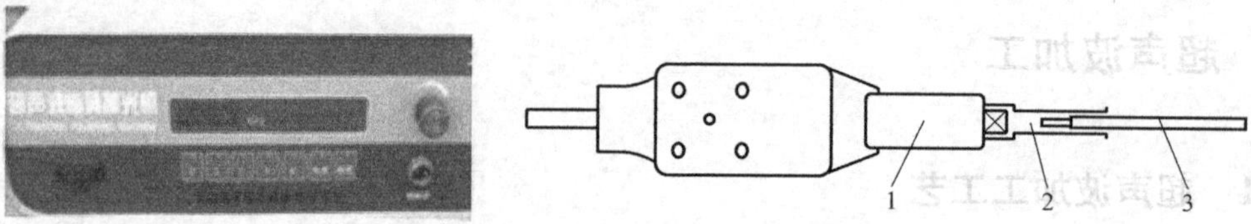

图 5-45　超声波抛光机及其原理示意图

1—超声波换能器　2—变幅杆　3—工具头

2. 超声波抛光的特点及应用

1）适用于窄小部位，如工艺品的复杂形状、模具的复杂型腔、窄槽狭缝、盲孔等其他抛光工具无法到达或无法高效工作的部位。

2）由超声波的高频振动作为磨料磨削的动力，振动传输的好坏直接影响工作效率。因此，使用超声波抛光，必须确保连接良好、寻频准确。

思考与练习

1. 简述电火花成形加工的基本原理和主要物理过程。
2. 简述电火花成形加工的工艺特点。
3. 影响电火花成形加工的工艺因素有哪些？
4. 电火花成形加工的电极材料有哪些？其性能如何？
5. 简述电火花成形加工中工具电极的结构设计和加工制造方法。
6. 简述对电火花成形加工过程中工具电极和工件装夹、找正的理解。
7. 电火花线切割加工的工艺特点有哪些？
8. 电火花线切割机床的分类有哪些？各有什么特点？
9. 简述电火花线切割自动编程的方法和过程。
10. 影响电火花线切割加工的工艺因素有哪些？
11. 简述对电火花线切割预加工的理解。
12. 简述电化学加工的基本原理。
13. 简述电解加工的基本原理和工艺特点。
14. 电铸加工的工艺特点有哪些？
15. 简述超声波加工的原理、工艺特点以及在模具制造中的应用。

第 6 章 模具先进制造技术

6.1 先进制造技术

模具先进制造技术从广义上讲是模具制造业不断吸取信息技术和现代管理技术的成果，并将其综合应用于模具产品设计、加工、检验、管理、销售、使用、服务乃至回收的模具制造全过程，以实现优质、高效、低耗和灵活生产，提高在多变的市场中的适应能力和竞争能力的模具制造技术的总称。

当前，随着计算机技术的不断发展和信息技术的进步，涌现出了许多先进制造技术、如计算机集成制造技术、信息网络技术、自动化技术、现代管理技术和智能制造技术等。各种先进制造技术在模具工业中不断应用，促进了模具工业的迅猛发展。模具先进制造技术的一个发展趋势就是高效化、精密化、柔性化、网络化、虚拟化、智能化、集成化和全球化。

6.1.1 先进制造模式与技术

1. 计算机集成制造系统 CIMS（Computer Integrated Manufacturing Systems）

1974 年美国人 Joseph Harrington 博士在 *Computer Integrated Manufacturing* 一书中首次提出了 CIM 的概念，直到 20 世纪 80 年代初，这一术语才被广泛接受，CIM 内涵得到很大的丰富和发展，但直到目前仍没有一个权威性的定义。

1986 年，我国制定国家高技术研究发展计划（即 863 计划）时将“计算机集成制造系统”确定为自动化领域的研究主题之一。经过十年的实践，863 计划 CIMS 主题专家组在总结经验的基础上，将 CIMS 定义为：“CIMS 是通过计算机硬件和软件，并综合运用现代管理技术、制造技术、信息技术、自动化技术、系统工程技术，将企业生产全部过程中有关人、技术、经营管理三要素及其信息流与物流有机地集成并优化运行，以实现产品高质量、低耗、上市快，从而使企业赢得市场竞争。”

2. 计算机辅助工艺过程设计 CAPP（Computer Aided Process Planning）

工艺过程设计用于确定产品制造过程及制造所需的制造资源、制造时间等，是完成产品设计信息向制造信息转换的关键环节。工艺过程设计是一项技术性和经验性很强的工作，长期以来都是依靠工艺设计人员个人积累的经验完成的，这种设计方法与现代制造技术的发展要求不相适应。借助于 CAPP 系统，可以解决手工工艺设计效率低、一致性差、质量不稳定、不易达到优化等问题。CAPP 是指借助于计算机软硬件技术和支撑环境，利用计算机进行数值计算、逻辑判断和推理等的功能来制订零件机械加工工艺过程。它是通过向计算机输入被加工零件的几何信息（形状、尺寸等）和工艺信息（材料、热处理、批量等），由计算机自动输出零件的工艺路线和工序内容等工艺文件的过程。在集成制造系统中，CAPP 上与计算机辅助设计 CAD 相接，下与计算机辅助制造 CAM 相连，是连接设计与制造之间的桥梁。设计信息只能通过工艺设计才能生成制造信息，设计只能通过工艺设计才能与制造实现功能和信息的集成，因此 CAPP 在实现生产自动化中有着重要的地位。

3. 敏捷制造 AM（Agile Manufacturing）

敏捷制造就是以“竞争–合作（协同）”的方式，提高企业竞争能力，实现对市场需求做出灵活快速反应的一种制造生产新模式，这种模式要求企业采用现代通信技术，以敏捷动态优化的形式组织新产品开发，通过动态联盟、先进柔性生产技术和高素质人员的全面集成，迅速响应客户需求，及时交付新产品并投入市场，从而赢得竞争优势。敏捷制造的内涵是企业通过与用户、合作伙伴在更大范围、更高程度上的集成，来最大限度地满足市场的需求，适应竞争，获取长期的经济效益。

4. 精益生产 LP（Lean Production）

精益生产的核心内容是准时生产方式 JIT（Just-In-Time）。精，即少而精，不投入多余的生产要素，只是在适当的时间生产必要数量的市场急需产品（或下道工序急需的产品）；益，即所有经营活动都要有益有效，具有经济效益。精益生产方式既是一种以最大限度地减少企业生产所占用的资源和降低企业管理和运营成本为主要目标的生产方式，又是一种理念、一种文化。实施精益生产方式 JIT 就是决心追求完美、追求卓越，就是精益求精、尽善尽美，它是支撑个人与企业生命的一种精神力量，也是在永无止境的学习过程中获得自我满足的一种境界。

简而言之，精益生产是以满足市场为出发点，充分发挥人的作用为根本，对企业所拥有的生产资源进行合理配置，以增强企业适应市场应变能力，从而获得最高利益的一种生产模式。

5. 逆向工程 RE（Reverse Engineering）

逆向工程是对产品设计过程的一种描述。在工程技术人员的一般概念中，产品设计过程是一个从无到有的过程，即设计人员首先在大脑中构思产品的外形、性能和大致的技术参数等，然后通过绘制图样建立产品的三维数字化模型，最终将这个模型转入到制造流程中，完成产品的整个设计制造周期。这样的产品设计过程称为“正向设计”过程。逆向工程产品设计可以认为是一个“从有到无”的过程。简单地说，逆向工程产品设计就是根据已经存在的产品模型，反向推出产品设计数据（包括设计图样或数字模型）的过程。

6.1.2 先进制造技术在模具工业中的应用

1. 计算机辅助工艺过程设计的应用

工艺过程设计是模具生产工艺部门的一项经常性技术工作，是模具生产技术准备工作的第一步，长期以来都是依靠工艺设计人员个人积累的经验完成的，这种设计方法与现代制造技术的发展要求不相适应。借助于 CAPP 系统，可以解决手工工艺设计效率低、一致性差、质量不稳定、不易达到优化等问题。

CAPP 系统按其工作原理可分为三种类型，即检索式、派生式和创成式。下面以检索式 CAPP 系统为例介绍其在模具制造中的应用。

（1）系统模型构成　系统依据不同的模具种类，将模具划分为零件基元系列，对每个零件系列拟定一个标准的工艺过程方案，该标准工艺过程方案被存储在计算机文件中。用户调用该零件标准加工工艺和工序次序，并审查标准工艺过程方案，便有可能对工艺方案作必要的删改，以便与新零件相适应。系统执行过程中，可以利用其应用程序，计算毛坯尺寸、切削用量、工时定额等。系统模型框图如图 6-1 所示。

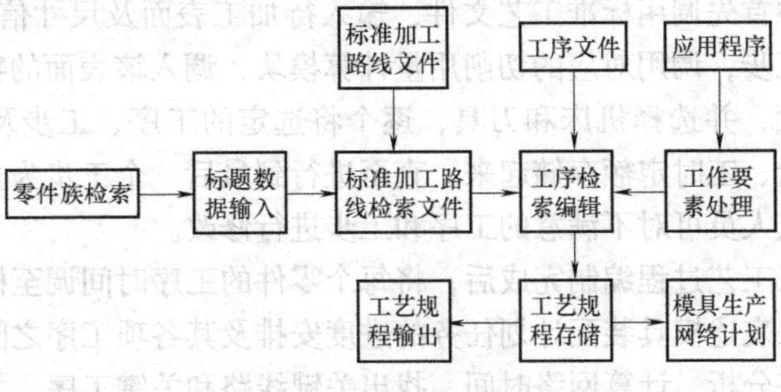

图 6-1　系统模型框图

（2）系统的工作过程　针对模具零件的具体情况，采用以检索法为主的分布式 CAPP 原理集成的模具计算机辅助工艺过程管理系统，其层次逻辑结构如图 6-2 所示。

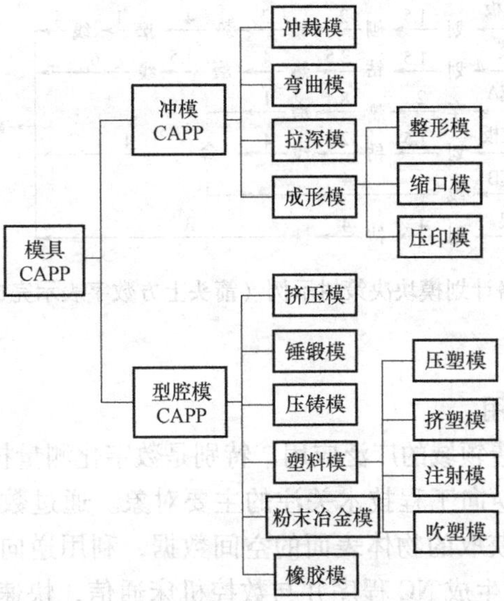

图 6-2　系统层次逻辑结构

决策模型是生成模具 CAPP 的核心，工艺人员利用决策树可以直观地编制工艺设计过程，由决策树改写的流程框图可以直接编写计算程序。图 6-3、图 6-4 所示为模具 CAPP 决策树示例。

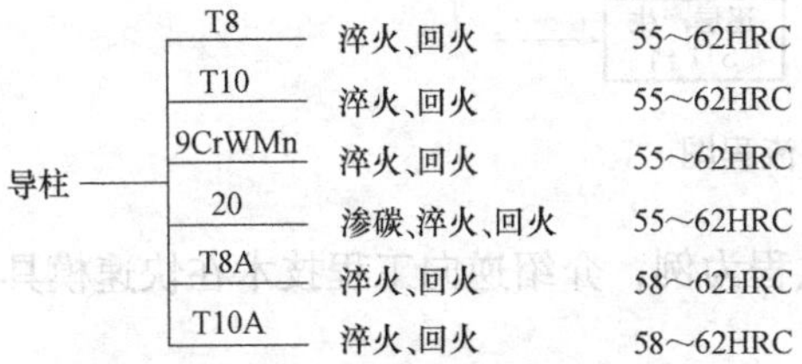

图 6-3　导柱材料选择及热处理决策树

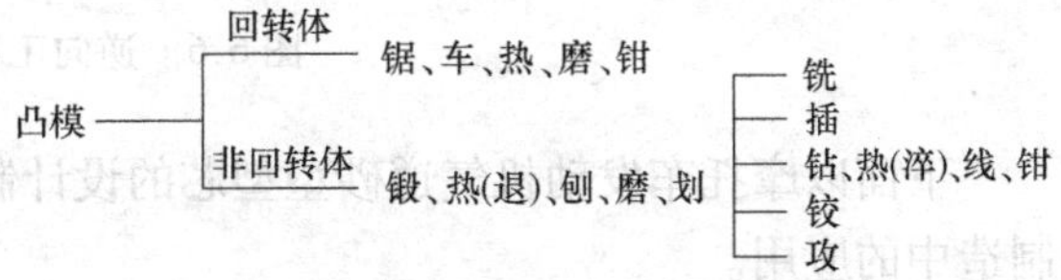

图 6-4　凸模加工工艺决策树

工艺过程内容包括毛坯规格及尺寸、材料、热处理、机械加工的工序及其设备、各工序内的工步、刀具、切削用量、加工尺寸、机动时间、辅助时间及工序总时间等。

由于模具零件的规范性，系统并不需要建立成组编码模块，更无须建立零件族特征矩阵。系统执行过程中首先调用标准工艺文件，输入待加工表面及尺寸信息，确定毛坯尺寸，再按规定的工序和工步，调用对应的切削用量计算模块，调入该表面的特征参数值，计算出切削用量和工时定额，并选择机床和刀具，逐个将选定的工序、工步及每个工序所用的机床、刀具、切削用量、工时定额存储起来，直至进行到最后一个工步为止。系统提供了人机交互修改模块，工艺人员可对不满意的工序和工步进行修改。

模具各零件加工工艺过程编制完成后，将每个零件的工序时间调至模具生产网络计划模块，利用网络计划来表述模具装配计划任务的进度安排及其各项工序之间的关系。在人机交互的基础上进行网络分析，计算网络时间，找出关键线路和关键工序。关键工序是由总时差为零的关键线路组成的，是作业时间最长的一条线路。系统模具生产网络计划模块决策树如图 6-5 所示。可见，模具生产工艺管理采用 CAPP 技术保证了生产过程优化及缩短了模具制造工期。

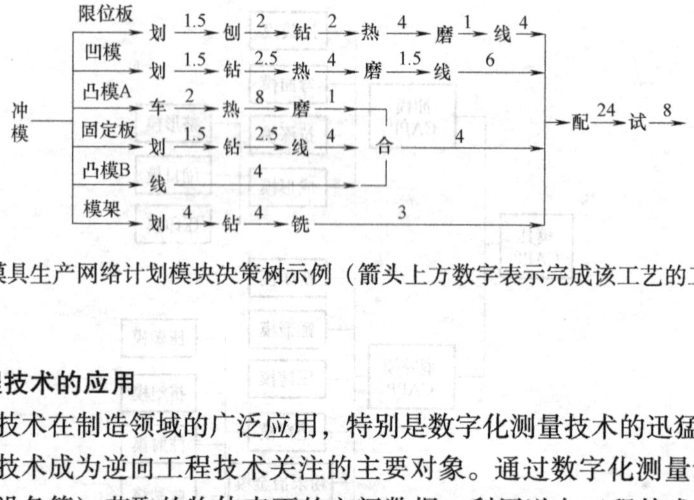

图 6-5　模具生产网络计划模块决策树示例（箭头上方数字表示完成该工艺的工时定额）

2. 逆向工程技术的应用

随着计算机技术在制造领域的广泛应用，特别是数字化测量技术的迅猛发展，基于测量数据的产品造型技术成为逆向工程技术关注的主要对象。通过数字化测量设备（如坐标测量机、激光测量设备等）获取的物体表面的空间数据，利用逆向工程技术建立产品的三维模型，进而利用 CAM 系统生成 NC 程序并与数控机床通信，快速地制造出模具。图 6-6 所示为逆向工程工艺流程图。

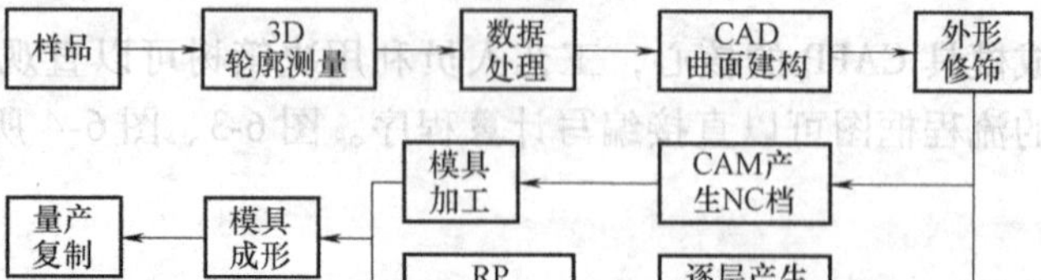

图 6-6　逆向工程工艺流程图

下面以摩托车发动机气道砂型型芯的设计制造过程为例，介绍逆向工程技术在快速模具制造中的应用。

(1) 数据测量技术　数据测量是通过特定的测量设备和测量方法获取产品表面离散点的几何坐标数据，将产品的几何形状数字化。其测量原理是：将被测产品放置于三坐标测量机的测量空间内，可以获得被测产品上各个测量点的坐标位置，根据这些点的空间坐标值，经过计算机数据处理，拟合形成测量元素，如圆、球、圆柱、圆锥、曲面等，经过数学计算的方法得出其几何公差及其他几何量数据。根据测量探头是否和零件表面接触，其测量方式可分为接触式测量和非接触式测量两类。在此采用深圳海信逆工程公司生产的 LACUS150B 型激光扫描仪，获取的数字化模型如图 6-7a 所示。

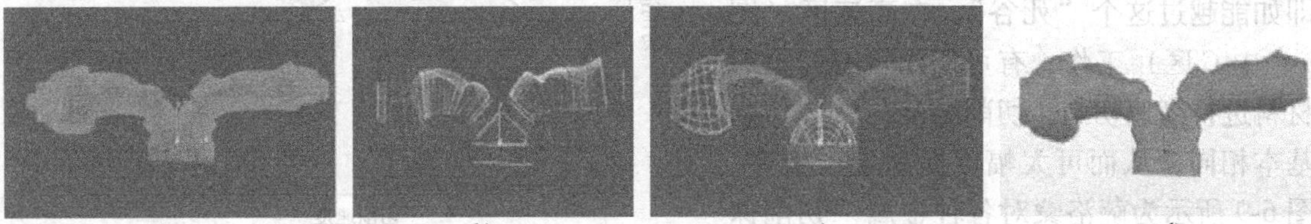

a)　b)　c)　d)

图 6-7　几何模型重建过程

a) 点云　b) 线　c) 面　d) 实体

(2) 数据处理技术　数据处理是逆向工程的一项重要的技术环节，它决定了后续 CAD 模型重建过程能否方便、准确地进行。根据测量点的数量，测量数据可以分为一般数据点和海量数据点；根据测量数据的规整性，测量数据又可以分为散乱数据点和规矩数据点。不同的测量系统所得到的测量数据的格式是不一致的，且几乎所有的测量方式和测量系统都不可避免地存在误差。因此，在利用测量数据进行 CAD 重建前必须对测量数据进行处理。数据处理工作主要包括：数据格式的转化、多视点云的拼合、点云过滤、数据精简和点云分块等。本文利用 Surfacer 逆向软件对测量数据进行处理。

(3) 模型重建技术　在整个逆向工程中，产品的三位几何模型 CAD 重建是最关键、最复杂的环节。因为只有获得了产品的 CAD 模型才能在此基础上进行后续产品的加工制造、快速成形制造、虚拟仿真制造和进行产品的再设计等。目前使用的主要有曲线拟合造型、曲面片直接拟合造型和点数据网格化三种造型方法。其中曲线拟合造型是逆向工程中常用的模型重建方法，首先是将数据点通过插值或逼近拟合成样条曲线，然后采用造型软件完成曲面片的重构造型，如图 6-7b、c 所示。将构建好的面输入 SolidWorks 中进行实体的重构，如图 6-7d 所示。

(4) NC 程序的自动生成及数控加工　零件的三维模型构造完成后即可进行工艺参数的设置，即对快速行刀面、刀具选择、切削量、主轴转速等众多参数的设置，然后系统自动生成铣削定位 NCI 文件，再经过后置处理生成与数控机床相适应的数控程序，通过模拟仿真确认无误后就可与机床通信并加工了。至此，整个工艺流程结束。

6.2 高速切削

6.2.1 高速切削的概念

高速切削理论是 1931 年 4 月德国物理学家萨洛蒙 (Carl J. Salomon) 提出的。他指出，在常规切削速度范围内（图6-8中A区），切削温度随着切削速度的提高而升高，但切削速度提高到一定值后，切削温度不但不升高反而会降低，且该切削温度与工件材料的种类有关。每一种工件材料都存在一个速度范围，在该速度范围内（图6-8中B区），由于切削温度过高，刀具材料无法承受，使切削加工不可能进行，该区称为"死谷"。虽然由于实验条件的限制，当时无法付诸实践，但这个思想给后人一个非常重要的启示，即如能越过这个"死谷"，在高速区（图6-8中C区）工作，有可能用现有刀具对材料进行高速切削，切削温度与常规切削基本相同，从而可大幅度提高生产效率。图6-9所示为萨洛蒙对各种金属"切削速度与切削温度关系"的实验曲线和推论曲线。

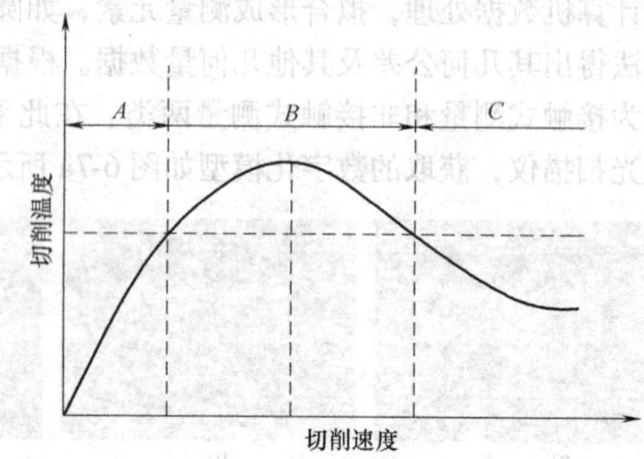

图6-8　切削速度和切削温度的关系（萨洛蒙曲线）

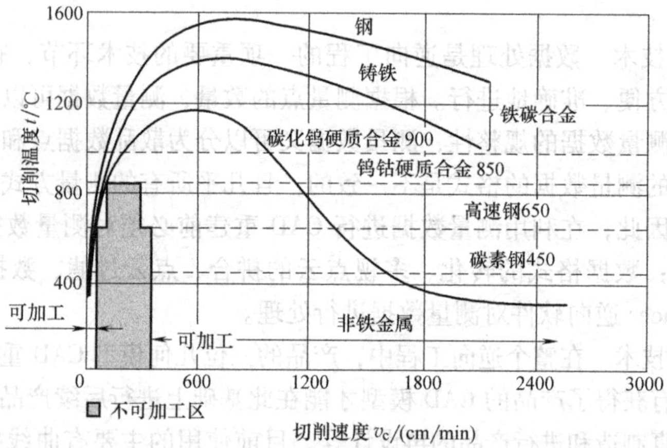

图6-9　萨洛蒙对各种金属"切削速度与切削温度关系"的实验曲线和推论曲线

由于上述理论大大超过了当时的生产技术水平，当时还没有高速旋转的电动机，因而差不多被搁置了30年。到了20世纪50年代末期，随着生产技术的发展，"高速切削"理论才逐渐引起了科学家们的重视，进一步研究了高速切削的机理，并将这一理论的研究成果应用于生产实践。

高速切削的切削速度范围因不同的材料、不同的切削方式而异，目前尚无确切的定义。一般认为，高速切削各种材料的速度范围为：铝合金达到2000～7500m/min，铸铁为900～5000m/min，钢为600～3000m/min，超耐热镍合金为500m/min，钛合金为150～1000m/min，纤维增强塑料为2000～9000m/min。各种制造加工工序的切削速度范围为：车削为700～7000m/min，铣削为300～6000m/min，钻削为200～1100m/min，磨削为9000 m/min以上。

6.2.2　高速切削的机理

首先，在高速切削过程中，由于切削速度足够快，使应变硬化来不及发生，变形只发生小范围内，使切削力小于传统速度的切削力。其次，高速切屑变形机理在很大程度上与热量有关。随着切削速度的增加，切屑流受到的阻力减小，从而使切屑变薄、切削力减小，如图6-10所示。

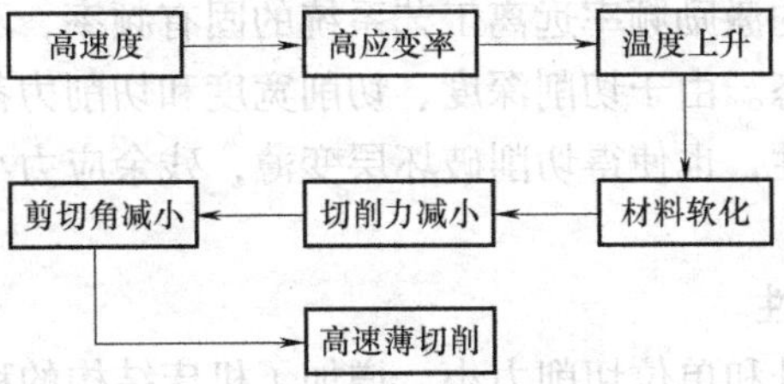

图6-10　高速切削的机理

在进行高速切削时，切屑变形所消耗的能量大多数转变为热，切削速度越高，产生的热越大，基本切削区的高温有助于加速塑性变形和切屑的形成。基本切削区的高温，会在刀具前刀面和切屑之间的接触面上产生一层极薄的液体，从而增加了塑性流动的速度。切削热的分布估算如下：

1）大约80%的热量是由切屑的变形产生的。

2）18%的热量产生在切屑与刀具的接触面上。

3）2%的热量产生在切削刃上。

产生的热量有三种耗散渠道：

1）大约95%以上的热量由切屑带走。

2）2%的热量留在工件上。

3）3%的热量由刀具散热。

同时，当剪切角增大时，后刀面与工件的接触面明显减少而使摩擦热减少。由此可见，在高速切削时，主要的切削热将由切屑导出，而工件和刀具的温升都非常小，因此高速切削也被称为“冷态切削”。

6.2.3　高速切削技术的优势

近年来，由于高速切削加工和常规切削加工相比，在提高生产率、减少热变形和切削力以及实现高精度、高质量零件加工方面具有显著的优越性，因此高速切削加工越来越引起人们的关注。

1. 材料切除率高

高速切削加工比常规切削加工单位时间内的材料切除率可提高3~6倍，因而零件加工时间通常可缩减到原来的1/3，从而提高了生产率和设备利用率。

2. 切削力低

和常规切削加工相比，高速切削力至少降低30%，这对于加工刚性较差的零件来说，可减少加工引起的变形，提高加工精度。同时，按高速切削单位功率比来说，材料切除率可提高40%以上，有利于延长刀具使用寿命，通常刀具寿命可提高约70%。

3. 减少热变形

高速切削加工过程中，95%以上由切削过程所产生的热量将由切屑带离工件，工件积聚热量极少，零件不会由于温度过高而导致翘曲或膨胀变形。因此，高速切削特别适合于加工容易发生热变形的零件。

4. 实现高精度加工

高速旋转时刀具切削的激励频率远离工艺系统的固有频率，不会造成工艺系统的受迫振动，保证了较好的加工状态。由于切削深度、切削宽度和切削力都很小，使得刀具、工件变形小，保持了尺寸的精确性，也使得切削破坏层变薄，残余应力小，实现了高精度、低表面粗糙度加工。

5. 增加机床结构稳定性

高速切削加工由于温升和单位切削力小，增加了机床结构的稳定性，有利于提高加工精度和表面质量。

6. 简化了加工工艺流程

常规切削加工不能加工淬火后的材料，淬火变形后必须进行人工修整或通过放电加工解决。高速切削则可以直接加工淬火后的材料，在很多情况下可完全省去放电加工工序，消除了放电加工所带来的表面硬化问题，减少或免除了人工光整加工。

6.2.4 高速切削的工业应用

由于高速切削能够获得很高的加工效率、加工精度和表面质量，所以受到制造业的普遍重视。高速切削的先进性表现在：在其适用领域内，可以应对激烈的市场竞争对效率和成本越来越高的要求；可以满足越来越高的加工质量要求和越来越复杂的三维曲面形状精密加工的要求；提供了解决硬材料、薄壁件加工问题的新方案，其应用越来越广泛，已遍及航空航天、汽车、模具和精密机械等行业。图 6-11 所示为几种加工模具零件实例，可看到多种不同材料的复杂结构零件，包含自由曲面的零件等，都已可用高速切削技术加工。

a)

b)

c)

图 6-11 高速切削模具加工实例

a）铝合金箱模具 b）手机模具 c）塑料水瓶模具

高速切削技术在现代模具制造行业中具有较大的优势，已成为现代模具加工技术的重要选择。采用高速切削替代电火花成形加工生产模具，可以明显提高效率、提高模具精度，且使用寿命长。目前，在工业发达国家有 85% 左右的模具由高速加工替代了电火花成形加工工序，高速加工在国际模具制造工艺中的主流地位已经确立。表 6-1 为电火花成形加工与高速切削加工的加工工艺对比情况。

表6-1　电火花成形加工与高速切削加工的工艺比较

分　类	电火花成形加工	高速切削加工
材料	所有导电材料	所有可切削材料（钢硬度可达62HRC）
几何形状	任意	受深度和半径限制
内部尖角	半径可达到0.1mm	底部圆角半径可达到0.3mm，壁圆角半径达1.0mm
深槽	取决于工具电极的制造	长径比小于10
表面质量	较低，一般需要再加工	高，一般不需要再加工
再加工的费用	高	低
结构变化	会产生细微裂纹	受压
几何精度	好	优
去屑能力	更适合大成形表面及大面积接触	适用于小成形面、点接触
刀具	工具电极	简单、标准的产品

6.2.5　高速切削机床

高速切削技术的日益成熟和应用，使金属切削速度实现了一次大的飞跃，机床技术也实现了一个质的变化。如果说数控机床的产生是现代机床发展史上的一次革命，那么高速机床的应用则是现代机床工业发展的第二次革命。高速切削技术和以实现自动化生产为主要目标的数控技术的结合，使机床技术发展到一个新的高度，为制造技术水平的提高起到了重要的推动作用。

1. 高速数控车床

高速数控车床（图6-12）比一般车床加工效率高许多，因此需要相当大的功率覆盖粗加工范围。这要求必须采用新方法设计机床，以满足高速加工时对机床的刚性要求，在设计或选择车床主轴时采用结构紧凑的主轴结构，在主轴转速允许的条件下尽量选大直径。五轴高速车削加工中的一个技术难点是工件的装夹方法，需采用高速车床的专用卡盘。

2. 高速钻床

高速钻床（图6-13）提高生产率的方法是提高线速度和进给速度以及解决排屑问题，特别是钻盲孔时。高速钻床一般用于粗加工。在实际应用中，卧式或立式主轴的数控铣床、加工中心和龙门式机床可作为高速钻床使用。

图6-12　高速数控车床

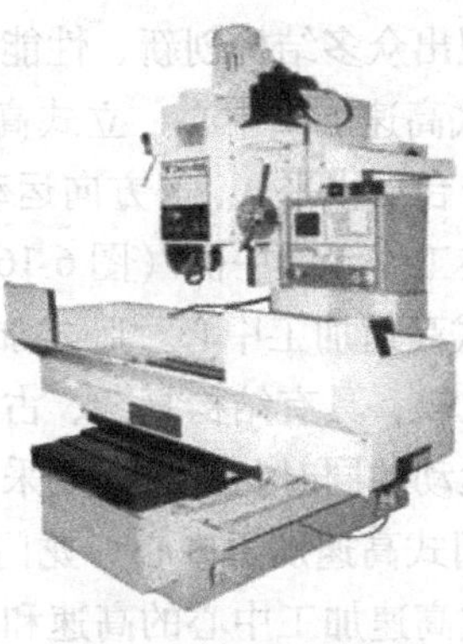

图6-13　高速钻床

3. 高速铣床

高速铣床（图6-14）不仅大大提高了加工效率，缩短了模具的制造周期，而且还可以进行高速精加工，获得非常好的加工精度和表面质量。

4. 高速虚拟轴机床

高速虚拟轴机床（图6-15）与传统机床相比，具有很多优异的性能。虚拟轴机床实际上是一个空间并联的连杆机构，用了基于Stewart平台原理的并联闭锁多自由度驱动机构，其六根杆即为六根并联连杆。它的运动误差不会像串联机床那样相互叠加，因此在理论上讲，虚拟轴机床的精度应高于传统机床。此外，虚拟轴机床的驱动部件和主要受力部件都是它的六根杆。这六根杆都是二力杆，只承受拉压载荷，所以应力和变形显著减小，刚性大大提高。由于不必要采用大截面的构件，运动部件的质量减小，易于实现较高的运动速度和加速度。

图6-14　高速铣床

图6-15　高速虚拟轴机床

5. 高速加工中心

高速加工中心不断提高的工作性能是模具制造业得以高效和高精度加工模具的重要前提。它不仅主轴转速高，进给速度和加工速度也高，主要用于加工高精度和大切削量零件，因此高速度、高精度、高刚度成为对现代高速加工中心的基本要求。近十年，在驱动技术的推动下，涌现出众多结构创新、性能优良的不同类型的高速加工中心。

（1）立式高速加工中心　立式高速加工中心的特点是刀具主轴垂直设置，其传统的布局方式是工作台沿水平X、Y方向运动，主轴箱在立柱上沿竖直Z方向运动，刀库和换刀装置固定安装在工作台的一侧（图6-16），由立柱快速移动至换刀位置进行换刀。

（2）卧式高速加工中心　卧式加工中心是指主轴轴线水平设置的加工中心。它与立式加工中心相比较，具有结构复杂、占地面积大、重量大和价格高的特点。卧式高速加工中心在满足高速运动的同时，机床还要采用高刚度和高抗振的机床结构，如图6-17所示。

（3）龙门式高速加工中心　龙门式高速加工中心通常用来加工尺寸比较大的工件。为了实现龙门式高速加工中心的高速和高加速运动，工作台进给为横梁运动，如图6-18所示。由于龙门式结构比立柱式更容易实现高速运动且结构简单，一些小型加工中心通常也做成龙门式结构。

图 6-16 立式高速加工中心

图 6-17 卧式高速加工中心

(4) 五轴联动高速加工中心 五轴联动高速加工中心（图 6-19）的工作台和铣头可以多轴联动实现连续回转高速进给，进行曲面加工，特别适合加工具有复杂型腔曲面的模具零件。在模具制造、航空航天、汽车和造船等重要产品生产领域具有非常重要的用途。

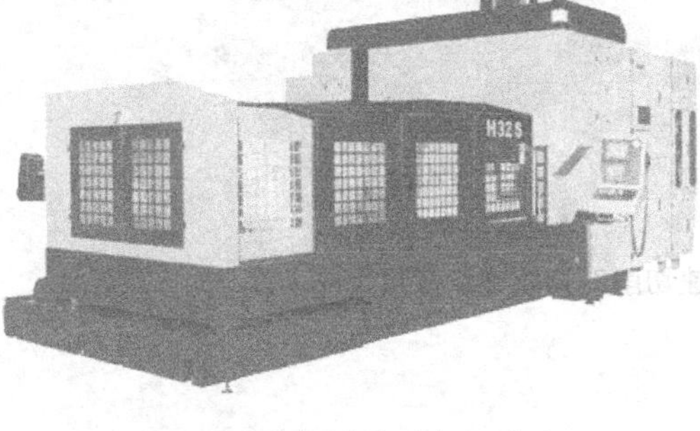

图 6-18 龙门式高速加工中心

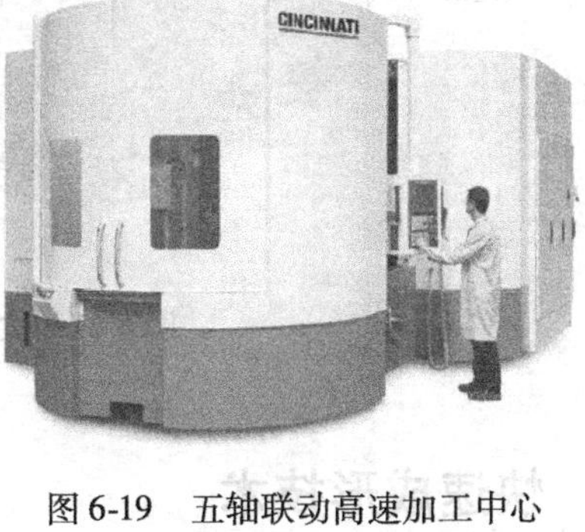

图 6-19 五轴联动高速加工中心

6.2.6 高速切削加工在模具制造中的应用实例

例 6-1 图 6-20 所示的是在 UG NX6.0 环境下编制的某基于 SMC 成形的大型覆盖件热压模凹模的数控高速切削示意图。其粗加工采用基于残留毛坯的高等分层切削，半精加工采用 3D 平行切削。该模具材料为 ZG340—640 铸钢，在粗加工时采用 ϕ40mm 的镶齿螺旋铣刀，切削参数为主轴 2000r/min，切削深度为 Z 轴每层 2mm，切削宽度为 90% 刀具直径宽度，进给率为 3000mm/min。

图 6-20 覆盖件热压模凹模的数控高速切削示意图

例 6-2 图 6-21 所示的是在 MasterCAM 平台下，对某工件采用 40Cr 的注射模进行高速切削加工的刀具轨迹与仿真加工示意图。这里采用的是传统的数控机床，由于其主轴转速的限制，其高速切削用量为：粗加工采用 ϕ20mm 的刀具，转速为 2000r/min，进给率为 2000mm/min，切削深度为 2mm；精加工采用 ϕ12mm 的刀具，切削深度为 0.2mm/min，主轴转速为 3500r/min，进给率为 3000mm/min。

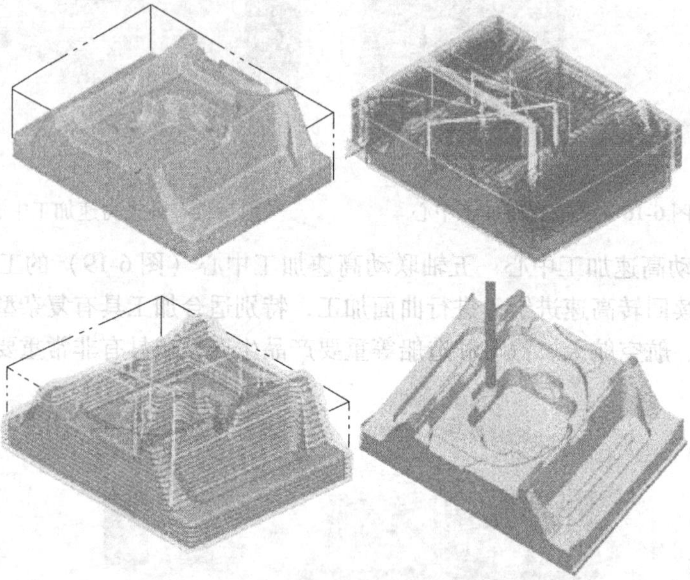

图 6-21　注射模高速切削刀具轨迹示意图

6.3　快速成形技术

随着科学技术的进步，市场竞争日趋激烈，产品更新换代加速，缩短新产品的设计与试制周期，降低开发费用，是每个制造厂商面临的迫切问题。计算机技术在过去 30 年内已经成为各领域中强有力的辅助工具，如计算机用于产品设计，能显著提高设计效率与质量，但是 CAD 不能解决制造过程中所面临的所有问题。从产品设计完成到批量生产阶段之间，往往还要制造产品的原型样品，以便尽早地对产品设计进行验证和改进，这是一项费时费力的工作。

在 20 世纪 80 年代末 90 年代初发展起来的快速成形（Rapid Prototyping&Manufacturing，RPM）技术，突破了传统的加工模式，是近 20 年制造技术领域的一次重大突破。快速成形技术是一种集计算机辅助设计、精密机械、数控、激光技术和材料科学为一体的新型技术，它采用离散、堆积原理，自动而迅速地将所设计物体的 CAD 几何信息转化成实物原型。通俗地说，快速成形技术就是利用三维 CAD 的数据，通过快速成形机，将一层层的材料堆积成实体原型。这样有效地缩短了产品的研发周期，提高了产品质量，降低了产品成本。

6.3.1　快速成形技术的原理和特点

快速成形技术不同于传统的在型腔内成形，再将毛坯切削加工后获得零件的方法，而是在计算机控制下，利用离散/堆积原理采用不同的方法堆积材料，最终完成零件的成形与制造的技术。从成形角度看，零件可视为是由“点”或“面”叠加而成的。从CAD电子模型中离散得到点、面的几何信息，再与成形工艺参数信息结合，控制材料有规律、精确地由点到面、由面到体地堆积零件。从制造角度看，它根据CAD造型生成零件的三维几何信息，控制多维系统，通过激光束或其他方法将材料逐层堆积而形成原型或零件。

快速成形技术是由CAD模型直接驱动的快速制造复杂形状三维物理实体的技术的总称，其基本过程如图6-22所示。

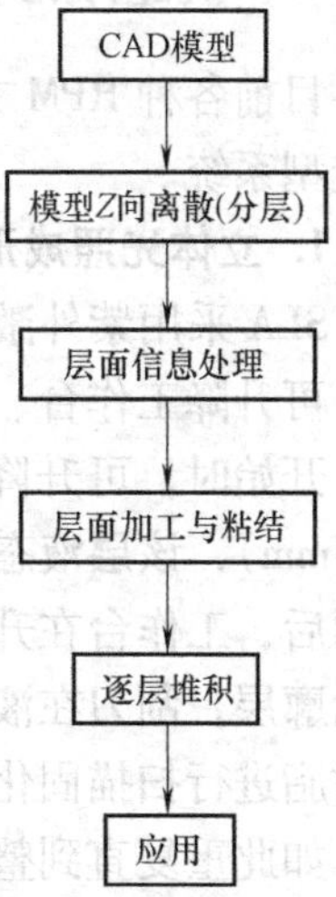

图6-22 快速成形过程流程图

首先由CAD软件设计出所需零件的计算机三维曲面或实体模型，即数字模型或称电子模型；其次根据工艺要求，按照一定的规则将该模型离散为一系列有序的单元，通常在Z向将其按一定厚度进行离散（习惯称为分层），把原来的三维电子模型变成一系列的二维层片；再根据每个层片的轮廓信息进行工艺规划，选择合理的加工参数，自动生成数控代码；最后由成形机接受控制指令制造一系列层片并自动将它们连接起来，得到一个三维物理实体。这样就将一个物理实体复杂的三维加工离散成一系列层片的加工，大大降低了加工难度，并且成形过程的难度与待成形的物理实体形状和结构的复杂程度无关。

快速成形技术具有以下特点：

1）高度柔性。快速成形技术最突出的特点就是柔性好，它取消了专用工具，在计算机管理和控制下可以制造出任意复杂形状的零件，将可重编程、重组、连续改变的生产装备用信息方式集成到一个制造系统中。

2）技术的高度集成。快速成形技术是计算机技术、数控技术、激光技术与材料技术的综合集成。在成形概念上，它以离散/堆积为指导，在控制上以计算机和数控为基础，以最大的柔性为目标。因此只有在计算机技术、数控技术高度发展的今天，才有可能诞生快速成形技术。

3）设计制造一体化。快速成形技术的另一个显著特点就是CAD/CAM一体化。在传统的CAD、CAM技术中，由于成形思想的局限性，设计制造一体化很难实现。而对于快速成形技术来说，由于采用了离散/堆积分层制造工艺，能够很好地将CAD、CAM结合起来。

4）快速性。快速成形技术的一个重要特点就是其快速性。由于激光快速成形是建立在高度技术集成的基础之上的，从CAD设计到原型的加工完成只需几小时至几十小时，比传统的成形方法速度要快得多，这一特点尤其适合于新产品的开发与管理。

5）自由成形制造。快速成形技术的这一特点是基于自由成形制造的思想。自由的含义有两个方面：一是指根据零件的形状，不受任何专用工具（或型腔）的限制而自由成形；二是指不受零件任何复杂程度的限制。由于传统加工技术的复杂性和局限性，要达到零件的直接制造仍有很大距离。RPM技术大大简化了工艺规程、工装准备、装配等过程，很容易实现由产品模型驱动直接制造（或称自由制造）。

6）材料的广泛性。由于各种RPM工艺的成形方式不同，因而材料的使用也各不相同，如金属、纸、塑料、光敏树脂、蜡、陶瓷，甚至纤维等材料在快速成形领域已有很好的应用。

6.3.2 快速成形技术典型工艺

目前各种 RPM 方法有几十种，但商品化比较好的主要有 SLA、LOM、SLS、FDM 等快速造型系统。

1. 立体光照成形法（SLA）

SLA 采用紫外激光束硬化光敏树脂生成三维物体，该成形方法如图 6-23 所示。它由液槽、可升降工作台、激光器及扫描系统、计算机数控系统等组成。其成形过程如下：

开始时，可升降工作台的上表面处于液面下一个截面层厚的高度（通常为 0.125 ~ 0.75mm），该层液态光敏树脂被激光束扫描而发生聚合固化，并形成所需的第一层固态截面轮廓后，工作台在升降臂的带动下，下降一层高度，液槽中的液态光敏树脂漫过已固化的截面轮廓层，刮刀在液面上作横向运动，刮除多余厚度的树脂，激光再对新铺上的一层液态光敏树脂进行扫描固化，形成第二层所需固态截面轮廓，新固化的一层能牢固地粘结在前一层上，如此重复直到整个制件成形完毕。

SLA 是第一种投入商业应用的 RPM 技术，全球最早的和规模最大的 RPM 公司是美国 3D Systems 公司，在 1988 ~ 1990 年，当其他 RPM 技术尚未达到商品化程度时，就已销售了 SLA 设备 254 台。1994 年底，全球共销售了 SLA 设备 595 台，其中 3D Systems 公司占全球销售总量的 67%，1996 年占 52%。其技术日臻成熟，能制造精细的零件，表面质量好，可直接制造塑料件，制件为透明体。但设备昂贵、制件成本高，同时还存在光敏树脂有一定毒性，污染环境，树脂固化收缩产生内部应力，引起制件翘曲变形等问题。

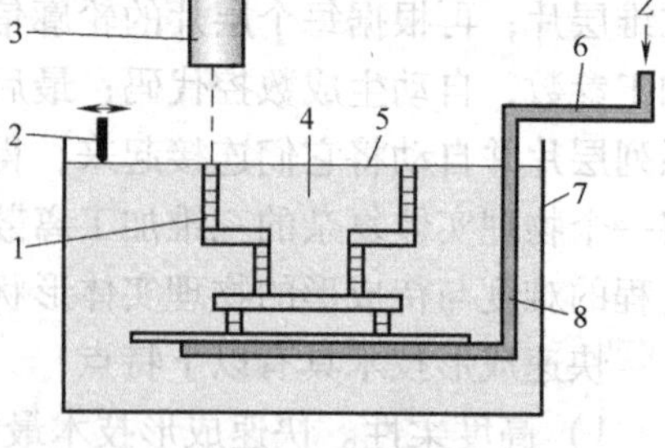

图 6-23 立体光照成形示意图（SLA）

1—工件 2—刮刀 3—激光器及扫描系统 4—液态光敏树脂 5—液面 6—升降臂 7—液槽 8—可升降工作台

2. 分层物体制造法（LOM）

分层物体制造技术是近年来发展起来的又一种快速成形技术，它是通过对原料纸进行层合与激光切割来形成零件的，如图 6-24 所示。成形机由计算机、原材料存储及送进机构、热粘压机构、激光切割系统、可升降工作台和数控系统等组成。

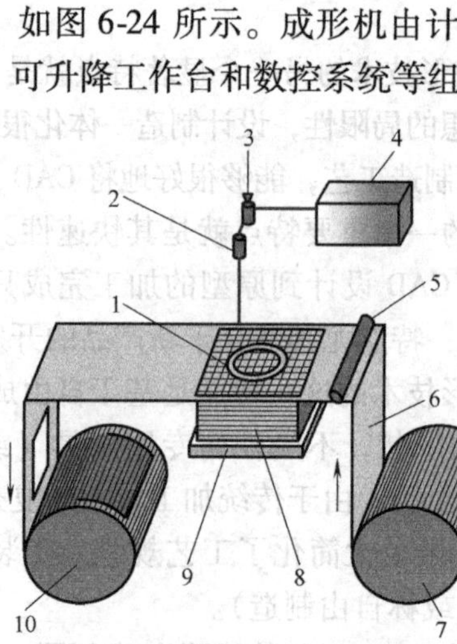

图 6-24 分层物体制造原理图（LOM）

1—切割的轮廓 2—激光切割系统 3—光学系统 4—激光器 5—热粘压机构 6—原材料 7、10—原材料存储及送进机构 8—工件 9—可升降工作台

LOM 工艺先将单面涂有热熔胶的胶纸带通过加热辊加热加压，与先前已形成的实体粘结（层合）在一起。此时位于其上方的激光器按照分层 CAD 模型所获得的数据，将一层纸切割成所制零件的内外轮廓。轮廓以外不需要的区域，则用激光切割成小方块（废料），它们在成形过程中可以起支撑和固定作用。该层切割完后，工作台下降一个纸厚的高度，然后新的一层纸再平铺在刚成形的面上，通过热压装置将它与下面已切割层粘合在一起，激光束再次进行切割。

LOM 是 20 世纪 80 年代末才开始研究的一种 RPM 技术，商品化设备于 1991 年问世，但因其具有设备价格低、造型材料成本低、成形速率高、制造过程中无相变、制件精度高等特点，一出现就表现出了强劲的生命力。1994 年 Helisys 公司生产的 LOM 设备的销售量，已与 3D Systems 公司的 SLA 设备销售量并驾齐驱。

3. 选择性激光烧结法（SLS）

SLS 法采用红外激光器作能源，使用的造型材料多为粉末材料。加工时，首先在工作台上均匀地铺上一层很薄（100～200mm）的稍低于其熔点的塑性粉末，也可以是金属粉末外覆盖一层热塑性材料而形成的粉末团。然后，激光束在计算机的控制下，按照截面轮廓的信息，对制件的实心部分所在的粉末进行扫描，使粉末的温度升至熔化点，于是粉末颗粒交界处熔化，粉末相互粘结，从而逐步得到各层轮廓，而在非烧结区的粉末仍呈松散状，作为工件和下层粉末的支撑。一层完成后，机械滚筒会将新一层粉末铺在原有一层上，然后进行下一层烧结。如此重复，最终形成三维工件。全部烧结完后，工件从工作室里取出，用压力较低的压缩空气将多余的松散粉末吹掉，有些还要经砂纸打磨。去除多余的粉末，便得到了成形的工件。图 6-25 所示为选择性激光烧结原理图。

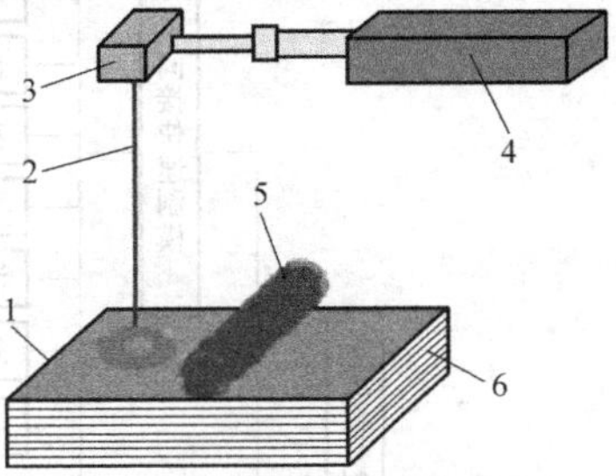

图 6-25 选择性激光烧结原理图（SLS）

1—工作台 2—激光束 3—扫描镜 4—激光器 5—平整滚筒 6—粉末

由于 SLS 成形方法有着制造工艺简单、柔性度高、材料选择范围广、材料价格便宜、成本低、材料利用率高、成形速度快等特点，所以 SLS 法主要应用于铸造业，并且可以用来直接制作快速模具。

4. 熔丝沉积制造法（FDM）

图 6-26 所示为 FDM 原理示意图，丝状成形材料由供丝机构送至各自对应的喷头，并在喷头中加热至温度略高于其熔点，另外加热喷头在计算机的控制下按照相关截面轮廓的信息作 X-Y 平面运动，同时挤压并控制液体流量，使粘稠液体均匀地铺在断面层上。这样成形材料就被选择性地涂覆在工作台上，快速冷却后即形成截面轮廓，一层成形完成后，喷头上升一截面层的高度再进行下一层的涂覆。如此重复，最终形成三维产品。

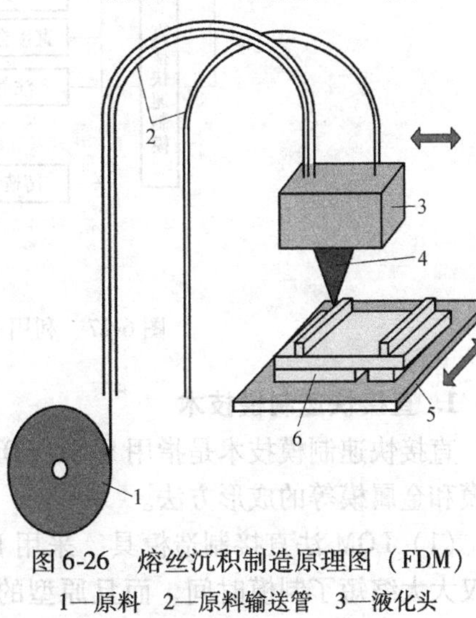

图 6-26 熔丝沉积制造原理图（FDM）

1—原料 2—原料输送管 3—液化头 4—喷嘴 5—平台 6—成品

FDM 工艺的关键是保持半流动成形材料的温度刚好在凝固点之上，通常控制在比凝固温度略高

1℃左右。FDM 所用材料为聚碳酸酯、铸造蜡材、ABS，可以实现塑料零件无注射模成形制造。该种方法不采用激光，成本低，制作速度快，但精度相对较差。

6.3.3 快速模具制造技术

应用快速成形方法制作模具的技术称为快速模具制造技术（Rapid Tooling Manufactring, RTM），目前已成为快速成形技术领域的一个新的研究热点。快速模具制造技术的显著特点是：制模周期短、工艺简单、易于推广、制模成本低、精度和寿命能满足某种特定的功能需要，综合经济效益良好，特别适用于新产品的开发试制、工艺验证和功能验证以及多品种小批量生产。

快速模具制造技术可分为直接快速制模技术和间接快速制模技术。把熔模铸造、喷涂法、陶瓷模法、研磨法、电铸法等技术与快速成形制造结合起来，就可以方便、快捷地制造出各种简易模具和永久性金属模具，如图 6-27 所示。

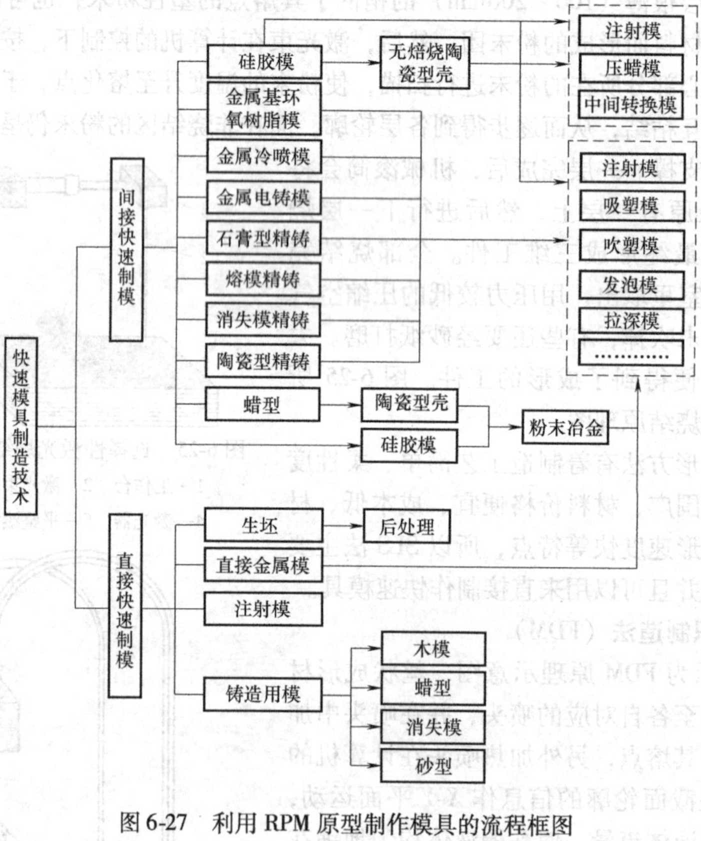

图 6-27　利用 RPM 原型制作模具的流程框图

1. 直接快速制模技术

直接快速制模技术是指用 SLS、FDM、LOM 等快速成形工艺方法直接制造出树脂模、陶瓷模和金属模等的成形方法。

（1）LOM 法直接制造模具　采用 LOM 工艺成形的纸基原型可直接用来代替传统木模，不仅大大缩短了制模时间，而且原型的尺寸精度也比木模高，强度和尺寸稳定性也优于木模。对于形状复杂的高精度模具，其优点尤为突出。快速成形件具有较好的机械强度和稳定性，其性能优于硬木，可承受200℃的高温，经表面处理后，可用来代替砂型铸造的木模，一般可用来重复制作50～100件砂型。其不足之处是快速成形件经长时间保存后会产生变形。

（2）SLS法直接制造模具　采用SLS工艺可直接烧结涂敷有粘结剂的金属粉末，当模型制造完成后，再加热去除粘结剂，并对模型进行金属浸渗，从而获得金属模具。用SLS法可直接烧结金属模或陶瓷模，用作注射、压铸、挤塑等塑料成型模及冲压成形模。SLS制作的模具经渗铜后，还可直接用作金属模。

2. 间接快速制模技术

直接快速制模技术难以控制模具的精度和性能，后处理需用特殊设备使工艺成本较高，模具的尺寸也受到较大的限制。与之相比，间接快速制模技术，通过快速成形技术结合精密铸造、金属喷涂制模、硅橡胶、电动机研磨、粉末烧结等技术就能间接制造出模具。常用的间接快速模具制造主要有以下几种方法：

（1）硅橡胶模制造　采用原型件作母模的硅橡胶模的制作。在制模时首先需要考虑分模、脱模的难易，决定采用整体一次浇注、两次或多次分体浇注。分型面的设置应根据母模的具体情况确定，同时考虑模具的定位要求，一般为锯齿形。整体一次浇注的优势在于成形的模具精度较高、成形效率高，适用于结构相对简单的硅橡胶模成形。对于结构复杂的原型制件母模，采用整体一次浇注时，取模困难甚至不能开模，宜采用两次或多次分体浇注。在两次或多次分体浇注硅橡胶模具时，可采用石膏辅助制作分型面。

基于快速成形的硅橡胶快速制模的工艺流程如图6-28所示，一般包括快速成形母模的准备、硅橡胶备料、浇注、脱泡、硫化、脱模等工艺。

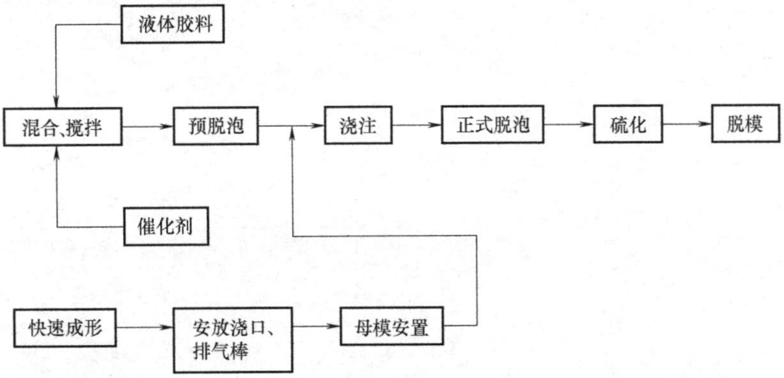

图6-28　硅橡胶快速制模工艺流程

（2）金属熔射喷涂模具制造　金属熔射喷涂制造模具的方法是在快速成形件或过渡模型为母模的表面上，用电弧或等离子喷涂雾状金属，形成金属硬壳层，移去母模后，在金属壳背面补铸金属基合成材料或环氧树脂，形成硬背衬，经后处理得到金属表面与硬背衬构成的模具。用该方法制作的模具力学性能较好，精度也容易保证，可以制作工作压力较高的模具，模具寿命可达1000～30000件。

（3）快速加工电火花成形电极　用电火花加工技术加工模具正成为一种常规技术，但是工具电极的加工往往成为生产过程的“瓶颈”。加工原理是利用快速成形件制作工具电极，然后利用电火花加工制作钢模。其工艺路线是：快速成形件→三维砂轮→ 石墨电极→钢模。

（4）熔模精密铸造　在批量生产硬质模具时可采用熔模精密铸造法。该方法是利用快速成形件或根据原型翻制的软质模具生产蜡模，然后利用熔模精铸工艺制作钢质模具。大部分的快速成形件都可以作为熔模精密铸造的母模。其工艺路线是：快速成形件（中间过渡模）→制作蜡型→熔模铸造→成形/处理→模具。

（5）陶瓷型精密铸造　在陶瓷型精密铸造中，通常采用的母模（如木模、石膏模和金属模等）存在着加工困难、精度难以保证、制造周期长、使用寿命短和成本高等问题，因此对于复杂形状的零件将 RPM 直接用于陶瓷型铸造，可比传统加工方法节省工时，降低成本。其工艺路线是：RPM 原型→软模→移出母模→浇注/喷涂浆料→浇注金属→成形/处理→模具。

思考与练习

1. 简述先进制造技术的发展趋势及在模具制造中的应用。
2. 高速切削的机理是什么？
3. 高速切削的特征有哪些？
4. 为了适应高速切削加工的要求，机床和工作台必须具备哪些条件？
5. 快速成形的原理是什么？
6. 典型商品化快速成形技术有哪几种？它们有什么共同点与不同点？
7. 快速成形在模具制造方面有哪些主要的应用？

第 7 章　典型模具零件制造工艺

7.1　模架制造

7.1.1　模架的技术要求

1. 概述

模架在冲模、塑料模、挤压模、精锻模等模具中都有广泛的应用，其结构大同小异。模架一般由上模座、下模座、导柱、导套等基本零件组成。上模座一般用压板、螺栓组合或模柄压紧连接到设备活动滑块上，其上装配凸模及其相关组件；下模座一般用压板、螺栓组合连接固定到设备工作台上，其上装配凹模及其相关组件。凸凹模的位置关系、间隙调整主要通过导柱、导套来保证。模架主要起连接和导向的作用。

2. 结构形式及应用

标准冲模模架的结构形式主要有：

1）按照导柱形式可分为：对角导柱模架、后侧导柱模架、中间导柱模架和四导柱模架。小制件、小设备用后侧导柱模架、中间导柱模架形式的多；大制件、大设备用四导柱模架形式的多。

2）按照导向形式可分为：滑动导向模架和滚动导向模架。滑动导向模架的导柱与导套之间是小间隙配合；滚动导向模架的导柱与导套之间装有滚动体（一般为钢球）和滚动体保持架，导柱、导套、钢球之间采用0.01～0.02mm 的过盈配合。

滑动导向模架精度适中，成本相对较低，使用更为广泛。滚动导向模架的结构复杂些，但导向精度更好，往往在精密模具中采用。

模架分标准模架与非标准模架。标准模架按照国家或者行业标准设计制造，互换性强，为模具设计和使用带来了极大的方便，但仍然满足不了模具行业的实际需求。非标准模架是为特定的产品和需求而设计和制造的模架，其结构和功能与标准模架异曲同工。挤压模、精锻模模架承力较大，对模架强度、精度、行程要求较高，但标准化程度低，往往需要特殊定制。

7.1.2　导柱、导套的加工

1. 导柱、导套的结构特点及技术要求

导柱、导套是冲模的导向零件。图 7-1 所示为滑动导向模架装配示意图，图 7-2 所示为滚动导向模架装配示意图。滚动导向模架比滑动导向模架导向精度、可靠性好，但价格高，适于加工精度要求较高的产品。

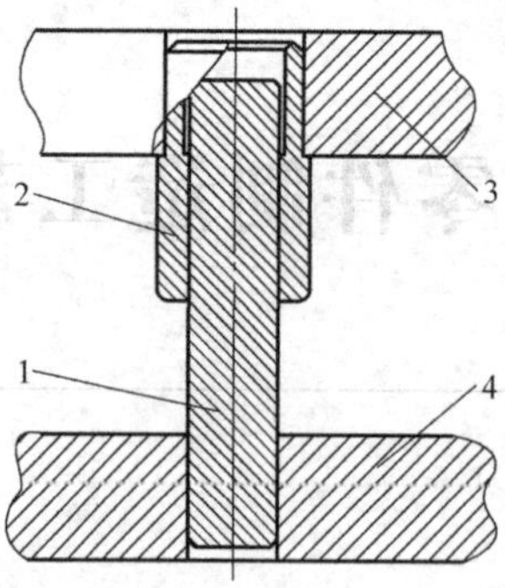

图 7-1 滑动导向模架装配示意图

1—导柱 2—导套 3—上模座 4—下模座

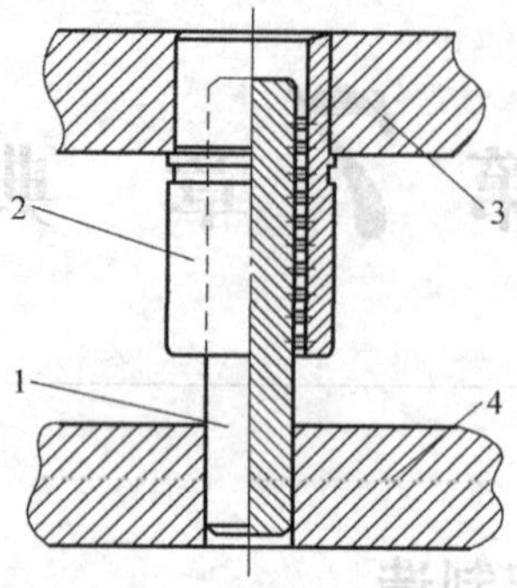

图 7-2 滚动导向模架装配示意图

1—导柱 2—导套 3—上模座 4—下模座

2. 导柱的加工

（1）工况要求 滑动导向模架导柱的一端外圆与导套内孔通常采用 H7/h6 的小间隙配合，其配合间隙值一般为双边 0.01 ~ 0.03mm 之间，小于模具凸、凹模的配合间隙，另一端与下模座一般采用 H7/h6 或 H7/r6 的小过盈配合。

滚动导向模架的导柱一端与导套之间装有运动的钢球，为双边 0.01 ~ 0.02mm 的过盈配合，另一端与下模座一般采用 H7/h6 或 H7/r6 的小过盈配合。

（2）技术要求 各种形式模架导柱的尺寸精度、形位精度、表面质量等都有很高的要求。为了保证导柱的导向精度，导柱加工过程中不仅要确保尺寸精度和表面质量，而且要注意确保导柱的同轴度和圆度等几何公差。

（3）性能要求 各种形式模架导柱都要求外表面强度好、硬度高、耐磨性好，而导柱心部则要求韧性好，这样可以更好地满足模架的使用要求。因此导柱一般选用 20 或 20Cr 钢材料，热处理采用渗碳淬火，其典型渗碳工艺为 900 ~ 950℃保温 7 ~ 8h，渗碳层扩散速度为 0.15mm/h，总渗碳层深度为单边 0.8 ~ 1.2mm，表面硬度为 58 ~ 62HRC。目前也多采用 GCr15 材料，常规热处理工艺，热处理硬度为 58 ~ 62HRC。

（4）加工工艺 图 7-3 所示为 A 型导柱的加工制造流程主要为：

1）备料。一般选取合适直径与长度的棒料。

2）粗车加工。该工序应注意：① 留有合适的精加工余量，如果后续热处理为渗碳淬火，为了保证精加工后渗碳层尽量厚，粗加工余量要尽量小些，一般选取双边 0.3 ~ 0.5mm；② 粗加工两端面必须打中心孔，这是后续磨削加工的基准。

3）热处理。渗碳淬火或常规淬火、回火。

4）精加工，外圆磨削。该工序应注意：

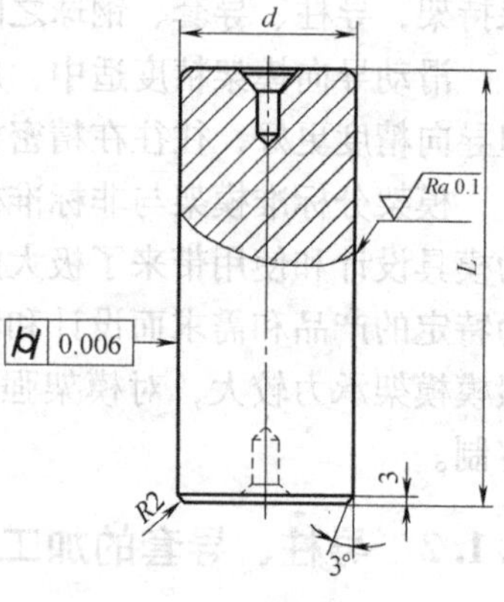

图 7-3 A 型导柱示意图

① 研磨中心孔。清理由于热处理而产生的氧化皮等异物，保证基准的一致性，一般导柱中心孔的表面粗糙度值 Ra 要求为 0.4μm，这是相当高的技术要求，因为这是磨削外圆的基准，相当关键。

② 外圆磨削。以两端顶研磨合格的中心孔定位、夹持、磨削导柱外圆，磨削后应留 0.01 ~0.015mm 研磨余量。

③ 研磨。一般导柱外圆的表面粗糙度要求为 *Ra*0.1μm，只有经过研磨才能达到。

3. 导套的加工

(1) 工况要求　滑动导向模架导套的内孔与导柱采用 H7/h6 的小间隙配合，导套外圆与上模座一般采用 H7/r6 的小过盈配合。

滚动导向模架的导套内孔、导柱外圆、钢球间为小过盈配合，导套外圆与上模座一般采用 H7/r6 的小过盈配合。

(2) 技术要求　各种形式模架导套的尺寸精度、形位精度、表面质量等都有很高的要求，如图 7-4 所示。从装配使用角度而言，导套的大外圆（图 7-4 中 *D* +3 尺寸）无关紧要，表面粗糙度要求为 *Ra*6.3μm 即可，可以作为精加工时的装夹位置。

(3) 性能要求　模架导套的性能要求与导柱一样，一般选用 20 或 20Cr 钢材料，热处理采用渗碳淬火。

(4) 加工工艺　导套的加工制造流程主要为：

1) 备料。选取合适直径与长度的棒料，一般不选择管料。

2) 粗车加工。由于后续热处理为渗碳淬火，为了保证精加工后渗碳层尽量厚，因此，粗加工余量要尽量小些，一般选取双边 0.3 ~0.5mm。

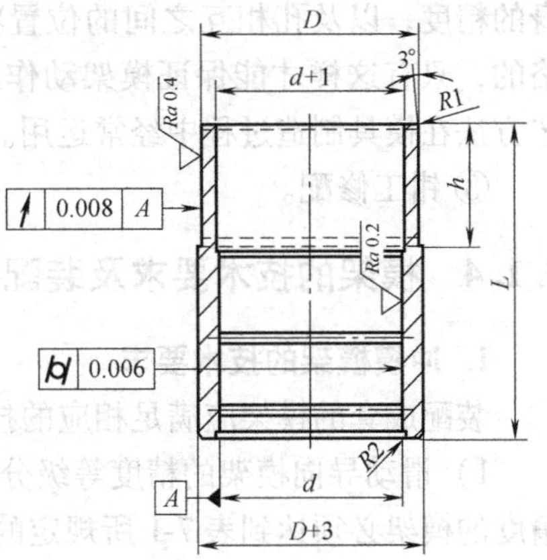

图 7-4　导套加工示意图

3) 热处理。渗碳淬火。

4) 精加工。导套精加工以内孔、外圆磨削为主，主要有两种工艺方法：

① 一次装夹磨削法。装夹大外圆（图 7-4 中 *D* +3 尺寸），选用万能外圆磨床，一次加工完成内孔和小外圆（图 7-4 中 *d*、*d* +1、*D* 尺寸）。

② 穿心轴磨削法。装夹大外圆，选用内圆磨床，一次装夹完成内孔加工；然后以加工过的内孔（图 7-4 中 *d* 尺寸）为基准，配锥度心轴，选用外圆磨床，以心轴定位，二次装夹完成外圆加工；磨削后内孔应留双边 0.01 ~0.015mm 珩磨余量。

③ 珩磨。进一步提高导套内孔的表面质量。

7.1.3　模座的加工

(1) 工况要求　上下模座为承力部件，无论滑动导向模架还是滚动导向模架，上模座与导套之间为双边 0.01 ~0.02mm 的小过盈配合，下模座与导柱之间为双边 0.01 ~0.02mm 的小过盈配合。

(2) 技术要求　由于导柱、导套通过上下模座连接、装配，因此，模座的导柱、导套相对孔位要求必须非常严格，才能确保受力均匀，动作顺畅。

(3) 性能要求　模座可以选择钢板、铸钢或者铸铁材料。

(4) 加工工艺　上下模座的加工制造流程主要为：

1) 备料。承力大时宜选用钢板，一般情况选用铸钢或者铸铁材料。

2) 粗加工。采用刨削或铣削加工端面、侧面，钻削粗加工孔位，刨削加工排气槽。

3）精加工：

① 平磨上下端面，保证表面粗糙度和平行度公差，并作为后续加工的基准。

② 加工导柱导套孔。模架的导柱导套孔一般在坐标镗床、高精度数控铣床或加工中心等设备上配合加工。

如图 7-5 所示，孔大的上模座在上，孔小的下模座在下，中间垫以平行的等高块，用压板压紧固定可靠，在一次装夹过程中同时完成上、下模座的加工制造，这个过程称为“配作”。这是解决孔位加工的有效工艺方法，因为上下模座的孔用来装配导柱、导套，因此孔本身的精度，以及孔相互之间的位置精度要求都是非常严格的，只有这样才能保证模架动作顺畅。“配作”的工艺方法在模具制造过程中经常运用。

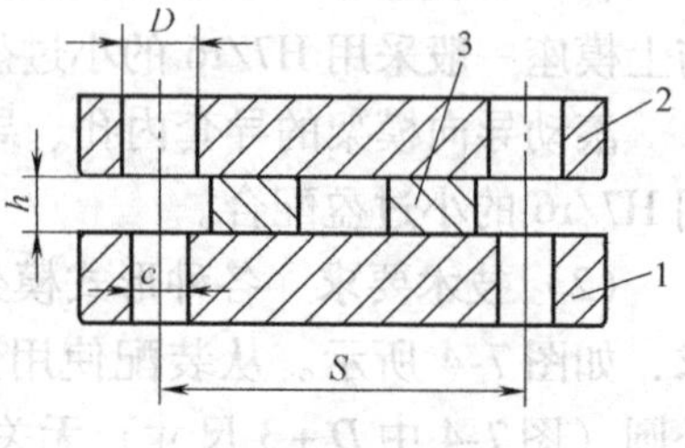

图 7-5　模座配作加工示意图
1—下模座　2—上模座　3—等高块

③ 钳工修配。

7.1.4　模架的技术要求及装配

1. 冲模模架的技术要求

装配成套的模架应满足相应的技术标准要求。

1）滑动导向模架的精度等级分为Ⅰ级和Ⅱ级，滚动导向模架分为0Ⅰ级和0Ⅱ级。各级精度的模架必须达到表 7-1 所规定的各项技术要求。

表 7-1　模架精度技术要求

项	检查项目	被测尺寸/mm	模架精度等级 公差等级	
			0Ⅰ，Ⅰ	0Ⅱ，Ⅱ
A	上模座上平面与下模座下平面的平行度	≤400	5	6
		>400	6	7
B	导柱轴心线对下模座下平面的垂直度	≤160	4	5
		>160	5	6

2）装入模架的每对导柱和导套的配合间隙值或过盈值应符合表 7-2 的规定。批量生产时，滑动导向模架的导柱、导套的配合精度分别按 H6/h5 和 H7/h6 生产，按表 7-2 要求分组装配；单件生产时按表 7-2 的要求配作。

3）装配后的模架，其上模座沿导柱上下移动应平稳、无阻滞现象；导柱与下模座、导套与上模座的过盈配合应紧固可靠，且端头与模座平面应保留 1～2mm 的距离。

表 7-2　导柱导套配合精度技术要求

配合形式	导柱直径/mm	模具精度等级 配合后的间隙值/mm		配合后的过盈量/mm
		Ⅰ	Ⅱ	
滑动配合	≤18	≤0.010	≤0.015	—
	>18～30	≤0.011	0.017	
	>30～50	≤0.014	0.021	
	>50～80	≤0.016	≤0.025	
滚动配合	>18～35	—	—	0.01～0.02

2. 冲模模架的装配工艺

模架的装配主要指导柱、导套与上、下模座的装配，由于滑动导向模架应用广泛，因此主要对其装配方法介绍如下。

装配前首先要对导柱、导套、上下模座进行尺寸、精度检查，主要内容有：① 导柱、导套检测、挑选、配对；② 导柱、导套与上下模座孔的过盈量；③ 导柱、导套装配圆角、锥角；④ 上下模座孔的几何公差等。

需要强调的是，模架的装配精度主要是靠零件的加工精度来保证的，合理的加工工艺能更好地提高装配精度。如果零件的加工精度不够，则无法装配出合格的模架。

模架的装配工艺方法主要有压入法、粘结法和低熔点合金浇注法等，其中压入法最为可靠实用，其装配工艺方法有以下两种：

(1) 先压导柱后压导套法

1) 先压导柱。用压力机将导柱压入下模座，图7-6所示为A型导柱的压入示意图。压入时，先压进一小部分，然后检查导柱与下模座的垂直度，校正后继续压入，直到端面沉入模孔距底面1~3mm的距离。

2) 后压导套。将上模座反置套在导柱上，再套上导套，用百分表检查导套的配合部分内外圆柱面的同轴度，使同轴度的最大值Δ_{max}处在导柱中心连线的垂直位置方向，这样可减小由于导套内、外圆同轴度误差引起的中心距变化对模具运动性能的影响。如图7-7所示，将环形垫块放在导套上，将导套的一部分压入上模座，检查导套的垂直情况，然后继续将导套的配合部分全部压入。

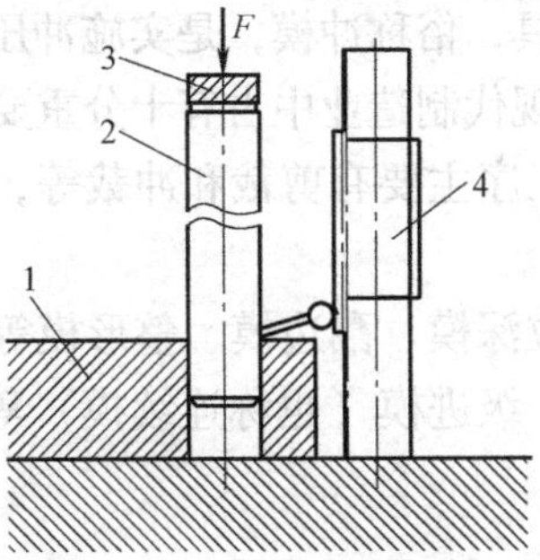

图7-6 导柱压入示意图

1—模座 2—导柱 3—压块 4—测量架

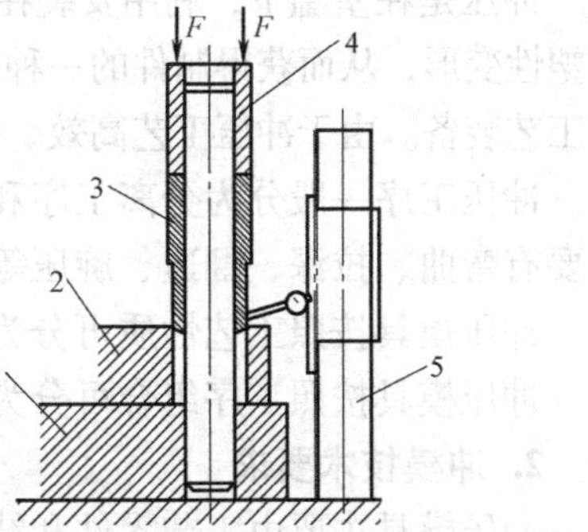

图7-7 导套压入示意图

1—下模座 2—上模座 3—导套 4—压块 5—测量架

3) 最终检验。先检查导柱在导套内的运动情况，应顺畅、无阻滞现象。然后检查上模座上平面至下模座下平面的平行度误差，应控制在规定标准之内。

(2) 先压导套后压导柱法

1) 先压导套。将上模座放在专用平板上，用辅助压块轻压导套进入模座一部分，然后检查导套与模座的垂直度，确认无误后在压力机的作用下将导套压入上模座，如图7-8所示。

2) 后压导柱。在上、下模座之间垫入等高块，将导柱插入导套，在压力机上将导柱压入模座约5~6mm，将上模座提升至不脱离导柱的最高位置，然后放下，此时应无阻滞现象，否则应调整导柱，调整合格后则将导柱压入下模座至要求位置，如图7-9所示。

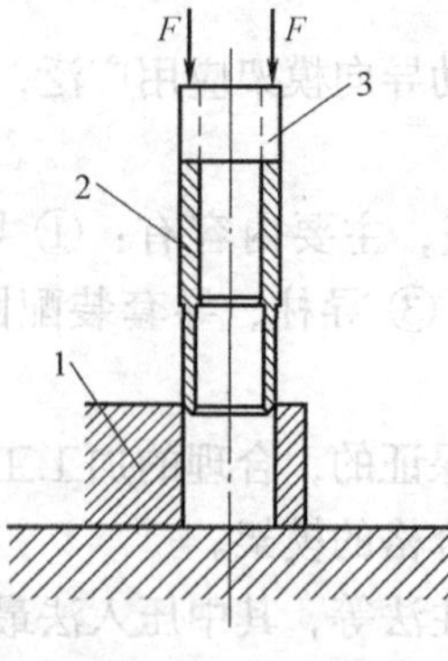

图7-8　导套压入示意图

1—上模座　2—导套　3—压块

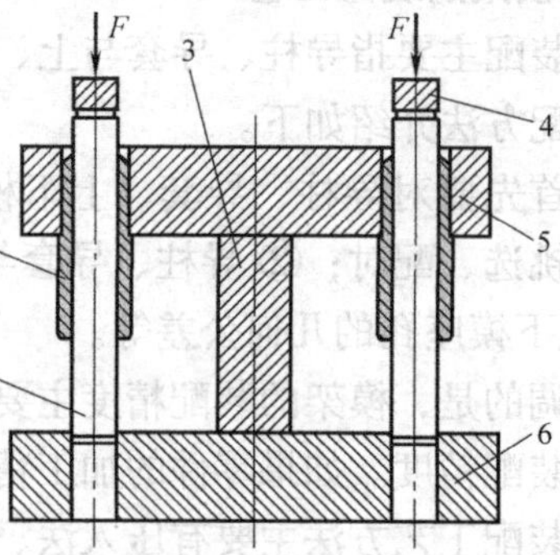

图7-9　导柱压入示意图

1—导柱　2—导套　3—等高块　4—压块　5—上模座　6—下模座

3）最终检验。先检查导柱在导套内的运动情况，应顺畅、无阻滞现象。然后检查上模座上平面至下模座下平面的平行度误差，应在规定标准之内。

7.2　冲模制造

7.2.1　冲裁模制造的技术要求

1. 概述

冲压是在室温下，利用安装在各种形式压力机上的模具对材料施加压力，使其产生分离或塑性变形，从而获得制件的一种压力加工方法。冲压模具，俗称冲模，是实施冲压加工的重要工艺装备。由于冲压工艺高效、优质、价廉的优点，在现代制造业中占有十分重要的地位。

冲压工序一般分为分离工序和成形工序两类。分离工序主要有剪裁和冲裁等，成形工序主要有弯曲、拉深、翻边、旋压等。

冲压模具按照工艺性质可分为：冲裁模、弯曲模、拉深模、翻边模、整形模等。

冲压模具按照工序组合可分为：单工序模、复合模、级进模（也称连续模）等。

2. 冲模技术要求

冲压模具主要由工艺零件和结构零件组成。

工艺零件直接参与工艺过程并和坯料有直接接触，包括工作零件、定位零件、卸料与压料零件等。

结构零件不直接参与完成工艺过程，也不和坯料有直接接触，只对模具完成工艺过程起保证作用，或对模具功能起完善作用，包括导向零件、紧固零件、标准件及其他零件等。

冲模主要有以下方面的技术要求：

1）尺寸精度、形位精度、表面质量要求比较严格。

2）装配精度较高。凸凹模间隙必须合理合适，动作必须顺畅。

3）标准化、互换性要求。尽量选取标准模架、标准零件，利于模具的快速方便更换。

3. 凸凹模技术要求

凸凹模是冲模的关键零件。其具体要求有：① 合理的结构和加工工艺性；② 高的制造精度，包括尺寸精度、形位精度和表面质量；③ 足够的刚度、强度；④ 良好的耐磨性和疲劳强度。

冲压凸凹模常用材料有T10A、CrWMn、Cr12、Cr12MoV等，工作部分的表面粗糙度值 *Ra* 一般为0.4～0.8μm，工作部分的尺寸精度一般为IT5～IT7；凸模的热处理硬度一般为58～62HRC，凹模的热处理硬度一般为60～64HRC。

7.2.2　冲裁凸模的加工工艺

冲裁凸模主要是外形加工，可分为两类讨论。

1. 圆形凸模

这是最简单的形状，通常采用常规的加工方法。如图7-10所示的圆形凸模，其加工工艺如下：

1）备料。一般准备圆形棒料，也可以订购自由锻件，锻件需退火处理。

2）粗加工。由于是回转体形状，粗加工首选车削，一般给最终加工留直径方向0.5～1mm余量。需要强调的是，凸模大端端面往往要钻中心孔，以方便后序磨削装夹。对于图7-10所示的圆形凸模，全长只有60mm，可以装夹 $\phi38$mm 外圆进行车削加工，凸模小端端面不打中心孔。

但对于凸模比较长的情况来讲，考虑后序加工合理方便，凸模小端端面也必须钻中心孔，但需要做如图7-11所示的工艺台阶，精加工完成后，该工艺台阶可以采用线切割等方法去除掉。

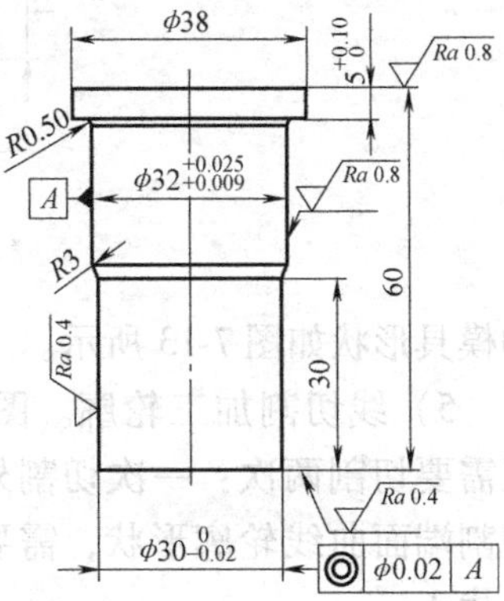

图7-10　圆形凸模加工实例

3）热处理。

4）精加工。主要以外圆磨削、平面磨削为主要加工手段。需要强调的是加工基准问题，外圆磨削时的加工基准是粗加工环节讨论的中心孔，也就是凸模的回转轴线。平面磨削上、下端面时，需借助精密V形平口钳等附具，装夹图7-11所示基准位置（$\phi32$mm 外圆），其实仍然是凸模的回转轴线。

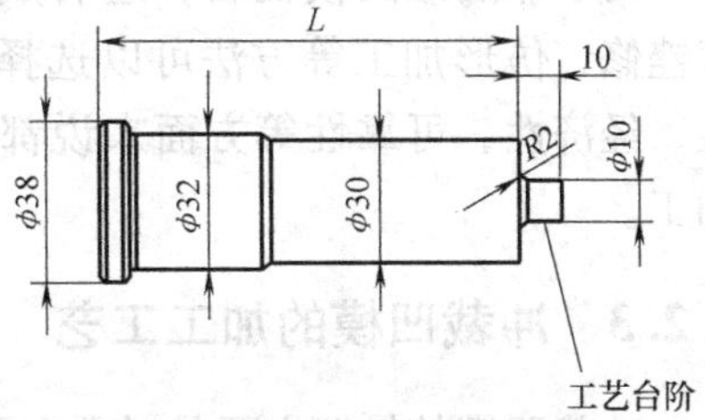

图7-11　长凸模加工工艺台阶示意图

5）钳修。钳工去除尖角毛刺，抛光工作面。

2. 非圆形凸模

由于冲压产品品种繁多，冲压凸模会出现各种各样的异形轮廓形状，目前常用的、合理的工艺手段是：凸模设计成为贯通式的形状，精加工时采用快走丝或慢走丝线切割的加工方法来保证形状和精度。如图7-12所示的切边凸模加工工艺流程如下：

1）备料。根据模具形状来决定备料规格，一般还是选取圆棒料或是经过锻打的正方形、长方形坯料，锻件需要退火处理。图7-12所示凸模选用长方形锻坯更合适些。

2）粗加工。采取铣削粗加工，留足线切割加工的装夹位置。对于要求较严的模具，为了减小线切割变形，还需要加工穿丝孔。

3）热处理。

4）精加工。主要以平面磨削为主，目的是确定线切割加工的工艺基准。线切割加工前

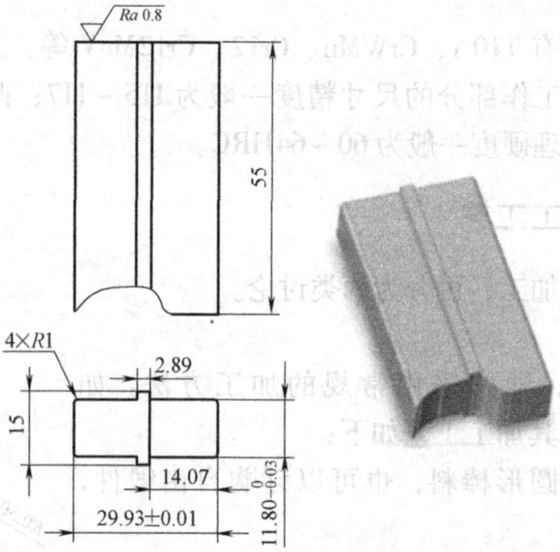

图 7-12　贯通式异形切边凸模

的模具形状如图 7-13 所示。

5）线切割加工轮廓。图 7-12 所示模具加工需要切割两次：一次切割外轮廓形状，一次切割端面曲线轮廓形状，需要分别编程、装夹和找正。

6）钳修。钳工去除尖角毛刺，抛光工作面。

对于非圆形凸模而言，还有成形磨削、压印锉修、仿形加工等方法可以选择，但从通用性、经济性、可靠性等方面来说都不如线切割加工。

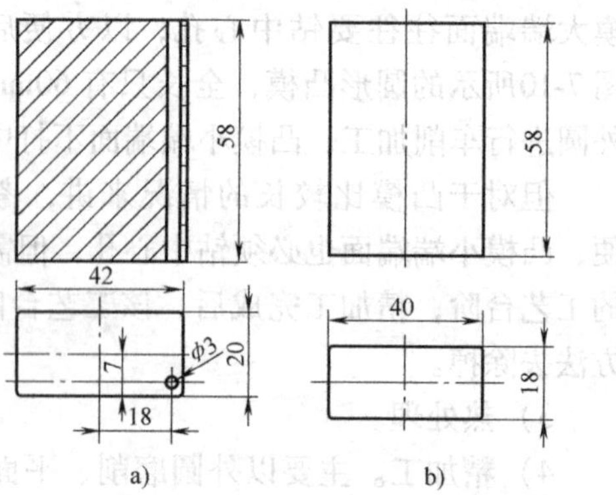

图 7-13　线切割加工前模具图形

a）留线切割穿丝孔　b）无线切割穿丝孔

7.2.3　冲裁凹模的加工工艺

冲裁凹模的加工主要是对孔和孔系的加工，孔本身的尺寸大小是决定加工方法的关键。

1. 单个圆形孔的加工

一般孔位于回转轴中心，可以依据孔的大小分别考虑。

（1）小孔　通常认为是直径 ϕ10mm 以下的孔，以钻铰加工和电加工为主。

对于要求不严格的小孔，其主要工艺流程为：备料—粗加工（以普通车削为主）—钻孔、铰孔—热处理—精加工（磨削端面、外圆，确定基准面）—钳修（抛光小孔，然后装配使用）。

对于要求较严格的小孔，其主要工艺流程为：备料—粗加工（以普通车削为主）—热处理—精加工（磨削端面、外圆，确定基准面）—线切割或电火花加工小孔—钳修（抛光小孔）。

（2）大孔　对于稍大些的圆孔以磨削法加工为主。

其主要工艺流程为：备料—粗加工（以普通钻削、孔车削为主）—热处理—精加工

（磨削端面、内孔，确定基准面，设备以内孔磨床为主）—钳修（主要是抛光、配修）。特殊情况下精加工时，孔也可以采用电火花线切割加工。

如图7-14所示，当孔不在回转轴中心时，工艺难度就稍复杂些，一般采用线切割加工比较经济，也可以配以工装、附具采用磨削的手段加工。

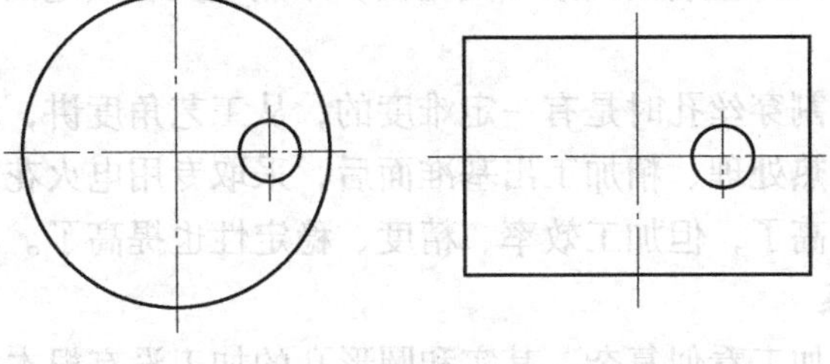

图7-14　孔不在回转轴中心示例

2. 圆形孔系

稍复杂的冲压凹模一般都有多个有相互位置要求的不同孔系同时加工制造的情况，多数情况下，孔本身和相互孔位之间都有非常严格的尺寸公差要求，这样就增大了模具制造的难度。

（1）孔系位置精度要求高的情形　对于有严格位置要求的凹模，其工艺流程主要为：备料—粗加工（外形面、孔系都要粗加工，留合适的加工余量）—热处理—精加工（以外圆磨削、平面磨削为主，确定基准面）—孔系精加工（主要以线切割、坐标磨削方法为主）。

（2）孔系位置精度要求不高的情形　对于孔位的相互位置要求不高的凹模，其工艺流程可以简化不少：备料—粗加工—孔系加工（以坐标镗或普通立式铣床、普通钻床加工为主）—热处理—钳修（孔系经钳修、抛光后直接使用）。

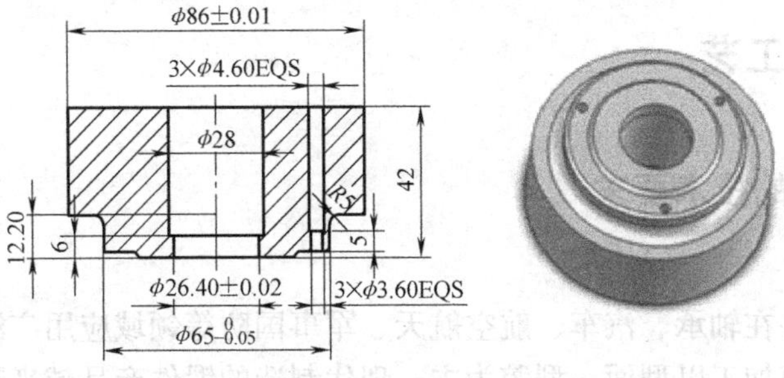

图7-15　有严格孔位要求的孔系加工示例

图7-15所示模具的制造工艺流程为：

1）备料。选ϕ90mm×46mm的长棒料。

2）粗加工。采取车削粗加工，留双边0.5～0.8mm的精加工余量。3个ϕ3.6mm的孔需加工出线切割穿丝孔，尺寸大小不能超过3mm，需借助工装、附具来保证。

3）热处理。

4）精加工。主要以外圆、内孔、平面磨削为主，目的是保证图样尺寸，确定工艺基准。

5）线切割加工 3×ϕ3.60mm 孔。利用现有穿丝孔，编程、装夹、找正，线切割加工小孔到尺寸，需要穿丝、退丝，线切割跳步 3 次，过程比较繁琐。

6）电火花加工 3×ϕ4.60mm 的台阶孔。由于线切割只能加工贯穿通孔，3×ϕ4.60mm 的台阶孔需要制作 ϕ4.4mm 左右的圆形工具电极，采用电火花放电的方法加工到位。

7）钳修。

该模具粗加工线切割穿丝孔时是有一定难度的，从工艺角度讲，粗加工也可以考虑不加工线切割穿丝孔，而在热处理、精加工出基准面后，采取专用电火花穿孔机加工出线切割穿丝孔，虽然加工成本提高了，但加工效率、精度、稳定性也提高了。

3. 非圆形孔及孔系

非圆形孔及孔系的加工看似复杂，其实和圆形孔的加工没有根本差别。只是圆形孔和孔系有更多的选择，对冲压模具而言，在模具热处理硬度为 58～62HRC 的情况下，非圆形孔及孔系的加工目前几乎只有线切割加工这一种选择。如图 7-16 所示非圆形孔，其工艺流程没有大的变化，只是孔的精加工采用线切割时会更合理一些。

类似圆形孔系的加工方法，只是线切割加工较为繁锁，需要多次找正、穿丝、退丝的重复过程。

凹模形状采用线切割加工时，必须考虑预留穿丝孔的基本问题。穿丝孔原则上尽量在热处理前、粗加工时考虑确定，也可以在最终线切割加工前采用电火花穿孔的办法解决。

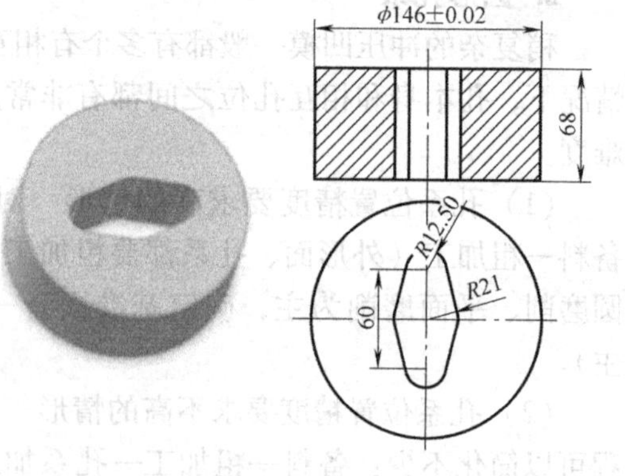

图 7-16　非圆形孔的加工示例

7.3　锻模制造工艺

7.3.1　锻模制造的技术要求

1. 概述

锻模以及模锻件在轴承、汽车、航空航天、军事国防等领域应用广泛，在国计民生中具有重大的作用。锻模加工以型面、型腔为主，现代制造的锻件产品越来越向精、净、省方向发展，即锻件精度高、余量小，节材降耗，工作环境趋于干净整洁，噪声大幅度降低。

传统模锻设备以模锻锤为主，用煤、重油加热。现代锻造中电液锤、热模锻压力机的应用越来越广泛，以煤气、电加热为主，锻件质量有了大幅度提升，同时对锻模的要求也逐步提高。

2. 锻模结构特点

锻模工作时，要承受高温下多次打击成形的冲击力，在急冷急热的条件下产生交变应力，锻件在模膛中产生形状、性能的变化与强烈的金属流动，因此，锻模的实际工况条件比较恶劣，其模具特点如下：

1）型腔复杂，精度要求越来越高，加工难度较大，成本较高。

2）性能要求严格。由于工况条件恶劣，要求锻模具有良好的热硬性、抗热疲劳性和强韧性。

3）结构简单，成本高。锻模一般采用整体结构，选用整体的上、下模块，分别通过燕尾结构与设备连接，模具材料费用很高。

3. 锻模技术要求

1）锻造比。由于锻模模块要承受较大的冲击力，要求模块锻造比达到3以上，确保能锻合孔洞、打碎碳化物及其夹杂，提高模块致密度。

2）模块纤维方向。锻模模块一般由专业厂家生产，采用电渣重熔工艺制坯并用水压机锻造。模块纤维方向与最终锻模的使用寿命关系密切。如图7-17所示，图7-17a、b中纤维流向正确。图7-17a适用于长轴类锻件模块，图7-17b适用于圆盘类锻件模块。图7-17c纤维流向错误。锻模实际使用时，只有燕尾底面与砧座面贴合在一起时才起承力作用，燕尾的两抬肩部留有一定间隙，使模块处于悬空状态，又因图7-17c中金属纤维流向与外力打击方向一致，模块易开裂。

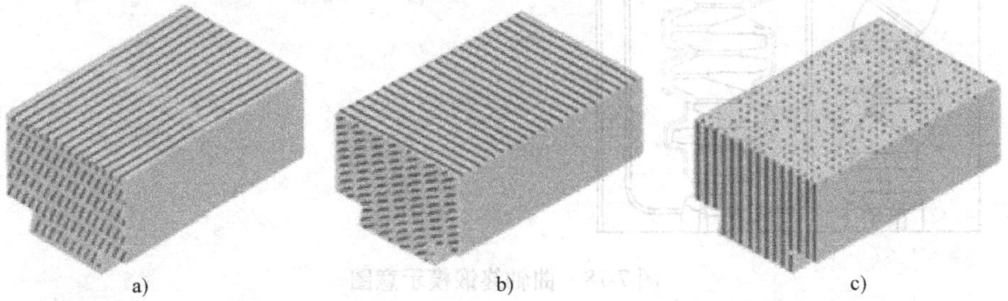

a)　　b)　　c)

图7-17　锻模模块的纤维方向

a）纤维方向与燕尾方向一致　b）纤维方向与键槽中心线方向一致　c）纤维方向与燕尾支承面垂直

3）型槽精度。锻模模块的型槽又称为型腔或模镗，其精度取决于具体制件要求、加工手段和技术水平。模块型槽精度越高，上下模块对位越精确，锻件加工余量越小，表面质量越好，经济性也就越好。

4）表面质量要求。锻模模块终锻型槽表面质量要求较严，要求达到$R_a0.8\mu m$，燕尾支承面、分型面、预锻型槽表面粗糙度要求达到$Ra1.6\mu m$，相互之间平行度、垂直度公差必须严格保证，其余部位要求不高。

5）锻模热处理硬度要求。由于锻模工况条件相对恶劣，对模具的强韧性有较高的要求。

对锤上模锻模具来讲，大多选用5CrNiMo或5CrMnMo材料，韧性指标更突出一些，因此，锤锻模块的热处理硬度指标要求相对比较低，而且习惯于用布氏硬度值HBW来表示，一般锤锻模型腔的硬度指标要求在300～440HBW之间（模块越大越取下限值），燕尾部分硬度指标要求还要适当降低，一般在280～360HBW之间（模块越大越取下限值）。

对精密锻造模具而言，除5CrNiMo或5CrMnMo材料外，常常采用3Cr2W8V、H13，甚至性能更优良的材料，强度指标更突出一些，一般热处理硬度指标在42～48HRC之间，甚至更高些。

7.3.2 锻模制造实例

1. 曲轴锻模加工

图 7-18 所示为某型号曲轴及其终锻模示意图。模块上分布有卡压、预锻、终锻三个型槽，连续完成曲轴模锻，再辅助以切边、热处理、酸洗、校正等工序完成曲轴的主要加工过程。

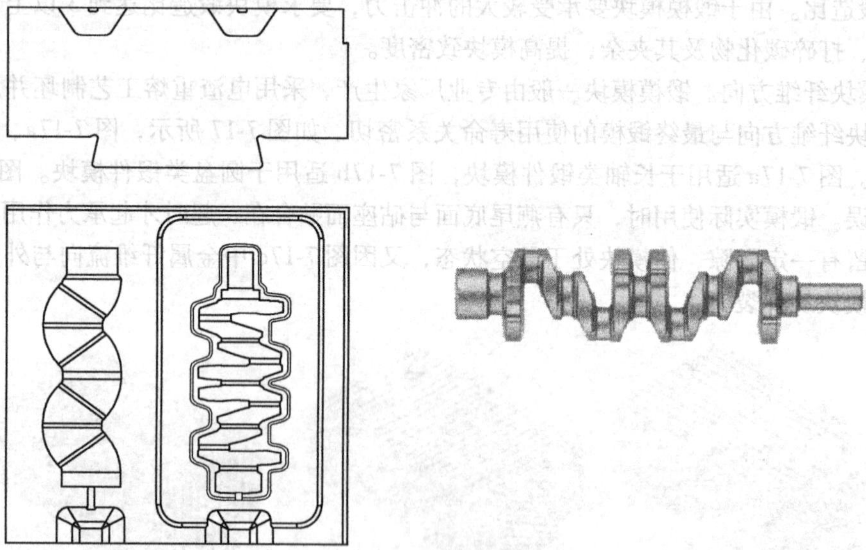

图 7-18 曲轴终锻模示意图

其模具制造工艺流程为：

1）备料。一般选用 5CrNiMo 或 5CrMnMo 材料的整体模块，因为其具有良好的强度、韧性、耐磨性和良好的淬透性，适用于制造热锻模。小模块也有选用 3Cr2W8V、H13 材料的，性能更好，但成本较高。

2）粗加工。主要完成起吊孔的加工和去除粗加工余量。

3）热处理。热处理后模块表面硬度为 302 ~ 340HBW，燕尾部分硬度为 269 ~ 361HBW。

4）燕尾加工。大中型模块在龙门刨床设备上成对加工，小模块可在普通铣床上加工。

5）型槽加工。目前型槽加工以数控铣削为主，效率高，精度好。

锻模型槽也可以采用仿形铣削加工，但由于精度差、需要制造专用靠模的原因，已经很少采用。电火花成形加工也可以用于锻模型槽加工，但由于效率低、需要专用工具电极等原因一般也很少采用，只是在特殊产品，加工窄槽、窄缝、小尺寸深腔等情况下使用。

目前，高速铣削加工手段已应用于锻模型槽加工，其效率、精度都非常高，加工后的表面质量很好，不需钳工抛光，可以直接使用，但加工成本较高，对微细形状的加工还有困难。

6）钳修。钳工修配、检验。

2. 爪极精锻模加工

图 7-19 所示为汽车爪极精锻模示意图。该模具制造工艺流程为：

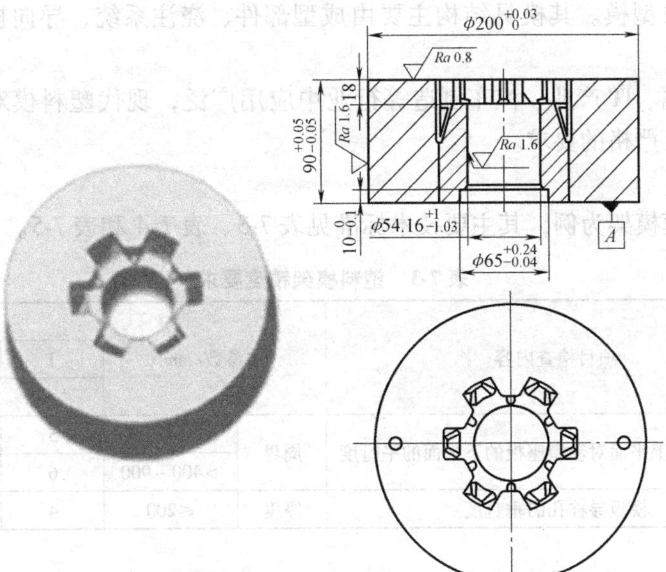

图 7-19　汽车爪极精锻模示意图

1）备料。由于模块较小，采用定制锻件。

2）粗加工。采用常规车削方法，留适当的精加工余量。

3）热处理。

4）精加工。采用精车、平面磨削手段保证图样尺寸精度，确定基准面。

5）型腔加工。采用电火花成形加工。

电火花成形加工需要设计、制造专用工具电极，如图 7-20所示。由于模具型腔复杂，需要准备粗加工和精加工两个工具电极，选用纯铜材料，粗加工工具电极主要去除加工余量，单面放电间隙取 0.3 ~ 0.4mm，精加工工具电极主要保证加工精度，单面放电间隙取 0.1 ~ 0.15mm。工具电极采用高速雕铣机加工制造。

6）钳修。电火花成形加工完的型腔需要人工修抛，去除型腔表层缺陷，提高表面质量。

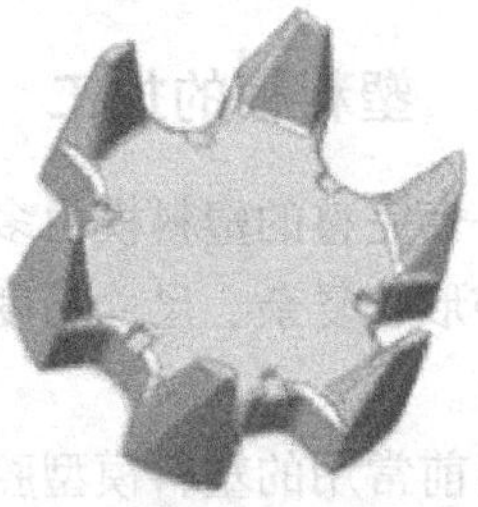

图 7-20　电火花成形加工用纯铜工具电极实体示意图

7.4　塑料模制造工艺

7.4.1　塑料模制造技术要求

1. 概述

塑料成型模具是在高温、高压、高速和熔融状态下进行成型的，各个配合零件之间的要求非常严格，装配也极为重要。

塑料模按照成型原理主要分为注射成型模、压缩成型模、压注成型模、挤出成型模、吹塑成型模和气压成型模。其模具结构主要由成型部件、浇注系统、导向机构、脱模机构等组成。

塑料模在家电、IT产业、汽车制造等行业中应用广泛，现代塑料模对模具寿命、精度和表面质量等都有严格的要求。

2. 技术要求

以塑料注射模模架为例，其主要技术标准见表7-3、表7-4和表7-5。

表7-3 塑料模架精度要求

序 号	项目检查内容	主参数/mm		精度分级		
				Ⅰ	Ⅱ	Ⅲ
				公差等级		
1	定模座板的上平面对动模座板的下平面的平行度	周界	≤400	5	6	7
			>400~900	6	7	8
2	模板导柱孔的垂直度	厚度	≤200	4	5	6

表7-4 合模后上平面与底平面的平行度 （单位：mm）

公称尺寸	>160~250	>250~400	>400~630	>630~1000
公差值	0.025	0.030	0.040	0.050

表7-5 导柱、导套对上、下模安装平面的垂直度 （单位：mm）

有效长度	<40	>40~63	63~100	>100~160	>160~250
公差值	0.010	0.012	0.015	0.020	0.025

7.4.2 塑料模的加工

一套完整的塑料模由多个零件组成，其中最关键、最复杂的还是型腔、型芯的加工。由于型腔形状复杂、尺寸精度高、表面粗糙度指标严，因此，其模具制造工艺流程必须有严格的规范。

目前常用的塑料模型腔、型芯的加工方法主要有三大类。

（1）传统机械加工方法 对于简单的模具型腔、型芯、镶块、塑料模具型板、浇口套、滑块、顶杆等，采用车削、铣削、刨削、钻削、磨削方法基本上可以满足加工要求。

（2）数控加工方法 对于形状复杂的塑料模型腔，由于热处理后硬度范围比较适合数控加工，尤其是高速铣削加工。因此，只要数控加工刀具形状、强度、走刀轨迹适合，数控加工就是复杂塑料模型腔优选的加工手段。

（3）电加工方法 由于数控加工是使用刀具进行切削加工的，塑料型腔中窄槽、窄缝、小孔、深孔以及不规则形状的情形非常多，数控加工往往受到限制，必须依靠电火花成形加工、电火花线切割加工等特种加工方法。因此，电加工方法目前在塑料模加工制造领域依然占有较重要的地位。

不管是传统加工方法、数控加工方法，还是电加工方法，塑料模精加工后还需要细致、严格的钳工抛光、修配才可以装配、试模。

除型腔、型芯外的其他塑料模零件形状就相对简单多了，常规加工方法基本上可以满足，否则，还是要采用数控加工、电加工的工艺方法。而且，随着模具制造技术的发展，挤压成形、精密铸造、快速成形技术等在塑料模制造中也有较多的应用。

例7-1 塑料型腔加工。

图7-21所示为塑料模型腔，方形轮廓，型腔有5个相对位置要求较严格的键槽，其主要制造工艺流程如下：

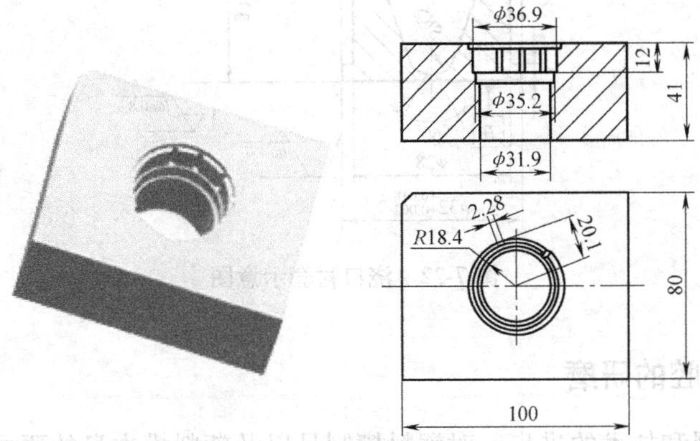

图7-21 塑料模型腔示意图

1）备料。选方型材或定制锻件。

2）粗加工。采用铣削加工外轮廓，双边预留1mm左右的精加工余量。中间孔可以在钻床或铣床上加工，精加工余量预留2~3mm。

3）热处理。

4）精加工。采用平面磨削加工6面外轮廓，保证其相互平行、垂直，以作为后序加工基准。

5）精加工。

① 采用线切割方法加工ϕ31.9mm的内孔，找正的参考基准面为四个侧面。

② 采用数控铣削方法完成ϕ35.2mm、ϕ36.9mm台阶孔的加工，找正的参考基准面为四个侧面和上下端面。

③ 采用电火花方法加工5个2.28mm宽的键槽，需要设计制造专用工具电极。为确保尺寸、位置精度，工具电极以整体结构为好，选用纯铜材料，用高速雕铣机来加工完成。

6）钳工抛光型腔、修配、检验。

例7-2 浇口衬套加工

图7-22所示为浇口衬套，45钢材料，调质处理。其工艺流程为：

1）备料。选外径为ϕ40~50的圆棒料。

2）粗加工。采用车削加工外圆，双边预留1mm左右的精加工余量。内孔粗加工也在车床上采用钻、镗完成，精加工余量可以加大些，双边预留3~5mm。

3）热处理。

4）精加工。普通车削方法精车外圆、端面，数控车削加工40°锥孔，圆弧光滑过渡。

5）精加工。平面磨削端面。

6）钳工抛光、修配、检验。

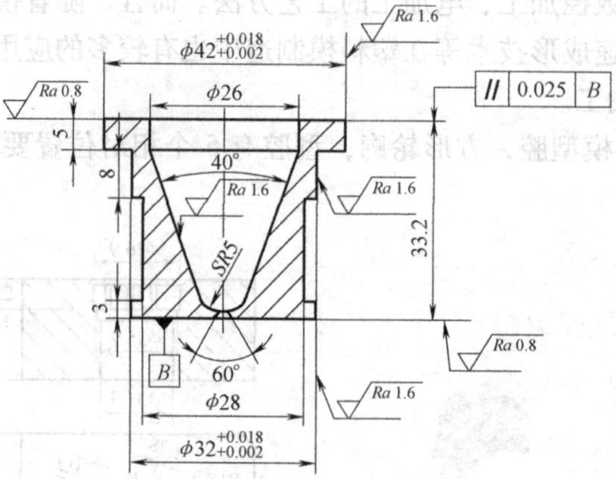

图7-22 浇口衬套示意图

7.4.3 塑料模型腔的研磨

随着社会的发展和技术的进步，对塑料模制品以及塑料模本身的要求越来越高，塑料模除了加工、制造、检测、装配、试模以外，模具型腔的表面质量也越来越受到关注，塑料模型腔的抛光环节尤其显得重要，许多模具都以“镜面”型腔作为生产、验收标准。

塑料模型腔、轮廓主要以电火花成形加工、电火花线切割加工、数控铣削加工为主，普通电加工和数控铣削手段达到的表面粗糙度值 Ra 为 1.6 ~ 0.8μm，高精度电加工手段达到的表面粗糙度值 Ra 一般超不过 0.4μm，而镜面型腔的标准为 Ra0.1μm 以下。因此，经过制造环节的塑料模型腔、型面必须经过严格的研磨、抛光、装配，才能达到最终的模具设计要求。

1. 研磨机理

研磨时，在研具和模具之间添加研磨剂，使研具工作表面与模具表面接触，施加一定压力并作相对运动，通过磨料的微切削作用、研磨液与模具件表面的物理化学作用，从模具表面均匀去除极薄的一层材料，得到非常好的表面质量。一般研磨余量为双边 0.02 ~ 0.06mm。

研磨剂由磨料、研磨液与辅助填料组成。磨料在研磨过程中起微切削作用，必须具备足够的强度和韧度，形状尺寸均匀一致。目前主要研磨磨料有金刚石、氮化硼、刚玉、碳化硅、碳化硼、氧化铁、氧化铬七类，常用的有刚玉和碳化硅两类。

研磨液起稀释、润滑作用，使磨料均匀分布在研具和模具表面。研磨液一般用机油、煤油、动植物油。辅助填料是一种混合脂，在研磨过程中起润滑、吸附作用，主要有硬脂酸、脂肪酸、油酸、工业甘油等。

常用的研磨剂有液体和固体（膏状）两大类，以研磨膏为主，主要成分有刚玉、碳化硅、碳化硼、人造金刚石，粒度从 W40 到 W0.5，W40 最粗，磨削量大，适用于粗抛，W0.5 最细，用于最终抛光。

2. 研具

研磨时与工件被研磨表面接触的研磨工具称为研具，它主要有两类：

（1）手工研具　主要有研磨砂纸、研磨平板、外圆研磨环、内孔研磨芯棒等。

（2）油石　油石是用磨料和结合剂等制成的条状固结磨具。由于使用时通常要加油润滑，因此命名。常用油石材质主要有白刚玉、棕刚玉、绿碳化硅、铬刚玉、黑碳化硅等，按照粒度从粗的60、80、100等到细的1000、1200、1500等，粒度越小越粗糙，磨削量越大。

3. 研磨工艺

研磨主要有手工研磨和机械研磨两类。研磨质量和效率与磨料粒度、磨料运动轨迹、研磨液、研具质量、模具材质、模具表面质量等因素有关。研磨一般分为粗研、半精研、精研三道工序来进行。

研磨前，模具的表面粗糙度应小于 $Ra0.8mm$，研具和模具表面必须清洗干净。

粗研时，选择稍大的研磨压力，以提高研磨效率。精研时，选择较小的研磨压力，以提高表面质量。研磨速度以使工件不发热为限，随着研磨表面粗糙度值降低，研磨剂粒度应由粗到细。在更换研磨剂之前，应将本工序的加工痕迹全部去除掉，同时清理干净研具和模具表面，防止粗粒度磨料和污物进入下道工序。

思考与练习

1. 简述冲模模架的作用和结构形式。
2. 简述冲模导柱、导套的技术要求和加工方法。
3. 简述冲模上下模座的技术要求和加工方法。
4. 冲压凸凹模的加工制造方法有哪些?
5. 简述锻模的技术要求和加工工艺方法。
6. 塑料模有哪些主要加工工艺方法?
7. 塑料模的抛光方法有哪些?

第8章 模具的装配、维修与管理

8.1 模具的装配

8.1.1 模具装配的技术要求、内容及特点

按照模具技术要求和精度标准，将合格的零件连接固定为组件、部件，直至装配成合格的模具的工艺过程，称为模具装配。模具装配是模具制造过程中的关键工作，装配质量的好坏直接影响到制件的质量、模具本身的工作状态和使用寿命。

模具装配是装配的一种，但有其固有的特点，它一般属于单件小批量生产，装配精度要求高且装配调整时间较长，因此模具装配适合采用集中装配的模式。模具装配手工操作比重大，要求工人有较高的技术水平和多方面的工艺知识。模具装配的工作主要包括两个方面：一是将加工好的模具零件按图样要求进行组装、部装乃至总体的装配；二是在装配过程中进行一部分补充加工，如配作、配修等。

模具装配的技术要求：

1）装配好的模具，其闭合高度应符合设计要求。

2）导柱、导套装配后，其轴心线应分别垂直于下模座的底平面和上模座的上平面，垂直度误差应符合模架分级技术指标的规定。

3）上模座的上平面和下模座的底平面平行，其平行度误差应符合模架分级技术指标的规定。

4）装入模架的每一对导柱、导套的配合间隙值（或过盈量）应符合导柱、导套配合间隙的规定。

5）装配好的模架，其上模座沿导柱移动应平稳，无阻滞现象。

6）装配好的导柱，其固定端面与下模座下平面应留有1～2mm距离。

7）定位装置要保证定位正确可靠。

8）推出机构应运动灵活，工作平稳、可靠。

8.1.2 模具装配的方法及精度

模具装配的工艺方法有互换法、修配法和调整法。模具生产属于单件小批生产，又具有成套性和装配精度高的特点，所以目前模具装配常用修配法和调整法。今后随着模具加工设备的现代化，零件制造精度将能满足互换法的要求，互换法的应用会越来越多。

1. 互换装配法

互换装配法的实质是利用控制零件的制造加工误差来保证装配精度的方法。按互换程度分为完全互换法和不完全互换法。

（1）完全互换法　完全互换法的原则是各有关零件公差之和应小于或等于装配误差。用公式来表示如下

$$T_{\sum} \geqslant T_1 + T_2 + \cdots + T_{n-1} = \sum_{i=1}^{n-1} T_i \tag{8-1}$$

完全互换法的优点是装配简单，对工人技术要求不高，装配质量稳定，易于流水作业，生产率高，产品维修方便；但是当模具制造精度要求较高时，零件加工精度变高，加工成本大大提高。

（2）不完全互换法　这种方法的原则是各有关零件公差值平方之和的开方根小于或等于允许的装配误差，即

$$T_{\sum} = \sqrt{\sum_{i=1}^{n-1} T_i^2} \tag{8-2}$$

显然与式（8-1）相比，零件的公差可以放大些，使加工容易而经济，同时仍能保证装配精度。采用这种方法存在着超差的可能性，但超差的机会很小，合格率为99.75%。采用不完全互换法，在绝大多数模具中，装配时不需要挑选或修配，从而获得良好的技术经济效益，也比较科学合理。在大批量生产中，当装配精度要求较高、组成环又比较多时，为了使零件加工不致过分困难，宜采用不完全互换法进行装配。

2. 修配装配法

修配装配法是指各相关模具零件在现有工艺条件下按比较经济可行的精度进行制造，而组装时，则根据实际需要，将指定零件的预留修配量修去，使之达到装配精度的方法。

图8-1所示为一注射模的浇口套组件。浇口套装入定模板后要求上面高出定模板0.02mm，以便用定位圈将其压紧，下表面则与定模板平齐。为了保证零件加工和装配的经济可行性，上表面高出定模板平面的0.02 mm由加工精度保证，下表面则选择浇口套为修配零件，预留高出定模板平面的修配余量h，将浇口套压入模板配合孔后，在平面磨床上将浇口套下表面和定模板平面一起磨平，使之达到装配要求。

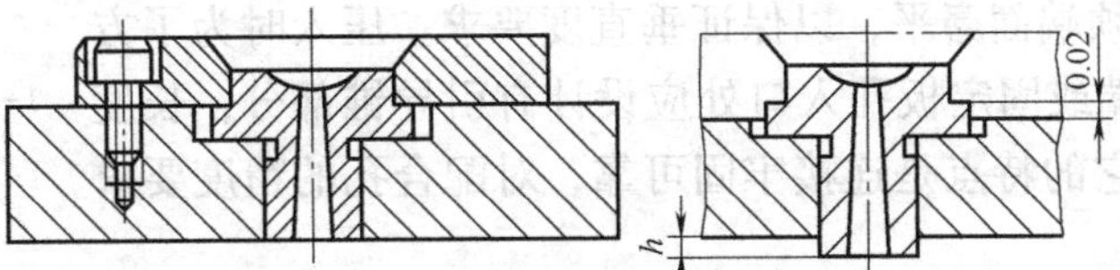

图8-1　浇口套组件的修配装配

修配装配法的优点是能够获得很高的装配精度，而零件的制造公差可以放宽；缺点是装配中增加了修配工作量，工时多且不易预定，装配质量依赖于工人技术水平，生产率低。

3. 调整装配法

将各相关模具零件按经济加工精度制造，在装配时通过一个可调整的零件来改变它在机器中的位置，或变化一组定尺寸零件（如垫片、垫圈）来达到装配精度的方法。

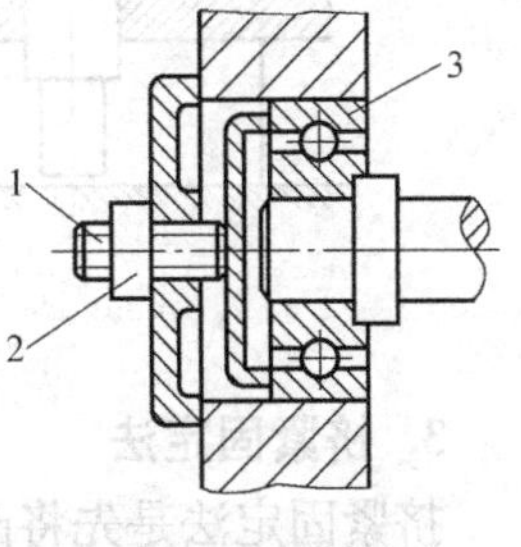

图8-2　调整装配法

1—调整螺钉　2—锁紧螺母　3—滚动轴承

图8-2所示是选用螺钉作为调节件，调整塑料注射模自动脱螺纹装置的滚动轴承的间隙。转动调整螺钉，可使轴承外环作轴向

移动，使轴承外环、滚珠及内环之间保持适当的配合间隙。

4. 模具装配的精度要求

模具的装配精度是确定模具零件加工精度的依据，一般由设计人员根据产品零件的技术要求、生产批量等因素确定。模具装配精度包括：

1）相关零件的位置精度，例如定位销与孔的位置精度；上、下模之间，定、动模之间的位置精度；型腔、型孔与型芯之间的位置精度等。

2）相关零件的运动精度，包括直线运动精度、圆周运动精度及传动精度。例如导柱和导套之间的配合状态，顶块和卸料装置的运动是否灵活可靠，进料装置的送料精度等。

3）相关零件的配合精度，相互配合零件间的间隙和过盈程度是否符合技术要求。

4）相关零件的接触精度，例如模具分型面的接触状态如何，间隙大小是否符合技术要求，弯曲模的上、下成形表面的吻合一致性，拉深模定位套外表面与凹模进料表面的吻合程度等。

8.1.3 模具装配的定位与固定

模具和其他机械产品一样，各个零件、组件通过定位和固定而连接在一起，确定各自的相互位置。因此零件的固定方法会因具体情况而不同，有时会影响模具装配工艺路线。

1. 紧固件固定法

紧固件固定法主要通过定位销和螺钉将零件相联接。如图 8-3 所示为用螺钉将凸模和固定板联接在一起的方法。先将凸模放入固定板孔内，调好位置，使其与固定板垂直，然后用螺钉紧固，并要固紧，不许松动。

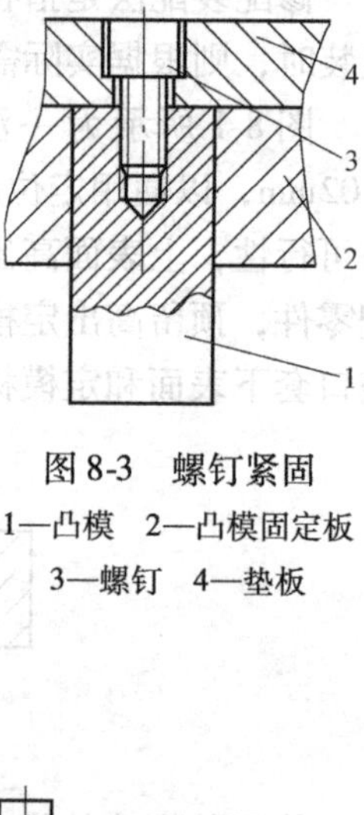

图 8-3 螺钉紧固

1—凸模 2—凸模固定板 3—螺钉 4—垫板

2. 压入固定法

压入固定法如图 8-4 所示，该方法将凸模直接压入到固定板的孔中，这是装配中应用最多的一种方法，两者的配合常采用 H7/n6 或 H7/m6。装配后须端面磨平，以保证垂直度要求。压入时为了方便，要在凸模压入端或固定板孔入口处应设计有引导锥部分，长度为 3 ~ 5mm 即可。它的特点是连接牢固可靠，对配合孔的精度要求较高，加工成本高。

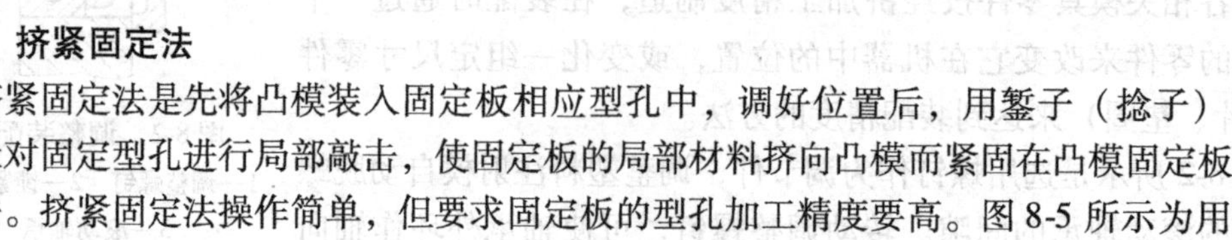

图 8-4 压入固定法

3. 挤紧固定法

挤紧固定法是先将凸模装入固定板相应型孔中，调好位置后，用錾子（捻子）环绕凸模外缘对固定型孔进行局部敲击，使固定板的局部材料挤向凸模而紧固在凸模固定板上的一种方法。挤紧固定法操作简单，但要求固定板的型孔加工精度要高。图 8-5 所示为用挤紧固定法固定凸模的压入方式。

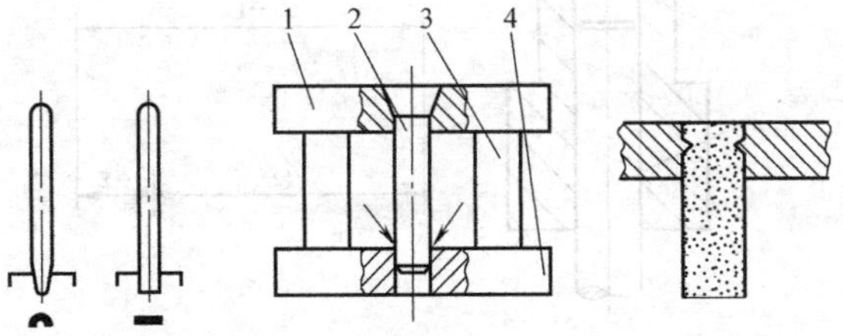

图 8-5 挤紧固定法固定凸模

1—凹模 2—凸模 3—垫铁 4—固定板

4. 铆接固定法

如图 8-6 所示，凸模尾端被锤和錾子铆接在固定板的孔中，常用于冲裁厚度小于 2mm 的冲模。该方法装配精度不高，凸模和型孔配合部分保持 0.01 ~ 0.03mm 的过盈量，凸模尾端可不经淬硬或淬硬不高（低于 30HRC）。

5. 热套固定法

热套固定法主要用于固定凹模和凸模拼块以及硬质合金模块。如图 8-7 所示，将加工好的凹模（凸模）、固定板及合金块的配合面擦干净，放入箱式电炉加热，取出后将合金块放入型孔中，冷却后固定板收缩即可将合金块紧固。凹模和固定板配合孔的过盈量一般为 0.001 ~ 0.002mm。加热时，硬质合金凹模块温度为 200 ~ 240℃，固定板温度为400 ~ 440℃。

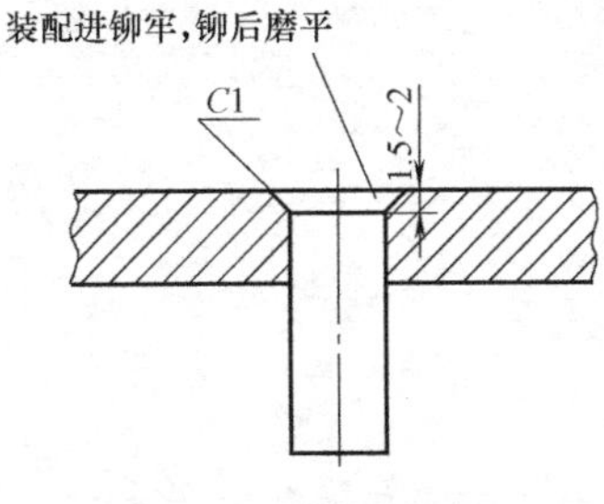

图 8-6 铆接固定法

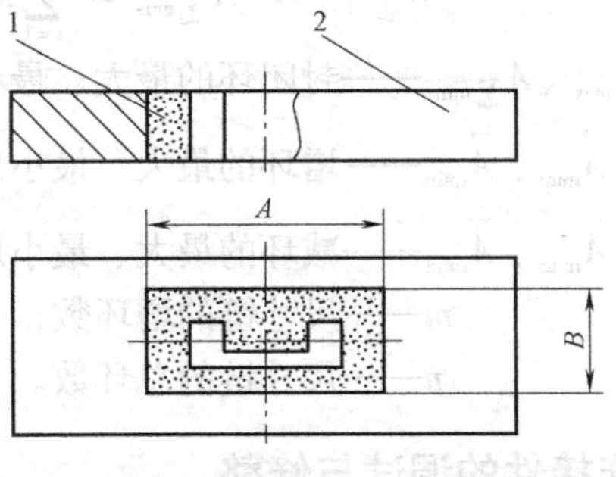

图 8-7 热套固定法固定凹模

1—硬质合金凹模 2—套圈

8.2 模具装配的工艺、试模和调整

8.2.1 装配尺寸链

1. 装配尺寸链的概念

在模具装配中，将与某项精度指标有关的各个零件的尺寸依次排列，形成一个封闭的链形尺寸，这个链形尺寸就称为装配尺寸链。如图 8-8 所示，要保证的装配精度（A_Σ）称为尺寸链的封闭环，影响封闭环的尺寸 A_1、A_2 称为尺寸链的组成环，组成环分为增环和减环。

利用装配尺寸链，可以根据装配的精度要求确定零件的制造精度或验算零件的制造精度

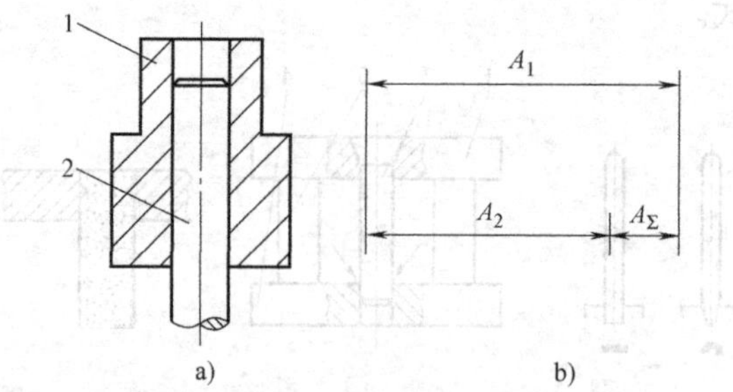

图 8-8　导柱与导套装配及装配尺寸链
a）装配示意图　b）装配尺寸链
1—导套　2—导柱　A_1—导套的内径　A_2—导柱的外径　A_Σ—装配间隙

能否满足装配的精度要求。合理选择装配方法，能在一定生产条件下，经济合理地达到装配精度要求。

2. 装配尺寸链的极值解法

所谓装配尺寸链的极值解法是在进行尺寸链计算时，将组成尺寸链的所有尺寸都取极限尺寸进行计算。计算极限尺寸的计算公式如下

$$A_{\sum\max} = \sum_{i=1}^{m} \overrightarrow{A}_{i\max} - \sum_{i=m+1}^{n-1} \overleftarrow{A}_{i\min}$$

$$A_{\sum\min} = \sum_{i=1}^{m} \overrightarrow{A}_{i\min} - \sum_{i=m+1}^{n-1} \overleftarrow{A}_{i\max}$$

式中　$A_{\sum\max}$、$A_{\sum\min}$——封闭环的最大、最小尺寸；

$\overrightarrow{A}_{i\max}$、$\overrightarrow{A}_{i\min}$——增环的最大、最小尺寸；

$\overleftarrow{A}_{i\max}$、$\overleftarrow{A}_{i\min}$——减环的最大、最小尺寸；

m——尺寸链的增环数；

n——尺寸链的总环数。

8.2.2　连接件的调试与修整

模具零件的连接，如上下模座与凸凹模固定板的连接、卸料板与凹模的连接等，通常是以销钉定位、螺钉紧固的。在装配过程中，基准件可用螺钉紧固后配钻铰销孔，并装入销钉定位，非基准件先用螺钉初步固定，然后根据基准件找正，并进行切纸试冲，直至符合要求后方可紧固螺钉，配钻铰销孔，装入销钉。

模具是由许多零件组成的，尽管各零件的制造公差限制较严，但往往仍不能满足装配的技术要求。为保证模具的装配精度，在装配过程中需将有关零、部件作局部的配修。常用的修磨方法有：

1. 消除型芯端面与加料室底平面间隙 Δ

图 8-9 所示为装配后在型芯端面与加料室底平面间出现的间隙，可采用下列方法消除：

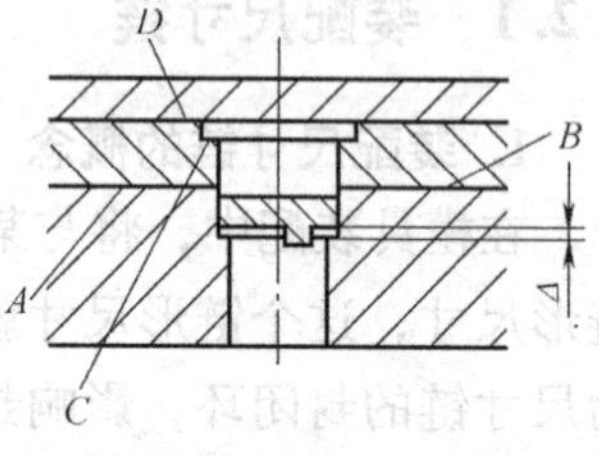

图 8-9　型芯端面与加料室底平面间出现间隙

1）修磨固定板平面 A，修磨时需要拆下型芯，磨去的金

属层厚度等于间隙值Δ。

2）修磨型腔上平面 *B*，修磨时不需要拆卸零件，修磨方便。

3）修磨型芯（或固定板）台肩 *C*，采用这种修磨法应在型芯装配合格后再将支承面 *D* 磨平，此法适用于多型芯模具。

2. 消除型腔与型芯固定板间间隙Δ

装配后型腔端面与型芯固定板间有间隙，可采用下列方法消除：

1）修磨型芯工作面 *A*（图8-10a），只适用于型芯端面为平面的情况。

2）在型芯台肩和固定板的台肩内垫入垫片（图8-10b），只适用于小模具。

3）在固定板和型腔的上平面之间设置垫块（图8-10c），垫块厚度不小于2mm。

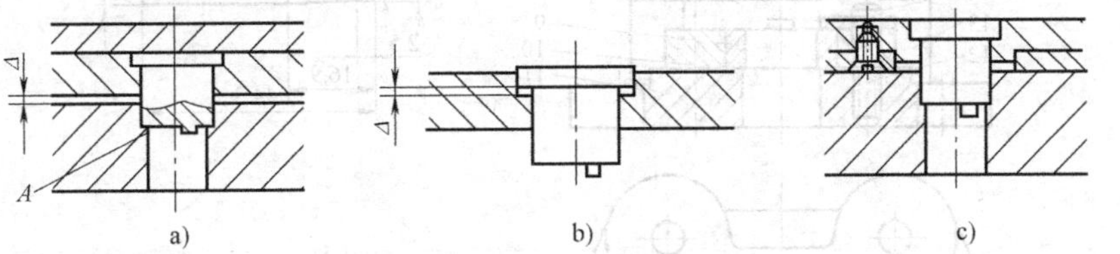

图8-10　型腔端面与型芯固定板间有间隙

3. 修磨浇口套

浇口套的装配需使浇口套高出固定板0.02mm（图8-11），可采用修磨来保证。其方法是：

1）*A* 面高出固定板平面0.02mm，由加工精度保证。

2）*B* 面伸出固定板平面0.02mm时，将浇口套压入固定板后磨至一样平，然后拆去浇口套，再将固定板磨去0.02mm。

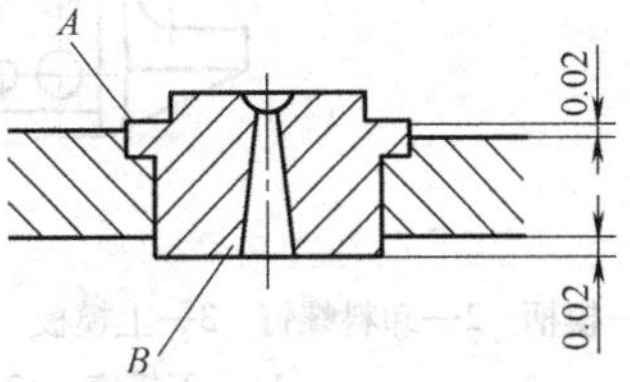

图8-11　修磨浇口套

4. 修磨型芯斜面

模具合模时型芯应与定模型面贴合（图8-12），一般都在型芯上留出余量通过修磨来达到。其操作过程如下：

1）将型芯端部磨成和定模型芯相应部位吻合的形状。

2）将滑块装入滑块槽，使端面与型腔镶块的 *A* 面接触，测得尺寸 *b*。

3）将型芯装入滑块并推入滑块槽，使滑块型芯与定模型芯接触，测得尺寸 *a*。

4）修磨滑块型芯，其修磨量为 $b-a$。

5）将修磨后的型芯与滑块配钻销钉孔后用销钉定位。

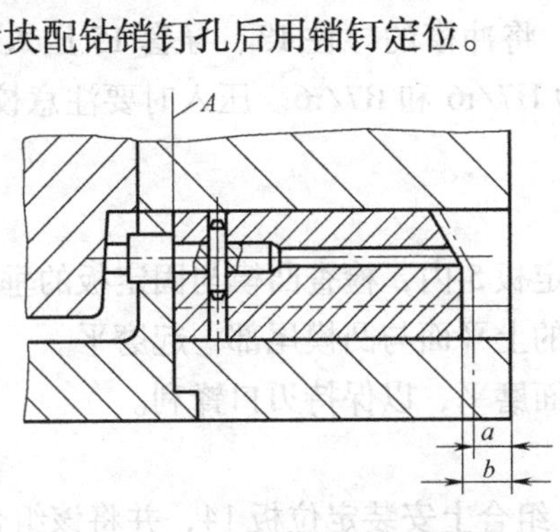

图8-12　型芯修磨量的测量

8.2.3 冲模的装配、试冲与调整

1. 冲裁模的装配

图 8-13 所示为单工序冲裁模，其装配过程可按如下步骤进行：

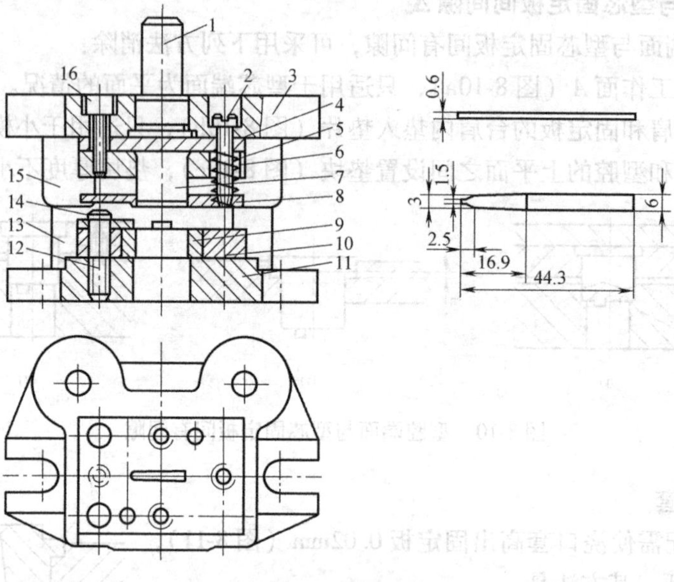

图 8-13　单工序冲裁模

1—模柄　2—卸料螺钉　3—上模板　4—垫板　5—凸模固定板　6—弹簧　7—凸模　8—卸料板　9—凹模　10—凹模套　11—下模座　12—螺钉　13—导柱　14—定位板　15—导套　16—内六角螺钉

（1）装配前的准备

1）通过读图领取或整理所需要的标准模架、标准件。

2）选择装配顺序及装配方法。

3）检查零件尺寸、精度是否合格，并且备好螺钉、弹簧、销钉等标准件及装配用的辅助工具。

（2）装配模柄　在手扳压力机上，将模柄 1 压入上模板 3 中，再将模柄 1 端面与上模板 3 的底面磨平。

（3）导柱、导套的装配　将冲模的导柱 13、导套 15 压入下模座 11、上模板 3 内。导柱、导套与模座的配合分别为 H7/r6 和 R7/r6。压入时要注意校正导柱、导套对模座底面的垂直度。

（4）安装凸模

1）将凸模 7 压入凸模固定板 5 内，检查凸模与固定板的垂直度。

2）装配后将凸模固定板的上平面与凸模尾部一起磨平。

3）将凸模的工作部位端面磨平，以保持刃口锋利。

（5）安装下模

1）在凹模 9 与凹模套 10 组合上安装定位板 14，并将该组合安装在下模座 11 上。

2）调好各零件间相对位置后，在下模座上加工螺孔、销钉孔。

3）装入销钉，拧紧螺钉。

（6）安装上模

1）将已装入凸模固定板5的凸模7插入凹模孔内。

2）将凸模固定板5与凹模套10间垫上适当高度的平行垫铁。

3）将上模板3放在凸模固定板5上，对齐位置后夹紧。

4）以凸模固定板5螺孔为准，配钻上模板螺孔。

5）放入垫板4，拧上紧固螺钉。

（7）试切与调整

1）用与制件同样厚度的纸板作为工件材料，将其放在凸、凹模之间。

2）用锤子轻轻敲击模柄进行试切。

3）检查试件毛刺大小及均匀性。若毛刺小或均匀，表明装配正确，否则应重新装配调整。

2. 复合模的装配

（1）复合模的装配要求　复合模是多工序模中的一种，它是在压力机的一次行程中，在同一位置上，同时完成几道工序的冲模。相对于单工序模来说，复合模的结构要复杂得多，上下模的配合稍不准，就会导致整副模具的损坏，所以在加工和装配时不得有丝毫差错。

1）主要工作零件（凸模、凹模）和相关零件（如顶件器、推件板）必须保证加工精度。

2）加工和装配时，凸模和凹模之间的间隙应均匀一致。

3）装配后的上模中推件装置的推力的合力中心应与模柄中心重合。

4）下模中设置的顶件机构应有足够的弹力，并保持工作平稳。

（2）复合模装配示例　图8-14所示为一副冲孔、落料复合模的典型结构，装配步骤为：

1）检查零件及组件。

① 装配前仔细检查各凸模形状、尺寸以及凹模型孔是否符合图样要求的尺寸精度、形状。

② 将各凸模分别与相应的凹模孔相配，检查其间隙是否加工均匀。不合适者应重新修磨或更换。

2）装配下模。

① 在下模板上放上垫板16和固定板17，装入凸凹模18。

② 依凸凹模正确位置加工出漏料孔、螺钉孔及销钉孔。

③ 紧固螺钉，打入销钉。

3）装配上模。

① 将垫板5、固定板7放到上模板上，再放入顶出杆21、卸件器8和凹模9。

② 用凸凹模18对冲孔凸模6和凹模9找正其位置，并夹紧上模所有部件。

③ 按凹模9上的螺纹孔，配作上模各零件的螺孔过孔（配钻）。

④ 拆开后分别进行扩孔、锪孔，然后再用螺钉联接起来。

⑤ 试冲合格后，依凹模9上的销孔配钻销孔，最后打入销钉22、25。

⑥ 安装其他零件。

4）试冲与调整。

① 切纸试冲。

② 装机试冲。

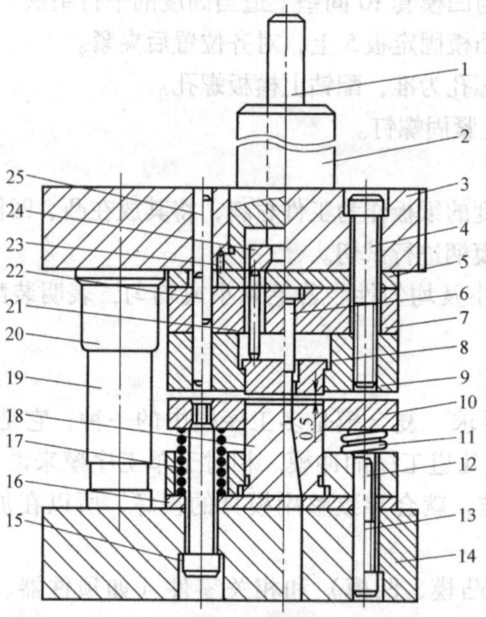

图 8-14　冲孔、落料复合模

1—顶杆　2—模柄　3—上模板　4、13—螺钉　5、16—垫板　6—冲孔凸模　7、17—固定板　8—卸件器　9—凹模　10—卸料板　11—弹簧　12、22、23、25—销钉　14—下模板　15—卸料螺钉　18—凸凹模　19—导柱　20—导套　21—顶出杆　24—顶板

3. 试模

冲模装配完成后，在生产条件下进行试冲，通过试冲可以发现模具的设计和制造缺陷，找出产生原因，若有问题则对模具进行适当的调整和修理后再进行试冲，直到模具能正常工作，冲出合格的制件，模具的装配过程即告结束。

冲模试模易出现的问题有：

1）毛刺高而且直，且光亮带较大则表示冲裁间隙过小。

2）毛刺大，且圆角大则表示冲裁间隙过大。

3）毛刺分布不均则表示冲裁间隙不均，或者是圆凸模的圆度不够，是椭圆。

4）冲压件废料过多，尺寸形状出现问题，有可能是送料方向不正确，或者成形零件凸凹模严重损坏，间隙不正确。

5）出现啃口的现象，有可能是模具起导向作用的卸料板与导柱导套的垂直度出现问题，还有可能是模具在压力机上安装不正。

8.2.4　塑料模的装配、试模与调整

注射模的装配与冲模的装配有许多相似之处，但在某些方面其要求更为严格，如注射模闭合后要求分型面均匀密合，在有些情况下，动模和定模上的型芯也要求在合模后保持紧密接触，这常常会增加修配的工作量。

1. 塑料模装配的技术要求

1）模具安装平面的平行度误差小于0.05mm。

2）模具闭合后型面应均匀密合。

3）模具闭合后，动模部分和定模部分的型芯位置正确。

4）导柱、导套滑动灵活无阻滞现象。

5）推件机构动作灵活可靠。

6）装配后的模具闭合高度、安装于注射机上的各配合部位尺寸、顶出板顶出形式、开模距等均应符合图样要求及所使用设备条件。

7）大、中型模具均应有起重吊孔、吊环供搬运用。

8）模具闭合后，各承压面（或分型面）之间要闭合严密，不得有较大缝隙。

2. 模具的装配

图8-15所示是热塑性塑料注射模的装配图，其装配过程如下：

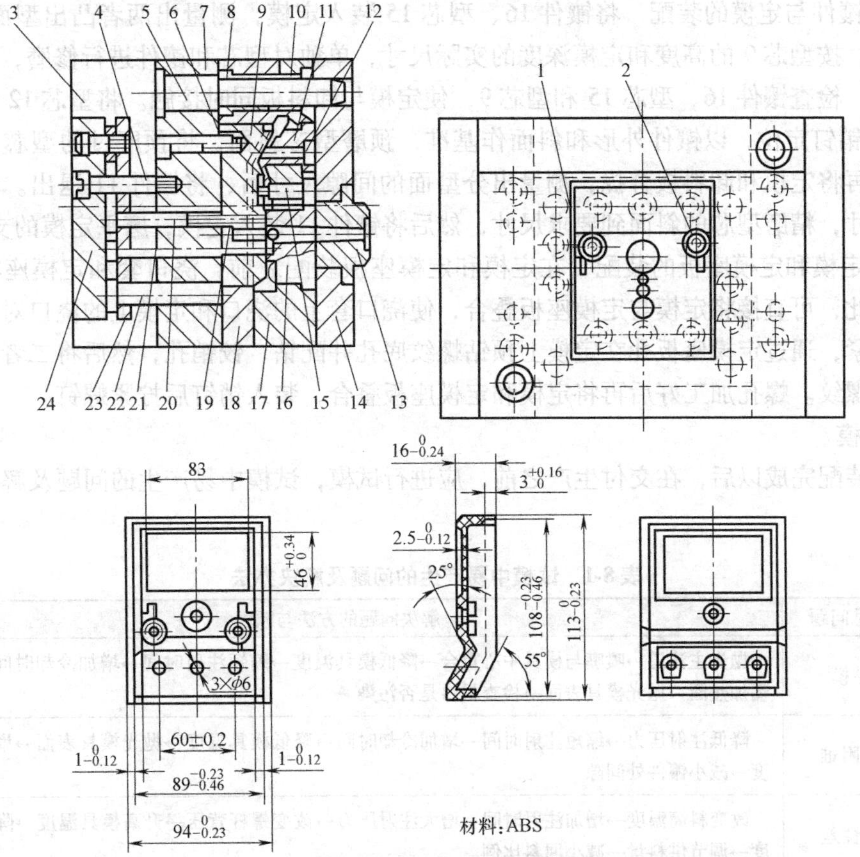

图8-15　热塑性塑料注射模

1—矩形推杆　2—嵌件螺杆　3—垫块　4—限位螺杆　5—导柱　6—销套　7—动模固定板　8、10—导套　9、12、15—型芯　11、16—镶件　13—浇口套　14—定模座板　17—定模　18—卸料板　19—拉料杆　20、21—推杆　22—复位杆　23—推杆固定板　24—推板

（1）装配型芯　在装配前，首先修光卸料板18的型孔，并与型芯作配合检查，要求滑块运动灵活，然后将导柱5穿入卸料板导套8的孔内，将动模固定板7和卸料板合拢。在型芯上的螺孔口部涂红粉后放入卸料板型孔内，在动模固定板上复印出螺孔的位置。取下卸料

板和型芯，在固定板上加工螺钉过孔。

把销钉套压入型芯并装好拉料杆后，将动模固定板、卸料板和型芯重新装合在一起，调整好型芯的位置后，用螺钉紧固，按固定板背面的划线，钻、铰定位销孔，打入定位销。

（2）配作推杆孔　通过型芯上的推杆孔，在动模固定板上钻锥窝，卸下型芯按锥窝钻出固定板上的推杆孔，再用平行夹头将推杆固定板和动模固定板夹紧，通过动模固定板配钻推杆固定板上的推杆孔。

（3）配作限位杆孔　先在推杆固定板上钻限位螺杆孔，然后用平行夹板将动模固定板与推杆固定板夹紧，通过推杆固定板的限位螺杆孔，在动模固定板上钻锥窝，卸下推杆固定板，在动模固定板上钻孔并对限位螺杆孔攻螺纹。

（4）装配推杆　将推板与推杆固定板叠合，配钻限位螺钉过孔和推杆固定板上螺孔及攻螺纹，推杆装入固定板后盖上推板用螺钉紧固，并将其装入动模，检查和修磨推杆顶端面。

（5）镶件与定模的装配　将镶件 16、型芯 15 装入定模，测量出两者凸出型面的尺寸。退出定模，按型芯 9 的高度和定模深度的实际尺寸，单独对型芯和镶件进行修磨，修磨后再装入定模，检查镶件 16、型芯 15 和型芯 9，使定模与卸料板同时接触。将型芯 12 装入镶件 11 中，用销钉定位，以镶件外形和斜面作基准，预磨型芯斜面，将预磨过的型芯和镶件装入定模，再将定模和卸料板合拢，测量出分型面的间隙尺寸后，将镶件 11 退出。根据测定的间隙尺寸，精磨型芯的斜面到要求尺寸，然后将镶件 11 装入定模，磨平定模的支承面。

（6）定模和定模座板的装配　在定模和定模座板装配之前，浇口套和定模座板已组装合格，因此，可直接将定模与定模座板叠合，使浇口套上的浇口和定模上的浇口对正，用平行夹头夹紧，通过定模座板孔在定模上预钻螺纹底孔并配钻、铰销孔，然后将二者拆开，在定模上攻螺纹。螺孔加工好后再将定模和定模座板叠合，装入销钉后拧紧螺钉。

3. 试模

模具装配完成以后，在交付生产之前，应进行试模，试模中易产生的问题及解决办法见表 8-1。

表 8-1　试模中易产生的问题及解决办法

试模中常见问题	解决问题的方法与顺序
主流道粘模	抛光主流道→喷嘴与模具中心重合→降低模具温度→缩短注射时间→增加冷却时间→检查喷嘴加热圈→抛光模具表面→检查材料是否污染
塑件脱模困难	降低注射压力→缩短注射时间→增加冷却时间→降低模具温度→抛光模具表面→增大脱模斜度→减小镶件处间隙
尺寸稳定性差	改变料筒温度→增加注射时间→增大注射压力→改变螺杆背压→升高模具温度→降低模具温度→调节供料量→减小回料比例
表面波纹	调节供料量→升高模具温度→增加注射时间→增大注射压力→提高物料温度→增大注射速度→增加流道与浇口的尺寸
塑件翘曲和变形	降低模具温度→降低物料温度→增加冷却时间→降低注射速度→降低注射压力→增加螺杆背压→缩短注射时间
塑件脱皮分层	检查塑料种类和级别→检查材料是否污染→升高模具温度→物料干燥处理→提高物料温度→降低注射速度→缩短浇口长度→减小注射压力→改变浇口位置→采用大孔喷嘴

（续）

试模中常见问题	解决问题的方法与顺序
银丝斑纹	降低物料温度→物料干燥处理→增大注射压力→增大浇口尺寸→检查塑料的种类和级别→检查塑料是否污染
表面光泽差	物料干燥处理→检查材料是否污染→提高物料温度→增大注射压力→升高模具温度→抛光模具表面→增大流道与浇口的尺寸
凹痕	调节供料量→增大注射压力→增加注射时间→降低物料速度→降低模具温度→增加排气孔→增大流道与浇口尺寸→缩短流道长度→改变浇口位置→降低注射压力→增大螺杆背压

8.3 模具的维修

8.3.1 模具的失效过程与形式

模具因某种原因损坏，或者模具损伤累计至一定程度后导致模具损坏，无法继续服役称为模具的失效。模具的失效分为非正常失效和正常失效。非正常失效（早期失效）是指模具未达到在一定的工业水平下公认的使用寿命时就不能服役。正常失效是指模具经大批量生产使用后，因缓慢塑性变形或较均匀地磨损或疲劳断裂而不能继续服役。

模具种类繁多，结构千差万别，工作状态差别很大，损坏部位也各异，各类模具常见的失效形式见表8-2。但失效基本形式归纳起来大致有四种，即磨损失效、断裂失效、塑性变形失效和疲劳失效。

表8-2 各类模具常见失效形式

模具类别	模具名称	常见失效形式
冷作模具	冲模	磨损、崩刃、断裂
	冷拉模	磨损、咬合、划伤
	冷镦模	脆断、开裂、磨损
	冷挤压模	挤裂、疲劳断裂、塑性变形、磨损
热作模具	热锻模	冷热疲劳、裂纹、磨损、塑性变形
	热挤压模	断裂、磨损、塑性变形、开裂
	热切边模	磨损、崩刃
	热镦模	断裂、磨损、冷热疲劳、堆塌
压锻模	有色金属压锻模	热疲劳、粘附、腐蚀
	黑色金属压锻模	热疲劳、塑性变形、腐蚀
塑料模	热固性塑料压模	表面磨损、吸附、腐蚀、变形、断裂
	热塑性塑料注射模	断裂、塑性变形、磨损

（1）磨损失效 模具在服役时，与成形坯料接触，产生相对运动。由于表面的相对运动，接触表面逐渐失去物质的现象叫磨损。磨损失效可分为以下几种：

1）疲劳磨损 两接触表面相对运动时，在循环应力（机械应力与热应力）的作用下，表面金属疲劳脱落。

2）气蚀磨损和冲蚀磨损。在金属表面，气泡的破裂会产生瞬间的冲击和高温，使模具表面形成微小麻点和凹坑的现象叫气蚀磨损。液体和固体微小颗粒反复高速冲击模具表面，使模具表面局部材料流失，形成麻点和凹坑的现象叫冲蚀磨损。

3）磨蚀磨损。在摩擦过程中，模具表面和周围介质发生化学或电化学反应，再加上摩擦力的机械作用，引起表面材料脱落。

4）磨损的交互作用。摩擦磨损情况很复杂，在一定的工况下模具与工件（或坯料）相对运动中，磨损一般不只是以一种形式存在，往往是以多种形式并存，并相互影响。

（2）断裂失效　模具出现大裂纹或分离为两部分和数部分以至于丧失服役能力时，称为断裂失效。断裂可分为塑性断裂和脆性断裂。模具材料多为中、高强度钢，所以断裂的形式多为脆性断裂。

（3）塑性变形失效　塑料模具在服役时承受很大的应力，而且不均匀，当模具某个部位的应力超过了当时温度下模具材料的屈服强度时，就会以晶格滑移、孪晶、晶界滑移等方式产生塑性变形，从而改变了几何形状或尺寸，而不能再服役，如凹模出现型腔塌陷、型孔扩大、棱角塌陷以及凸模出现镦粗、纵向弯曲等。尤其是热作模具，其工作表面与高温材料接触，使型腔表面温度往往超过热作模具钢的回火温度，型槽内壁由于软化而被压塌或压堆。

（4）疲劳失效　模具某些部位经过一定的服役期，萌生了细小的裂纹，并逐渐向纵深扩展，扩展到一定尺寸时，会严重削弱模具的承载能力而引起断裂。疲劳裂纹萌生于应力较大的部位，特别是应力集中的部位（尺寸过渡、缺口、刀痕、磨损裂纹等处）。

8.3.2　影响模具寿命的主要因素

1. 模具结构的影响

模具结构对模具受力状态的影响很大，合理的模具结构能使模具工作时受力均匀，不易偏载，应力集中小。模具种类繁多，形式差别很大，工作环境也不尽相同，下面从几个具有共性的方面加以讨论。

（1）圆角半径　圆角半径分为外（凸）圆角半径和内（凹）圆角半径，工作部位圆角半径的大小，不仅对成形过程及成形件品质有影响，也会对模具的失效形式及寿命产生影响。

（2）模具结构形式

1）整体模具的凹圆角半径很易造成应力集中，并由此引起开裂。

2）采用导向装置的模具，能保证在模具中各相关零件相互位置的精度，增加模具抗弯曲、抗偏载的能力，避免模具不均匀磨损。

2. 模具工作条件的影响

（1）成形件的材料、温度

1）成形件的材料有金属和非金属。一般来讲，非金属材料的强度低，所需的成形力小，模具受力小，模具寿命高。因此，金属件成形模比非金属件成形模的寿命低。

2）在成形高温工件时，模具因接受热而升温，随着温度的上升，模具的强度下降，易产生塑性变形。同时，模具同工件接触的表面与非接触表面温度差别很大，在模具中易造成温度应力。

（2）设备特性

1）模具成形工件的力是由设备提供的，在成形过程中，设备因受力将产生弹性变形。

2）设备对模具及工件的作用力是在一段时间内逐渐增加的，设备速度影响施力过程。设备速度越高，模具在单位时间内受的冲击力越大（冲量大）；时间越短，冲击能量来不及传递和释放，易集中在局部，造成局部应力超过模具材料的屈服强度或断裂强度。因此，设备速度越高，模具越易断裂或塑性变形失效。

（3）润滑　模具与坯料的相对运动表面上涂有润滑剂，可减少模具与坯料的直接接触，减少磨损，降低成形力。同时，润滑剂还能在一定程度上阻碍坯料向模具传热，降低模具温度，对提高模具寿命都是有利的。

3. 模具材料性能的影响

模具材料的性能对模具的寿命影响较大，这些性能包括强度、冲击韧度、耐磨性、耐蚀性、硬度、热稳定性和耐热疲劳性等。

4. 模具制造过程的影响

1）在模块锻造时，模块加热和冷却所带来的内外温差会产生温差应力；在镦粗、冲孔和扩孔等过程中如果技术参数选择不当易使锻坯开裂。此外，当锻造比超过一定值后，由于形成纤维组织，横向力学性能急剧下降，导致各向异性。

2）在模具的电加工中，会出现不同程度的变质层，此外由于局部骤热和骤冷，还容易形成残余应力和龟裂。

3）模具的热处理。模具热处理安排在模块锻造、粗加工之后，几乎是模具加工的最终工序。模具材料的选用及热处理工序的确定对模具性能的影响极大。

8.3.3 模具的修复方法

提高模具的使用寿命和精度，缩短模具的制造周期，是许多企业急需解决的技术问题，但模具使用过程中经常会出现变形、磨损，甚至折断等失效形式。通过修复使报废的模具重获使用价值，不仅节约了昂贵的制模费用，而且节省了大量的制作模具的时间，经济效益和社会效益均很显著，因此模具修复在模具使用过程中占有十分重要的地位，常用的模具修复手段有堆焊、电阻焊、电刷镀、激光熔覆等。

1. 堆焊修复技术

堆焊是用焊接的方法，在零件的表面堆敷一层或数层具有一定性能的材料的工艺过程，其目的在于修复零件或增加其耐磨、耐热、耐蚀等方面的性能。堆焊常用来修补模具内的局部缺陷、开裂或裂纹等修正量不大的损伤，目前用得较为广泛的是氩弧焊。氩弧焊具有氩气保护性好、堆焊质量高、热量集中、热影响区小、成性良好、适应性强等优点，但为保证模具在焊接过程中不开裂、无气孔，必须遵循以下原则：

1）焊丝材料必须与所焊的模具材料相同或相近，硬度相当。

2）电流应控制得小，以防模具局部硬化以及产生粗大组织结构。

3）堆焊零件需预热，以减少局部过热造成的应力集中。

4）焊接后的零件根据具体情况，需进行退火、回火等热处理。

2. 电阻焊修复技术

目前应用较普遍的便携式工模具修补机，其原理即可归结于电阻焊，此设备可输出一种高能电脉冲，使片状、丝状或粉状的修补材料与待修复零件结合部的细微局部产生高温，并通过电极的辗压，使金属熔焊在一起。该方法具有焊接强度高、修补精度高、适用范围广、零件不发热、零件损伤小和修复硬度可选等优点，主要用于尺寸超差、棱角损伤、氩弧焊不足、局部磨损、锈蚀斑和龟裂纹等的修补，但不适于滑动部位的修补。

3. 电刷镀修复技术

电刷镀是电镀的一种特殊方式，即不用镀槽，只需要在不断供给电解液的条件下，用一只镀笔在工件表面上进行擦拭，从而获得电镀层。电刷镀技术可用于模具的表面强化处理及修复工作，如模具型腔表面的局部划伤、拉毛、蚀斑、磨损等缺陷。

电刷镀原理如图 8-16 所示，镀件与电源的负极相连，镀笔与正极相连，在镀笔的涤棉包套中浸满金属电镀溶液，在操作过程中不停地旋转，使镀笔与镀件保持着相对运动，在一定的直流电压下工作一段时间后，就会在镀件上析出金属层。随着时间的延长，镀层厚度增加。修复后模具上下模配合间隙为 45μm，在要求范围内，表面光亮，表面粗糙度 *Ra* 为 0.8～0.2μm，硬度达到 60HRC。

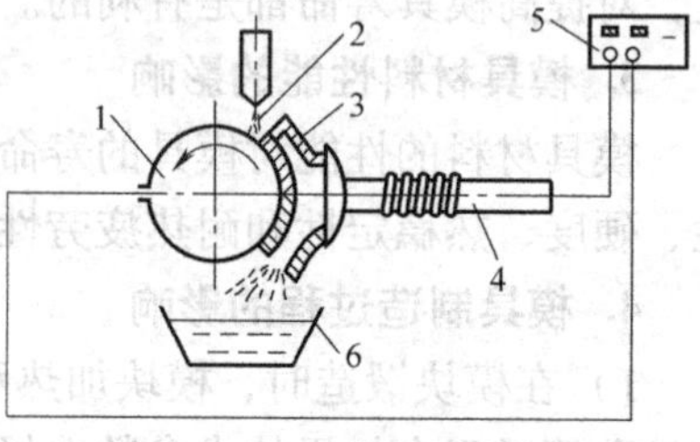

图 8-16　电刷镀原理图

1—镀件　2—电镀液　3—涤棉包套　4—镀笔　5—电源　6—集液盘

电刷镀技术特点：

1）不需要镀槽，可以对局部表面刷镀，设备、操作简单，机动灵活性强，可在现场就地施工，不受工件大小、形状的限制。

2）可刷镀的金属多，选用更换方便，易于实现复合镀层。

3）镀层与基体金属的结合力比槽镀牢固，电刷镀速度比槽镀快 10～15 倍。

4）一般都需要人工操作，很难实现高效率的大批量、自动化生产。

4. 激光熔覆修复技术

激光熔覆修复的原理：高功率激光束以恒定功率同时与热粉流入射到需要修补的模具钢表面上，金属熔化产生熔池，然后快速凝固形成冶金结合覆层。激光束根据 CAD 应用程序给定的路线来回扫描，从而逐线逐层地进行修复。激光熔覆主要用于大型贵重模具磨损后的修复。激光熔覆修复技术的原理如图 8-17 所示。

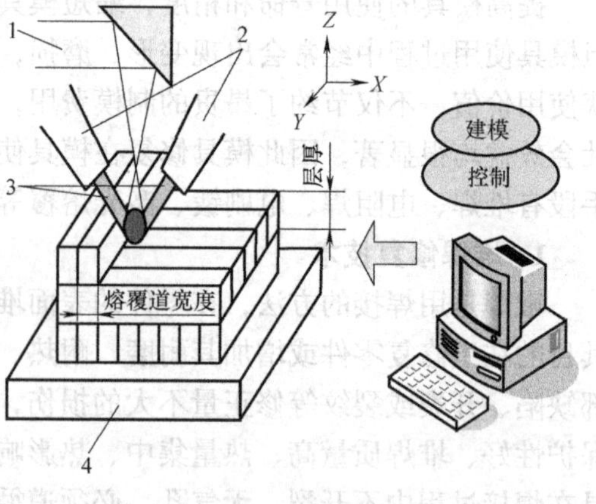

图 8-17　激光熔覆修复原理图

1—激光束　2—喷嘴　3—粉末　4—基体

激光熔覆修复模具技术主要具有以下优点：

1）能进行形状修复、尺寸修复、功能修复和增强功能修复。

2）具有较低稀释率，热影响区小，熔覆件扭曲变形比较小，与基面形成冶金结合，结合牢固。

3）经过修复后的模具几乎不需要再加工。

4）工艺过程易于实现自动化。

8.4　模具的管理

8.4.1　模具管理概述

1. 模具生产过程

模具作为一种高寿命的专用工艺装备具有批量小、品种多、生产周期短等生产特点，其生产过程的组织形式因模具生产的规模、模具的类型、加工设备状况和生产技术水平的不同而异，目前国内模具企业生产的组织形式主要有以下三类：

(1) 按生产工艺指挥生产　模具的生产过程按照模具制造工艺规程确定的程序和要求来组织生产。这时生产班组的划分以工种性质为准，如分成车、铣镗、磨、特种加工和精密加工、热处理、备料和模具钳工等若干班组。生产过程由专职计划调度人员编制的生产进度计划进行统一组织调度。

(2) 以模具装配钳工为核心的指挥生产　按照模具类型的不同，以模具钳工为核心，配备一定数量的车、铣、磨等通用设备和人员组成若干生产单元，在一个生产单元内由模具钳工统一指挥技术、生产进度。由专门化较强的和高精密的机床组成独立生产单元，由车间统一调度和安排。这种组织形式适合于生产规模较小和模具品种较单一的生产情况。

(3) 全封闭式生产　这种组织形式是将模具车间内的模具设计、工艺、管理和生产人员按模具类型不同，组成若干个独立的封闭的生产工段，在生产工段内实行全配套。

2. 模具设计与工艺管理

1）在模具设计及工艺工作中要认真贯彻有关的国家标准、行业标准和企业标准。

2）对于企业内经常重复出现的典型模具结构和零件，设计和工艺人员应与标准化人员一起设计图样、表格、典型和标准工艺卡的形式，以减少技术人员重复性的劳动和笔误。

3）技术工作，要遵循稳妥可靠的原则，在采用新技术、新材料、新工艺和新结构时要积极和慎重，要用实践证明新技术、新材料、新工艺和新结构是成熟和可靠的。

4）加强图样管理和经验的积累，首先明确各级技术人员的责任制，严肃图样的更改和借阅制度，模具试用合格后应及时进行图样的定型和归档工作。

5）模具技术人员应经常和定期深入生产第一线，了解问题，发现问题，解决问题，对于相关车间的生产条件和技术现状，应做到心中有数。

3. 模具生产计划管理

模具生产计划管理的目的就是确保模具生产周期，按质按时按量交付模具。模具生产多由模具使用方提出模具生产周期、质量要求和品种等，因此对模具生产方来说具有不确定性，实践证明，在模具生产中采用网络计划技术是组织模具生产和进行计划管理的有效形式。网络计划技术的基本原理是以网络图为基础，通过网络分析和计算，制订网络计划并实施管理。网络图表达模具计划任务的进度安排和各个零件工序间的关系，通过网络分析，计算网络时间参数，找出其中关键工序和关键时间，利用加长周期的时差不断改变网络计划，在计划执行过程中，通过进度反馈信息进行调度，最终保证生产周期。

4. 模具制造的质量管理

(1) 模具技术检验　在模具生产过程中，技术检验是非常重要的，检验内容主要有以下几个方面：

1）模具材料的质量检验。

2）模具加工零件的尺寸精度测量。

3）模具加工零件的几何误差检验。

4）模具零件的硬度检验。

5）模具零件的表面质量检验。

6）模具装配后的外观检验。

7）模具零件内在质量的无损检测。

8）模具型芯、型腔质量检验。

（2）模具制造过程中的质量管理　制造过程中的质量管理包括生产准备过程的质量管理和生产过程的质量管理。

1）生产准备过程的质量管理就是要搞好服务质量，及时进行设备修理，减少生产停工时间，修理的设备能达到规定的质量标准。

2）在模具生产中，要实现质量控制，必须提高管理人员及操作者的质量意识，实现全面质量管理，加强质量教育，提高技术及管理水平，使人人都把好质量关。在生产过程中，生产工人要认真搞好自检、互检。车间要设质量管理小组，班组及工序间要设专职检验员，做到自检、互检、专检相结合。

（3）模具的验收　模具经过制造、试模与调整后，要按合同及技术要求规定的内容进行验收以便交付使用，验收时的检查项目有：

1）模具的外观检查。

2）模具的尺寸检查。

3）试模后的制品检查。

4）模具的稳定性检查。

5）模具材料和热处理检查。

6）模具动作的检查。

8.4.2　模具的标准化

1. 模具标准化的意义

模具标准化是模具生产技术发展到一定水平的产物，是一项综合性的技术工作和管理工作，它涉及模具设计、制造、材料、检验和使用的各个环节。同时模具标准化工作又对模具行业的发展起到促进作用，是模具专业化生产、专门化生产和采用现代技术装备的基础。采用模具标准件，不但能有效提高模具质量，而且能降低模具生产成本及大大缩短模具生产周期。有关统计资料表明，采用模具标准件可使企业的模具加工工时节约25%～45%，能缩短模具生产周期30%～40%。模具标准化的意义主要体现在以下几个方面：

1）模具标准化是模具现代化生产的基础。

2）模具标准化的贯彻执行提高了模具技术经济指标。

3）模具标准化是开展模具CAD/CAM工作的先决条件。

4）模具标准化工作为促进国际技术交流创造了条件。

2. 我国模具标准化工作的发展状况

我国模具标准化工作开始于20世纪60年代，起步较晚，当时部分工业部门和地区分别制定了各自的部门或地区性模具标准，主要为冲压模架和零部件，1981年原国家标准总局发布了《冷冲模》国家标准，这是我国模具行业的第一个国家标准，1983年11月又成立了全国模具标准化技术委员会，加速了我国模具标准化进程，目前，我国已有50多项模具标准共300多个标准号及汽车冲模零部件方面的14种通用装置和244个品种，共363个标准。这些标准的制定和宣传贯彻实施，提高了我国模具标准化的程度和水平。

虽然我国模具的国家标准与行业标准已比较全面地涵盖了大多数模具类型，能够基本满足模具技术与市场的需求。但长期以来，我国模具标准的制定和修订往往主要是参考采纳以欧洲模具标准为基础的ISO模具标准的尺寸体系，而现实情况是，我国和亚洲模具标准件市场采用的标准体系大多以日本公司的标准为主导，我国模具与模具标准件的进出口业务又主要集中在东南亚、日本和我国台湾、香港地区，致使模具的国家标准和行业标准的推广应用效果并不理想，与生产实际有一定的脱节，市场的适应性和有效性较差，在一定程度上影响了我国模具标准化工作的进展。另外，由于我国模具标准化工作起步较晚，模具标准件生产、销售、推广和应用工作也比较落后，目前模具标准件的使用覆盖率大致在40%～45%，而国际上一般在70%以上，其中中小模具在80%以上。

我国制造业的迅速发展要求模具质量越来越高，制造周期越来越短，模具也正在向精密、复杂、大型化方向发展，这对模具的标准化工作无疑提出了更高的要求。随着模具工业的发展，如何让模具标准的制定和修订更加符合市场经济的运行规律，以满足市场对模具标准的需求；如何提高标准与市场的关联性，增强标准的适应性和有效性；如何进一步扩大标准的应用覆盖率等，是我国模具标准化工作将重点研究解决的问题。

3. 我国模具标准简介

我国模具标准化体系包括四大类标准，即模具基础标准、模具工艺质量标准、模具零部件标准及与模具生产相关的技术标准。模具标准又可按模具主要分类分冲压模具标准、塑料注射模具标准、压铸模具标准、锻造模具标准、紧固件冷镦模具标准、拉丝模具标准、冷挤压模具标准、橡胶模具标准、玻璃制品模具和汽车冲模标准十大类。

各类模具现行国家标准见表8-3。

表8-3 各类模具现行国家标准

冲模国家标准	基础标准	GB/T 8845—2006《冲模术语》
		GB/T 14662—2006《冲模技术条件》
	冲模模架	GB/T 2851—2008《冲模滑动导向模架》
		GB/T 2852—2008《冲模滚动导向模架》
		GB/T 2855.1—2008《冲模滑动导向模座 第1部分：上模座》
		GB/T 2855.2—2008《冲模滑动导向模座 第2部分：下模座》
		GB/T 2856.1—2008《冲模滚动导向模座 第1部分：上模座》
		GB/T 2856.2—2008《冲模滚动导向模座 第2部分：下模座》

（续）

冲模国家标准	冲模模架	GB/T 23562.1—2009《冲模钢板下模座　第1部分：后侧导柱下模座》
		GB/T 23562.2—2009《冲模钢板下模座　第2部分：对角导柱下模座》
		GB/T 23562.3—2009《冲模钢板下模座　第3部分：中间导柱下模座》
		GB/T 23562.4—2009《冲模钢板下模座　第4部分：四导柱下模座》
		GB/T 23563.1—2009《冲模滚动导向钢板模架　第1部分：后侧导柱模架》
		GB/T 23563.2—2009《冲模滚动导向钢板模架　第2部分：对角导柱模架》
		GB/T 23563.3—2009《冲模滚动导向钢板模架　第3部分：中间导柱模架》
		GB/T 23563.4—2009《冲模滚动导向钢板模架　第4部分：四导柱模架》
		GB/T 23564.1—2009《冲模滚动导向钢板上模座　第1部分：后侧导柱上模座》
		GB/T 23564.2—2009《冲模滚动导向钢板上模座　第2部分：对角导柱上模座》
		GB/T 23564.3—2009《冲模滚动导向钢板上模座　第3部分：中间导柱上模座》
		GB/T 23564.4—2009《冲模滚动导向钢板上模座　第4部分：四导柱上模座》
		GB/T 23565.1—2009《冲模滑动导向钢板模架　第1部分：后侧导柱模架》
		GB/T 23565.2—2009《冲模滑动导向钢板模架　第2部分：对角导柱模架》
		GB/T 23565.3—2009《冲模滑动导向钢板模架　第3部分：中间导柱模架》
		GB/T 23565.4—2009《冲模滑动导向钢板模架　第4部分：四导柱模架》
		GB/T 23566.1—2009《冲模滑动导向钢板上模座　第1部分：后侧导柱上模座》
		GB/T 23566.2—2009《冲模滑动导向钢板上模座　第2部分：对角导柱上模座》
		GB/T 23566.3—2009《冲模滑动导向钢板上模座　第3部分：中间导柱上模座》
		GB/T 23566.4—2009《冲模滑动导向钢板上模座　第4部分：四导柱上模座》
	冲模零部件	GB/T 2861.1—2008《冲模导向装置　第1部分：滑动导向导柱》
		GB/T 2861.2—2008《冲模导向装置　第2部分：滚动导向导柱》
		GB/T 2861.3—2008《冲模导向装置　第3部分：滑动导向导套》
		GB/T 2861.4—2008《冲模导向装置　第4部分：滚动导向导套》
		GB/T 2861.5—2008《冲模导向装置　第5部分：钢球保持圈》
		GB/T 2861.6—2008《冲模导向装置　第6部分：圆柱螺旋压缩弹簧》
		GB/T 2861.7—2008《冲模导向装置　第7部分：滑动导向可卸导柱》
		GB/T 2861.8—2008《冲模导向装置　第8部分：滚动导向可卸导柱》
		GB/T 2861.9—2008《冲模导向装置　第9部分：衬套》
		GB/T 2861.10—2008《冲模导向装置　第10部分：垫圈》
		GB/T 2861.11—2008《冲模导向装置　第11部分：压板》
		GB/T 20914.1—2007《冲模氮气弹簧　第1部分：通用规格》
		GB/T 20914.2—2007《冲模氮气弹簧　第2部分：附件规格》
		GB/T 20915.1—2007《冲模弹性体压缩弹簧　第1部分：通用规格》
		GB/T 20915.2—2007《冲模弹性体压缩弹簧　第2部分：附件规格》

（续）

塑料模具国家标准	基础标准	GB/T 8846—2005《塑料成型模术语》
		GB/T 12554—2006《塑料注射模技术条件》
		GB/T 4170—2006《塑料注射模零件技术条件》
	塑料模模架	GB/T 12555—2006《塑料注射模模架》
		GB/T 12556—2006《塑料注射模模架技术条件》
	塑料模零部件	GB/T 4169. 1—2006《塑料注射模零件　第1部分：推杆》
		GB/T 4169. 2—2006《塑料注射模零件　第2部分：直导套》
		GB/T 4169. 3—2006《塑料注射模零件　第3部分：带头导套》
		GB/T 4169. 4—2006《塑料注射模零件　第4部分：带头导柱》
		GB/T 4169. 5—2006《塑料注射模零件　第5部分：带肩导柱》
		GB/T 4169. 6—2006《塑料注射模零件　第6部分：垫块》
		GB/T 4169. 7—2006《塑料注射模零件　第7部分：推板》
		GB/T 4169. 8—2006《塑料注射模零件　第8部分：模板》
		GB/T 4169. 9—2006《塑料注射模零件　第9部分：限位钉》
		GB/T 4169. 10—2006《塑料注射模零件　第10部分：支承柱》
		GB/T 4169. 11—2006《塑料注射模零件　第11部分：圆形定位元件》
		GB/T 4169. 12—2006《塑料注射模零件　第12部分：推板导套》
		GB/T 4169. 13—2006《塑料注射模零件　第13部分：复位杆》
		GB/T 4169. 14—2006《塑料注射模零件　第14部分：推板导柱》
		GB/T 4169. 15—2006《塑料注射模零件　第15部分：扁推杆》
		GB/T 4169. 16—2006《塑料注射模零件　第16部分：带肩推杆》
		GB/T 41 69. 17—2006《塑料注射模零件　第17部分：推管》
		GB/T 4169. 18—2006《塑料注射模零件　第18部分：定位圈》
		GB/T 4169. 19—2006《塑料注射模零件　第19部分：浇口套》
		GB/T 4169. 20—2006《塑料注射模零件　第20部分：拉杆导柱》
		GB/T 4169. 21—2006《塑料注射模零件　第21部分：矩形定位元件》
		GB/T 4169. 22—2006《塑料注射模零件　第22部分：圆形拉模扣》
		GB/T 4169. 23—2006《塑料注射模零件　第23部分：矩形拉模扣》
压铸模国家标准	基础标准	GB/T 8847—2003《压铸模术语》
		GB/T 8844—2003《压铸模技术条件》
		GB/T 4679—2003《压铸模零件技术条件》
	压铸模零部件	GB/T 4678. 1—2003《压铸模零件　第1部分：模板》
		GB/T 4678. 2—2003《压铸模零件　第2部分：圆形镶块》
		GB/T 4678. 3—2003《压铸模零件　第3部分：矩形镶块》
		GB/T 4678. 4—2003《压铸模零件　第4部分：带肩导柱》
		GB/T 4678. 5—2003《压铸模零件　第5部分：带头导柱》
		GB/T 4678. 6—2003《压铸模零件　第6部分：带头导套》
		GB/T 4678. 7—2003《压铸模零件　第7部分：直导套》
		GB/T 4678. 8—2003《压铸模零件　第8部分：推板》
		GB/T 4678. 9—2003《压铸模零件　第9部分：推板导柱》
		GB/T 4678. 10—2003《压铸模零件　第10部分：推板导套》

（续）

压铸模国家标准	压铸模零部件	GB/T 4678.11—2003《压铸模零件　第11部分：推杆》
		GB/T 4678.12—2003《压铸模零件　第12部分：复位杆》
		GB/T 4678.13—2003《压铸模零件　第13部分：推板垫圈》
		GB/T 4678.14—2003《压铸模零件　第14部分：限位钉》
		GB/T 4678.15—2003《压铸模零件　第15部分：垫块》
		GB/T 4678.16—2003《压铸模零件　第16部分：扁推杆》
		GB/T 4678.17—2003《压铸模零件　第17部分：推管》
		GB/T 4678.18—2003《压铸模零件　第18部分：支承柱》
		GB/T 4678.19—2003《压铸模零件　第19部分：定位元件》
锻模国家标准	基础标准	GB/T 8541—1997《锻压术语》
		GB/T 9453—2008《锻模术语》

思考与练习

1. 什么是模具装配？模具装配主要的精度要求有哪些？
2. 模具零件的固定方法有哪些？各适用于什么场合？
3. 试述冲裁模具装配的主要技术要求及装配方法。
4. 试述塑料模具装配的主要技术要求及装配方法。
5. 推出机构装配过程中，有哪些部位需要进行补充加工及修磨？如何进行？
6. 塑料模试模时发现塑件溢边，是由哪些原因造成的？如何调整？
7. 影响模具寿命的主要因素有哪些？
8. 模具标准化对我国模具发展有什么重要意义？

第 9 章 模具材料及热处理

9.1 模具材料概述

9.1.1 模具材料的性能与要求

模具材料范围很广，从一般的碳素结构钢、碳素工具钢、合金结构钢、合金工具钢、特殊合金钢到特殊模具所用的硬质合金、钢结硬质合金、高温合金、难熔合金、粉末高速钢以及铜合金、铝合金乃至增强塑料等，都可用作模具材料。本章介绍的是应用最多、使用最广的模具材料模具钢。

模具的工作条件复杂，工作温度有高有低，工作时要承受高压、冲击、振动、摩擦、弯曲、剪切和拉伸等载荷，因此模具材料要满足力学性能和工艺性能的要求。

1. 模具材料的力学性能要求

(1) 耐磨性　这是模具最基本的使用要求。在长期的工作条件下，要使模具保持尺寸精度和表面粗糙度，延长使用寿命，避免早期磨损失效，必须要求模具材料具有较高的耐磨性。

(2) 韧性　为防止冷作模具钢早期开裂形成断裂损坏，韧性是一个重要的性能指标。在保持模具材料高强度的同时，尽可能提高材料的韧性，达到高强韧性。

(3) 抗疲劳性　热作模具钢如热镦模、压铸模等在服役过程中承受周期性的加热和冷却，冷热疲劳破坏是其失效的主要形式；冷作模具如冷镦模、冲模等在使用过程中承受较高的反复冲击应力，往往因冲击疲劳抗力低而造成疲劳断裂。

(4) 硬度和热硬性　模具必须保持很高的硬度和强度，热锻模具高温下应具有较高的硬度，即热硬性。这是模具材料的主要技术指标。

2. 模具材料的工艺性能

(1) 加工性能　由于模具材料多具有高碳高合金成分，形成的碳化物及组织对其冷加工性能如切削、磨削、抛光、冷挤压、冷拉工艺性及热加工性能如热塑性和热加工温度范围等带来一定困难。为此需通过热处理等工艺手段改善钢的组织和模具材料的切削加工性。

(2) 淬火温度范围和淬火变形　要求模具钢有较宽的淬火温度范围和较小的淬火变形。

(3) 淬透性和淬硬性　淬硬性取决于钢的含碳量，淬透性主要取决于钢的化学成分、合金元素含量和淬火前的组织状态。大部分硬度要求高的冷作模具，对淬硬性要求较高；大部分热作模具和塑料模具，对于硬度的要求不太高，往往更多考虑其淬透性；特别是对于一些大截面深型腔模具，为了使模具的心部也得到良好的组织和均匀的硬度，要求选用淬透性好的模具钢。

（4）氧化脱碳敏感性　模具在加热过程中，如果产生氧化脱碳现象，就会改变模具的形状和性能，影响模具的硬度、耐磨性和使用寿命，导致模具早期失效。通过真空热处理等特殊热处理工艺，可避免氧化脱碳。

模具材料的上述性能有时互相矛盾。选择模具材料时，应首先考虑满足模具使用要求的某些必要性能。一般情况下，主要是钢的耐磨性、韧度、硬度和热硬性以及热疲劳抗力，这四种性能可以比较全面地反映模具材料的综合性能，可以在一定程度上决定其应用范围。

9.1.2　模具材料的选用原则

模具选材的一般原则是：要满足使用性能要求，工艺性能良好，材料来源方便，经济上合理。模具选材的具体考虑因素如下：

（1）模具的工作条件　根据承载力大小及冲击状况、模具工作温度和腐蚀状况等提出材料的强度、硬度和成分等要求，同时要考虑尺寸效应及主要和关键的性能指标，应保证满足生产所需。

（2）模具结构、模具大小和形状　大型模具应选择淬透性好的钢材，大型热作模具要求有更高的耐热性；形状简单、公差要求不严的模具，可以选用一般高碳工具钢，因为其冷热加工成本低；对于一些形状复杂、截面厚薄不均匀的模具零件，可选用热处理变形小、淬透性较好的高铬高合金钢，不宜采用变形大的材料，以防止及减少模具热处理变形。

（3）生产批量　生产批量大时模具应采用高质量、性能好的材料制造以提高使用寿命；批量小时，则可采用性能一般、加工方便、价格低的材料。

（4）加工材料的材质　不同的材料变形后抗力、工作温度都有很大的不同，因模具的工作条件也不同，故所选材料也就不同。

（5）模具的设计因素　大型、复杂模具可应用组合或镶嵌结构以节约贵重模具钢，在刃部、型面部分或某些经受强烈磨损、冲击或高温的部位，应采用贵重的高性能材料；其他的模体部位，性能要求不太高时可采用较低级材料；应用低级材料制造的模具，可用表面强化的方法在型面或局部进行离子渗入、激光强化、堆焊、气相沉积或其他涂覆处理以获得高性能的表层。

（6）模具的制造工艺因素　应根据所采用的冷加工、热加工方法和工艺，选择相应能满足工艺要求的材料。另外还应兼顾到工厂现有的设备和技术水平。

9.1.3　模具材料的分类

在模具材料中应用最广的当属模具钢。从一般的碳素结构钢、碳素工具钢、合金结构钢、合金工具钢、弹簧钢、高速工具钢、不锈耐热钢直到适应特殊模具需要的马氏体时效钢以及粉末高速钢、粉末高合金模具钢等都可作为模具钢。

模具钢按合金元素含量一般分为碳素工具钢、低合金模具钢、高合金模具钢；按用途一般可分为冷作模具钢、热作模具钢和塑料模具钢。一般按用途分类应用较广。

（1）冷作模具钢　冷作模具钢主要用于制造对冷状态下的工件进行压制成形的模具。如冷冲裁模具、冲压模具、冷拉深模具、压印模具、冷挤压模具和粉末压制模具等。冷作模具钢的范围很广，从各种碳素工具钢、合金工具钢、高速工具钢到粉末高速工具钢和粉末高合金模具钢都是。

(2) 热作模具钢　热作模具钢主要用于制造对高温状态下的工件进行压力加工的模具。如：热锻模、热挤压模、压铸模、热镦锻模等。常用的热作模具钢有中高含碳量的添加 Cr、W、Mo、V 等合金元素的合金模具钢；对特殊要求的热作模具钢，有时采用高合金奥氏体耐热模具钢制造。

(3) 塑料模具钢　由于塑料的品种很多，对塑料制品的要求差别也很大，对制造塑料模具的材料也提出了各种不同的性能要求。所以，不少工业发达的国家已经形成了范围很广的塑料模具用钢系列，包括碳素结构钢、渗碳型塑料模具钢、预硬型塑料模具钢、时效硬化型塑料模具钢、耐蚀塑料模具钢、易切削塑料模具钢、整体淬硬型塑料模具钢、马氏体时效钢以及镜面抛光用塑料模具钢等。

9.1.4　模具材料的发展趋势

模具材料的发展趋势反映在以下几方面：

(1) 模具钢钢种的发展　主要开发了高韧性、高耐磨性的冷作模具钢，高淬透性特大型锻压模具钢、通用型热作模具钢和析出硬化热作模具钢，镜面磨削用塑料模具钢、非调质型预硬塑料模具钢、高焊接性塑料模具钢和易切削塑料模具钢等。

(2) 模具钢品种规格的发展　模具制造业日益向通用化、标准化、系列化、高效率、短制造周期发展，模具钢也在日益向多品种、精料化、制品化的方向迅速发展。如新型扁钢连轧机的不断投入和宽厚板轧机的技术改造的日益完善，使模具钢的品种规格越来越多样化。

(3) 模具热处理和表面处理技术的发展　开发采用先进热处理技术如真空热处理技术、深冷处理技术和低成本模具表面处理技术等，进一步扩大了模具表面处理技术的应用范围；扩展传统表面技术和现代表面处理技术之间的复合形式，将纳米技术和模具表面技术结合起来。

9.2　冷作模具材料及热处理

9.2.1　冷作模具材料的分类和性能要求

1. 冷作模具材料的分类

冷作模具主要有冷剪切模、冷冲裁模、冷挤压模、冷拉深模、冷镦模、拉丝模、滚丝模、压印模等。冷作模具的产值约占模具产值的1/3以上，应用非常广泛。冷作模具钢按工艺性能和承载能力特征划分如下：碳素工具钢、高碳低合金钢、高耐磨冷作模具钢、冷作模具用高速钢、基体钢、无磁模具钢、硬质合金及钢结硬质合金等。

用于这类用途的合金工具用钢一般属于高碳合金钢，碳的质量分数在0.80%以上，其组织大部分属于过共析钢或莱氏体钢。铬是这类钢的重要合金元素，其质量分数通常不大于5%。但对于一些耐磨性要求很高，淬火后变形很小的模具用钢，最高铬质量分数可达13%，并且为了形成大量碳化物，钢中碳的质量分数最高可达2.0%～2.3%。

我国以前通用的冷作模具钢只有 Cr12、Cr12MoV、CrWMn 钢。Cr12MoV 钢中，钼和钒的含量较低，比 D2 钢的综合性能差。CrWMn 含碳量较高，且不含钒，容易产生严重的网状碳化物，影响使用性能。随着冲压、冷挤压等制品向高精度、高效率、多品种方向发展，要求模具钢具有耐磨性和较高的韧度，不断开发出新型的冷作模具钢。

2. 冷作模具使用性能要求

（1）良好的耐磨性　模具与坯料之间会产生很大的摩擦，模具表面会划出一些微观凹凸痕迹，这些痕迹与坯料表面相咬合而产生磨损。材料的硬度和组织是影响模具耐磨性能的重要因素，故冷作模具的硬度要求应高于工件硬度的30%～50%。

（2）高强度　强度指标对于冷作模具的设计和材料的选择是个极为重要的依据，为了获得高的强度，在材料选定的情况下，主要是通过适当的热处理工艺进行强化。

（3）足够的韧度　对受冲击载荷较大，易受偏心弯曲载荷作用或有应力集中的模具等，都需要较高的韧度。一般工作条件下的冷作模具所受冲击载荷不大，对韧度的要求不高。

（4）良好的抗疲劳性能　很多冷作模具（如冷镦、冷挤、冲压）是在交变载荷作用下发生疲劳破坏的，为提高寿命需要较高的抗疲劳性能。

（5）良好的抗咬合性能　当冲压材料与模具表面接触时，在高压摩擦下润滑油膜被破坏，被冲压件金属“冷焊”在模具型腔表面形成金属瘤，从而在成形工件表面划出划痕。咬合抗力就是对发生“冷焊”的抵抗力。

9.2.2　冷作模具材料的性能和热处理

1. 碳素工具钢

碳素工具钢钢号有T7、T7A、T8、T8A、T8Mn、T9、T9A、T10、T10A 、T11、T11A、T12、T12A、T13、T13A。A表示优质碳素工具钢，随着含碳量的增加，淬透性增大，硬度和耐磨性随之增大。

碳素工具钢中碳的质量分数为0.7%～1.3%，价格便宜，原材料来源方便，加工性能良好，淬火温度低，热处理后具有较高的表面硬度和较好的耐磨性，用于制造尺寸不大、形状简单、承受负荷轻的模具零件。缺点是淬透性低、淬火温度范围窄、淬火变形大，较大的模具不能淬透，而且表面淬硬层和中心部分之间的硬度值相差很大，易产生淬火开裂。

碳素工具钢的预备热处理一般为球化退火，其目的是降低硬度，改善切削加工性能，为淬火做组织准备；若锻造组织中存在网状渗碳体，则应在球化退火之前先进行正火，以消除网状渗碳体。淬火的目的是得到淬火马氏体组织，使模具具有高硬度和高耐磨性。最终热处理为淬火+低温回火，回火后的硬度通常为61～63HRC。

碳素工具钢只适合于制作尺寸较小、形状简单、受载较轻、生产批量不大的小型冷作模具，如压模、铆钉冲模、冷切边模、冲孔模、拉丝模、冷镦模、冲模等。

T10和T10A是模具行业中应用最多的碳素工具钢。T10钢在淬火加热时（温度达800℃）不致过热，淬火后钢中有未溶的过剩碳化物，具有比T8、T8A钢更高的耐磨性，但淬火变形收缩明显。该钢价格便宜、热处理温度低，热处理后有较高的硬度和耐磨性，但其淬透性差，常规淬火后硬化层浅，通常只有1.5～5mm，220～250℃回火综合性能较好，适合制作形状简单的冷作模具和塑料成型模具。

2. 高碳低合金钢

高碳低合金钢是在碳素工具钢的基础上加入适量的Cr、Ni、Mo、Ti、W、V、Si、Mn等合金元素冶炼而成的，合金元素的总质量分数在5%以下，碳的质量分数≥0.6%。合金元素的加入提高了过冷奥氏体的稳定性和钢的淬透性，降低了淬火冷却速度，减少了淬火热应力和组织应力，减弱了淬火变形及开裂倾向。淬火、低温回火后模具具有较高的强韧性和耐磨性，使用寿命较高。

高碳低合金模具钢的一般热处理过程与碳素工具钢基本相同。退火的目的是使钢重结晶形成细晶粒的晶粒组织，并且生成低硬度的球状珠光体组织，消除钢中的网状碳化物。高碳低合金钢由于含有一定量的合金元素，导热性差一些，加热时应较缓慢或者在淬火加热前应进行预热，以防止模具的淬火变形与开裂。所有高碳低合金模具钢都应该在淬火后马上回火，防止由于淬火应力导致的模具开裂。

高碳低合金钢广泛用来制作形状复杂、截面较大、承受负荷较大、变形较小的中小型冷作模具。

（1）CrWMn 钢　由于多种合金元素的共同作用，CrWMn 钢的硬度、强度、韧度及淬透性均优于碳素工具钢。生产中，模具尺寸在 $\phi40 \sim 50$mm 以下时，在油中即可淬透。这种钢在淬火和低温回火后具有比铬钢和 9SiCr 钢更多的过剩碳化物和更高的硬度（油淬硬度可达 64HRC 以上）及耐磨性。但其碳化物的不均匀性也比较严重，大直径钢材的中心易形成网状碳化物。此外，钨还可细化晶粒，使钢获得较好的韧性并能减小过热敏感性。锰的存在，使淬火后有较多的残留奥氏体，因此，淬火变形较小。

CrWMn 钢主要用于制造要求变形小、形状复杂的轻载冲裁模具（板厚≤2mm）、轻载拉深模具和弯曲、翻边模具等。但由于该钢碳化物偏析倾向大，韧性较差，模具使用中易产生脆性损坏，因而制作大截面模具时应特别注意这些问题。

（2）9Mn2V 钢　9Mn2V 钢是一种综合力学性能比碳素工具钢好的低合金工具钢，它具有较高的硬度和耐磨性，淬火变形小，淬透性好。由于钢中含有一定量的钒，细化了晶粒，减小了钢的过热敏感性，同时碳化物较细小、分布均匀。

9Mn2V 钢冷加工和热处理工艺性能好，变形及淬裂倾向小，适于制造各种精密量具、样板，也用于一般要求的尺寸比较小的冲模及冷压模、雕刻模、落料模等，还可以做机床的丝杠等结构件。

（3）7CrSiMnMoV（CH-1）钢　7CrSiMnMoV 也称 CH-1，是一种火焰淬火冷作模具钢，其淬火温度范围宽，过热敏感性小，用火焰淬火，具有操作简便、成本低、节约能源的优点。该钢淬透性良好，空冷即可淬硬，硬度可达 62 ~ 64HRC，且空冷淬火后变形小，不需经过其他加工，强度高，韧性优良。与常用模具钢 9Mn2V、CrWMn、Cr12MoV 比较，CH-1 钢的强韧性占明显优势。火焰淬火能使表面获得高硬度而心部保持高韧性，使模具不易发生开裂、崩刃等缺陷，同时表面硬化层形成压应力，可显著提高疲劳强度，延长模具使用寿命。CH-1 钢可用于模具刃口部位，经氧乙炔焰加热到淬火温度，然后空冷即达到淬硬目的。

CH-1 钢特别适宜制作尺寸大、截面厚、淬火变形小的大型镶块模具，可代替 T10A、9Mn2V、Cr12MoV 钢制作强韧性要求较高的落料模、冲孔模、切边模、弯曲模、压形模、拉深模、冷镦模等冷作模具，寿命可提高 1 ~ 3 倍以上。

3. 高碳高铬模具钢

高碳高铬模具钢因含有大量硬的碳化物而具有高的耐磨性，且具有变形小的特性，适用于要求高强度、高耐磨性和淬火变形小、在小的动载荷下工作的模具，国内常用的高碳高铬冷作模具钢为 Cr12 系列钢，如 Cr12、Cr12MoV、Cr12Mo1V1（D2）、Cr2Mn2SiWMoV 等。该钢具有良好的淬透性，截面尺寸在 400mm 以下可完全淬透，且具有很高的耐磨性，淬火时体积变化小。

高碳高铬模具钢属于莱氏体钢，碳化物含量高，且常呈带状或网状不均匀分布。常采用锻后球化退火或调质处理，以获得均匀、细小的球形碳化物，降低硬度，改善切削加工性能，提高模具的强韧性。

高碳高铬模具钢主要用于制造断面较大、形状复杂、耐磨性要求高、承受较大冲击载荷的冷作模具，如冷切剪刀、切边模、滚边模、量规、拉丝模、搓丝板、螺纹滚丝模、形状复杂的冲孔凹模、钢板深拉深模，以及要求高耐磨的冲模和冲头等。

（1）Cr12 钢　Cr12 钢是一种应用广泛的冷作模具钢，在热处理专业厂对外加工的冷作模具钢中，Cr12 要占 30% 以上。该钢属高碳高铬类型莱氏体钢。该钢种硬度很高、耐磨性好、淬火变形小。

Cr12 钢多用于制造承受冲击载荷小、要求高耐磨的冲模、冷剪切刃、钻套、量规、拉丝模、搓丝板、拉深模以及螺纹滚丝模等模具。

（2）Cr12MoV 钢和 Cr12Mo1V1（D2）钢　Cr12MoV 钢是目前国内广泛使用的冷作模具钢之一，几乎所有的冷作模具中均有应用，常用于制作那些承受重载荷、生产批量大、形状复杂的冷作模具，但由于 Cr12MoV 钢中有大块共晶碳化物及较严重的网状碳化物，钢的脆性倾向大，因而限制了其应用范围。

Cr12MoV 钢具有高淬透性，截面为 300～400mm 以下者可以完全淬透，在 300～400℃ 时仍可保持良好的硬度和耐磨性，韧度比 Cr12 钢高，淬火时体积变化最小，具有良好的综合力学性能，可用来制造断面较大、形状复杂、承受较大冲击载荷的各种模具和工具。例如，形状复杂的冲孔凹模、复杂模具上的镶件、钢板深拉深模、拉丝模、螺纹搓丝板、冷挤压模、冷切剪刀、圆锯、标准刀具、量具等。

Cr12Mo1V1 也称 D2 钢，是仿美国 D2 钢而引进的新钢种，是国际上广泛应用的高碳高铬冷作模具钢，属莱氏体钢，具有高的淬透性、淬硬性和高的耐磨性；高温抗氧化性能好，淬火和抛光后抗锈蚀能力好，热处理变形小。Cr12Mo1V1 钢与 Cr12MoV 钢相比，由于 Mo、V 含量增加，其组织进一步细化，钢的耐磨性、强韧性较 Cr12MoV 要高，但该钢的显著缺点是脆性大，易锻裂，退火软化也比较困难。表 9-1 为 Cr12MoV 钢与 D2 钢力学性能的对比。

表 9-1　Cr12MoV 钢与 D2 钢力学性能的对比

淬火温度	1020℃				1060℃			
钢号	抗弯强度/MPa	挠度/mm	冲击韧度/(J/cm²)	硬度 HRC	抗弯强度/MPa	挠度/mm	冲击韧度/(J/cm²)	硬度 HRC
Cr12MoV	3262	3.30	40	59.3	1550	1.43	35.5	61.1
D2	2888	2.68	40	61.0	796	0.91	10	61.5

Cr12Mo1V1 适宜制造各种高精度、长寿命的冷作模具、刃具和量具，例如形状复杂的冲孔凹模、冷挤压模、滚丝轮、搓丝板、冷剪切刀和精密量具等。

4. 高碳中铬模具钢

高碳中铬模具钢是针对 Cr12 型高铬模具钢铬含量高、价格贵而且钢中碳化物多而粗大、分布不均匀的缺点发展起来的钢种。典型的牌号有 Cr4W2MoV、Cr6WV、Cr5Mo1V，其中 Cr4W2MoV 使用较多。此类钢中碳的质量分数进一步降至 1.0%～1.25%，突出的优点是形成的碳化物细小且呈均匀分布状态，韧性明显改善，耐磨性能好，热处理变形小，淬透性高，淬火变形小，尺寸稳定性好。此类钢适宜制造重载荷、高精度的冷作模具。

高碳中铬钢 Cr6WV、Cr5MoV、Cr4W2MoV 三种钢，只有当淬火温度较高时，经回火后才有一定的二次硬化现象，淬火温度越高，二次硬化效应越显著，6Cr4W3Mo2VNb 钢则在不同的淬火温度下都有二次硬化效应。

(1) Cr6WV 钢 Cr6WV 钢是一个具有较好综合性能的中合金冷作模具钢。该钢变形小，淬透性良好，具有较好的耐磨性和一定的冲击韧度。该钢由于合金元素和碳含量较低，所以比 Cr12 和 Cr12MoV 钢的碳化物分布均匀。Cr6WV 钢具有广泛的用途，制造具有高机械强度，要求一定耐磨性和经受一定冲击载荷的模具，如钻套、冲模及冲头、切边模、压印模、螺纹滚模、搓丝板以及量块、量规等。

(2) Cr4W2MoV 钢 Cr4W2MoV 钢是针对 Cr12 型钢的缺点而研制的新钢种，性能比较稳定，其模具的使用寿命较 Cr12、Cr12MoV 钢有较大的提高。与 Cr12 型钢相比，该钢具有较高的淬透性和淬硬性，淬火变形小，尺寸稳定性好。该钢热加工温度范围窄，锻造温度范围介于 850～1050℃之间，变形抗力较大，可按 Cr12 型钢的方法锻造，锻后应缓冷。

Cr4W2MoV 钢主要用来替代 Cr12 型钢制造各种冲模、冷锻模、落料模、冷挤凹模及搓丝板等，并能提高模具寿命。

(3) 6Cr4W3Mo2VNb(65Nb) 钢 65Nb 钢是一种高强韧性冷热兼用含铌基体钢。基体钢工艺性和综合力学性能好，可以广泛用于制造要求高载荷、高速耐冲击的冷热变形模具。

65Nb 钢中合金元素 Cr、W、Mo、V 的含量设计取自淬火态的 W6Mo5Cr4V2 高速钢的基体成分，合金元素在模具钢中的作用与高速钢中相似。

钢中还加入少量强碳化物形成元素 Nb，与钢中的碳形成高稳定性的 NbC，阻止淬火加热时奥氏体晶粒的长大。Nb 还部分溶解于 Cr、W、Mo、V 的碳化物中，增强其稳定性，使淬火后基体的含碳量降低，显著提高钢的强韧性。

65Nb 钢广泛用于制作各类冷作模具，特别适用于复杂、大型或难变形金属的冷挤压模具和受冲击载荷较大的冷锻模具，有时也用于热作模具，但以冷作模具为主。65Nb 钢还可用于钢铁材料的温热模具。由于 65Nb 抗压强度和耐磨性不足，不能用于挤压 2500MPa 的钢铁材料的挤压模具及要求高耐磨的模具。

5. 高速耐磨模具钢

高速耐磨工具钢中含有大量的钨、钼、钒等合金元素，铸造后钢中出现鱼骨状的莱氏体共晶组织，属于莱氏体钢。常用的钢有 W18Cr4V、W6Mo5Cr4V2、W9Mo3Cr4V、W12Mo3Cr4V3N (V3N) 以及为提高韧度而研制的降碳降钒高速钢 6W6Mo5Cr4V(6W6)。高速钢合金元素总的质量分数大于 15%，具有高强度、高抗压性、高耐磨性，同时具有很高的耐回火性和热硬性。

高速钢要通过反复的镦粗和拔长来改善碳化物分布。锻造后要进行退火来降低硬度，并为淬火处理作组织准备和消除内应力。高速钢在淬火前应该在中温盐浴炉中预热，减少淬火时的变形和开裂。为制造模具，应采用低温淬火处理，在保证材料具有一定强度和硬度的前提下获得高韧性和耐磨性，从而保证在高载荷条件下服役的模具具有很高的使用寿命，当然，低温淬火将使高速钢的热硬性不能充分发挥，但这对冷作模具的寿命影响不大。

高速钢主要用来制作重载荷冲头，如冷挤压黑色金属的凸模、冷镦冲头、中厚钢板冲孔冲头（直径为10～25mm），直径小于5～6mm的小凸模以及用于冲裁奥氏体钢、弹簧钢、高强度钢板的中、小型凸模和粉末冶金压模等。

（1）W18Cr4V钢　W18Cr4V钢为钨系莱氏体高速钢，具有高硬度、高强度、高抗压性、高耐磨性和高热稳定性等特点。对于要求有高热强性的工具和模具一般可以选用W18Cr4V钢，其热处理范围较宽，淬火不易过热，热处理过程中不易氧化脱碳，磨削加工性能较好。W18Cr4V钢在500℃及600℃时，硬度分别保持在57～58HRC及52～53HRC，对于大多数的被加工材料具有良好的切削性能。其主要用于制作具有很高硬度、抗压强度和耐磨性能要求，承受高载荷，加工硬质材料的模具，如重载冲头、冷挤压模具、高速耐热耐磨刃具、高温轴承和轧辊等。

（2）W6Mo5Cr4V2钢　W6Mo5Cr4V2钢为钨钼系通用高速钢的代表钢。该钢具有碳化物细小均匀、韧度高、热塑性好等优点。由于资源与价格关系，许多国家以W6Mo5Cr4V2钢取代W18Cr4V钢而成为高速钢的主要钢。W6Mo5Cr4V2高速钢韧性、耐磨性、热塑性均优于W18Cr4V钢，而硬度、热硬性、高温硬度与W18Cr4V钢相当，因此W6Mo5Cr4V2高速钢除用于制造各种类型的一般工具外，还可制作大型及热塑成形刀具。由于W6Mo5Cr4V2钢强度高、耐磨性好，因而又可制作高载荷下耐磨损的零件，如冷挤压模具等，但此时必须适当降低淬火温度以满足强度及韧度的要求。W6Mo5Cr4V2高速钢易氧化脱碳，在热加工及热处理时应加以注意。

（3）6W6Mo5Cr4V(6W6)钢　6W6钢为低碳高速钢，该钢具有较高的强度和韧度，耐磨性也较好，且有较好的加工工艺性能，多用于要求强韧性高的冷挤压模和冲模。

用6W6钢可代替高速钢和高碳高铬钢，制作钢铁材料冷挤压冲头或冷镦冲头，寿命可提高2～10倍。但6W6钢的含碳量低，且易脱碳，因此耐磨性稍差。

6. 无磁模具钢

电子工业中的部分磁性元件需用无磁性的模具生产，无磁模具钢除了应具有冷作模具钢的一般使用性能外，还要求在磁场中使用不会被磁化。常用的材料有奥氏体不锈钢和高锰系奥氏体不锈钢。代表钢有奥氏体不锈钢12Cr18Ni9、高锰系奥氏体钢5Mn15Cr8Ni5Mo3V2(5Mn15)、5Cr21Mn9Ni4W、7Mn10Cr8Ni10Mo3V2(7Mn10)、7Mn15Cr2Al3V2WMo(7Mn15)、18Mn12Crl8NiN(A18)、8Mnl5Cr18(WCG)、50Mnl8Cr4WN(50Mn)、51Cr21Mn9Ni4N等。

无磁模具钢大部分都是高锰奥氏体钢，其在加热和冷却过程中无相变，始终保持奥氏体组织。由于高锰钢的冷作硬化现象，一般采用高温退火工艺改变碳化物的颗粒与分布形态，从而显著改善切削加工性能，再经过适当的固溶和时效处理后得到较好的综合力学性能。采用气体软氮化工艺，可以进一步提高钢的表面硬度，增加耐磨性，显著地提高模具的使用寿命。

（1）7Mn15Cr2Al3V2WMo(7Mn15)　7Mn15Cr2Al3V2WMo钢是一种高Mn-V系无磁钢。该钢在各种状态下都能保持稳定的奥氏体，具有非常低的磁导率，高的硬度、强度，较好的耐磨性。作为无磁模具钢，除具备一般冷作模具钢的使用性能外，还具有在磁场中使用时不被磁化的特性。7Mn15钢在各种状态下都能保持稳定的奥氏体组织，具有非常低的磁导率，高的硬度、强度和较好的耐磨性。

7Mn15 钢适于制造无磁模具、无磁轴承及其他在磁场中不产生磁感应的结构零件。该钢还具有较高的高温强度和硬度，也可以用来制造 700～800℃温度下使用的热作模具。

(2) 12Cr18Ni9　12Cr18Ni9 属于奥氏体不锈耐酸钢。由于钢中含 Ti，具有较高的抗晶间腐蚀性能，在一些不同浓度、不同温度的有机酸和无机酸中，尤其是在氧化性介质中都具有良好的耐蚀性能。这种钢经过热处理（1050～1100℃，在水中或在空气中淬火）后，呈单相奥氏体组织，因此在强磁场中不产生磁感应，适宜制造无磁模具和要求高耐蚀性的模具。

9.3　热作模具材料及热处理

9.3.1　热作模具材料分类和性能要求

1. 热作模具材料分类

热作模具材料按用途不同，可分为热锻模用钢、热挤压模用钢、压铸模用钢、热冲裁模用钢等；按耐热性不同可将热作模具材料分为低耐热性用钢（350～370℃）、中耐热性用钢（550～600℃）；按合金元素分类可以分为钨系热作模具钢、铬系热作模具钢、铬钼系及铬钨系热作模具钢等；按性能分类可分为高韧性热作模具钢、高热强性热作模具钢、高耐磨性热作模具钢；按合金元素含量及热处理后性能分类可以分成低耐热高韧性钢、中耐热韧性钢、高耐热韧性钢和特殊用途模具钢。表 9-2 列出了常用热作模具钢的分类及钢号。

表 9-2　热作模具钢的分类及钢号

按用途分	按性能分	按合金元素分	钢号（GB/T 1299—2000）
锤锻模用钢	高韧性热模钢	低合金热模钢	5CrNiMo、5CrMnMo、4CrMnSiMoV
机锻模用钢 热挤压模用钢 热镦模用钢	高热强热模钢	中合金热模钢	3Cr2W8V、4Cr5MoSiV、4Cr5MoSiV1、4Cr5W2VSi、3Cr3Mo3W2V、4Cr3Mo3SiV、5Cr4W5Mo2V、5Cr4Mo3SiMnVAl
	特高热强热模钢	高合金热模钢	7Mn15Cr2Al3V2WMo
压铸模用钢	高热强热模钢	中合金热模钢	4Cr5MoSiV1
热冲裁模用钢	高耐磨热模钢	低合金高碳模具钢	8Cr3

大部分热作模具钢碳的质量分数在 0.3%～0.6%之间，以保证要求的强度、韧度、硬度和较好的热疲劳抗力，一般还含有 Cr、Mn、Ni、Si 等合金元素，合金元素的主要作用是强化铁素体、提高钢的淬透性、强度和韧度，Ni 还能改善热疲劳抗力。加入 W、Mo、V 等元素，可以提高钢的强度、硬度和耐回火性，防止产生回火脆性，此外还有细化晶粒的作用。另外，W、Mo、V 等元素在回火时以碳化物形式析出而产生二次硬化，使热作模具钢在较高的温度下仍保持相当高的硬度。

2. 热作模具材料性能要求

热作模具在工作时承受着很大的冲击力以及反复的加热和冷却，型腔和高温金属接触后，局部可达 500～700℃，有的甚至达到 1000℃左右，模具的工作表面容易产生热疲劳裂纹，炽热金属被强制变形时，与模具型腔表面摩擦，模具极易磨损并且硬度降低。因此，热作模具钢要求具有以下性能：

（1）高的热硬性、高耐磨性　热硬性是指模具材料在一定温度下保持硬度、组织稳定性及抗软化的能力，它也是高温耐磨性的重要保证。热作模具钢在工作中承受压应力、拉应力、弯曲应力及冲击应力，还经历强烈的摩擦，必须要有高热硬性和高耐磨性。

（2）良好的冲击韧度　很多热作模具，特别是锻锤用模具，在工作中经常要承受较大的冲击载荷，为了防止模具开裂，要求模具材料必须有较高的冲击韧度和断裂韧度。

（3）高的热疲劳强度　热作模具在周期性的温度急剧变化下服役，在反复热应力作用下，模具表面会形成网状裂纹（龟裂），这种现象称为热疲劳。为防止热疲劳裂纹，要求有高的热疲劳强度。

（4）良好的导热性　为了使模具在工作时不致积热过多，导致力学性能下降，就要尽可能地降低模具表面的温度，减小模具内部的温度差，要求模具材料有良好的导热性。

（5）化学稳定性　热作模具往往在较高温度下工作，模具工作面与空气、液态金属或其他介质接触，因此要求模具材料在工作温度下具有好的抗氧化性能或抗液态金属冲蚀的性能。

9.3.2　热作模具材料性能和热处理

1. 低耐热高韧性热作模具钢

低耐热高韧性热作模具钢主要用于各种尺寸的锤锻模、平锻机锻模、大型压力机锻模等，在锻造过程中，模具型腔表面与被加热的高温锻坯接触，模具表面局部温升可达500～600℃。锻模的截面较大而型腔形状复杂，因此要求模具钢具有一定的高温强度和良好的冲击韧度，高的硬度与耐磨性，好的耐热疲劳性及淬透性，并具有良好的导热性以利于散热，避免型腔表面温度过高而降低力学性能，此外还应具有良好的工艺性和抗氧化性。

低耐热高韧性热作模具钢按化学成分属于亚共析钢或接近共析钢。这类钢的退火组织是片状或粒状珠光体+少量的铁素体（或少量的碳化物）；淬火后组织主要是马氏体，对于大型模具，由于内部的冷却速度较小，会形成部分贝氏体组织。为了使低耐热高韧性热作模具钢制造的模具，经淬火后能得到所需要的高强度、良好的韧性和热稳定性等性能的最佳配合，要求钢的奥氏体晶粒保持细小和分布均匀。低耐热高韧性热作模具钢淬火后具有马氏体和贝氏体混合组织，在550～600℃以下回火后，达到最高的硬度和耐热性。

低耐热高韧性热作模具钢包括5CrNiMo、5CrMnMo、4CrMnSiMoV、5Cr2NiMoV、5CrMnMoSiV、5NiCrMoV、3Cr2MoWVNi等，这些钢种耐热性不太高，但韧性和淬透性很好。

（1）5CrNiMo钢　5CrNiMo钢是传统的热锻模具钢，用量较大。它具有良好的韧性和淬透性，对尺寸效应不敏感。该钢热稳定性差、高温强度低，淬火时容易开裂，为了提高热锻模使用寿命，可采用等温处理方法。

5CrNiMo钢通用性强，常用于形状复杂、冲击载荷大的大型或特大型锻模，大中小型模块，深、浅型槽的模块均可用5CrNiMo钢。不适宜制造受冲击力较大的中小型锻模，热强性或抗热疲劳性能要求很高的热挤压模，热穿孔模及铝、铜压铸模等。

（2）5CrMnMo钢　5CrMnMo钢与5CrNiMo钢的各种性能相类似，其淬透性和韧性均比5CrNiMo差，热处理时过热倾向较大，在高温下工作时，其耐热疲劳性能远逊于5CrNiMo钢。3t以下的浅型槽、中小型锻模使用效果还可以，大截面或深型槽锻模使用寿命很低。

5CrMnMo钢只适用于制造要求较高强度和耐磨性而韧度要求不甚高的各种中、小型锤锻模具及部分压力机模具，也可用于工作温度低于500℃的其他小型热作模具。

(3) 5NiCrMoV钢和5Cr2NiMoV钢 我国小于250mm的小型模块多采用5CrMnMo钢制造，大中型模块一直用5CrNiMo制造。与国外的相应钢号比较，5CrNiMo钢的合金元素含量较低，淬透性较差。钢中不含钒，在较高的淬火温度下，晶粒容易粗化，淬硬性较低，热稳定性差，模具寿命较低。自20世纪末开始，我国研制了类似的钢5NiCrMoV，适当提高了5CrNiMo钢中的Cr、Ni、Mo含量，并加入了适量的V。5NiCrMoV显著提高了钢的淬透性、淬硬性、高温强度、耐回火性和冲击韧度，能够更好地适应大型锻模的要求，适于制作大型、复杂重载荷的锤锻模和压力机锻模。

5NiCrMoV制作大型模具，通常采用淬火后二次回火，但第二次回火温度要比第一次低20~40℃，且保温时间应缩短25%~30%。在应用中，模具的燕尾部分很容易开裂。为了使模具的燕尾部位有更高的韧度，要提高该部位的回火温度，使其得到较低的硬度和较高的韧度。

(4) 5Cr2NiMoVSi和45Cr2NiMoVSi钢 5Cr2NiMoVSi和45Cr2NiMoVSi这两种钢中的碳含量稍低，提高了Cr和Mo的含量并加入适当的V和Si，有高的淬透性和热稳定性。45Cr2NiMoVSi钢更适宜于做锤锻模，其高温强度比5CrNiMo钢提高了64%，热稳定性得到提高，表面使用温度可提高150~170℃。

5Cr2NiMoVSi钢主要用于制造各类压力机模具和3t锤锻模，平均使用寿命比5CrNiMo钢高0.5~1倍；45Cr2NiMoVSi钢适合制造40000kN以上机械压力机锻模和3t以上锻锤模，使用寿命较5CrNiMo和5CrNiMoV钢提高0.5~1.5倍。

2. 中耐热韧性热作模具钢

中耐热韧性热作模具钢，主要有质量分数为5%的铬系热作模具钢和铬钼系热作模具钢，此类钢的Cr含量比低合金热作模具钢有很大的提高，另外，加入一定量的Si、Mo、W、V等合金元素，因此其淬透性更高，Mo、W、V等合金元素易形成M_6C和MC型碳化物，其溶解温度较高，可细化奥氏体晶粒，提高钢的韧性及抗热疲劳性能，回火时又能析出一定量的M_2C和MC型碳化物，增加二次硬化效果，提高钢的热强性及热稳定性，回火温度达620~630℃时，硬度仍能保持45HRC左右，因此该类钢可在600℃以下工况服役。其服役温度比低合金热作模具钢提高了约200℃，韧性及耐热性介于高韧性及高热强性热作模具钢之间。

这类钢几乎都采用空冷淬火，对于尺寸大于100mm的模具钢采用油淬火。回火后钢的硬度主要取决于M_2C和MC碳化物的析出，在500~520℃之间回火1.5~2.0h后可获得最高的硬度值。

中耐热韧性热作模具钢目前应用较广的有4Cr5MoSiV1(H13)、4Cr5MoSiV(H11)、4Cr5MoWSiV(H12)、4Cr5W2VSi、4Cr3Mo2MnVB(ER8)、4Cr3Mo3SiV(H10)、4Cr3Mo2NiVNbB(HD)、3Cr3Mo3W2V(HM1)、25Cr3Mo3VNb(HM3)、2Cr3Mo2NiVSi(PH)等，该类钢与5CrNiMo钢相比，在断面小于150mm时具有大致相等的韧度，而在工作温度下却具有更高的硬度、热硬性、热强性和耐磨性，因此从铝合金压铸模到精密锻造模具，热锻压冲头、热挤压模具、热剪切模具等都可采用。

(1) 4Cr5MoSiV(H11)钢 4Cr5MoSiV钢，也称H11钢，是一种空冷硬化型热作模具钢，$w_{Cr}=5\%$，淬透性很好，150mm以下的钢材空冷即可淬硬。该钢在中温时具有较好的热强度，高的韧性和耐磨性，在工作温度下有较好的抗冷热疲劳性能，此外，抗氧化性能好，热处理变形小。与5CrNiMo钢相比，H11钢的热强性和耐磨性都较高，而韧性相似，淬透性较好，是制作锻模较好的材料。由于韧性较高，甚至在淬火状态也还有一定的韧性，抗热疲劳性能特别好。

H11钢广泛应用于铝型材挤压，汽车、拖拉机、五金工具等行业的机锻模，轴承行业挤压模及辗压辊、压铸模等方面。

(2) 4Cr5MoSiV1(H13)钢　4Cr5MoSiV1钢，是国际上广泛应用的一种空冷硬化热作模具钢，钢中含碳量并不太高，但合金元素总的质量分数达8%左右，为过共析钢。国产的4Cr5MoSiV1钢中普遍存在碳化物带状偏析，通过均匀化退火能够减少成分偏析，提高化学成分和组织的均匀性。

H13钢具有较高的韧性和耐冷热疲劳性能，不易产生热疲劳裂纹，即使出现热疲劳裂纹也是细而短的，不容易扩展。H13钢同时具有较高的热强性，是一种强韧兼备的质优价廉的钢种，既可作热锻模材料，也可用作型腔温升低于600℃的压铸模材料。但H13钢在600℃以上时热强性欠佳，在压铸高熔点合金时，H13钢就显得不太能胜任了。

H13钢适于制造铝、锌合金的压铸模，大型压力机热锻模、热挤压模的模套，挤压筒内衬及芯轴，高速镦锻轴承自动线上的模具和冲头，冷镦轴承滚动体模具和塑料模等。

(3) 4Cr3Mo2NiVNbB(HD)钢　HD钢是为适应700℃左右温度工作而研制的新型热作模具钢。其室温强度和韧度、高温强度、韧度和使用寿命都比3Cr2W8V钢高。HD钢可用于钢质热挤压凸模，铜合金管材挤压模和穿孔针，热挤压轴承环凸模与凹模，气门挤压模等模具。

3. 高耐热热作模具钢

高耐热热作模具钢主要用于较高温度下工作的热顶锻模具、热挤压模具、铜及黑色金属的压铸模具、压力机模具等。其中压力铸造是在高的压力下，使熔融的金属挤满型腔而压铸成形的，在工作过程中模具与炽热金属接触，因此要求具有较高的耐回火性及热稳定性。属于此类的钢有3Cr2W8V(H21)、5Cr4W5Mo2V(RM-2)、5Cr4Mo3SiMnVA1(012A1)、4Cr3Mo3W4VNb(GR)、6Cr4Mo3Ni2WVC(CG-2)、4Cr3Mo2MnVNbB(Y4)、4Cr5Mo2MnVSi(Y10)、4Cr3Mo2WVMn(TM)、奥氏体耐热钢等。这类钢的钨、钼含量较高，比前两类热作模具钢在高温下有更高的强度、硬度和耐磨性，组织稳定性好，但其韧性和抗热疲劳性能不及低耐热韧性热作模具钢。

高耐热热作模具钢含碳量不高，但合金元素含量高，接近共析或过共析成分。这种钢有较高的高温强度和高温硬度，可以在600~700℃的高温下工作，同时具有高的耐磨性，淬透性好，有强烈的二次硬化效果，好的耐回火性，较高的抗疲劳性和断裂韧度。高耐热热作模具钢的塑性、韧性和抗冷疲劳性低于中耐热韧性热作模具钢。

高耐热热作模具钢采用分级淬火以提高钢的冲击韧度。又因该类钢中都含有较多的合金元素，提高了马氏体转变点，也就提高了钢的淬透性，因此，当钢的截面尺寸小于150mm时，在空气中冷却也能完全淬透。淬火后硬度值也都很高，一般可以达到55~62HRC。但因其含Mo合金较高，脱碳敏感性较大，在淬火加热时必须加以充分保护，一般采用盐浴炉加热。高耐热热作模具钢均为二次硬化钢，在500~560℃的温度范围内回火具有强烈的二次硬化效应，能得到钢的最高硬度值。

高耐热热作模具钢适用于要求高耐热性、耐磨性，韧性要求较低、形状不太复杂的模具。其主要用于压力机镦锻模，挤压机上加工高强钢、不锈钢、钛合金、耐热合金等尺寸小于150mm的模具，压铸模以及工作温度较高（680~690℃）、高磨损条件下工作的模具。

（1）3Cr2W8V(H21）钢 3Cr2W8V钢含有质量分数为8%左右的钨，属于过共析莱氏体钢，在热作模具钢中是发明较早、应用极广的一种模具材料。由于钨含量较高，当温度大于或等于600℃时，其高温强度、硬度等要高于铬系热作模具钢。同时因冷热疲劳抗力差，在急热、急冷条件下工作容易出现热疲劳裂纹而失效，所以不宜在急冷、急热条件下工作。可采用高温淬火、高温回火、贝氏体等温淬火或控制淬硬层淬火进行强韧化。

3Cr2W8V钢的主加元素刚好是W18Cr4V高速钢的一半，因此又称为半高速钢。含钨越高，钢的热稳定性越高，耐磨性越好。铬能增加钢的淬透性，虽因冷热疲劳抗力差，在急冷、急热条件下工作时容易产生冷热疲劳裂纹而失效，但其耐回火性较高，在550℃回火时会出现二次硬化峰，淬火温度越高，二次硬化峰值的硬度越高，热强性越好。由于W_2C的析出，在650℃时，冲击韧度最低，因此高温韧性较差。

由于3Cr2W8V钢耐回火性较高，具有耐热性能，作为高热强热作模具得到广泛应用，可以用来制作高温下高应力，但不受冲击载荷的凸模、凹模，如平锻机上用的凸凹模、镶块、铜合金挤压模、压铸用模具，也可以用来制作同时承受较大压应力、弯应力或拉应力的模具，如反挤压的模具，还可以用来制作高温下受力的热金属切刀等。

（2）5Cr4W5Mo2V(RM-2）钢 5Cr4W5Mo2V钢是属于基体钢类型的热作模具钢，因此综合了高速钢的高强度和一般低合金工具钢所具有的韧性。

5Cr4W5Mo2V钢中$w_C=0.5\%$左右，合金元素的质量分数高达12%。钢在使用状态时有较多的碳化物，因而具有较高的硬度、耐磨性、耐回火性及热稳定性，可以进行一般的热处理和化学热处理，可以替代3Cr2W8V钢制造某些热挤压模具，在700℃工作时仍可保持54HRC的硬度。

5Cr4W5Mo2V钢适于制作小型精锻模、平锻模、压印凸模、热挤压凸模、热切边模及辊锻模等，但不适合制造水冷及较大尺寸的模具。

（3）5Cr4Mo3SiMnVAl(012Al）钢 5Cr4Mo3SiMnVAl(012Al）钢是一种含铝的冷、热作兼用的基体钢，含碳量降低，合金含量提高，从而提高了热疲劳性。Si强化了基体，弥补了因降低含碳量而造成的强度不足；Al细化晶粒，提高了韧性。该钢综合性能好、强韧性高、通用性强。作为冷作模具钢，比Cr12钢有更高的韧性；作为热作模具钢，它和H21钢相比有较高的高温强度和较优良的热疲劳性能。012Al钢经淬火、回火处理后，其抗弯强度和弯曲挠度要高于W18Cr4V和3Cr2W8V钢。同时012Al钢的热稳定性比3Cr2W8V钢优越得多，具有更高的热硬性，热疲劳性能也比3Cr2W8V钢优越得多。

用012Al钢制作的热作模具，热疲劳性能比3Cr2W8V钢制作的模具有更长的使用寿命。012Al用作冷作模具钢可代替高速钢用于冷镦模、中厚钢板凸模、搓丝板、内六角凸模、切边模等，其寿命比Cr12MoV钢大幅度提高。

（4）6Cr4Mo3Ni2WV(CG-2）钢 CG-2钢是在M2高速钢基体的基础上适当增加Mo含量，降低W含量研制而成的新型模具钢，CG-2钢是一种冷热兼用的基体钢。由于钢中含有2%（质量分数）的Ni元素，使基体的强度和韧度提高。CG-2钢的室温及高温强度、热稳定性均高于3Cr2W8V钢，但塑性及高温冲击韧度稍低于3Cr2W8V钢。

用CG-2钢制作轴承套圈热挤压凸模和凹模，1130℃油淬及630～600℃回火，硬度为50～53HRC，凸模寿命为3Cr2W8V钢凸模的2～3倍；制作底板，使用寿命为3Cr2W8V钢底板的3～6倍；制作热挤压凸模，寿命提高近1倍。CG-2钢还可用于制作标准件及轴承滚子冷镦模、缝纫机零件冷镦模等。

（5）4Cr5Mo2MnVSi（Y10）钢　4Cr5Mo2MnVSi钢是针对铝合金压铸模而研制的新型热作模具钢，化学成分与H13钢相似，但含钼量稍高，有很好的淬透性。钢中Mo和V分别以M_6C和MC型碳化物存在，对细化晶粒、提高热强性和耐回火性有较大作用。钢中加入Si、Mn的目的是提高基体强度。由Y10钢制作的模具，可以在低于600℃的工作温度下长期工作。Y10钢在力学性能上，尤其是在冷热疲劳及抗裂纹扩展方面明显优于3Cr2W8V钢，是比较理想的铝合金压铸模材料。该钢用于压铸模使用寿命明显提高，另外Y10钢在热挤压模、热锻模应用方面，也取得了明显成效。

（6）3Cr3Mo3VNb钢（HM3）　3Cr3Mo3VNb钢是参照H10钢和3Cr3Mo系热作模具钢，并结合我国资源情况研制而成的。钢中加入微量元素铌，使钢具有更高的耐回火性和热强性。HM3钢具有高的高温强度。当试验温度低于600℃时，HM3钢的强度低于4Cr5W2VSi钢，但当温度高于600℃时，HM3钢的强度却高于4Cr5W2VSi钢。

用HM3钢代替3Cr2W8V、5CrNiMo、4Cr5W2VSi钢制作模具，可使模具寿命提高2～10倍，并有效地克服了模具因热磨损、热疲劳、热裂等引起的失效。在热锻成形凹模、连杆辊锻模、热挤压凹模、高强钢精锻模、小型机锻模、铝合金压铸模等方面的应用取得了良好的效果。

4. 特殊用途热作模具钢

本节主要介绍奥氏体型热作模具钢和析出硬化型热作模具钢。

（1）奥氏体型热作模具钢　奥氏体型热作模具钢一般都含有较高的Ni、Mn等奥氏体形成元素，同时加入了一定量的C、N、Cr等元素，使奥氏体变得更加稳定，钢始终保持奥氏体组织，其中Cr14Ni25Co2V、4Cr14Ni14W2Mo钢属于铬镍系奥氏体热作模具钢，而5Mn15Cr8Ni5Mo3V2、7Mn10Cr8Ni10Mo3V和7Mn15Cr2Al3V2WMo钢为高锰系奥氏体热作模具钢。奥氏体型热作模具钢的优点是组织比较稳定，在加热和冷却过程中均不发生相变，具有很高的高温强度和耐热性，缺点是线胀系数大、导热性差，降低了钢的热疲劳性能，不适宜作为强烈水冷的模具材料。

奥氏体型热作模具钢的热处理方法有退火、固溶处理和时效等。对于高锰系奥氏体热作模具钢，易产生加工硬化，在880℃退火可提高它的加工性能。固溶处理的加热温度为1150～1200℃，然后水淬，处理后的组织为奥氏体＋少量未溶碳化物，硬度为20HRC，固溶后在700℃长时间高温时效，弥散析出细小碳化物，在800℃时硬度为42HRC，900℃产生过时效。该类钢室温强度、硬度并不高，韧性、塑性也较低，实际应用中常将模具预热到400～450℃，这类钢脆性也较大，实际应用受到限制。

高锰系奥氏体热作模具钢适于制造工作温度达700～900℃、工作应力较高、形状简单的模具，例如铜合金挤压模、钢或高温合金挤压模、粉末烧结模等，铬镍系奥氏体热作模具钢抗氧化性好，可用于钛合金板材的热蠕变成形模、强腐蚀性的玻璃成形模以及压铸用型芯等热作工模具。

4Cr14Ni14W2Mo钢为奥氏体型热作模具钢的典型钢种。该钢属于铬镍系奥氏体热作模具钢，室温强度不高，但在高温下仍能保持较高的强度，导热性差，变形阻力大，锻造加工困难，且切削加工性及焊接性能差，在650℃以下有良好的力学性能，在600～800℃时，易因强烈的时效而强化，在800℃以下耐热不起皮，在900℃以下耐气体腐蚀能力高。该钢适宜制造航空、船舶、载货汽车等的发动机进气、排气阀门以及蒸汽和气体管道。

（2）析出硬化型热作模具钢　用析出硬化型热作模具钢制造的热锻模具在使用过程中，与高温工件接触的型腔表面被工件加热到钢的沉淀硬化温度（500～600℃），型腔表面由于合金碳化物和金属间化合物的析出，硬度可以上升到45～48HRC，提高了型腔表面的耐磨性，模具心部仍保持原有的组织和韧性，从而提高了模具的使用寿命。

析出硬化型模具钢的含碳量较低，一般质量分数在0.2%左右，并且含有一些沉淀硬化的合金元素，如V、Ni、Mo等，淬火后宜采用较低温度回火（约400℃），硬度为40HRC左右。由于碳含量低，中温回火后钢的组织为板条状低碳马氏体，具有良好的韧性和切削加工性，可以进行型腔加工。此类钢可不必淬火，使制模周期缩短。

2Cr3Mo2NiVSi(PH)钢是我国研制的无钴析出硬化型热作模具钢。用PH钢制作的模具适于在淬火和低温回火后进行机械加工，此时模具硬度约为40HRC，加工后可直接使用。在使用过程中，模具表层受热，析出碳化物，导致二次硬化，硬度可达48HRC，而心部组织未发生转变。模具同时具有表层所需的高温强度和心部高韧性。其热磨损和热疲劳抗力明显优于H13、H11钢。由于模具在机加工前进行热处理，避免了热处理变形和表面氧化脱碳等问题。

PH钢具有优异的析出硬化性能，淬火、回火后的硬度值为45HRC，在525～550℃回火，析出硬化后的硬度值上升到47～48HRC。在预硬状态下切削加工性能良好，在保证足够韧性的前提下，其高温强度接近或超过3Cr2W8V钢及4Cr5W2VSi(H11)钢。

PH钢适用于在500～600℃范围内使用的热锻模具。用PH钢制作常啮合轮模和连杆模等，模具使用寿命比H11钢提高了约1倍。

9.4　塑料模具材料及热处理

9.4.1　塑料模具材料分类和性能要求

1. 塑料模具钢的分类

随着高性能塑料的开发和生产规模的不断扩大，塑料制品的种类日益增多，并向精密化、大型化和复杂化发展，使塑料模具的工作条件更加复杂和苛刻，对塑料模具材料的性能要求也不断提高。我国已经建立了自己的专用塑料模具钢系列，纳入国家标准的有3Cr2Mo和3Cr2MnNiMo两种，纳入行业标准的有20多种，已在生产中推广应用了10多种新型塑料模具钢，初步形成了我国塑料模具用钢体系。

按照钢材特性和使用时的热处理状态可将塑料模具钢分为渗碳型塑料模具钢、预硬型塑料模具钢、调质型塑料模具钢、时效硬化型塑料模具钢、耐腐蚀型塑料模具钢、淬硬型塑料模具钢、非调质塑料模具钢等。目前用得最多的是渗碳型塑料模具钢、预硬型塑料模具钢和时效硬化型塑料模具钢。

2. 塑料模具钢的性能要求

塑料模具按成型固化不同可分为热固性和热塑性塑料模具。热固性塑料模工作时，塑料为固态粉末料或预制坯料，加入型腔并在一定温度下经热压成型，工作温度一般为160～250℃，受力大，一般为160～200MPa，个别的要达到600MPa，并受一定冲击，摩擦较大，热机械载荷及磨损较大。热塑性塑料模是使塑料在粘流状态下通过注射、挤压等方法进入模具型腔加工成型的模具，工作温度在180℃以下，塑变抗力小，受热、受压、受磨损情况不严重，但当加入固体填充料时，磨损会大大增加。

根据塑料模的工作条件，塑料模具钢应具有以下性能：

（1）较高的强度、硬度与韧度　使模具能承受开模力、熔体压力、锁模力的作用而不发生变形和开裂。

（2）好的耐磨性　塑料中添加玻璃纤维或固体填充剂时，模具磨损严重，需要较高的耐磨性，才能保证模具具有足够长的寿命。

（3）良好的耐蚀性　有些塑料在加热熔融状态下能分解出腐蚀性气体，对模具型腔面有较强的腐蚀性，故要求模具材料具有良好的耐蚀性以抵御HCl、SO_2、HF等腐蚀性气体的侵蚀。

（4）耐热性和尺寸稳定性　模具材料应有稳定的组织和低的热膨胀系数，防止模具变形。

（5）机械加工性能好　具有良好的镜面抛光研磨性能和图案蚀刻性能。

9.4.2 塑料模具钢的性能及热处理

1. 碳素塑料模具钢

碳素塑料钢具有价格便宜、加工性能好、原料来源方便等优点，形状简单的小型塑料模具或精度要求不高、使用寿命不需要很长的塑料模具，多采用45、50、55钢制造。为使塑料模具具有较低的表面粗糙度值，采用YB/T 094—1997中列出的SM45、SM50、SM55等钢，与优质碳素结构钢相比，这类钢中的实际S、P含量低，钢材的纯净度好，且碳含量波动范围窄，力学性能更稳定。对于硬度要求较高的、尺寸较小的热固性塑料模具，一般采用碳的质量分数为0.7%～1.3%的高碳碳素工具钢制造，如T7、T8、T10、T11、T12等钢，该类钢热处理后可以得到高硬度和高耐磨性。

（1）SM45钢　SM45钢是优质碳素塑料模具钢，其钢中的硫、磷含量低，钢材的纯净度好。该钢淬透性差，优点是价格便宜，切削加工性能好，淬火后具有较高的硬度，调质处理后具有良好的强韧性和一定的耐磨性。钢中碳含量中等，形状简单的模具一般采用水冷淬火，形状复杂的小型模具容易出现裂纹，一般采用水淬油冷，被广泛用于制造中、小型的中、低档次的塑料模具，如日用杂品、玩具等塑料制品的模具。

（2）SM55钢　SM55钢是优质碳素塑料模具钢，经热处理后具有高的表面硬度、强度、耐磨性和一定的韧性，一般在正火或调质处理后使用，该钢价格便宜，切削加工性能中等，当硬度为179～229HBW时，相对可加工性为50%，但焊接性和冷变形性均低。该钢适宜制造形状简单的小型塑料模具或精度要求不高、使用寿命不需很长的塑料模具等。

2. 渗碳型塑料模具钢

渗碳型塑料模具钢分为碳素渗碳钢和合金渗碳钢，碳的质量分数一般在0.10%～

0.25%的范围内，钢中加入了能提高淬透性而固溶强化铁素体效果又小的合金元素如Cr、Ni。该类钢退火后硬度低，具有良好的切削加工性，塑性好，冷加工硬化效应不明显，可用冷挤压的方法加工模具型腔，也称冷挤压钢。它可缩短模具的制造周期、降低成本，而且模具的互换性好。成形复杂型腔时，其退火硬度≤100HBW，成形浅型腔时，其退火硬度≤160HBW。成形后经渗碳、淬火、回火可获得较高的表面硬度和耐磨性，表面硬度可达58～62HRC。热处理工艺复杂，变形较大。

此类钢国外有专用钢种，如美国的P1、P2、P4、P6，日本的CH1、CH2、CH4，瑞典的8416等。国内常用的钢号有工业纯铁DT1、20、20Cr、10Cr5、10Cr2NiMo、12CrNi2、12CrNi3A、12Cr2Ni4、18CrNiW、20Cr2Ni4、20CrNiMo、20CrNiTi、2CrNi3MoALS及研制已有20年的LJ钢(0Cr4NiMoV)等。

渗碳型塑料模具钢的热处理有渗碳淬火（直接淬火、一次淬火、二次淬火）、低温回火(通常为200℃左右)，使模具获得高的硬度、强度，一定的塑性、韧性，保证了模具的使用性能，提高了模具的寿命。渗碳后一般应先缓冷，然后进行一次淬火。淬火温度应根据需要进行选择，通常控制在810～850℃之间，使模具表面和心部组织同时得到改善。

(1) 0Cr4NiMoV(LJ)钢　LJ钢w_C≤0.08%，主加元素是铬，w_{Cr}为3.6%～4.2%，辅助元素为Ni、Mo、V，主要作用是提高淬透性和渗碳能力，增加渗碳层的硬度和耐磨性以及模具心部的强韧性。LJ钢冷成形性与工业纯铁相近，用冷挤压法成形的模具型腔轮廓清晰、光洁、精度高，再经渗碳、淬火和回火，使模具表面获得高硬度和高耐磨性而心部强韧性好。

LJ钢是国内研制的冷成形专用钢，具有良好的可锻性和热处理工艺性，可顺利地进行冷挤压成形。LJ钢渗碳速度快，渗层深度比20钢多1倍，热处理变形微小，主要用来替代10、20钢及工业纯铁等冷挤压成形的精密塑料模。

(2) 12CrNi3A钢　12CrNi3A钢是传统的中淬透性合金渗碳钢，与15Cr、20Cr钢相比，其强度、塑性、淬透性均较高。由于碳含量低，镍含量较高，钢的淬透性和渗碳层的强韧性较好，尤其是镍，在产生固溶强化的同时，明显增加钢的塑韧性。与其他冷成形塑料模具钢相比，该钢的冷成形性属于中等。

12CrNi3A钢可锻性良好，为了提高冷成形性，锻后必须经软化退火，退火后的硬度<160HBW，适于冷挤压成形。12CrNi3A钢也可用来制造切削加工成形塑料模具，为了改善切削加工性，模坯须经正火处理。

12CrNi3A钢主要用于冷挤压成形的形状复杂的浅型腔塑料模具和大、中型切削加工成形的塑料模具。

(3) 20Cr2Ni4钢　20Cr2Ni4钢为高强度合金渗碳钢，有良好的综合力学性能，其淬透性、强韧性均超过12CrNi3钢。该钢可锻性良好，锻造加热温度为1200℃，始锻温度为1150℃，终锻温度高于850℃，锻后缓冷。

20Cr2Ni4钢用于制造注射模的推板、锁楔、凹模套、复位杆、直径较大的推杆、型芯固定板等结构。

3. 预硬型塑料模具钢

预硬型塑料模具钢是由冶金厂在供货时已预先进行了热处理、调质处理达到模具使用态的硬度（30～35HRC）的钢材，用户得到材料后，直接加工成模具，不再进行淬火、回火处理就可以直接使用。可以避免在模具加工以后再进行淬火、回火热处理所造成的变形、开裂、脱碳等缺陷，缩短了模具制造周期。这种钢同时具有良好的强韧性、切削性能和抛光性能，尺寸精度及性价比好，适宜制造形状复杂、精密的塑料模具，在塑料模具钢市场中占有较大份额。

我国研究的预硬型塑料模具钢，大多是以中碳钢为基础，加入适量的 Cr、Mn、Ni、Mo、V 等合金元素制成的。并通过向钢中加入 S、Ca、Pb、Se 等元素，解决在较高硬度下切削加工难度大的问题，从而制得易切削预硬化钢，可使模具在较高硬度下顺利完成车、钻、铣、镗、磨等加工过程。有些预硬型塑料模具钢可以在模具成形后进行渗氮处理。在不降低基体使用硬度的前提下显著提高模具的表面硬度和耐磨性。我国研制了一些含硫易切削预硬型塑料模具钢和 S-Ca 复合易切削预硬型塑料模具钢，如 8Cr2MnWMoVS 和 5CrNiMnMoVSCa (5NiSCa)。常用的预硬型塑料模具钢有 3Cr2Mo(P20)、3Cr2MnNiMo(718)、40CrMnVBSCa (P20BSCa)、Y55CrNiMnMoV(SM1)、5CrMnMo、40Cr、42CrMo、5CrNiMo、5CrNiMnMoVSCa (5NiSCa)、8Cr2MnWMoVS、25CrNi3AlMnMo、Y55CrNiMnMoVS 等。

（1）3Cr2Mo(P20) 钢　3Cr2Mo 钢与美国通用型塑料模具钢 P20、瑞典的 618 是同类型钢，是我国引进的美国塑料模具常用钢。交货时可预硬至 30 ~ 36HRC，或是退火至硬度 < 235HBW(22HRC)。3Cr2Mo 钢含铬、钼量较高，为增加表面耐磨性，可在成形加工后进行表面处理，如镀铬、渗氮等。该钢综合力学性能较好，淬透性高，可使截面尺寸较大的钢材获得较均匀的硬度，适合电蚀加工，具有良好的切削加工性能及镜面研磨性能。该钢主要用于中、小型或大型复杂、精密塑料模，尤其适宜制造电视机、大型收录机的外壳及洗衣机面板盖等大型塑料模具。

（2）3Cr2MnNiMo(718) 钢　3Cr2MnNiMo 钢同瑞典的 718 钢、美国的 P20 + Ni 钢是同类型钢，交货时预硬至 30 ~ 36HRC，可再加硬至 > 40HRC。该钢是在 P20 钢的基础上添加质量分数为 1.8% ~ 1.2% 的镍，具有更高的淬透性、强韧性和耐蚀性，表面粗糙度 *Ra* 值达 0.01 ~ 0.005μm，具有良好的车、铣、磨等加工性能。该钢可采用火焰对局部表面加热至 800 ~ 825℃，然后空冷或用压缩空气冷却，使局部表面淬硬至 56 ~ 62HRC，以增加模具的使用寿命。模具局部损坏可用补焊法修补，焊接性及焊接质量良好，可以进行加工。718 钢表面镀铬后，镀层和基体金属结合良好，表面硬度可达 1000HV，显著提高了模具的耐磨性和耐蚀性。

718 钢主要用于制造特大型、大型塑料模具及精密塑料模具，也可用于制造低熔点合金（如锡、铅、铝合金）压铸模等。

（3）5CrNiMnMoVSCa(5NiSCa) 钢　5NiSCa 属于 S-Ca 复合系易切削预硬型塑料模具钢，合金元素总质量分数小于 4%，是二元易切削预硬型塑料模具钢，在预硬硬度 35 ~ 45HRC 下具有良好的切削加工性能，该钢淬透性高、强韧性好，即使在 50HRC 时仍具有较高的韧性及止裂能力，还可进行机械加工。该钢具有良好的切削加工性和镜面抛光性，蚀刻花纹图案清晰逼真，抛光后的模具，应及时镀铬或渗氮处理，既可避免型腔表面锈蚀氧化，又增加了表面硬度和耐磨性。该钢适宜制造各种类型精密注射模、印制电路板凹模、橡胶模、胶木模等。模具质量和寿命超过 P20 钢。

4. 时效硬化型塑料模具钢

时效硬化型塑料模具钢适用于制造预硬型塑料模具钢的硬度满足不了要求，又不允许有较大热处理变形的模具。此类钢的共同特点是含碳量低、合金度较高，经高温淬火（固溶处理）后，处于软化状态，组织为单一的过饱和固溶体。但是将此固溶体进行时效处理，即加热到某一较低温度并保温一段时间后，固溶体中就会析出细小弥散的金属化合物而得到强化和硬化，且强化过程引起的尺寸、形状变化极小。因此，采用此类钢制造塑料模具时，可在固溶处理后进行模具的机械成形加工，再进行时效处理，使模具获得使用状态的强度、硬度、尺寸和形状的精度。若采用真空炉或辉光时效炉进行时效处理，则可在镜面抛光后再进行时效处理。此类钢镜面抛光性能和光蚀性能良好，还可以通过镀铬、渗氮、离子束增强沉积等表面处理方法来提高耐磨性和耐蚀性，适于制造复杂、精密、高寿命的塑料模具。时效硬化型塑料模具钢有低镍时效钢和马氏体时效钢两类。

（1）马氏体时效钢　这类钢具有强度/密度比高、可加工性和焊接性良好以及热处理简单等优点。最为典型的钢是18Ni马氏体时效钢，国内有00Ni18Co8Mo5TiAl（相当于18Ni(250)）和00Cr5Ni12Mo5TiAl(12Ni-5Cr-5Mo）两种牌号。同时，还发展了一些低钴、无钴、低镍的马氏体时效钢，如06Ni6CrMoVTiAl、25CrNi3MoAl、Y20CrNi3IMnMo（SM2）和10Ni3MnCuAl(PMS）等。

马氏体时效钢是以镍为主要合金成分的微碳高合金钢，这种钢的奥氏体很稳定，经固溶处理后即可获得微碳Fe-Ni板条马氏体，硬度为30HRC左右。无冷加工硬化效应，有良好的切削加工性能，加工成形后，在480℃进行时效处理，硬度为50HRC左右，在高强度下能保持较高的韧性、抗氧化性和耐蚀性。马氏体时效钢即使很慢冷却也只能产生马氏体，不会出现淬透性不足的问题。

1）18Ni类钢。该钢相当于日本的MAS1钢，属于低碳马氏体时效钢，经固溶处理时效后，具有高的硬度和韧度，又有良好的耐蚀性，而且时效变形小。18Ni类钢中镍的质量分数在10%以上，可提高马氏体时效钢的断裂韧度。起时效硬化作用的合金元素是钛、铝、钴和钼。

18Ni类钢主要用于精密锻模及制造高精度、超镜面、型腔复杂、大截面、大批量生产的塑料模具。但因Ni、Co等贵重金属元素含量高，价格昂贵，尚难以广泛应用。

2）06Ni6CrMoVTiAl(06Ni）钢。06Ni6CrMoVTiAl钢属低镍马氏体时效钢。该钢的突出优点是热处理变形小，时效处理后的变形率仅为0.02%~0.05%，纵、横方向变形率相近，这是高碳钢和易切削钢所不及的。该钢固溶处理后硬度为25~28HRC，在此硬度下，切削加工性能和抛光性都很好。经机械加工成形及钳工修理和抛光后进行时效处理，时效后的硬度为43~48HRC，变形率<0.05%，并且具有良好的综合力学性能，一定的耐蚀性以及良好的渗氮、镀铬、焊接工艺性。因为合金含量低，其价格比18Ni类钢低得多。

该钢适于制造精度比较高又必须淬硬的精密塑料模，比用调质钢和碳素工具钢制造的模具寿命高2倍以上。该钢用以制作磁带盒、照相机、电传打字机等零件的塑料模具，均能达到很好的效果。

（2）析出硬化型时效钢　析出硬化型时效钢是比较新型的钢种之一，所含的合金元素比马氏体时效钢少，特别是Ni的含量少得多。在固溶处理状态下硬度为30HRC左右，可进行切削加工，制成模具之后再进行时效处理，使硬度达40HRC左右，而且时效变形量很小（0.01%左右），典型钢有25CrNi3MoAl、10Ni3MnCuAlMoS（PMS）、Y20CrNi3AlMnMo（SM2）、P21等。该类钢适宜制造高硬度、高强度和高韧度的精密塑料模。

固溶处理的目的在于得到细小的板条马氏体，以提高钢的强韧性；固溶淬火后的马氏体硬度较高，需进行高温回火以降低硬度。高温回火工艺的选择原则是，既要使马氏体充分分解，又要避免 NiAl 相的脱溶析出。钢材的最终性能是通过时效处理得到 NiAl 相而得到强化。

1）10Ni3CuAlMoS(PMS) 钢。PMS 钢是一种新型低碳的镍铜铝系时效硬化型塑料模具钢，因其镜面加工性能好，也被称为镜面塑料模具钢。此钢热处理后获得贝氏体和马氏体双相组织，具有良好的综合力学性能，淬透性高，热处理变形小，切削加工性能良好，可做镜面抛光。PMS 钢具有良好的可锻性，可进行高精度型腔的挤压成形，经时效处理后能获得较高的强度和 40～43HRC 的硬度，渗氮能力强，在渗氮处理的同时进行时效处理。PMS 钢还具有良好的焊接性，可对损坏的模具进行补焊修复。

PMS 镜面塑料模具钢适于制造有镜面要求和精细花纹图案蚀刻要求的各种光学塑料镜片，高镜面、高透明度的注射模以及外观质量要求极高的光洁、光亮的各种家用电器塑料模。渗氮处理后还可用于制造添加无机纤维的增强工程塑料制品的成型模具。

2）25CrNi3MoAl 钢。25CrNi3MoAl 钢为低 Ni 无 Co 型 Ni-Mo-Al 系析出硬化型时效钢，相当于日本的 N3M，优点是含镍量低，价格远低于马氏体时效钢，也低于超低碳中合金时效钢。该钢有良好的切削加工性能和电加工性能，镜面研磨性好，表面粗糙度可达 Ra0.025～0.2μm，表面光刻性好，光刻花纹清晰。该钢焊接修补性好，时效后焊缝硬度和基体硬度接近。

25CrNi3MoAl 钢适用于制作变形率要求在 0.05% 以下，镜面要求高或表面要求光刻花纹工艺的精密和高精密塑料模。

3）Y20CrNi3AlMnMo(SM2) 钢。Y20CrNi3AlMnMo(SM2) 钢是在 P20 基础上改进研制的新型塑料模具钢，属含硫系中合金时效硬化易切削预硬钢，它具有良好的综合力学性能，加工工艺性能和优良的镜面抛光性能，可渗氮，用于高精度模具。SM2 钢的切削加工性能优于 PMS 钢，锻造工艺与 SM1 钢相同，锻后不必退火，具有良好的切削加工性能，加工成形后经 500～520℃时效处理，硬度为 40HRC。对于要求表面光洁、精度较高的模具，可在此硬度下进行精加工，抛光表面。

SM2 钢具有良好的渗氮、氮碳共渗、离子共渗、氧氮共渗等工艺性能。其生产工艺简便，性能优良稳定，使用寿命长，主要用于热塑性塑料模具。

5. 耐腐蚀型塑料模具钢

加工聚氯乙烯塑料、氟塑料、阻燃塑料等塑料制品时，分解出的腐蚀性气体对模具有腐蚀作用，要求模具材料有一定的耐蚀性，为此需在模具表面镀铬或直接选用中碳或高碳的高铬马氏体不锈钢，如 20Cr13、30Cr13、40Cr13、95Cr18、102Cr17Mo、14Cr17Ni2、07Cr17-Ni7Al 等。

为提高耐腐蚀型塑料模具钢的加工精度，国内又研制了马氏体时效硬化钢 0Cr16Ni4Cu3Nb（PCR）和 1Cr14Co13Mo5V(AFC)，这类钢适于制作要求高耐磨、高精度和耐腐蚀的塑料模具。同时，还引进和应用了国外耐腐蚀镜面塑料模具钢，如法国的 CLC316H、德国的 X36CrMo17、奥地利的 M300 和瑞典的 ASSAB S—136 等。

耐腐蚀型塑料模具钢一般要经过适宜的淬火、回火处理。

（1）95Cr18 钢　95Cr18 钢属于高碳高铬马氏体型不锈钢，其耐蚀性比低碳不锈钢差，但力学性能如强度、硬度、耐磨性和切削加工性能较好。该钢的热处理一般采用淬火＋低温回火，热处理后具有高硬度、高耐磨性和耐蚀性，适宜制造承受高耐磨、高载荷以及在腐蚀介质下工作的塑料模具。该钢为莱氏体钢，容易形成不均匀的碳化物偏析而影响模具使用寿命，必须通过锻造使粗大碳化物均匀分布。

（2）40Cr13 钢　40Cr13 属于中碳高铬型马氏体不锈钢，广泛用作高级镜面塑料模具钢。该钢切削加工性能较好，经热处理（淬火及回火）后具有较好的耐蚀性，能耐大气和水蒸气，弱有机酸，稀薄的硫酸盐、碳酸盐等的腐蚀，抛光性能好，有较高的强度和耐磨性和很高的淬透性，适宜制造承受高载荷、高耐磨及在腐蚀介质作用下的透明、不透明塑料制品模具。

（3）14Cr17Ni2 钢　14Cr17Ni2 钢属于低碳铬镍马氏体型不锈耐蚀钢，具有较高的强度和硬度，经淬火和低温回火后具有高的强度、韧性和耐蚀性。对于氧化性的酸类（一定温度、浓度下的硝酸，大部分的有机酸）、盐类的水溶液有良好的耐蚀性，耐蚀性比 40Cr13 好，缺点是具有脆性倾向，焊接性能较差，制造模具时不宜进行焊接。

14Cr17Ni2 钢适宜制造腐蚀介质作用下的透明、不透明塑料制品模具。

（4）0Cr16Ni4Cu3Nb（PCR）钢　0Cr16Ni4Cu3Nb（PCR）钢是一种马氏体沉淀硬化不锈钢，因含碳量低，所以耐蚀性和焊接性都优于马氏体型不锈钢，接近于奥氏体不锈钢。PCR 热处理工艺简单，在 1050℃ 固溶空冷后得到单一的板条马氏体，硬度为 32～35HRC，具有良好的切削加工性能。经 460～480℃ 时效后，硬度为 42～44HRC，有较好的综合力学性能和耐蚀性能。经过时效处理以后，工件仅有微量变形，抛光性能好，抛光后可在 300～400℃ 温度下进行 PVD 表面离子镀处理，获得大于 1600HV 的表面硬度。

PCR 钢在含氟、氯等离子的腐蚀性介质中耐蚀性明显优于其他不锈钢，适用于制造含氯、氟或加入阻燃剂的热塑性塑料注射模具。

9.5 模具表面强化处理

9.5.1 模具表面强化方法和种类

模具表面性能对模具的工作性能和使用寿命至关重要，这些表面性能包括耐磨性能、耐蚀性能、摩擦因数、疲劳性能等。这些性能的改善，单纯依赖基体材料的改进和提高是非常有限的，也是不经济的，而通过表面强化处理技术，往往能收到事半功倍的效果，这也正是表面强化处理技术得到迅速发展的原因。常规热处理使模具基体获得良好的强韧性之后，再采用表面强化技术，赋予模具表面高强度、高硬度、耐磨、耐蚀、耐热和抗咬合等超强性能，可延长模具寿命数倍至数十倍。

表面强化处理按其原理可分为化学热处理、表面涂覆处理和表面加工强化处理。每种强化类别包括的主要强化方法见表 9-3。

表 9-3　表面强化处理方法分类

表面加工强化	化学热处理强化	表面涂覆处理
1. 火焰淬火	1. 渗碳	1. 电镀
2. 激光表面强化	2. 渗氮	2. 化学镀

（续）

表面加工强化	化学热处理强化	表面涂覆处理
3. 加工硬化	3. 碳氮共渗	3. 气相沉积
4. 电子束表面强化	4. 氮碳共渗	4. 热喷涂
5. 喷丸强化	5. 渗硼	5. 涂覆
6. 电解液淬火	6. 渗硫	6. 热浸镀
7. 感应淬火	7. 离子注入	7. 放电表面处理
8. 电火花表面强化	8. 渗金属	

化学热处理是将模具加热到一定温度后与介质起化学反应，使其表面按需要渗入一定量的其他元素，从而改变表层的化学成分、组织与性能。常用于模具的化学热处理工艺有渗碳、渗氮、碳氮共渗、渗硼、渗铬、渗硫、渗铝等。表面涂覆处理是通过物理覆盖、沉积等方式，在工件表面上覆盖一层与基体不同的金属化合物，保护模具基体并提高模具表层的力学和理化性能，如镀金属、电火花表面强化、化学气相沉积（CVD）、物理气相沉积（PVD）等。表面加工强化处理是通过一定的加工方式，使模具表面层组织发生变化，从而获得与心部不同的组织和性能，通过改变表层组织结构来强化表层，如火焰淬火、电解液淬火、高频感应淬火、电子束淬火、激光淬火、离子束表面硬化及喷丸硬化等。

9.5.2 模具表面化学热处理强化

化学热处理的种类很多，一般都以渗入的元素来命名，常用的化学热处理方法有渗碳、渗氮、碳氮共渗、渗硼、渗硫、渗金属（如铝、钒、铬）等。

1. 渗碳

渗碳是为了增加工件表层的含碳量，将工件在渗碳介质中加热到850～950℃并保温一定时间，使碳原子渗入工件表面的化学热处理工艺。

碳原子的渗入可使模具工作零件表面获得高的硬度、耐磨性与疲劳强度。渗碳并经一定的热处理后可以得到马氏体+碳化物组织，碳层深度一般在0.5～2.5mm。由于心部和表面的碳含量不同，渗碳后的表面呈压应力。如3Cr2W8V热挤压模渗碳后，表面有类似高速钢的强度，而心部保留原来的强韧性，模具寿命提高2倍多。

渗碳方法有固体渗碳、液体渗碳、气体渗碳、真空渗碳、可控气氛渗碳和离子渗碳等。液体渗碳中常含有氰盐，有剧毒，对于形状复杂的工件，渗碳和淬火后清洗困难，现已很少采用；固体渗碳不需要专用电炉，操作简单，但质量不易控制，劳动条件差，生产周期长，渗碳后不易直接淬火；气体渗碳需专用电炉，操作比固体渗碳复杂，但质量容易控制；真空渗碳的温度高，渗碳时间比气体渗碳显著缩短。

渗碳工艺应用于模具表面强化，主要体现在两个方面：一方面用于低、中碳钢的渗碳；另一方面是碳化物弥散析出渗碳，简称CD渗碳法。它是采用含有大量强碳化物形成元素（如Cr、Ti、Mo、V）的模具钢在渗碳气氛中加热，在碳原子自表面向内部扩散的同时，渗层中会沉淀出大量呈细小均匀分布的弥散合金碳化物，弥散合金碳化物的质量分数达50%以上，淬火、回火后可获得很高的硬度和耐磨性。经CD渗碳的模具心部韧性比Cr12MoV钢提高3～5倍，使用寿命大大超过消耗量占冷作模具钢首位的Cr12型冷作模具钢和高速钢。

2. 渗氮

渗氮是在一定温度下将活性氮原子渗入模具工作零件表面的化学热处理方法。渗氮的目的是提高工件的表面硬度、耐磨性、疲劳强度及耐蚀性。渗氮后的工件变形小，具有比渗碳更高的硬度，其硬度可高达1000～1200HV。为了使渗氮具有较好的效果，模具必须选择含有Al、Cr、Mo元素的钢种，以便渗氮后形成AlN、CrN和Mo_2N，常用的渗氮钢有38CrMoAl、Cr12、Cr12MoV、3Cr2W8V、5CrNiMo、4Cr5MoSiV、4Cr5W2VSi等。

渗氮往往是工件加工工艺路线中的最后一道工序，渗氮后的工件至多再进行精磨或研磨。模具在渗氮前一般要进行调质处理，渗氮温度一般为500～570℃。渗氮处理温度低，变形小，但周期太长，生产效率低，成本高，渗层薄，不宜受太大的接触应力和冲击力。

渗氮可以分为气体渗氮和离子渗氮，其中离子渗氮层具有优良的耐磨性，对冷、热模具都适用，广泛用于处理热锻模、冷挤压模、压铸模、冲模等。

3. 气体碳氮共渗和氮碳共渗

碳氮共渗和氮碳共渗都是向钢表面同时渗入碳、氮原子的过程，碳氮共渗是以渗碳为主，而氮碳共渗是以渗氮为主。

（1）碳氮共渗　气体碳氮共渗所用的钢种，大多为低碳、中碳钢及合金钢。共渗温度为820～860℃。气体碳氮共渗的碳、氮含量主要取决于共渗温度。共渗温度越高，共渗层的碳含量越高，氮含量越低；反之，共渗温度越低，共渗层碳含量越低，氮含量越高。

（2）氮碳共渗——气体软氮化　常用的共渗介质有氨加醇类液体（甲醇、乙醇）以及尿素、甲酰胺和三乙醇胺等，它们在一定温度下会发生热分解反应，产生活性氮、碳原子。活性氮、碳原子被工件表面吸收，通过扩散渗入工件表层，从而获得以氮为主的氮碳共渗层。气体氮碳共渗的常用温度为560～570℃，时间为2～3h。氮碳共渗广泛用于压铸模、热挤压模、锤锻模、冲模、塑料模等。

4. 渗硼

渗硼是将金属材料放在含硼的介质中，经过加热与保温，使硼元素渗入其表面层，形成硼化物的工艺过程。渗硼可以使模具表面获得很高的硬度（1500～2000HV），并显著提高模具的耐磨性和耐蚀性。但渗层脆性高，淬火时易产生裂纹。因此，如果渗硼温度与淬火温度相近，则将渗硼与淬火相结合进行。

5. 多元共渗

当渗入单一元素的热处理不能满足模具寿命的要求时，可考虑采用多元共渗的方法。将工件表层渗入多于一种元素的热处理工艺称为多元共渗。适当的多元共渗方法对提高模具寿命具有显著的效果，近年来已发展了氧、硫、硼、碳、氮五元共渗工艺，五元共渗后，能在模具表面形成碳化物、硫化物、氧化物、硼化物和氮化物，使模具表层的硬度明显提高，扩散层中则渗入了氮和碳，硬度也有所提高，能大幅提高模具的使用寿命。

6. 渗金属

将工件加热到适当温度，使金属元素扩散并渗入工件表层的化学热处理工艺称为渗金属，渗入的金属元素与工件表层中的碳结合形成金属碳化物的化合层，如$(Cr, Fe)_7C_3$、VC、NbC、TaC等，此层为过渡层。表面为所渗金属层。渗金属工艺适用于高碳钢，渗入元素大多数为Cr、V、W、Mo、Ta等碳化物形成元素。为了获得碳化物层，基体材料碳的质量分数必须超过0.45%。

（1）渗铬　将铬渗入工件表面的化学热处理工艺，目的是提高工件的耐磨性、耐蚀性和抗氧化性。例如，9CrWMn钢制铁索拉深模（板料为08F），未渗铬时只能拉几百次或1000次就会产生拉毛磨损现象，经渗铬处理后，使用寿命延长到10万次。与电镀铬相比，渗铬层更致密、均匀，并且与基体的结合比较牢固，同时渗铬层的耐蚀性、抗氧化性也比镀铬层好。

渗铬分为粉末渗铬法和真空渗铬法，真空渗铬由于渗层质量高、时间短、渗铬剂消耗少，因而获得广泛应用。渗铬过程中，因高温下长时间加热，晶粒剧烈长大，使基体的力学性能降低，渗铬后必须进行热处理，以细化晶粒、改善组织、提高基体的力学性能。

（2）渗钒　渗钒是将工件置于能产生活性V的介质中，在一定温度下保温，使V渗入工件表面，并与碳形成碳化物，目的是提高工件表面的耐磨性、耐蚀性和抗粘着性。热作模具钢经常采用。渗钒的方法有固体粉末渗钒和硼砂盐浴渗钒，后者目前应用较多。渗钒在各种渗层中硬度最高，耐磨性优异。例如，Cr12钢螺母冷镦模渗钒后寿命可提高6倍，GCr15钢冷挤轴承环凹模渗钒后寿命可提高8倍。

（3）TD法渗钒、渗铌和渗铬　TD处理是用熔盐浸镀法、电解法及粉末法进行扩散表面硬化处理的总称。实际应用最为广泛的是用熔盐浸镀法在模具表面形成钒碳化物VC、铌碳化物NbC、铬碳化物等超硬涂层。实用的渗层厚度一般在5～15μm范围内，厚度过大将导致表面碳含量不足，形成低碳化合物。

TD法应用于模具表面强化，效果显著。TD处理获得的渗镀层几乎全由纯碳化物相组成，不受基体中金属元素的影响。渗镀层的硬度明显高于基体的淬火硬度及镀Cr或渗N层的硬度，VC和TiC的硬度为2900～3800HV，NbC为2400HV，即使在800℃还有800HV，耐磨性比渗N、渗B、镀Cr等其他表面处理要好，具有良好的抗热粘结性和很强的抗剥落性。TD法处理的模具表面强化效果与CVD、PCVD等方法相近，但TD法设备简单、操作方便、成本低廉，是一种很有前途的表面强化技术。其主要缺点是熔盐粘度大，流动性差，工件粘盐多，清洗残盐困难和坩埚腐蚀严重等。TD法处理工艺可用于要求高耐磨的各种冷作模具和热作模具。

9.5.3　模具表面气相沉积强化

气相沉积是将含有形成沉积元素的气相物质输送到工件表面，在工件表面形成沉积层的工艺方法。通常是在工件表面覆盖约0.5～1.0μm的一层过渡族元素（Ti、V、Cr、Zr、W、Mo、Ta、Nb等）与C、N、O和B的化合物。按机理可分为物理气相沉积（通称PVD）和化学气相沉积（通称CVD）两种。气相沉积技术已经广泛应用于模具的表面强化处理，常用的沉积层为TiC、TiN、Ti(C，N)等，具有硬度高（TiC为3200～4100HV，TiN为2450HV）、摩擦因数低、自润滑性好、熔点高（TiC为3160℃，TiN为2950℃）、化学稳定性好以及抗粘着磨损能力高的优点。

1. 物理气相沉积（PVD）

物理气相沉积是在真空条件下，在工具钢（高速钢、模具钢）的回火温度下，在金属表面上沉积一层硬质膜的方法。PVD处理时，工件的加热温度一般都在600℃以下，沉积后无需进行热处理，这对于用高速钢、合金模具钢或其他钢材制造的模具都具有重要意义。模具经 PVD 涂层处理后，寿命和生产效率都能够增加 3 ~ 10 倍。PVD 的主要优点是处理温度较低、沉积速度较快、无公害等，缺点是沉积层与工件结合力较小，镀层的均匀性稍差，而且设备复杂、价格高，操作维护的技术要求也较高。

目前常用的物理气相沉积方法有三种，即真空蒸镀、阴极溅射和离子镀，其中离子镀在模具制造中应用较多。

（1）真空蒸镀　在高真空中使金属、合金或化合物蒸发，然后凝聚在基体表面上的方法就是真空蒸镀法。使被沉积的材料（如 TiC）置于装有加热系统的坩埚中，被涂基体置于蒸发源前面。当真空度达到 0.13Pa 时，加热坩埚使材料蒸发，所产生的蒸气以凝集形式沉积在物体上，形成一层涂层（薄膜）。

真空蒸镀的设备简单，工艺操作容易，可镀材料广，镀膜纯净，广泛用于光学、电子器件和塑料制品的表面处理；缺点是膜-基结合力弱，镀膜不耐磨，并有方向性。

（2）阴极溅射　阴极溅射就是用荷能粒子轰击某一靶材（阴极），使靶材表面的原子以一定的能量逸出，然后在工件（模具）表面沉积的方法。用沉积的材料（如 TIC）作阴极靶，并接 1 ~ 3kV 的直流负高压，在真空室内通入压力为 0.133 ~ 13.3Pa 的氩气作为工作气体。在电场的作用下，氩气电离后产生的氩离子轰击阴极靶面，溅射出的靶材原子或分子以一定的速度落在工件表面产生沉积，并使工件受热。溅射时工件的温度可达 500℃。

阴极溅射效率高，成膜速度快，而且基体温度低，因此适用性广，可沉积纯金属、合金或化合物。

（3）离子镀（IP）　离子镀是蒸镀和溅射镀相结合的技术，既保留了 CVD 的本质，又具有 PVD 的优点。离子镀膜具有结合力强、均镀能力好、被镀基体材料和镀层材料可以广泛搭配等优点，近年来获得了较广泛的应用。

离子镀的基本原理是借助于一种惰性气体的辉光放电使金属或合金蒸气离子化。在基体和蒸发源间加上数百至数千伏的直流电压，使真空室内的工作气体（Ar 或 N）离化，使蒸发粒子（原子、分子）部分离化。在电场作用下（负偏压），这些离子与其他粒子一起以高能量射向基体表面并沉积成膜。离子镀包括镀膜材料（如 TiC、TiN）的受热、蒸发、沉积过程。蒸发的镀膜材料的原子经过辉光区时，一小部分发生电离，并在电场的作用下飞向工件，以几千电子伏的能量射到工件（模具）表面上，可以打入基体约几纳米的深度，从而大大提高镀层的结合力，而未经电离的蒸发材料的原子直接在工件上沉积成膜。惰性气体压力为 1.33×10^{-3} ~ 1.33×10^{-2}Pa，两极电压在 500 ~ 2000V 之间。惰性气体离子与镀膜材料离子在基板表面上发生的溅射还可以清除工件表面的污染物，从而改善结合力。

如果提高金属蒸气原子的离子化程度，可以增加镀层的结合力，为此发展了一系列的离子镀设备和方法，如多弧离子镀、高频离子镀、空心阴极放电离子镀、热阴极离子镀、感应加热离子镀、活性化蒸发离子镀、低压离子镀等。离子镀可以安排在模具淬火、回火后，即在最后一道工序进行，可使模具寿命提高 3 ~ 5 倍。

PVD 已经用于塑料模、压铸模、拉拔模、落料模、冲模中，可提高使用寿命 2 ~ 20 倍。

2. 化学气相沉积（CVD）

化学气相沉积是利用气态物质在一定的温度下与固体表面发生化学反应，并在其上面生成固态沉积膜的过程，是一种在高温下利用热能进行热分解和热化合的沉积技术。

化学气相沉积的原理是将含有涂层材料元素的反应介质置于较低温度下汽化，然后送入高温的反应室与工件表面接触产生高温化学反应，析出合金或金属及其化合物并沉积于工件表面形成涂层。通常 CVD 是在高温（800~1000℃）和常压或低压下进行的。要想获得所需要的 CVD 涂层，CVD 的反应必须具有一定的条件，即能够形成所需的沉积层；反应物的汽化点较低，且易获得高纯度沉积层；沉积设备简单，操作方便，成本适宜。

模具基体中的含碳量对初期沉积速度有影响，含碳量越高，初期沉积速度越快，为了获得良好的沉积层，一般多选用高碳合金钢。用 CVD 技术可以在模具表面上沉积 TiC、TiN、Ti(C，N) 薄膜。当前的 PVD 与 CVD 相比，总的来说，形成涂层的成分相差不大。

CVD 的特点如下：

1）设备简单，适宜大批量生产。

2）薄膜与基体结合强度高。

3）可制备纯金属膜、合金膜以及金属间化合物膜，如铬、硼、碳、硅、硼化物、硅化物、碳化物、氮化物、氧化物、硫化物、金刚石等薄膜。

4）可涂覆各种复杂形状，如槽、沟、孔或盲孔的工件。

5）主要缺点是反应温度较高，沉积速率较低（一般每小时只有几微米到几百微米），局部沉积困难，参加沉积反应的气源和反应后的余气都有一定的毒性等。

6）适合低合金工具钢、Cr12 模具钢、硬质合金，但不适合高速钢。

CVD 技术已应用到拉深模、落料模、穿孔模、弯曲模、镦锻模、切边模、冲裁模、卷边模、塑料模中。

9.5.4 模具表面高能束强化

高能束表面强化技术的热源通常是指激光、电子束及离子束。它们的共同特点是：加热速度快，加热面积可根据需要选择，工件变形小，不需要冷却介质，可控性能好，便于实现自动化处理。它们的共同特征是：供给材料表面功率密度至少为 10^3 W/cm^2。目前比较成熟的是激光表面强化、电子束表面强化和离子注入。

1. 激光表面强化

激光表面强化是指一定功率密度的激光束以一定的扫描速度照射待处理模具零件或工具的表面，在很短的时间内使被处理表面吸收激光的能量而产生高温，当激光束移开时，被处理表面由于自身的热传导而迅速冷却，从而形成具有一定厚度的表面强化层，进而提高模具、工件的耐磨、耐蚀、耐疲劳等一系列性能，以满足不同的使用要求。激光表面强化包括激光淬火、激光表面熔覆、激光表面合金化、激光熔凝等，在模具表面强化上应用较多的是激光淬火。

激光淬火（即激光表面相变硬化）是指铁基合金在固态下经激光照射，使其表面迅速升温达到相变温度而形成奥氏体，并在激光停止照射后，利用金属本身的热传导而发生“自淬火”，而得到马氏体组织的一种工艺方法。与其他热处理技术相比，激光淬火具有以下主要特点：

1）材料高速加热和高速冷却，加热速度可达 10^4~10^9℃/s，冷却速度大于 10^4℃/s，有利于提高扫描速度和生产效率。

2）激光淬火件的硬度高，比常规淬火高 5%~10%，淬火组织细小，硬化层深度为 0.2~0.5mm。

3）由于加热和冷却速度快，热影响区小，对基体的性能及尺寸影响小，一般认为激光淬火处理几乎不产生变形。

4）激光淬火只发生在激光照射的部位，其他部位无需进行防护。激光束可以聚集到很细，特别适合小件的局部淬火和特殊部位的淬火，例如小孔、深孔、槽壁等。

5）激光淬火靠热量由表及里的自传导而自冷，无需冷却介质，无污染。

激光淬火在冲模加工中得到较广泛的应用。它可改善模具表面硬度、耐磨性、热稳定性等力学性能，同时又能保证复杂模具的精度要求，对提高模具的使用寿命具有独特优势。常用的模具材料如 GCr15、T8A、Cr12Mo、W18Cr4V、CrWMn 等都可以应用激光淬火技术。

2. 电子束表面强化

电子束表面强化是利用高能量密度的电子束加热进行表面淬火的新技术。电子束加热可以达到 $10^6 \sim 10^8 W/cm^2$ 的能量密度。利用电子束也可实现相变硬化、熔化、凝固和表面合金化。电子束是由阴极（灯丝）发出的电子，通过高电压环形阳极加速使电子束流打击金属表面，达到加热的效果。

由于高能量密度的电子束是在极短的时间内打击金属表面的，所以使热量在表面逸散的表面温度，就可以达到相变的温度范围。当被加热表面吸收的热量很快地被底层材料吸收而冷却时，就可以完成淬火冷却过程，从而产生有效的自行淬火。

和激光热处理相比，电子束热处理的缺点是模具必须放在真空室内，装卸不方便。但是电子束热处理的加热效率比激光高，不需要激光处理的“表面黑化”过程，凡激光能对准的表面都可以利用电子束加热，电子束的快速加热，使零件变形极小，无需后续的校正工作，淬火后的金相组织可获得细晶结构。

3. 离子注入

离子注入是利用小型的低能离子加速器，将需注入元素的原子，在加速器的离子源中电离成离子，然后通过离子加速器的高压电场将其加速成为高速离子流，再经磁分析器提纯后，将离子束强行打入置于靶室中的模具工作零件表面，以引起模具工作零件表面注入层中的微观结构和宏观性能的变化。整个注入系统处于 1.33×10^{-3}Pa 的真空中，以保证离子束在规定的路线上前进时不与其他元素的原子发生碰撞。高能离子束穿透模具工作零件的基体表面并和表面内的原子发生碰撞，在多次交联碰撞激发电子和离子的过程中，注入的离子损失了原有的能量，最后静止在模具工作零件基体表面内。在这个过程中将引起模具工作零件基体表面的晶格缺陷或基体表面点阵原子的化学结合而使基体表面发生物理、化学和力学性能的变化，有效地提高模具工作零件基体表面的硬度、耐磨性、耐蚀性和疲劳强度等多种性能。离子注入的深度较浅，约在 10 个到 100 个原子层之间不等，但基体影响区可达 1mm。离子注入原则上可以任意选择注入元素，不受冶金学限制，不会引起模具畸变，不影响表面粗糙度，可精确控制注入离子的浓度、浓度分布和注入深度。模具工作零件经过离子注入处理后，其性能明显提高，使用寿命延长。

我国目前已可提供注入 N、C、B 非金属元素和注入 Ta、Ti、W 等金属元素的离子注入生产设备，离子注入工艺已应用于冲模、拉丝模、挤压模、拉深模、塑料模等，使模具寿命提高 2 ~ 10 倍。

9.5.5 模具表面涂覆技术

1. 电镀

电镀是使用电化学的方法在金属或非金属制品表面沉积金属或合金层。电镀可以镀各种金属镀层。在进行电镀时，将被镀的模具工作零件和直流电流的负极相连，要镀覆的金属（镀铬除外）和直流电源的正极相连，并放在镀槽中。镀槽中含有欲镀覆金属离子的溶液及其他的一些添加剂。当电源与镀槽接通时，在阴极上析出欲镀的金属层。

在电镀技术的基础上，发展了电刷镀技术，电刷镀时被镀工件不需要置入镀槽中，包裹棉套的阳极（镀笔）必须与工件表面接触以便形成局部的“槽”，并有相对运动，阳极（镀笔）的面积通常小于被镀表面。此外还有化学镀镍-磷合金，将模具工作零件放入配制好的化学溶液中并加热，不通电，使得模具工作零件表面镀覆一层镍-磷合金层，该合金层具有较高的硬度、耐磨性及低的摩擦系数。

电镀能为模具提供具有耐腐蚀、耐磨损、耐氧化、耐热、高硬度和自润滑等性能的表面，使模具能保持更长的使用寿命，并改善脱模性等性能。模具工业适用的几种电镀方法包括：电镀硬铬、无电解镀镍和复合镀。电镀在塑料模具上应用较多，可防止在P V C 或P V D C 时释放出来的盐酸的腐蚀并增强脱模性。

2. 表面热喷涂

热喷涂是利用某种热源（如电弧、等离子喷涂或燃烧火焰等）将粉末状或丝状的金属或非金属材料加热到熔融或半熔融状态，用高速气流将其雾化、加速，使其高速喷射到工件表面形成具有特殊性能的涂层的技术。热喷涂层具有耐磨、耐腐蚀、耐热、耐振、润滑、绝缘等多种性能，特别适合于大型模具和严重磨损条件下工作的模具。根据热源不同，热喷涂可分为火焰喷涂、电弧喷涂、等离子弧喷涂、爆炸喷涂和激光喷涂。

热喷涂技术具有不限基体材料，基体温度低，变形小，涂层厚度范围宽，操作灵活等优点，缺点是材料利用率低，浪费大以及涂层与基体结合强度较低。

采用热喷涂方法可以制造各种塑料模具和多种拉深模具、冲压模具、压铸模具等。

9.5.6 其他模具表面强化技术

1. 火焰淬火

火焰淬火工艺是利用可燃气体与氧气混合燃烧的火焰所产生的高温，将工件表面加热到淬火温度，随后用水和其他冷却介质急速进行冷却的工艺过程。通过火焰淬火的工件表面可获得很高的硬度和耐磨性，提高了工件的力学性能。火焰淬火的优点是模具韧性好，减少了加工工序，降低了热处理费用，且模具容易焊接修补；缺点是手工操作需要比较熟练的技术，往往需要目测加工钢材的颜色来确定钢材的温度，而且选用合适的模具材料是火焰淬火工艺的前提条件。对结构复杂、寿命要求很高的模具不适宜采用火焰淬火工艺。

可以用于火焰淬火的模具钢有45、55、40Cr、40CrV、42CrMo、42SiMn、5CrMnMo等，火焰淬火前钢材应为正火或调质组织。火焰加热空冷淬硬冷作模具钢7CrSiMnMoV也可采用火焰淬火。

2. 喷丸强化

喷丸强化是借助于硬丸粒，高速、连续锤击金属表面，使其产生强烈的冷作硬化。通过喷丸可以明显改变金属表面的应力状态、显微硬度、表层的微观形貌和相应成分，从而提高模具的疲劳强度、抗冲击磨损及抗应力腐蚀性能。喷丸还可以改变模具的表面粗糙度，并有效地去除因电火花加工而产生的表面变质层。强化层会显著地提高模具在室温和高温工作下的疲劳强度，达到提高模具寿命的目的。

喷丸强化方法简单易行，节约能源，适用于落料模、冷作模、冷镦模和热锻模等以疲劳失效形式为主的模具。

3. 电火花表面强化

电火花表面强化是利用工具电极与工件在气体间产生的火花放电作用，将作为电极的导电材料熔渗进工件表层，形成合金化的表面强化层，以改善工件表面的物理及化学性能。

金属电火花表面强化的原理是在工具电极与被强化金属零件之间接上直流（或交流）电源，在振动器作用下使工具电极与金属零件之间的放电间隙频繁发生变化。当工具电极与金属零件之间距离较大时，电源经过电阻对电容进行充电，与此同时工具电极在振动器作用下逐渐靠近金属零件；当二者之间的距离达到某一间隙值时，间隙中的空气被击穿，产生电火花放电，使工具电极端部与金属零件表面局部微区产生熔化甚至汽化；当工具电极在振动器作用下继续靠近并与金属零件接触时，电火花放电停止，在接触处流过短路电流，使该处继续加热熔化；工具电极继续向下移动并对金属零件熔化微区施加一定压力，使工具电极材料与金属零件熔化部分压合渗透，各种元素急剧扩散并形成金属或新的化合物熔渗层；然后工具电极在振动器作用下离开金属零件，由于金属零件的热容量大于工具电极，金属零件放电部位急剧冷却后即形成具有不同组织结构的强化层。按上述方法进行多次充放电，并相应移动工具电极位置，即可在金属零件表面形成具有要求性能的强化层。

电火花表面强化层的性能主要取决于模具本身的材料和工具电极材料，通常所用的工具电极材料有 TiC、WC、ZrC、NbC、Cr_3C_2、硬质合金等。电火花强化表面因工具电极材料的沉积发生有规律的微小长大，除此之外，模具没有其他变形，心部的组织与性能也不发生变化，因此非常适用于模具表面强化处理。

经过强化的模具寿命能提高 3 倍以上，其中冲模、压印模、弯曲模等强化效果显著，热压模和热锻模强化效果一般。

思考与练习

1. 模具和模具材料一般可以分为几类？模具材料力学性能和工艺性能的要求是什么？
2. 简述模具材料的选用原则。
3. 简述模具钢的硬度和耐磨性的关系。
4. 什么是热硬性？说明硬度与耐磨性的关系。
5. 简述模具材料的发展趋势。
6. 冷作模具钢应具备哪些特性？
7. 无磁模具钢都有哪几种？每种举例一个钢号说明其性能。
8. 归纳热作模具的工作条件及各种分类方式。简述大部分热作模具钢的成分特点及作用。
9. 简述热作模具材料的性能要求。说明中耐热韧性热作模具钢的性能及热处理特点。
10. 常用锤锻模用钢有哪些典型钢种？试比较 5CrNiMo 与 5Cr2NiMoVSi 钢的性能特点、应用范围有什么区别。
11. 5CrNiMo、5CrMnMo 钢制锤锻模淬火、回火应注意哪些问题？锤锻模的燕尾可采用哪些回火方法处理？

12. 热作模具钢的强韧化处理工艺方法有哪些？各用于什么场合？

13. 塑料模具材料应有哪些基本性能要求？

14. 试述用预硬钢、渗碳钢制造的塑料模具型腔件的热处理特点。

15. 目前模具工业生产中用于模具表面强化的方法主要有哪些？

16. 气相沉积分为哪几类方法？CVD 法包括哪几个过程？PVD 法有哪些方法？它们各自的原理是怎样的？CVD 和 PVD 法分别用于哪些模具的强化处理？

17. 什么是激光表面强化？它包括哪几种方式？简述电镀和电刷镀的区别。

18. 简述电火花表面强化的原理。

参考文献

[1] 卢秉恒．机械制造技术基础［M］．3 版．北京：机械工业出版社，2008.
[2] 鞠鲁粤．机械制造基础［M］．4 版．上海：上海交通大学出版社，2007.
[3] 黄毅宏，李明辉．模具制造工艺［M］．北京：机械工业出版社，2001.
[4] 梁艳娟，吴泊良，钟丽珠，等．模具制造工艺［M］．广州：华南理工大学出版社，2008.
[5] 靖颖怡．模具制造工艺装备及应用［M］．2 版．北京：机械工业出版社，2009.
[6] 甄瑞麟，杨善意，张永军．模具制造工艺学［M］．北京：清华大学出版社，2005.
[7] 熊良山，严晓光，张福润．机械制造技术基础［M］．武汉：华中科技大学出版社，2007.
[8] 赵昌盛．实用模具材料应用手册［M］．北京：机械工业出版社，2005.
[9] 高为国．模具材料［M］．北京：机械工业出版社，2004.
[10] 吴兆祥．模具材料及表面处理［M］．北京：机械工业出版社，2002.
[11] 张蓉．模具材料及表面工程技术［M］．北京：化学工业出版社，2007.
[12] 蔡美良，丁惠麟，孟沪龙．新编工模具钢金相热处理［M］．北京：机械工业出版社，2001.
[13] 林慧国．模具材料应用手册［M］．北京：机械工业出版社，2004.
[14] 黄立宇．模具材料选择与制造技术［M］．北京：冶金工业出版社，2009.
[15] 徐永礼．模具材料与热处理［M］．广州：华南理工大学出版社，2008.
[16] 赵万生．先进电火花加工技术［M］．北京：国防工业出版社，2003.
[17] 王至尧．电火花线切割工艺［M］．北京：原子能出版社，1987.
[18] 傅建军．模具制造工艺［M］．北京：机械工业出版社，2006.
[19] 熊惟皓．模具表面处理与表面加工［M］．北京：化学工业出版社，2007.
[20] 姚泽坤．锻造工艺学与模具设计［M］．西安：西北工业大学出版社，2007.
[21] 中国机械工程学会锻压学会．锻压手册［M］．北京：机械工业出版社，2002.
[22] 许发樾．实用模具设计与制造手册［M］．2 版．北京：机械工业出版社，2005.
[23] 杨占尧．塑料模具标准件及设计应用手册［M］．北京：化学工业出版社，2008.
[24] 李发致．模具先进制造技术［M］．北京：机械工业出版社，2003.
[25] 蔡建国，吴祖育．现代制造技术导论［M］．上海：上海交通大学出版社，2000.
[26] 王润孝．先进制造系统［M］．西安：西北工业大学出版社，2001.
[27] 盛晓敏．先进制造技术［M］．北京：机械工业出版社，2002.
[28] 韩荣第．现代机械加工新技术［M］．北京：电子工业出版社，2003.
[29] 金涛，童水光．逆向工程技术［M］．北京：机械工业出版社，2003.
[30] 李云程．模具制造工艺学［M］．北京：机械工业出版社，2008.
[31] 蒋建强．模具数控制造技术［M］．北京：科学出版社，2008.
[32] 王运赣．快速模具制造及其应用［M］．武汉：华中科技大学出版社，2003.
[33] 张铮．模具制造技术［M］．北京：电子工业出版社，2002.
[34] 胡石玉，于敏建．精密模具制造工艺［M］．南京：东南大学出版社，2004.
[35] 王敏杰，宋满仓．模具制造技术［M］．北京：电子工业出版社，2005.
[36] 吴裕农．模具制造工艺［M］．广州：华南理工大学出版社，2005.
[37] 滕宏春．模具制造工艺学［M］．大连：大连理工大学出版社，2007.
[38] 彭建生，秦晓刚．冷冲模制造与修理［M］．北京：机械工业出版社，2000.
[39] 模具实用技术丛书编委会．模具材料与使用寿命［M］．北京：机械工业出版社，2000.

[40] 赵文轸，刘琦云．机械零件修复技术 [M]．北京：中国轻工业出版社，2000.
[41] 伊启中，殷铖．模具 CAD/CAM [M]．北京：机械工业出版社，2001.
[42] 陈志雄．数控机床与数控编程技术 [M]．北京：电子工业出版社，2003.
[43] 刘雄伟．数控加工理论与编程技术 [M]．2 版．北京：机械工业出版社，2000.
[44] 顾晔，楼章华．数控加工编程与操作 [M]．北京：人民邮电出版社，2009.
[45] 肖世宏．UG NX5 中文版数控加工 [M]．北京：人民邮电出版社，2008.
[46] 栾贻国．材料加工中的计算机应用技术 [M]．哈尔滨：哈尔滨工业大学出版社，2005.
[47] Serope Kalpakjian, Steven R Schmid. Manufacturing Engineering & Technology [M]. 5th ed. New Jersey: Pearson Education, Inc, 2006.
[48] 刘斌，刘安心．先进制造技术与先进制造模式 [J]．机械制造与自动化，2009 (1)：12－14.
[49] 王英．快速成形技术的现状及其发展趋势 [J]．硅谷，2008 (10)：190－192.
[50] 潘东杰，黄列群，沈永华．快速成形技术——制造业的新兴技术 [J]．模具工程，2008 (12)：64－66.
[51] 徐建，黄海，史小强，等．电刷镀技术在氧化锌电阻片成形模具修复中的应用 [J]．电磁避雷器，1996 (2)：40－43.
[52] 许发樾．模具标准化的方向和任务 [J]．金属加工：冷加工，2008 (8)：8－9.
[53] 江昌勇．模具的失效分析 [J]．模具工业，1996 (12)：8－11.
[54] 谌锋，王波．热锻模具失效分析 [J]．模具工程，2008 (5)：104－106.
[55] 刘晓飞，关连峰．模具的寿命及其影响因素 [J]．金属材料与冶金工程，2009 (6)：16－18.